高等学校土建类专业"十二五"规划教材

基 础 工 程

周凤玺 主编

化学工业出版社

·北京·

本书根据《高等学校土木工程本科指导性专业规范》编写的土木工程专业系列教材之一，系统地介绍了地基与基础的有关设计理论、计算方法和施工要点等。教材密切结合土木工程本科人才培养目标和要求，既重视理论知识的阐述，又突出工程综合能力的培养。

全书共分为7章，内容包括绪论、地基基础设计的基本原则、浅基础设计、桩基础、地基处理、特殊土地基、基坑工程等。各章后附有相应的思考题和习题。

本书主要作为普通高等学校本科、高职高专土木工程、工程管理专业的教学用书，也可供其他专业师生及工程技术人员参考。

图书在版编目（CIP）数据

基础工程/周凤玺主编 . —北京：化学工业出版社，2014.1（2022.10重印）

高等学校土建类专业"十二五"规划教材

ISBN 978-7-122-18732-1

Ⅰ.①基…　Ⅱ.①周…　Ⅲ.①基础（工程）-高等学校-教材　Ⅳ.①TU47

中国版本图书馆 CIP 数据核字（2013）第 247567 号

责任编辑：陶艳玲　　　　　　　　　　装帧设计：杨　北
责任校对：徐贞珍

出版发行：化学工业出版社（北京市东城区青年湖南街 13 号　邮政编码 100011）
印　　装：北京科印技术咨询服务有限公司数码印刷分部
787mm×1092mm　1/16　印张 20¼　字数 517 千字　2022 年 10 月北京第 1 版第 2 次印刷

购书咨询：010-64518888　　　　　　　售后服务：010-64518899
网　　址：http://www.cip.com.cn

凡购买本书，如有缺损质量问题，本社销售中心负责调换。

定　　价：59.00 元　　　　　　　　　　　　　　版权所有　违者必究

前　言

　　基础工程是土木工程专业的一门重要的专业课程。基础工程课程涉及工程地质、土力学、弹性力学、钢筋混凝土结构设计和施工等学科，内容广泛，理论性和实践性都较强。地基与基础的设计及施工质量的优劣，对整个建筑的质量和正常使用起着根本性的作用。本书是根据《高等学校土木工程本科指导性专业规范》编写的土木工程专业系列教材之一，较系统地介绍了地基与基础的有关设计理论、计算方法和施工要点等。

　　本书力求理论联系实际，通过工程案例和例题分析，紧密结合工程实践，提高理论认识水平和增强处理地基基础问题的能力。各章内容力求实现与相关规范深入融合，以指导规范的理解与工程设计和施工。书中包含了工业与民用建筑以及桥梁工程常用的地基以及基础，供相关专业或专业方向选修。

　　本书各章内容结构布局合理，理论与实践相结合，内容充实、重点突出。全书共分为 7 章，内容包括绪论、地基基础设计的基本原则、浅基础设计、桩基础、地基处理、特殊土地基、基坑工程等。各章后附有相应的思考题和习题。

　　本书参编单位、人员和分工如下。

　　兰州理工大学周凤玺编写第 1、2 章、刘云帅编写第 4 章、丑亚玲编写第 5 章、胡燕妮编写第 6 章、王立宪编写第 7 章。

　　西北民族大学王晓琴编写第 3 章。

　　本教材由兰州理工大学周凤玺负责统稿。

　　限于编者理论水平，书中不当之处在所难免，恳请读者批评指正。

编　者

2013 年 10 月

目　录

第1章 绪 论

1.1 概述

任何建筑物都建造在一定的地层上，建筑物的全部荷载都由它下面的地层来承担。建筑物与地基接触的部分称为基础，受建筑物影响的那一部分地层称为地基。当地基由多层土组成时，地基直接与基础底面相接触，承受主要荷载的那部分土层称为持力层，持力层以下的其他土层称为下卧层。图 1.1 即为上部结构、地基与基础的图示说明。

基础工程的研究对象是建筑物的基础和地基，是土木工程的一部分。地层是自然历史的产物，其物理力学性质十分复杂。基础工程又是隐蔽工程。在土木工程建设领域中，与上部结构比较，基础工程的不确定因素多、问题复杂、难度大，其勘察、设计和施工质量的好坏将直接影响到建筑物的安危、经济和正常使用。

基础工程主要研究在各种可能荷载作用下以及各种工程地质条件下的地基基础问题。内容包括地基勘察、浅基础、桩基础和其他深基础、挡土墙以及地基处理等。基础工程设计包括基础设计和地基设计两大部分。

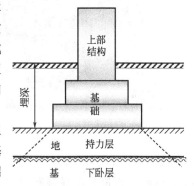

图 1.1 上部结构、地基
与基础示意图

基础设计包括基础形式的选择、基础埋置深度即基础底面积大小、基础内力和断面计算等。地基设计包括基础土的承载力确定、地基变形计算、地基稳定性计算等。当地基承载力不足或压缩性很大而不能满足设计要求时，需要对地基进行处理。

在荷载作用下，建筑物的地基、基础和上部结构是彼此联系、相互制约的。设计时应考虑它们三者共同作用的影响，通过技术、经济比较，选择安全可靠、经济合理、技术先进和施工方便的地基基础方案。

地基与基础设计必须满足三个基本条件。

① 强度要求。作用于地基上的荷载效应（基底压应力）不得超过地基容许承载力或地基承载力特征值，保证建筑物不因地基承载力不足而造成整体破坏或影响正常使用，具有足够防止整体破坏的安全储备。

② 变形要求。基础沉降不得超过地基变形容许值，保证建筑物不因地基变形而损坏或影响其正常使用。

③ 上部结构的其他要求。建筑物基础是整个建筑物的一部分，它应具有足够的强度、刚度和稳定性，以确保建筑物安全、稳定地工作，并要求具有较好的耐久性。

1.2 国内外基础工程事故举例

随着我国基本建设的发展，大型、重型、高层建筑和有特殊要求的建筑物日益增多，在基础工程设计与施工方面积累了不少成功的经验。国外也有不少成功的典范，然而也有不少失败的教训。

1913 年建造的加拿大特朗斯康（Transcona）谷仓（图 1.2），由 65 个圆柱形筒仓组成，高 31m，宽 23.5m，采用了筏板基础，因事先不了解基底下有厚达 16 m 的软黏土层，使谷仓西侧突然陷入土中 8.8m，东侧抬高 1.5m，仓身整体倾斜 26°53′。1952 年经勘察试验与计算，谷仓地基实际承载力为（193.8～276.6）kPa，远小于谷仓破坏时产生的压力 329.4kPa，因此，谷仓地基因超载发生整体滑动、丧失稳定性。因谷仓整体性很强，筒仓完好无损。事后在筒仓下增设 70 多个支承于基岩上的混凝土墩，用了 388 个 50t 的千斤顶才将其逐步纠正，但标高比原来降低了 4m。这是一个发生强度问题的典型例子。

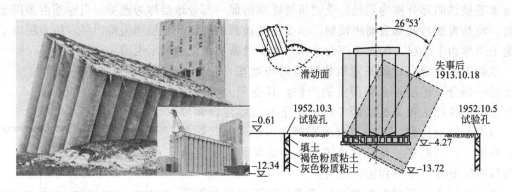

图 1.2　加拿大 Transcona 谷仓的地基破坏情况

意大利比萨斜塔（图 1.3）于 1173 年 9 月 8 日动工，至 1178 年修建至第 4 层中部、高约 29m 时，因塔身明显倾斜而停工。时隔 94 年，即于 1272 年复工，经 6 年时间，建完第 7 层，高 48m，之后再次停工 82 年。于 1360 年再次复工，至 1370 年竣工。全塔共 8 层，高度 55m。塔身呈圆筒形，1～6 层由优质大理石砌成，顶部 7～8 层采用砖和轻石料。塔身每层都由精美的圆柱与花纹图案。是一座宏伟而精致的建筑艺术品。全塔总荷重约 145MN，基础底面平均压力约 50kPa。地基持力层为粉砂，下面为粉土和黏土层。目前塔向南倾斜，南北两端沉降差 1.80m，塔顶离中心线已达 5.27m，倾斜 5.5°，已成为危险建筑物，于 1990 年被封闭。比萨斜塔是举世闻名的建筑物倾斜的典型实例，虽然影响因素较多，但主要是由于地基不均匀沉降引起的。

图 1.3　比萨斜塔

我国 1954 年 5 月开工兴建的上海工业展览馆中央大厅（图 1.4），因地基为约有 14m 厚高压缩性淤泥质软土，尽管采用了深 7.27m 的箱形基础，建成后仅当年年底实测地基平均沉降量为 60cm。1957 年 6 月，中央大厅四周的沉降量最大达 146.55cm，最小为 122.8cm。到 1979 年，累计平均沉降量为 160cm，从 1957 年至 1979 年共 22 年的沉降量仅 20cm 左右，不及 1954 年下半年沉降量的一半，说明沉降已趋向稳定。40 多年来，由于长期使用和地层不均匀沉降，主体建筑下沉最多之处约 1.9m，地面高低落差 40 多厘米。由于沉降量过大，导致中央大厅与两翼展览馆的连接，室内外连接的水、暖、电管道断裂等，严重影响正常使用。分析其产生的原因发现，虽然根据有关规范和现场载荷试验确定了承载力设计值，但没有进行变形计算，仅保证了强度要求，而变形要求没有保证。这是一个典型的变形过大影响正常使用的工程实例。

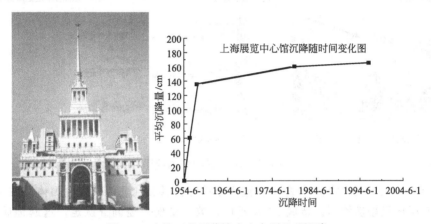

图 1.4 上海工业展览馆中央大厅地基沉降

2009 年 6 月 27 日早上 5 时 30 分左右，在没有任何先兆的情况下，位于上海闵行区莲花南路、罗阳路路口"莲花河畔景苑"的一栋 13 层在建商品房突然倒塌（图 1.5），此事引起了各方关注，这栋楼也有了自己特有的名字——"楼脆脆"。房屋倾倒的主要原因是，紧贴 7 号楼北侧，在短期内堆土过高，最高处达 10m 左右；与此同时，紧邻大楼南侧的地下车库基坑正在开挖，开挖深度 4.6m，大楼两侧的压力差使土体产生水平位移，过大的水平力超过了桩基的抗侧能力，导致房屋倾倒。这是由于基础强度不足引起的建筑物破坏的典型事故。

图 1.5 上海莲花河畔景苑 7 号楼桩基础断裂

美国提堂（Teton）（图 1.6）水库于 1975 年 11 月开始蓄水。1976 年春季库水位迅速上升。拟定水库水位上升限制速率为每天 0.3m。由于降雨，水位上升速率在 5 月份达到每天 1.2m。至 6 月 5 日溃坝时，库水位已达 1616.0m，仅低于溢流堰顶 0.9m，低于坝顶 9.0m。

从发现流混水到坝开始破坏约经 5h。这是由于渗流破坏造成的典型工程事故案例。

上午10:30左右,下游坝面有水渗出　　11:00左右,洞口不断扩大并向坝顶靠　　11:50左右,洞口扩大加速,泥
并带出泥土。　　　　　　　　　　　近,泥水流量增加　　　　　　　　　水对坝基的冲蚀更加剧烈。

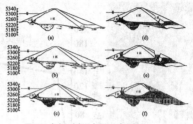

11:57 坝坡坍塌,泥水狂泻而下　　　　　　Teton大坝破坏过程示意图

图 1.6　Teton 库坝渗透破坏

　　2001 年 5 月 1 日 20 时 30 分左右,重庆市武隆县县城江北西段发生山体滑坡(图 1.7),造成一幢 8 层居民楼房垮塌。造成 79 人死亡,数人受伤。经调查认定,这起地质灾害事故的发生,有地质原因,也有诸多人为因素,在没有任何勘察资料和没有进行设计的情况下,进行坡地切坡施工,护坡治理工程处理不当造成的。总结这些人为因素,教训非常深刻。

图 1.7　重庆武隆滑坡

　　国内外历史上有名的多次大地震导致了大量建筑物的破坏,其中不少是因为地基基础抗震设计不当所致。当建筑物地基为砂土或粉土时,地下水位埋藏浅,可能产生振动液化,使地基失去承载能力,导致工程失事。图 1.8 (a) 是 1964 年 6 月 16 日,日本新潟发生 7.5 级地震后,因地基土发生液化所造成的破坏;图 1.8 (b) 是台湾 1999 年 9 月 21 日地震时发生砂土液化的景象,台中港大面积地基液化,码头到处可见沉陷和裂缝。经过大量的地震震害调查和理论研究,人们逐渐总结发展出基础工程抗震设计的理论和方法。

　　大量事故充分表明,必须慎重对待基础工程。只有深入地了解地基情况,掌握勘察资料,经过精心设计与施工,才能保证基础工程经济合理,安全可靠。

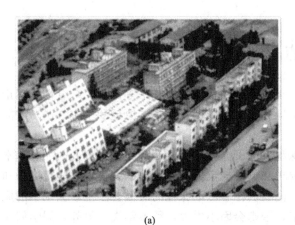
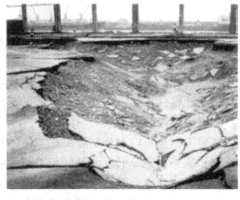

(a)　　　　　　　　　　　　　　　　　(b)

图 1.8　地基液化引起的破坏

1.3　基础工程发展概况

基础工程既是一门古老的工程技术，又是新型的应用科学。作为工程技术，在世界各文明古国数千年的建造活动中，人类很早就懂得了广泛利用土体进行工程建设，有很多关于基础工程的技术成就。早在新石器时代，人类已建造出原始的地基基础。西安市半坡村遗址的土台和石基即为一例。公元前 2 世纪修建的万里长城，后来修建的南北大运河、黄河大堤以及宏伟的宫殿、寺庙、宝塔等建筑，都有坚固的地基基础，经历地震、强风考验而安然无恙。北宋初著名工匠喻皓（公元 989 年）建造开封宝寺木塔时，考虑到当地多西北风，将建于饱和土上的塔身稍向西北倾斜，以在风力长期继续作用下逐渐复正，解决了建筑物地基的不均匀沉降问题。1300 年前，隋代工匠李春主持修建的赵州安济石拱桥，不仅建筑结构独特，防洪能力强，而且在地基基础的处理上也非常合理。该桥桥台坐落在两岸较浅的密实粗砂土层上，沉降很小，充分利用了天然地基的承载力。古代劳动人民在工程实践中积累了丰富的地基基础知识，只是由于当时生产力发展水平的限制，这些成就只停留在实践经验和感性认识阶段，尚未提炼成系统的科学理论。

作为一门学科，基础工程与其他技术学科一样，是人类在长期的生产实践中不断发展起来的。18 世纪工业革命后，大规模的城市建筑和水利、铁路的兴建面临许多与土有关的问题，从而促进了土力学理论的发展。1773 年法国学者库仑（Coulomb）创立了土的抗剪强度定律和库仑土压力理论；1857 年英国学者朗肯（Rankine）提出了朗肯土压力理论；1885 年法国学者布辛奈斯克（Boussinesq）求得半无限弹性体在竖向集中力作用下的应力和变形理论；1922 年瑞典学者费伦纽斯（Fellenius）提出土坡稳定分析方法。这些先驱者的工作为土力学的建立奠定了基础。1925 年美国学者太沙基（Terzaghi）发表土力学专著，标志着土力学成为一门独立的学科。

为适应我国建设的需要，基础工程技术得到了快速发展，我国在勘察、测试技术、土的物理力学性质研究、土力学理论及地基基础设计和施工技术等方面取得了很多科研成果和实践经验。建筑工程中，成功地处理了许多大型和复杂的基础工程问题。

随着电子技术及各种数值计算方法对各学科的渗透，土力学与基础工程的各个领域发生了深刻的变化，许多复杂的工程问题得到了有效的解决，标志着基础工程学科进入了一个新时期。

1.4　课程的主要内容及学习要点

　　基础工程的许多内容涉及工程地质学、土力学、结构设计与施工等课程，综合性、理论性和实践性很强。同学们应熟练掌握并善于应用上述已修课程的基本原理和基本方法，才能赢得本课程学习的主动权。

　　基础工程是一门十分贴近工程实际的课程，除了介绍相关设计和施工中涉及的一些基本理论和知识外，还要引入大量的相关技术要求和具体规定，所以教材的内容容易显得庞杂和繁琐，这给初学者的学习带来了一定困难。同学们在学习本课程的时候要注意掌握基本的原理和方法，具体的细致规定则不必强求记忆，否则会因小失大，得不偿失。另外，同学们在学习本课程的时候一定要勤于思考，多动手做题，通过习题和课程设计培养自己解决实际问题的能力。

　　由于生成条件不同，某些地基土类（如湿陷性黄土、软土、膨胀土、红黏土、冻土等）具有明显特殊的性质，一般天然土层的性质和分布也因地而异，即使在较小范围内也可能变化很大。因此，地基基础问题具有强烈的区域性特征，所以在基础工程领域除需要扎实的理论知识外，还需要丰富的工程实践经验，此外还必须重视通过勘探和测试手段取得可靠的地基土层的分布及其物理力学性质指标的资料。

　　基础工程建设不可避免地涉及许多规范、规程和规定。这些都是设计和施工中必须遵守的法定依据。但我国地域辽阔，自然条件差异极大，因而不同地区和不同行业制订了各自的地区和行业规范，不但在一些具体规定上存在差异，有的还形成了不同的体系。同学们在使用规范时务必加以注意，尤其是不要混用不同体系的规范。

　　鉴于上述情况，建议学习的重点以学科知识体系为主，弄清基础工程设计和施工中的主要内容和基本方法，同时兼顾不同专业方向，对各自的行业规范部分有所偏重。基础工程是一门有着较强的理论性和实践性的课程。除理论外，试验测试以及工程经验对于解决工程问题也十分重要。所以在学习时应注意理论与实际的联系，通过各个教学环节学习好本课程。

第2章　地基基础设计的基本原则

2.1　概述

基础是连接工业与民用建筑上部结构或桥梁墩、台与地基之间的过渡结构。它的作用是将上部结构承受的各种荷载安全传递至地基，并使地基在建筑物允许的沉陷变形值内正常工作，从而保证建筑物的正常使用。因此，基础工程的设计必须根据上部结构传力体系的特点、建筑物对地下空间使用功能的要求、地基土的物理力学性质，结合施工设备能力，坚持保护环境，考虑经济造价等各方面要求，合理选择地基基础设计方案。其常见的功能主要如下。

① 以不同的基础形式，如不同的尺寸、刚度及埋深等，将上部结构传来的轴力、水平力、弯矩等荷载传递到地基中，以满足地基土承载力的要求；

② 根据上部结构的特点以及地基可能出现的变形情况，利用基础所具有的刚度（经计算确定），与上部结构共同调整因荷载不均或地基土的不均匀性产生的变形，以便使上部结构不致产生过多的次应力。

从不同的角度（材料、构造形式、作用、施工方法及埋深等）可将基础分为多种类型。不同类型的基础，既要使自身强度满足上部结构的荷载要求，还需适应地基的强度和稳定性，所以，进行基础设计时，实际上是进行地基及基础的设计。设计时，需对地基、基础及上部结构进行考虑，虽然这三方面各自的功能、工作性状及研究方法不同，但对同一建筑物而言，在荷载作用下，这三方面却是相互联系、相互制约的整体。目前，实践中还难以将这三方面完全统一起来进行设计计算，设计时仍较多地采用常规设计方法。但在处理地基及基础问题时，应将三方面作为一个整体进行统筹考虑，才能收到较理想的效果。

本章主要介绍各种地基类型、基础类型以及基础工程设计的有关基本原则。

2.2　地基及基础的主要类型

一般说来，将支承建筑物或构筑物的地基分为两类：开挖基坑后可以直接修筑基础的地基，称为天然地基（natural subgrade）；那些不能满足要求而需要事先进行人工处理的地基，称为人工地基（artificial subgrade）。基础按照埋置深度不同也分为两类：通常把埋置深度不大（小于或相当于基础底面宽度，一般认为小于 5m）的基础称为浅基础（shallow foundation）；对于浅层土质不良，需要利用深处良好地层，采用专门的施工方法和机具建造的基础称为深基础（deep foundation）。

2.2.1　地基的主要类型

2.2.1.1　天然地基

（1）土质地基

在漫长的地质年代中，岩石经历风化、剥蚀、搬运、沉积生成土。按地质年代划分为第四纪沉积物，根据成因的类型分为残积物、坡积物和洪积物、冲积物等。土按颗粒级配或塑性指数可划分为碎石土、砂土、粉土和黏性土，具体划分原则详见《建筑地基基础设计规范》（GB 5007—2011）。土质地基处于地壳的表层，施工方便，基础工程造价较经济，是房屋建筑，中、小型桥梁，涵洞，水库，水坝等构筑物基础经常选用的持力层。

（2）岩石地基

当岩层距地表很近，或高层建筑、大型桥梁、水库水坝荷载通过基础底面传给土质地基，地基土体承载力、变形验算不能满足相关规范要求时，则必须选择岩石地基。岩石根据其成因不同，分为岩浆岩、沉积岩、变质岩。它们具有足够的抗压强度，颗粒间有较强的连接，除全风化、强风化岩石外均属于连续介质。它较土粒堆积而成的多孔介质的力学性能优越许多。根据岩石的风化程度将岩石分为未风化、微风化、中等风化、强风化、全风化。不同的风化等级对应不同的承载能力，对岩石工程岩体的类别和等级划分详见《工程岩体分级标准》（GB 50218—1994）

（3）特殊土地基

我国地域辽阔，工程地质条件复杂。在不同的区域由于气候条件、地形条件、季风作用在沉积过程中形成具有独特物理力学性质的区域土。对一般性土地基（如黏性土地基、砂土地基、碎石土地基及岩石地基等）而言，我国特殊土地基通常有湿陷性黄土地基、膨胀土地基、冻土地基、红黏土地基等。关于各种特殊土地基的工程特性以及地基处理措施将在第6章中进行详细的讲解。

2.2.1.2　人工地基

当建筑物荷载在基础底部产生的基底压力超过天然土层的承载能力或基础的沉降变形数据超过建筑物正常使用的允许值时，土质地基必须通过置换、夯实、挤密、排水、胶结、加筋和化学处理等方法对原有地基进行处理与加固，使其性能得以改善，满足承载能力或沉降的要求，此时地基称为人工地基。人工地基一般是在基础工程施工以前，根据地基土的类别、加固深度、上部结构要求、周围环境条件、材料来源、施工工期、施工技术与设备条件进行地基处理方案选择、设计，力求达到方法先进、经济合理的目的。

2.2.2　基础的主要类型

2.2.2.1　浅基础

（1）单独基础

小跨度桥梁墩台下、单层工业厂房排架柱下或公共建筑框架柱下常采用单独基础，或称独立基础，见图2.1。由于每个基础的长、宽可以自由调整，因此框架柱荷载不等时，通常可以采用该类型基础，调整相邻柱的基础底面积，控制不均匀沉降的差值达到允许值。有时墙下采用单独基础，在基础顶面设置钢筋混凝土基础梁，并于梁上砌砖墙体，见图2.2。单独基础采用抗弯、抗剪强度低的砌体材料（如砖、毛石、素混凝土等）且满足刚度要求时，通常称为刚性基础；而采用抗弯、抗剪强度高的钢筋混凝土材料时，称为柱下钢筋混凝土独立基础，简称扩展基础。

（2）条形基础

当柱的荷载过大，地基承载力不足时，可将单独基础底面联结形成柱下条形基础承受一排柱列的总荷载，见图2.3。民用住宅砌体结构大部分采用墙下条形基础，此时按每延米墙体传递的荷载计算墙下条形基础的宽度，见图2.4。条形基础分别采用抗弯、抗剪强度低和高的材料时，称为刚性基础和扩展基础（墙下钢筋混凝土条形基础）。

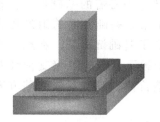

图 2.1　柱下单独基础图

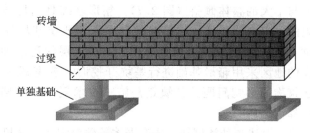

图 2.2　墙下单独基础

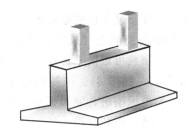

图 2.3　柱下条形基础图

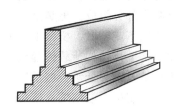

图 2.4　墙下条形基础

（3）十字交叉基础

柱下条形基础在柱网的双向布置，相交于柱位处形成交叉条形基础。当地基软弱，柱网的柱荷载不均匀，需要基础具有空间刚度以调整不均匀沉降时多采用此类型基础，见图 2.5。

（4）筏形和箱形基础

砌体结构房屋的全部墙底部，框架、剪力墙的全部柱、墙底部用钢筋混凝土平板或带梁板覆盖全部地基土体的基础形式称为筏形基础（如将广阔的土体地基视为大海，则此平板就如一片竹筏从而称为筏形基础）。当持力层埋

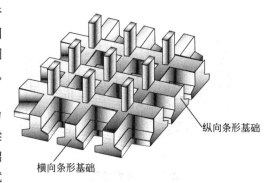

图 2.5　十字交叉基础

深较浅或经人工处理得到持力层时采用墙下等厚度平板式筏形基础较为合理。柱下筏形基础在构造上，沿纵、横柱列方向加肋梁成为梁板式筏形基础，见图 2.6。

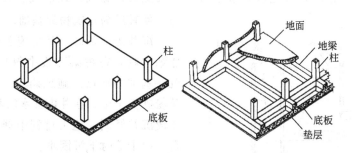

图 2.6　筏形基础

箱形基础是由钢筋混凝土的底板、顶板和内外纵横墙体组成的格式空间结构。其埋

深大、整体刚度好。由于箱形基础刚度很大，在荷载作用下，建筑物仅发生大致均匀的沉降与不大的整体倾斜（图2.7）。箱形基础是高层建筑人防工程必需的基础形式。箱形基础的中空结构形式，使得基础自重小于开挖基坑卸去的土重，基础底面的附加压力值p_0将比实体基础减少，从而提高了地基土层的稳定性，降低了基础沉降量。在地下水位较高的地区采用箱形基础进行基坑开挖时，要考虑人工降低地下水位、坑壁支护和对相邻建筑物的影响问题。其缺点是施工技术复杂、工期长、造价高。应与其他基础方案比较后择优选用。

除了上述各种类型外，还有壳体基础等型式，这里不再赘述。

2.2.2.2　深基础

（1）桩基础

桩基础是将上部结构荷载通过桩穿过较弱土层传递给下部坚硬土层的基础形式。它由基桩和承台两个部分组成。桩是全部或部分埋入地基土中的钢筋混凝土（或其他材料）柱体。承台是框架柱下或桥墩、桥台下的锚固端，从而使上部结构荷载可以向下传递。它又将全部桩顶箍住，将上部结构荷载传递给各桩使其共同承受外力（见图2.8）。桩基础按承台位置分为高承台桩基础和低承台桩基础；按受力条件分类可分为端承型桩、摩擦型桩；按施工条件分类可分预制桩、灌注桩；按挤土效应分为挤土桩、部分挤土桩和非挤土桩。当高层建筑荷载较大，箱形基础、筏形基础不能满足沉降变形、承载能力要求时，往往采用桩箱基础、桩筏基础的形式。

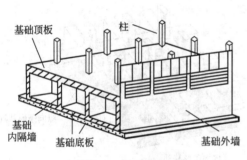

图2.7　箱形基础

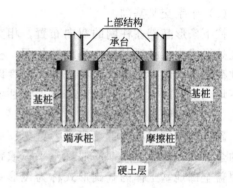

图2.8　桩基础

（2）沉井基础

沉井是井筒状的结构，见图2.9。它先在地面预定位置或在水中筑岛处预制井筒结构，然后在井内挖土、依靠自重克服井壁摩阻力下沉至设计标高，经混凝土封底，并填塞井内部，使其成为建筑物深基础。

沉井既是基础，又是施工时挡水和挡土围堰结构物，在桥梁工程中得到较广泛的应用。沉井基础的缺点是施工期较长，当其置于细砂及粉砂类土中，在井内抽水时易发生流砂现象，造成沉井倾斜，施工过程中遇到土层中有大孤石、树干等时下沉困难。

（3）地下连续墙深基础

地下连续墙是基坑开挖时，防止地下水渗

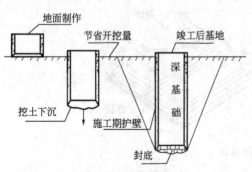

图2.9　沉井基础

流入基坑，支挡侧壁土体坍塌的一种基坑支护形式或直接承受上部结构荷载的深基础形式。它是在泥浆护壁条件下，使用开槽机械，在地基中按建筑物平面的墙体位置形成深槽，槽内以钢筋、混凝土为材料构成地下钢筋混凝土墙。

地下连续墙的嵌固深度根据基坑支挡计算和使用功能相结合决定。宽度往往由其强度、刚度要求决定，与基坑深浅和侧壁土质有关。地下连续墙可穿过各种土层进入基岩，有地下水时无须采取降低地下水位的措施。它既是地下工程施工时的临时支护结构，又是永久建筑物的地下结构部分。

2.3　地基、基础与上部结构的相互作用

2.3.1　相互作用的概念

基础承受上部结构的作用并对地基表面施加压力（基底压力），同时，地基表面对基础产生反力（地基反力）。两者大小相等，方向相反。基础所承受的上部荷载和地基反力应满足平衡条件。地基土体在基底压力作用下产生附加应力和变形，而基础在上部结构和地基反力的作用下则产生内力和位移，地基与基础互相影响、互相制约。进一步说，地基与基础之间，除了荷载的作用外，还与它们抵抗变形或位移的能力有着密切关系。而且，基础及地基也与上部结构的荷载和刚度有关。即：地基、基础和上部结构都是互相影响、互相制约的。它们原来互相连接或接触的部位，在各部分荷载、位移和刚度的综合影响下，一般仍然保持连接或接触，墙柱底端位移、该处基础的变位和地基表面的沉降相一致，满足变形协调条件。上述概念，可称为地基—基础—上部结构的相互作用。

2.3.2　上部结构的刚度对基础受力状况的影响

上部结构的刚度（整体刚度），即指整个上部结构对基础的不均匀沉降或挠曲的抵抗能力。现以绝对刚性和绝对柔性两种上部结构对条形基础的影响为例进行说明。

图 2.10（a）中上部结构为绝对刚性，当地基变形时，各柱只能同时均匀下沉，若忽略各柱端的抗转动能力，则柱支座可视为条形基础（基础梁）的不动铰支座，基底分布反力可视为基础梁的外荷载，此时，基础梁如同倒置的连续梁，不产生整体弯曲，但在基底反力作用下会产生局部弯曲。

图 2.10（b）中上部结构为绝对柔性，它除将荷载传递给基础外，对基础的变形毫无约束作用，即柔性结构未参与共同工作，于是基础梁在产生局部弯曲的同时，还要经受很大的整体弯曲作用。

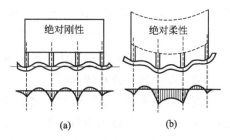

图 2.10　上部结构刚度对
基础受力状况的影响
(a) 上部结构绝对刚性；
(b) 上部结构绝对柔性

在图 2.10 中，两种极端情况下的基础梁，其挠曲形式及相应的内力所显示的图形明显不同。实际上，除了像烟囱、高炉等整体构筑物可认为是绝对刚性者外，绝大多数结构物往往介于绝对刚性和绝对柔性之间，要考虑其整体刚度相当困难，只能依靠计算机来分析。实践中，往往只能根据经验的定性判断，判定上部结构比较接近于哪种情况，例如：上部结构为剪力墙体系的高层建筑接近于绝对刚性，单层排架结构则接近绝对柔性。当上部结构的刚度较大时，抵抗和调整地基变形的能力也较强，但会在结构内产生较高的次应力（附加应力）。反之，上部结构刚度愈小，次应力也愈小。

2.3.3　基础刚度对基底反力分布的影响

现以绝对柔性基础和绝对刚性基础为例，在只考虑基础自身刚度的情况下，说明地基与基础的相互作用。

（1）绝对柔性基础

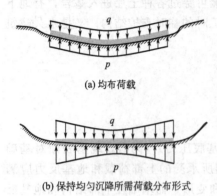

(a) 均布荷载

(b) 保持均匀沉降所需荷载分布形式

图 2.11　绝对柔性基础基底反力分布

因绝对柔性基础的抗弯刚度极小，当忽略上部结构刚度时，基础会随着地基的变形而弯曲，基础上各处的荷载传递到基础底面时不可能向附近扩散，如同荷载直接作用于地基上。所以，柔性基础的基底反力分布与基础上的荷载分布一致，如图 2.11（a）所示，即反力分布 p 与荷载 q 大小相等，方向相反。若地基为均质弹性半空间，当基础承受均布荷载时，由角点法可求算出柔性基础基底沉降量是中部大、边缘小，即称之为"盆形沉降"。由于基础刚度太小，它不能调整这一沉降形态，也不能使基底的荷载分布情况有所改变。要使基础的沉降趋于均匀，若基础的刚度不变，唯一的办法就是使基础边缘的荷载增加，而基础中部相应减载，如图 2.11（b）所示。此时，基底面沉降趋于均匀，但基础上的荷载及基底反力呈非均匀状分布。

（2）绝对刚性基础

由于绝对刚性基础的抗弯刚度极大，受荷载作用后不产生挠曲变形，沉降后基底仍为一平面。由柔性基础沉降均匀时基底反力分布情况可推想，中心荷载作用下的刚性基础，其基底反力分布应为中部小而边缘大，如

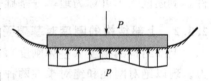

图 2.12　绝对刚性基础基底反力分布

图 2.12 所示。对具有一定刚度的基础，在调整基底沉降使之趋于均匀的同时，也使基底压力从中部向边缘相应地转移。工程中把刚性基础能跨越基底中部，将荷载相对集中地传递至基底边缘地基土的现象称为基础的"架越作用"。

（3）基底反力分布的规律

理论分析及试验研究表明，基底反力的分布，除了与基础刚度密切相关外，还受土的类别与变形特性、荷载大小与分布、土的固结与蠕变特性、基础埋深及基础形状等众多因素的影响，根据模型试验与大量现场实测资料分析，基底反力分布大致呈以下三种类型。

①若基底面积足够大，基础有一定埋深，荷载不大，地基尚处于线性变形阶段时，基底反力图往往呈马鞍形，如图 2.13（a）所示；若地基较坚硬，则反力最大值的位置更接近于基底边缘。

②砂土地基上的小型基础，当埋深较浅，或者荷载较大时，临近基础边缘的塑性区将逐渐扩大，塑性区地基土所卸除的荷载必然转移给基底中部的土体，使基底中部的反力增大，最后呈抛物线形，如图 2.13（b）所示。

③当荷载非常大，以致地基土接近整体破坏时，反力更加向中部集中，呈钟形分布，如图 2.13（c）所示；当基础周围有非常大的地面堆载，或者受到相邻建筑的影响，也可能出现钟形的反力分布。

2.3.4 地基条件对基础受力状况的影响

基础的受力状况（乃至上部结构的受力状况），还取决于地基土的压缩性（即软硬程度或刚度）及其分布的均匀性。由于地基土的分布有时呈非均匀状态，土层分布的变化和非均质性对基础挠曲和内力的影响同样不能忽视。

当地基为不可压缩时（例如基础坐落于坚硬的未风化基岩上），基础结构不仅不产生整体弯曲，而且局部弯曲也很小。最常见的情况却是地基土有一定的可压缩性，甚至可压缩性很大，且分布不均（图 2.14）。由于地基土软硬程度及分布情况不同，虽然图 2.14 中两基础的柱荷载相同，但两基础的挠曲情况及弯矩分布明显不一样。

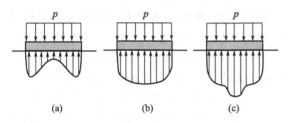

图 2.13　基底反力分布的几种典型情况　　　　图 2.14　地基条件对基础受力的影响

以上考虑的是地基土的压缩性及其分布对基础受力状况的影响，在分析基础与地基相互作用问题时，还必须考虑基础与地基界面处的边界条件及其对基础受力状况的影响。

基础与地基两者的界面处，往往显示出摩擦特征，而界面条件受多种因素影响。例如：由于土的强度有限，形成的摩擦力也有限（不超过土的抗剪强度）；孔隙水压力的变化，可能改变压缩过程中摩擦力的大小与分布；外荷载的性质及分布情况、基础的相对柔度以及土的蠕变等都影响到边界条件。除了要考虑界面上的摩擦条件外，还要规定界面脱离接触的条件。

由于影响界面摩擦条件的因素复杂，只能对界面摩擦的影响作相应的估计；而对接触条件的判定，由于结构物自重大（特别是高层建筑），足以防止界面出现拉应力（即基础与地基不会脱离接触）。所以，在分析竖向荷载作用下的基础工作性状时，一般均假定基础与支承土体之间为光滑接触，即仅保持竖向位移是连续的；当分析水平荷载作用下的基础抗水平滑动稳定性时，则考虑界面上存在有摩擦力。

以上仅介绍了地基、基础与上部结构相互作用的概念，具体的分析及设计理论（详见有关文献），已在某些重大工程中相应实施，目前多数工程主要仍采用常规方法进行设计。常规设计时基底反力按直线分布考虑，由基础上的荷载与基底反力的静力平衡条件求算基础截面的弯矩和剪力，因分析过程是静定的，故称为"静定分析法"，又由于在基础刚度很大、地基相对较软弱时采用常规设计方法才比较符合实际情况，所以，又将常规设计称为"刚性设计"。

2.4　地基基础设计的基本原则

基础工程设计时，需综合考虑场地地质条件、建筑物的重要性及使用功能、上部结构的类型、荷载大小及分布、施工条件及对周围邻近建筑物的影响等众多因素，之后才能作出相应的设计方案。对某一具体建筑物，可能有多种设计方案可供选择，只有经过技术经济比较，才能得出较经济合理的方案。现将基础工程设计时所涉及的主要问题及设计的基本原则进行说明。

2.4.1　地基基础设计方法

要反映在外荷载作用下上部结构、基础和地基三者的内力及变形的变化程度以及相互制约作用，并使三者均满足静力平衡和变形协调条件，同时按此原则对整个体系的相互作用进行分析，可想而知，这是相当复杂的力学问题。

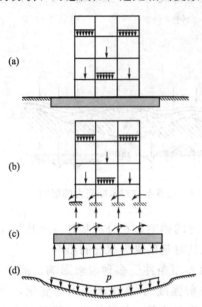

图 2.15　框架结构系统
不考虑共同作用的分析方法示意图
（a）框架结构系统简图；（b）上部结构；
（c）基础结构；（d）地基计算

为了简化计算，在工程设计中，通常把三者分离开来，分别对三者进行计算。例如图 2.15（a）所示为框架结构。分析时先沿框架柱脚处切断，将上部结构视为柱脚固定的独立结构，用结构力学方法求出外荷载作用下柱底反力和结构内力［图 2.15（b）］。之后将求出的柱底固端力反向作用于基础梁上，并假定地基反力为直线分布，并仍按结构力学方法求解基础梁的内力［图 2.15（c）］。进行地基计算时，按总荷载求出基底平均反力 p［图 2.15（d）］，并将 p 作为柔性荷载（不考虑基础刚度）来验算地基承载力和基础的沉降量。

这种传统的分析与设计方法，可称为常规设计法。这种设计方法，对于良好均质地基上刚度大的基础和墙柱布置均匀、作用荷载对称且大小相近的上部结构来说是可行的。在这些情况下，按常规设计法计算的结果，与进行地基-基础-上部结构相互作用分析的差别不大，可满足结构设计可靠度的要求，并已经过大量工程实践的检验。

常规设计方法只满足了总荷载与总反力的静力平衡条件，而上部结构与基础之间的连接点以及基底与土介质之间的接触点上位移连续的条件完全未考虑。基底压力一般并非呈直线（或平面）分布，它与土的类别性质、基础尺寸和刚度以及荷载大小等因素有关。在地基软弱、基础平面尺寸大、上部结构的荷载分布不均等情况下，地基的沉降将受到基础和上部结构的影响，而基础和上部结构的内力和变形也将调整。如按常规方法计算，墙柱底端的位移、基础的挠曲和地基的沉降将各不相同，三者变形不协调，且不符合实际。而且，地基不均匀沉降所引起的上部结构附加内力和基础内力变化，未能在结构设计中加以考虑，因而也不安全。只有进行地基-基础-上部结构的相互作用分析，才能合理进行设计，做到既降低造价又能防止建筑物遭受损坏。目前，这方面的研究工作已取得进展，人们可以根据某些实测资料和借助电子计算机，进行某些结构类型、基础形式和地基条件的相互作用分析，并在工程实践中运用相互作用分析的成果或概念。

2.4.2　对地基计算的基本规定

① 地基基础设计应根据地基复杂程度、建筑物规模和功能特征以及由于地基问题可能造成建筑物破坏或影响正常使用的程度分为三个设计等级，设计时应根据具体情况，按表 2.1 选用。

表 2.1　**地基基础设计等级**（GB 50021—2001）

设计等级	建筑和地基类型
甲 级	重要的工业与民用建筑物 30 层以上的高层建筑 体型复杂，层数相差超过 10 层的高低层连成一体建筑物 大面积的多层地下建筑物（如地下车库、商场、运动场等） 对地基变形有特殊要求的建筑物 复杂地质条件下的坡上建筑物（包括高边坡） 对原有工程影响较大的新建建筑物 场地和地基条件复杂的一般建筑物 位于复杂地质条件及软土地区的二层及二层以上地下室的基坑工程 开挖深度大于 15m 的基坑工程 周边环境条件复杂、环境保护要求高的基坑工程
乙 级	除甲级、丙级以外的工业与民用建筑物 除甲级、丙级以外的基坑工程
丙 级	场地和地基条件简单、荷载分布均匀的七层及七层以下民用建筑及一般工业建筑；次要的轻型建筑物 非软土地区且场地地质条件简单、基坑周边环境条件简单、环境保护要求不高且开挖深度小于 5.0m 的基坑工程

② 根据建筑物地基基础设计等级及长期荷载作用下地基变形对上部结构的影响程度，地基基础设计应符合下列规定。

a. 所有建筑物的地基计算均应满足承载力计算的有关规定；

b. 设计等级为甲级、乙级的建筑物，均应按地基变形设计；

c. 设计等级为丙级的建筑物有下列情况之一时应作变形验算：

（a）地基承载力特征值小于 130kPa，且体型复杂的建筑；

（b）在基础上及其附近有地面堆载或相邻基础荷载差异较大，可能引起地基产生过大的不均匀沉降时；

（c）软弱地基上的建筑物存在偏心荷载时；

（d）相邻建筑距离近，可能发生倾斜时；

（e）地基内有厚度较大或厚薄不均的填土，其自重固结未完成时。

d. 对经常受水平荷载作用的高层建筑、高耸结构和挡土墙等以及建造在斜坡上或边坡附近的建筑物和构筑物，尚应验算其稳定性；

e. 基坑工程应进行稳定性验算；

f. 建筑地下室或地下构筑物存在上浮问题时，尚应进行抗浮验算。

③ 表 2.2 所列范围内设计等级为丙级的建筑物可不作变形验算。

2.4.3　关于荷载取值的规定

（1）地基基础设计时，所采用的作用效应与相应的抗力限值应符合下列规定

① 按地基承载力确定基础底面积及埋深或按单桩承载力确定桩数时，传至基础或承台底面上的作用效应应按正常使用极限状态下作用的标准组合。相应的抗力应采用地基承载力特征值或单桩承载力特征值；

② 计算地基变形时，传至基础底面上的作用效应应按正常使用极限状态下作用的准永久组合，不应计入风荷载和地震作用。相应的限值应为地基变形允许值；

表2.2　可不作地基变形验算的设计等级为丙级的建筑物范围（GB 50021—2001）

地基主要受力层情况			$80 \leqslant f_{ak} < 100$	$100 \leqslant f_{ak} < 130$	$130 \leqslant f_{ak} < 160$	$160 \leqslant f_{ak} < 200$	$200 \leqslant f_{ak} < 300$
地基承载力特征值 f_{ak}/kPa 各土层坡度/%			≤5	≤10	≤10	≤10	≤10
建筑类型	砌体承重结构、框架结构（层数）		≤5	≤5	≤6	≤6	≤7
	单层排架结构（6m柱距）	单跨　吊车额定起重量/t	10～15	15～20	20～30	30～50	50～100
		单跨　厂房跨度/m	≤18	≤24	≤30	≤30	≤30
		多跨　吊车额定起重量/t	5～10	10～15	15～20	20～30	30～75
		多跨　厂房跨度/m	≤18	≤24	≤30	≤30	≤30
	烟囱	高度/m	≤40	≤50	≤75	≤100	
	水塔	高度/m	≤20	≤30	≤30	≤30	
		容积/m³	50～100	100～200	200～300	300～500	500～1000

注：1. 地基主要受力层系指条形基础底面下深度为 $3b$（b 为基础底面宽度），独立基础下为 $1.5b$，且厚度均不小于 5m 的范围（二层以下一般的民用建筑除外）；

2. 地基主要受力层中如有承载力特征值小于 130kPa 的土层时，表中砌体承重结构的设计，应符合本规范第 7 章的有关要求；

3. 表中砌体承重结构和框架结构均指民用建筑，对于工业建筑可按厂房高度、荷载情况折合成与其相当的民用建筑层数；

4. 表中吊车额定起重量、烟囱高度和水塔容积的数值系指最大值。

③ 计算挡土墙、地基或滑坡稳定以及基础抗浮稳定时，作用效应应按承载能力极限状态下作用的基本组合，但其分项系数均为 1.0；

④ 在确定基础或桩基承台高度、支挡结构截面、计算基础或支挡结构内力、确定配筋和验算材料强度时，上部结构传来的作用效应和相应的基底反力、挡土墙土压力以及滑坡推力，应按承载能力极限状态下作用的基本组合，采用相应的分项系数。当需要验算基础裂缝宽度时，应按正常使用极限状态作用的标准组合；

⑤ 基础设计安全等级、结构设计使用年限、结构重要性系数应按有关规范的规定采用，但结构重要性系数（γ_0）不应小于 1.0。

（2）地基基础设计时，作用组合的效应设计值应符合下列规定

① 正常使用极限状态下，标准组合的效应设计值（S_k）应按下式确定

$$S_k = S_{Gk} + S_{Q1k} + \psi_{c2} S_{Q2k} + \cdots + \psi_{cn} S_{Qnk} \tag{2.1}$$

式中　S_{Gk}——永久作用标准值（G_k）的效应；

S_{Qik}——第 i 个可变作用标准值（Q_{ik}）的效应；

ψ_{ci}——第 i 个可变作用（Q_i）的组合值系数，按现行国家标准《建筑结构荷载规范》GB 50009 的规定取值。

② 准永久组合的效应设计值（S_k）应按下式确定

$$S_k = S_{Gk} + \psi_{q1} S_{Q1k} + \psi_{q2} S_{Q2k} + \cdots + \psi_{qn} S_{Qnk} \tag{2.2}$$

式中　ψ_{qi}——第 i 个可变作用的准永久值系数，按现行国家标准《建筑结构荷载规范》GB 50009 的规定取值。

③ 承载能力极限状态下，由可变作用控制的基本组合的效应设计值（S_d），应按下式确定

$$S_d = \gamma_G S_{Gk} + \gamma_{Q1} S_{Q1k} + \gamma_{Q2} \psi_{c2} S_{Q2k} + \cdots + \gamma_{Qn} \psi_{cn} S_{Qnk} \qquad (2.3)$$

式中　γ_G——永久作用的分项系数，按现行国家标准《建筑结构荷载规范》(GB 50009—2012)的规定取值；

　　　γ_{Qi}——第 i 个可变作用的分项系数，按现行国家标准《建筑结构荷载规范》(GB 50009—2012)的规定取值。

④ 对由永久作用控制的基本组合，也可采用简化规则，基本组合的效应设计值（S_d）可按下式确定

$$S_d = 1.35 S_k \qquad (2.4)$$

式中　S_k——标准组合的作用效应设计值。

思考题与习题

1.1　常用的浅基础形式有哪几种？它们分别适宜在什么条件下采用？

1.2　无筋扩展基础及钢筋混凝土基础各有哪些特点？

1.3　简述地基、基础及上部结构三者相互作用的概念。

1.4　基础工程设计时应遵循哪几项原则？

第3章　浅基础设计

3.1　概述

工程设计都是从选择方案开始的。地基基础设计方案有：天然地基或人工地基上的浅基础；深基础；深浅结合的基础（如桩-筏、桩-箱基础等）。上述每种方案中各有多种基础类型和做法，可根据实际情况加以选择。

地基基础设计是建筑物结构设计的重要组成部分。基础的形式和布置，要合理的配合上部结构的设计，满足建筑物整体的要求，同时要做到便于施工、降低造价。天然地基上结构比较简单的浅基础最为经济，如能满足要求，宜优先选用。

浅基础是相对深基础而言的，二者的差别主要在施工方法及设计原则上。浅基础的埋深通常不大，一般只需采用普通基坑开挖、敞坑排水的施工方法建造，施工条件和工艺都比较简单。正因为浅基础的埋深不大，浅基础设计时，只考虑基础底面以下土的承载能力，不考虑基础底面以上土的抗剪强度对地基承载力的作用，还忽略了基础侧面与土之间的摩擦阻力；而深基础则要考虑侧壁与土之间的摩擦阻力对基础的有利作用，深基础承载力的确定和设计方法也就不同。但是，浅基础和深基础的区别很难用一个固定的埋置深度来区别。

地基基础设计必须根据上部结构条件（建筑物的用途和安全等级、建筑布置、上部结构类型等）和工程地质条件（建筑场地、地基岩土和气候条件等），结合考虑其他方面的要求（工期、施工条件、造价和节约资源等），合理选择地基基础方案，因地制宜，精心设计，以确保建筑物和构筑物的安全和正常使用。天然地基上的浅基础，结构比较简单，最为经济，如能满足要求，宜优先选用。

天然地基上的浅基础设计的内容和一般步骤如下。

① 充分掌握拟建场地的工程地质条件和地质勘察资料；

② 在研究地基勘察资料的基础上，结合上部结构的类型，荷载的性质、大小和分布，建筑布置和使用要求以及拟建建筑对原有建筑设施或环境的影响，并充分了解当地建筑经验、施工条件、材料供应、保护环境、先进技术的推广应用等其他有关情况，综合考虑选择基础类型和平面布置方案；

③ 选择地基持力层和基础埋置深度；

④ 确定地基承载力；

⑤ 按地基承载力（包括持力层和软弱下卧层）确定基础底面尺寸；

⑥ 进行必要的地基稳定性和变形验算；

⑦ 进行基础的结构设计，按基础结构布置进行结构的内力分析、强度计算，并满足构造设计要求，以保证基础具有足够的强度、刚度和耐久性；

⑧ 绘制基础施工图，并提出必要的技术说明。

基础施工图应清楚表明基础的布置、各部分的平面尺寸和剖面。注明设计地面或基础底面的标高。如果基础的中线与建筑物的轴线不一致，应加以标明。如建筑物在地下有暖气沟等设施，也应标示清楚。至于所用材料及其强度等级等方面的要求和规定，应在施工说明中提出。

上述浅基础设计的各项内容是互相关联的。设计时可按上列顺序，首先选择基础材料、类型和埋深，然后逐步进行计算。如发现前面的选择不妥，则须修改设计，直至各项计算均符合要求且各数据前后一致为止。

如果地基软弱，为了减轻不均匀沉降的危害，在进行基础设计的同时，尚需从整体上对建筑设计和结构设计采取相应的措施，并对施工提出具体要求。

3.2 基础埋置深度的选择

基础埋置深度是指基础底面至地面（一般指室外地面）的距离。基础埋深的选择关系到地基基础的优劣、施工的难易和造价的高低。影响基础埋深选择的因素可归纳为四个方面。对于一项具体工程来说，基础埋深的选择往往取决于下述某一方面中的决定性因素。

3.2.1 与建筑物及场地环境有关的条件

基础的埋深，应满足上部及基础的结构构造要求，适合建筑物的具体安排情况和荷载的性质与大小。

具有地下室或半地下室的建筑物，其基础埋深必须结合建筑物地下部分的设计标高来选定。如果在基础影响范围内有管道或坑沟等地下设施通过，基础的埋深，原则上应低于这些设施的底面。否则应采取有效措施，消除基础对地下设施的不利影响。

为了保护基础不受人类和生物活动的影响，基础应埋置在地表以下，其最小埋深为0.5m，且基础顶面至少应低于设计地面0.1m，同时又要便于建筑物周围排水的布置。

选择基础埋深时必须考虑荷载的性质和大小。一般地，荷载大的基础，其尺寸需要大些，同时也需要适当增加埋深。长期作用有较大水平荷载和位于坡顶、坡面的基础应有一定的埋深，以确保基础具有足够的稳定性。承受上拔力的结构，如输电塔基础，也要求有一定的埋深，以提供足够的抗拔阻力。

靠近原有建筑物修建新基础时，为了不影响原有基础的安全，新基础最好不低于原有的基础。如必须超过时，则两基础间净距应不小于其底面高差的1～2倍（图3.1）。如不能满足这一要求，施工期间应采取措施。此外，在使用期间，还要注意新基础的荷载是否将引起原有建筑物产生不均匀沉降。

当相邻基础必须选择不同埋深时，也可依照图3.1所示的原则处理，并尽可能按先深后浅的次序施工。

斜坡上建筑物的柱下基础有不同埋深时，应沿纵向做成台阶形，并由深到浅逐渐过渡（图3.2）。

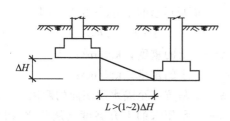

图 3.1 相邻基础的埋深

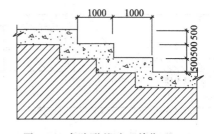

图 3.2 台阶形基础（单位：mm）

3.2.2　土层的性质和分布

直接支承基础的土层称为持力层，在持力层下方的土层称为下卧层。为了满足建筑物对地基承载力和地基允许变形值的要求，基础应尽可能埋置在良好的持力层上。当地基受力层或沉降计算深度范围内存在软弱下卧层时，软弱下卧层的承载力和地基变形也应满足要求。

在工程地质勘察报告中，已经说明拟建场地的地层分布、各土层的物理力学性质和地基承载力。这些资料给基础埋深和持力层的选择提供了依据。我们把处于坚硬、硬塑或可塑状态的黏性土层，密实或中密状态的砂土层和碎石土层以及属于低、中压缩性的其他土层视为良好土层；而把处于软塑、流塑状态的黏性土层，处于松散状态的砂土层、填土和其他高压缩性土层视软弱土层。良好土层的承载力高或较高；软弱土层的承载力低。按照压缩性和承载力的高低，对拟建场区的土层，可自上而下选择合适的地基持力层和基础埋深。在选择中，大致可遇到如下几种情况。

① 在建筑物影响范围内，自上而下都是良好土层，那么基础埋深按其他条件或最小埋深确定。

② 自上而下都是软弱土层，基础难以找到良好的持力层，这时宜考虑采用人工地基或深基础等方案。

③ 上部为软弱土层而下部为良好土层。这时，持力层的选择取决于上部软弱土层的厚度。一般来说，软弱土层厚度小于 2m 者，应选取下部良好土层作为持力层；软弱土层厚度较大时，宜考虑采用人工地基或深基础等方案。

④ 上部为良好土层而下部为软弱土层。此时基础应尽量浅埋。例如，我国沿海地区，地表普遍存在一层厚度为 2～3m 的所谓“硬壳层”，硬壳层以下为较厚的软弱土层。对一般中小型建筑物来说，硬壳层属良好的持力层，应当充分利用。这时，最好采用钢筋混凝土基础，并尽量按基础最小埋深考虑，即采用“宽基浅埋”方案。同时在确定基础底面尺寸时，应对地基受力范围内的软弱下卧层进行验算。

应当指出，上面所划分的良好土层和软弱土层，只是相对于一般中小型建筑而言。对于高层建筑来说，上述所指的良好土层，很可能还不符合要求。

3.2.3　地下水条件

有地下水存在时，基础应尽量埋置于地下水位以上，以避免地下水对基坑开挖、基础施工和使用期间的影响。如果基础埋深低于地下水位，则应考虑施工期间的基坑降水、坑壁支撑以及是否可能产生流砂、涌土等问题。对于具有侵蚀性的地下水，应采用抗侵蚀的水泥品种和相应的措施。对于有地下室的厂房、民用建筑和地下贮罐，设计时还应考虑地下水的浮力和净水压力的作用以及地下结构抗渗漏的问题。

当持力层为隔水层而其下方存在承压水时，为了避免开挖基坑时隔水层被承压水冲破，坑底隔水层应有一定的厚度。这时，基坑隔水层的重力应大于其下面承压水的压力(图 3.3)，即

$$\gamma \cdot h > \gamma_w h_w \qquad (3.1)$$

式中　γ——土的重度，kN/m^3；

　　　γ_w——水的重度，kN/m^3；

　　　h——基坑底至隔水层底面的距离，m；

　　　h_w——承压水的上升高度（从隔水层底面算起），m。

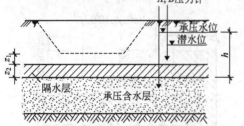

图 3.3　基坑下埋藏有承压含水层的情况

设土的重度为 20kN/m^3，则 $h>0.5h_w$。

如基坑的平面尺寸较大，则在满足式（3.1）的要求时，还应有 1.3～1.4 的安全系数。在 h 确定之后，基础的最大埋深便可确定。

3.2.4　土的冻胀影响

地面以下一定深度的地层温度，随大气温度而变化。当地层温度降至摄氏零度以下时，土中部分孔隙水将冻结而形成冻土。冻土可分为季节性冻土和多年冻土两类。季节性冻土在冬季冻结而夏季融化，每年冻融交替一次。多年冻土则不论冬夏，常年均处于冻结状态，且冻结连续三年以上。我国季节性冻土分布很广。东北、华北和西北地区的季节性冻土层厚度在 0.5m 以上，最大的可达 3m 左右。

如果季节性冻土由细粒土组成，且土中水含量多而地下水位又较高，那么不但在冻结深度内的土中水被冻结形成冰晶体，而且未冻结区的自由水和部分结合水将不断向冻结区迁移、聚集，使冰晶体逐渐扩大，引起土体发生膨胀和隆起，形成冻胀现象。到了夏季，地温升高，土体解冻，造成含水量增加，使土处于饱和及软化状态，强度降低，建筑物下陷。这种现象称为融陷。位于冻胀区内的基础，在土体冻结时，受到冻胀力的作用而上抬。融陷和上抬往往是不均匀的，致使建筑物墙体产生方向相反、互相交叉的斜裂缝，或使轻型构筑物逐年上抬。

土的冻结不一定产生冻胀，即使冻胀，程度也有所不同。对于结合水含量极少的粗粒土，不存在冻胀问题。至于某些粉砂、粉土和黏性土的冻胀性，则与冻结以前的含水量有关。例如，处于坚硬状态的黏性土，因为结合水的含量少，冻胀作用就很微弱。此外，冻胀程度还与地下水位有关。《建筑地基基础设计规范》（GB 5007—2011）根据冻胀对建筑物的危害程度，将地基土的冻胀性分为不冻胀、弱冻胀、冻胀和强冻胀四类。

不冻胀土的基础埋深可不考虑冻结深度。其他三种可冻胀的土，基础的最小埋深 d_{min} 则由下式确定

$$d_{min} = z_0 \psi_t - d_{fr} \tag{3.2}$$

式中　　z_0——标准冻深，系采用在地表无积雪和草皮等覆盖条件下多年实测最大冻深的平均值，在无实测资料时，除山区之外，可按上述规范所附的标准冻深线图查取；

　　　　ψ_t——采暖对冻深的影响系数（表 3.1）；

　　　　d_{fr}——基底下允许残留的冻土层厚度，根据土的冻胀性类别按下式确定

　　　　弱冻胀土　　　　　　$d_{fr} = 0.17z_0\psi_t + 0.26 \tag{3.3}$

　　　　冻胀土　　　　　　　$d_{fr} = 0.15z_0\psi_t \tag{3.4}$

　　　　强冻胀土　　　　　　$d_{fr} = 0 \tag{3.5}$

在有冻胀性土的地区，除按上述要求选择基础埋深外，尚应采取相应的防冻害措施。

表 3.1　采暖对冻深的影响系数 ψ_t 值

室内外地面高差/mm	外墙中段	外墙角段
≤300	0.70	0.85
≥750	1.00	1.00

注：1. 外墙角段系指从外墙阴角顶点起两边各 4m 范围以内的外墙，其余部分为中段。

　　2. 采暖建筑物中的不采暖房间（门斗、过道和楼梯间等），其外墙基础处的采暖对冻深的影响系数值，取与外墙角段相同值。

3.3 地基承载力的确定

地基承载力系指在保证地基稳定的条件下，使建筑物的沉降量不超过允许值的地基所能承受的荷载。《建筑地基规范》以 f_a 表示地基承载力特征值。

地基承载力的主要影响因素如下。

① 地基土的成因与堆积年代。通常冲积与洪积土的承载力比坡积土的承载力大，风积土承载力最小。同类土的堆积年代越久，地基承载力越高。

② 地基土的物理力学性质。这是最重要的因素。例如：碎石土和砂土的孔隙比越小（即密实度越大），地基承载力越大。粉土和黏性土的含水量越大，孔隙比越大，地基承载力越小。

③ 地下水。当地下水上升，地基土受地下水的浮托作用，土的天然重度减小为浮重度，同时土的含水量增高，则地基承载力降低。尤其对湿陷性黄土，地下水上升会导致湿陷。膨胀土遇水膨胀，失水收缩，对地基承载力影响很大。

④ 建筑物情况。通常若上部结构体型简单，整体刚度大，对地基不均匀沉降适应性好。

地基承载力是地基基础设计的最重要的依据，往往需要用多种方法进行分析与论证，才能为设计提供正确可靠的地基承载力值。下面介绍工程上经常采用的主要的几种方法。

3.3.1 现场载荷试验法

对于地基基础设计等级为甲级的建筑物或地质条件复杂、土质很不均匀的情况，采用现场载荷试验法，可以取得较精确可靠的地基承载力值。缺点是现场试验的试验费用较高，时间较长。

载荷试验包括浅层平板载荷试验和深层平板载荷试验。前者适用于浅层地基，后者适用于深层地基。

根据地基静荷载试验资料，可作出荷载-沉降（p-s）曲线，下面讨论根据载荷试验成果确定地基承载力特征值的方法。

① 对于密实砂土、硬塑黏土等低压缩性土，其 p-s 曲线有比较明显的起始直线段和极限值，即呈急进型破坏的"陡降型"[如图 3.4(a)]。考虑到低压缩性土的承载力特征值一般由强度控制，故《建筑地基规范》规定以直线段末点对应的压力 p_1（比例界限荷载）作为地基承载力特征值。此时，地基的沉降量很小，强度安全储备也足够，但是对于少数呈"脆性"破坏的土，p_1 和极限荷载 p_u 很接近，故当 $p_u < 2p_1$ 时，取 $p_u/2$ 作为地基承载力特征值。

② 对于松砂、填土、可塑黏土等中、高压缩性土，其 p-s 曲线呈现渐进型破坏的"缓变性"[如图 3.4 (b)]。考虑到中、高压缩性土的沉降量较大，故其承载力特征值一般由允许沉降量控制，故《建筑地基规范》规定可取沉降 $s = (0.01 \sim 0.015)b$（b 为承压板宽度或直径）所对应的荷载（此值不应大于最大加载量的一半）作为承载力的特征值。

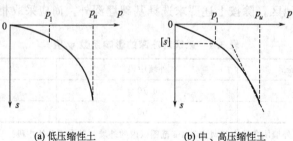

(a) 低压缩性土　　　　　　　(b) 中、高压缩性土

图 3.4　按 p-s 曲线确定地基承载力基本值

进行荷载试验时，同一土层参加统计的试验点不应少于 3 点。先求出各点承载力基本值的平均值，如各点基本值的极差（最大值与最小值之差）不超过平均值的 30%，此时可取基本值的平均值作为地基承载力的标准值。

3.3.2 按规范修正地基承载力特征值

增加基础的埋深和底面宽度，对同一土层来说，其承载力可以提高。当基础宽度大于 3m 或埋置深度大于 0.5m 时，应按下式进行修正

$$f_a = f_{ak} + \eta_b \gamma (b-3) + \eta_d \gamma_m (d-0.5) \tag{3.6}$$

式中　f_a——修正后的地基承载力特征值，kPa；

　　　f_{ak}——地基承载力特征值，kPa；

　η_b、η_d——基础宽度和埋深的地基承载力修正系数，按所求承载力的土层类别查表 3.2；

　　　γ——基础底面以下土的重度，地下水位以下取有效重度，kN/m³；

　　γ_m——基础底面以上土的加权平均重度，地下水位以下取有效重度，kN/m³；

　　　b——基础底面宽度，m，当基底宽度小于 3m 时按 3m 考虑，大于 6m 时按 6m 考虑；

　　　d——基础埋置深度，m，一般自室外地面算起。在填方整平地区，可自填土地面标高算起，但填土在上部结构施工后完成时，应从天然地面算起。对于地下室，如果采用箱形基础时，基础埋深自室外地面算起，在其他情况下，应从室内地面算起。

表 3.2　承载力修正系数

土的类别		η_b	η_d
淤泥和淤泥质土		0	1.0
人工填土 e 或 $I_L \geqslant 0.85$ 的黏性土		0	1.0
红黏土	含水比 $a_w > 0.8$	0	1.2
	含水比 $a_w < 0.8$	0.15	1.4
大面积压实填土	压实系数大于 0.95，黏粒含量 $\rho_c \geqslant 10\%$ 的粉土	1	1.5
	最大干密度大于 2100kg/m³ 的级配砂石	0	2.0
粉土	黏粒含量 $\rho_c \geqslant 10\%$ 的粉土	0.3	1.5
	黏粒含量 $\rho_c < 10\%$ 的粉土	0.5	2.0
e 及 I_L 均小于 0.85 的黏性土		0.3	1.6
$e < 0.85$ 及 $S_r \leqslant 0.5$ 的粉土		0.5	2.2
粉砂、细砂（不包括很湿与饱和时的稍密状态）		2.0	3.0
中砂、粗砂、砾砂和碎石土		3.0	4.4

注：1. 强风化的岩石可参照所风化成的相应土类取值；

2. 含水比 $a_w = w/w_L$，其中 w 为土的天然含水量，w_L 为土的液限；

3. S_r 为土的饱和度。

表 3.3　承载力系数 M_b、M_d、M_c

土的内摩擦角 $\varphi_k/(°)$	M_b	M_d	M_c
0	0	1.00	3.14
2	0.03	1.12	3.32
4	0.06	1.25	3.51

续表

土的内摩擦角 φ_k/(°)	M_b	M_d	M_c
6	0.10	1.39	3.71
8	0.14	1.55	3.93
10	0.18	1.73	4.17
12	0.23	1.94	4.42
14	0.29	2.17	4.69
16	0.36	2.43	5.00
18	0.43	2.72	5.31
20	0.51	3.06	5.66
22	0.61	3.44	6.04
24	0.80	3.87	6.45
26	1.10	4.37	6.90
28	1.40	4.93	7.40
30	1.90	5.59	7.95
32	2.60	6.35	8.55
34	3.40	7.21	9.22
36	4.20	8.25	9.97
38	5.00	9.44	10.84
40	5.80	10.80	11.73

【例题 3.1】 在 $e=0.727$，$I_L=0.50$，$f_{ak}=240.7\text{kPa}$ 的黏性土上修建一基础，其埋深为 1.5m，底宽为 2.5m，埋深范围内土的重度 $\gamma_m=17.5\text{kN/m}^3$，基底下土的重度 $\gamma=18\text{kN/m}^3$，试确定该基础的地基承载力特征值。

【解】 基底宽度小于 3m，不作宽度修正。因该土的孔隙比及液性指数均小于 0.85，查表 3.2 得 $\eta_d=1.6$，故地基承载力特征值为

$$f_a = f_{ak} + \eta_b\gamma(b-3) + \eta_d\gamma_m(d-0.5)$$
$$= 240.7 + 1.6 \times 17.5 \times (1.5-0.5)$$
$$= 268.7\text{kPa}$$

3.3.3 根据地基强度理论公式确定地基承载力

《建筑地基基础设计规范》（GB 50007—2011）规定对于重要建筑物需进行地基稳定验算，并建议当荷载偏心距小于或等于 0.033 倍基础底面宽度时，根据土的抗剪强度指标确定地基承载力，可按下式计算

$$f_a = M_b\gamma \cdot b + M_d\gamma_m d + M_c c_k \tag{3.7}$$

式中　　　　f_a——修正后的地基承载力特征值，kPa；

M_b、M_d、M_c——承载力系数，由土的内摩擦角标准值 φ_k 查表 3.3 确定；

　　　　b——基础底面宽度，m，大于 6m 时按 6m 考虑；对于砂土小于 3m 时按 3m 考虑；

　　　　d——基础埋置深度，m；

　　　　γ——基础底面以下土的重度，地下水位以下取有效重度，kN/m³；

　　　　γ_m——基础底面以上土的加权平均重度，地下水位以下取有效重度，kN/m³；

φ_k、c_k——基底下一倍基宽深度内土的内摩擦角和黏聚力标准值。

3.3.4　根据经验确定地基承载力

在各地区、各单位依据大量工程实践及系统分析对比，总结编制了可供使用的图表，这些都是极有价值的资料，因此对于一些中小型工程，即可直接用类比法，依据经验确定地基承载力，并直接用于设计中。

3.4　基础底面尺寸的确定

在初步选择基础类型和埋深后，就可以根据持力层承载力设计值计算基础底面的尺寸。如果地基沉降计算深度范围内存在的承载力显著低于持力层的下卧层，则所选择的基底尺寸尚须满足对软弱下卧层验算的要求。此外，在选择基础底面尺寸后，必要时尚应对地基变形或稳定性进行验算。

3.4.1　按持力层地基承载力计算

上部结构作用在基础顶面处的荷载有：轴心荷载和偏心荷载。

（1）轴心荷载作用

在轴心荷载作用下，基础通常对称布置。假设基底压力按直线分布。这个假设，对于地基比较软弱、基础尺寸不大而刚度较大时的合适的，对于基础尺寸不大的其他情况也是可行的。此时，基底平均压力设计值 p（kPa）可按下列公式确定

$$p=\frac{F+G}{A}=\frac{F+\gamma_G Ad}{A} \tag{3.8}$$

式中　F——上部结构传至基础顶面的竖向力设计值，kN；
　　　G——基础自重设计值和基础上的土重标准值，kN；$G=\gamma_G Ad$。
　　　A——基础底面面积，m²；
　　　γ_G——基础及其上的土的平均重度，通常取 $\gamma_G\approx20$kN/m³；
　　　d——基础埋深，m（对于室内外地面有高差的外墙、外柱，取室内外平均埋深）。

按地基承载力计算时，要求满足下式

$$p\leqslant f_a \tag{3.9}$$

式中　f_a——修正后的地基承载力特征值，kPa。

由式(3.8) 和式(3.9) 可得基础底面积

$$A\geqslant\frac{F}{f_a-\gamma_G d} \tag{3.10}$$

对正方形基础底面宽度　　　$b\geqslant\sqrt{\frac{F}{f_a-\gamma_G d}} \tag{3.11}$

对矩形基础，求出基础底面积后，适当选取基础底面的长宽比 $l/b=1.2\sim2.0$，代入 $A=l\times b$ 计算。

对条形基础，可按平面问题计算，取单位长度 $l=1$m 计算，则基础宽度

$$b \geqslant \frac{F}{f_a - \gamma_G d} \tag{3.12}$$

（2）偏心荷载作用

① 先按中心荷载作用下的公式（3.10），初算基础底面积 A_1。

② 考虑偏心不利影响，加大基底面积 $10\% \sim 40\%$，故偏心荷载作用下的基底面积为

$$A = (1.1 \sim 1.4) A_1$$

③ 计算基底边缘最大与最小应力

$$p_{\min}^{\max} = \frac{F+G}{A} \pm \frac{M}{W} \tag{3.13}$$

式中　$p^{\max}$——相应于荷载效应标准组合时，基础底面边缘的最大压力设计值，kPa；

　　　　$p_{\min}$——相应于荷载效应标准组合时，基础底面边缘的最小压力设计值，kPa；

　　　　M——相应于荷载效应标准组合时，作用于基础底面的力矩值，kN·m；

　　　　W——基础底面的截面模量，m³。

④ 基底应力验算

$$\left.\begin{array}{l} \dfrac{1}{2}(p_{\max} + p_{\min}) \leqslant f_a \\[2mm] p_{\max} \leqslant 1.2 f_a \end{array}\right\} \tag{3.14}$$

式（3.14）说明基础底面平均应力，应满足地基承载力特征值得要求，基础边缘最大应力不能超过地基承载力特征值的 20%，防止基底应力严重不均匀导致基础发生倾斜。若满足（3.14），说明由此确定的 A 值合适。否则，应修改 A 值，重新验算直至满足（3.14）为止。

【例题 3.2】　某黏性土重度 $\gamma = 17.5\text{kN/m}^3$，孔隙比 $e = 0.7$，液性指数 $I_L = 0.78$，$f_{ak} = 218\text{kPa}$。现修建一外柱基础，柱截面为 $300\text{mm} \times 300\text{mm}$，作用在 -0.700 标高（基础顶面）处的轴心荷载设计值为 $F = 700\text{kN}$，基础埋深（自室外地面起算）为 1.0m，室内地面（标高 ± 0.000）高于室外 0.30，试确定方形基础底面宽度。

【解】　自室外地面起算的基础埋深为 1.0m，先进行承载力深度修正，查表 3.2 得 $\eta_d = 1.6$，承载力设计值为

$$\begin{aligned} f_a &= f_{ak} + \eta_d \gamma_m (d - 0.5) = 218 + 1.6 \times 17.5 \times (1.0 - 0.5) \\ &= 232\text{kPa} \end{aligned}$$

计算基础和土重力时的基础埋深为

$$\frac{1}{2}(1.0 + 1.3) = 1.15\text{m}。$$

由式（3.11）得基础底宽为

$$b \geqslant \sqrt{\frac{F}{f_a - \gamma_G d}} = \sqrt{\frac{700}{232 - 20 \times 1.15}} = 1.87\text{m}$$

不必进行承载力宽度修正，取 $b = 1.90\text{m}$。

【例题 3.3】　某工厂厂房设计框架结构独立基础。地基土分为 3 层：表层人工填土，天然重度 $\gamma_1 = 17.2\text{kN/m}^3$，层厚 0.8m；第二层为粉土，$\gamma_2 = 17.7\text{kN/m}^3$，层厚 1.2m；第三层及以下为黏土，$\gamma_3 = 18.0\text{kN/m}^3$，$f_{ak} = 197\text{kPa}$，$I_L = 0.90$。基础底面位于第三层黏土顶面，埋深 $d = 2\text{m}$。上部荷载 $F = 1\,600\text{kN}$，$M = 400\text{kN·m}$，水平荷载 $Q = 50\text{kN}$，如图 3.5 所示。请设计柱基底面尺寸。

【解】 （1）先按中心荷载初算 A_1

由题查表 3.2 得承载力修正系数 $\eta_b = 0$，$\eta_d = 1.0$。

基础埋深范围围内地基土的平均重度 γ_m 为

$$\gamma_m = \frac{17.2 \times 0.8 + 17.7 \times 1.2}{0.8 + 1.2} = 17.5 \text{kN/m}^3$$

黏土地基承载力特征值 f'_a 为

$$f'_a = f_{ak} + \eta_d \gamma_m (d - 0.5)$$
$$= 197 + 1.0 \times 17.5 \times (2.0 - 0.5) = 223.3 \text{kPa}$$

中心荷载作用时基础底面积

$$A_1 = \frac{F}{f'_a - \gamma_G d} = \frac{1600}{223.3 - 20 \times 2} = 8.73 \text{m}^2$$

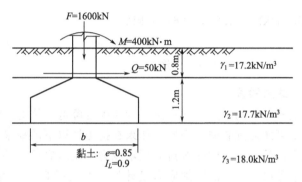

图 3.5   例 3.3 图

（2）计算偏心荷载作用下的基底面积 A

考虑偏心荷载的不利影响，加大基础底面积 20%：

$$A = 1.2 A_1 = 1.2 \times 8.73 = 10.50 \text{m}^2$$

初步确定基底面积 $A = 3.6 \times 3.0 = 10.8 \text{m}^2$

计算基础及台阶上的土重

$$G = \gamma_G A d = 20 \times 10.8 \times 2.0 = 432 \text{kN}$$

计算基础底面的截面模量

$$W = l \times b^2 / 6 = 3.6 \times 3^2 / 6 = 5.4 \text{m}^3$$

计算基底边缘最大、最小应力

$$p_{\min}^{\max} = \frac{F + G}{A} \pm \frac{M + 1.2Q}{W} = \frac{1600 + 432}{10.8} \pm \frac{400 + 60}{5.4}$$
$$= \begin{matrix} 273.3 \\ 102.9 \end{matrix} \text{kPa}$$

（3）验算基础底面应力

$$\left. \begin{array}{l} \dfrac{1}{2}(p_{\max} + p_{\min}) = \dfrac{(273.3 + 102.9)}{2} = 188.1 \text{kPa} < f'_a = 223.3 \text{kPa} \\[3mm] p_{\max} = 273.3 \text{kPa} > 1.2 f'_a = 267.96 \text{kPa} \end{array} \right\}$$

不符合要求。因此，还需要重新设计基底尺寸。取

$$A = 3.4 \times 3.2 = 10.88 \text{m}^2$$
$$G = \gamma_G A d = 20 \times 10.88 \times 2.0 = 435.2 \text{kN}$$
$$W = l \times b^2 / 6 = 3.4 \times 3.2^2 / 6 = 5.80 \text{m}^3$$

$$p_{\min}^{\max} = \frac{F+G}{A} \pm \frac{M+1.2Q}{W} = \frac{1600+435.2}{10.88} \pm \frac{400+60}{5.80}$$

$$= \frac{266.37}{107.75} \text{kPa}$$

（4）验算基础底面应力

因承载力宽度修正系数 $\eta_b = 0$，故无需进行宽度修正，

即 $f_a = f_a' = 223.3 \text{kPa}$

$$\left. \begin{array}{l} \dfrac{1}{2}(p_{\max} + p_{\min}) = \dfrac{(266.37+107.75)}{2} = 187.06 \text{kPa} < f_a = 223.3 \text{kPa} \\[2mm] p_{\max} = 266.37 \text{kPa} < 1.2 f_a = 267.96 \text{kPa} \end{array} \right\}$$

安全。

因此，基底面积 $A = 3.4 \text{m} \times 3.2 \text{m}$，合适。

3.4.2 软弱下卧层承载力验算

在多数情况下，随着深度的增加，同一土层的压缩性降低，抗剪强度和承载力提高。但在成层地基中，有时却可能遇到软弱下卧层。如果在持力层以下的地基范围内，存在压缩性高、抗剪强度和承载力低的土层，则除按持力层承载力确定基底尺寸外，尚应对软弱下卧层进行验算。要求软弱下卧层顶面处的附加应力设计值 σ_z 与土的自重应力 σ_{cz} 之和不超过软弱下卧层的承载力设计值 f_z，即

$$\sigma_z + \sigma_{cz} \leqslant f_z \tag{3.15}$$

式中 f_z——软弱下卧层顶面处经深度修正后的地基承载力，kPa。

计算附加应力 σ_z 时，一般按压力扩散角的原理考虑（图 3.6）。当上部土层与软弱下卧层的压缩模量比值大于或等于 3 时，σ_z 可按下式计算

条形基础
$$\sigma_z = \frac{b(p - \sigma_{cd})}{b + 2z \tan\theta} \tag{3.16}$$

矩形基础
$$\sigma_z = \frac{lb(p - \sigma_{cd})}{(l + 2z \cdot \tan\theta)(b + 2z \cdot \tan\theta)} \tag{3.17}$$

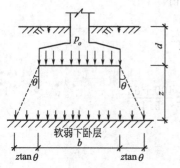

式中 p——基础底面平均压力设计值，kPa；

σ_{cd}——基础底面处土的自重应力，kPa；

b——条形和矩形基础底面宽度，m；

l——矩形基础底长度，m；

z——基础底面至软弱下卧层顶面的距离，m；

θ——地基压力扩散线与垂线的夹角，(°)，按表 3.4 采用。

图 3.6 软弱下卧层验算

表 3.4 未列出 $E_{s1}/E_{s2} < 3$ 的资料。对此，可认为：当 $E_{s1}/E_{s2} < 3$ 时，意味着下层土的压缩模量与上层土的压缩模量差别不大，即下层土不"软弱"。如果 $E_{s1} = E_{s2}$，则不存在软弱下卧层了。

表 3.4 同时适用于条形基础和矩形基础，两者的压力扩散角差别一般小于 2°。当基础

底面为偏心受压时，可取基础中心点的压力作为扩散前的平均压力。

表 3.4 地基压力扩散角 θ

E_{s1}/E_{s2}	z/b	
	0.25	0.5
3	6°	23°
5	10°	25°
10	20°	30°

注：1. E_{s1} 为上层土的压缩模量；E_{s2} 为下层土的压缩模量。

2. $z<0.25b$ 时一般取 $\theta=0$，必要时，宜由试验确定；$z\geqslant 0.50b$ 时 θ 值不变。

如果软弱下卧层的承载力不满足要求，则该基础的沉降可能较大，或者可能产生剪切破坏。这时应考虑增大基础底面尺寸，或改变基础类型，减小埋深。如果这样处理后仍未能符合要求，则应考虑采用其他地基基础方案。

【例题 3.4】 地基土层分布情况如下：上层为黏性土，厚度 2.5m，重度 $\gamma_1=18\text{kN/m}^3$，压缩模量 $E_{s1}=9\text{MPa}$，$f_{ak1}=190\text{kPa}$。下层为淤泥质土，$E_{s2}=1.8\text{MPa}$，承载力标准值 $f_{k2}=84\text{kPa}$。现建造一条形基础，基础顶面轴心荷载设计值 $F=300\text{kN/m}$，初选基础埋深 0.5m，底宽 2.0m，试验算所选尺寸是否满足要求。

【解】 （1）持力层验算

由于基础埋深 0.5m，底宽 2.0m，故地基承载力不需修正。即 $f_a=f_{ak1}$。

取墙长 1m 为计算单元。

$$p=\frac{F}{b}+20d=\frac{300}{2}+20\times 0.5$$
$$=160\text{kPa}<f_a=190\text{kPa}$$

满足要求。

（2）下卧层验算

基底平均附加压力设计值为

$$p-\sigma_{cd}=p-\gamma_1 d=160-18\times 0.5=151\text{kPa}$$

$E_{s1}/E_{s2}=9/1.8=5>3$，$z=2.0\text{m}>b/2=1.0$，由表 3.4 查得 $\theta=25°$

$$\sigma_z=\frac{b(p-\sigma_{cd})}{b+2z\cdot\tan\theta}=\frac{2\times 151}{2+2\times 2\times\tan 25°}=78.1\text{kPa}$$

下卧层顶面处土的自重应力

$$\sigma_{cz}=\gamma_1(d+z)=18\times(0.5+2.0)=45\text{kPa}$$

下卧层顶面处的承载力设计值

$$f_{az}=f_{ak2}+\eta_d\gamma_m(d-0.5)=84+1.1\times 18\times(2.5-0.5)$$
$$=123.6\text{kPa}$$

验算 $\qquad\sigma_z+\sigma_{cz}=78.1+45=123.1\text{kPa}<f_{az}=123.6\text{kPa}$

所选基础埋深和底面尺寸满足要求。

3.5 地基变形的验算

3.5.1 地基变形特征

地基基础设计中，除了保证地基的强度、稳定要求外，还需保证地基的变形控制在允许的范围内,以保证上部结构不因地基变形过大而丧失其使用功能。调查研究表明,很多工程事故是因为地基基础的不恰当设计、施工以及不合理的使用而导致的,在这些工程事故中,又以地基变形过大而超过了相应允许值引起的事故居多。因此地基变形验算是地基基础设计中一项十分重要的内容。

根据地基复杂程度、建筑物规模和功能特征以及由于地基问题可能造成建筑物破坏或影响正常使用的程度,将地基基础设计分为三个设计等级。

对于一般多层建筑,地基土质均匀且较好时,按地基承载力控制设计基础,可以满足地基变形要求,不需要进行地基变形验算。但对于甲、乙级建筑物和荷载较大、土质不坚实的丙级建筑物,为了保证工程安全,除满足地基承载力要求外,还需进行地基变形验算。

地基变形特征可分为沉降量、沉降差、倾斜和局部倾斜四种,见表 3.5。

① 沉降量 独立基础或刚性特别大的基础中心的沉降量;

② 沉降差 两相邻独立基础中心点沉降量之差;

③ 倾斜 独立基础在倾斜方向两端点的沉降差与其距离的比值;

④ 局部倾斜 砌体承重结构沿纵向 $6\sim10\mathrm{m}$ 内基础两点的沉降差与其距离的比值。

表 3.5 地基变形种类

地基变形指标	图 例	计算方法
沉降量	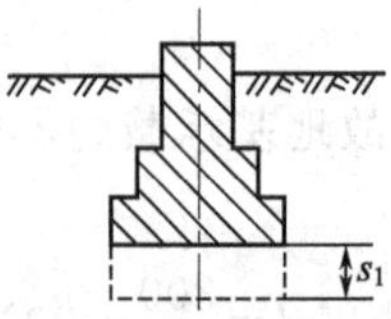	s_1 基础中点沉降值
沉降差	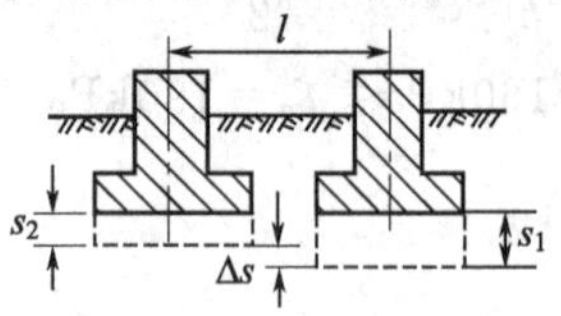	两相邻独立基础沉降值之差 $\Delta s = s_1 - s_2$
倾斜	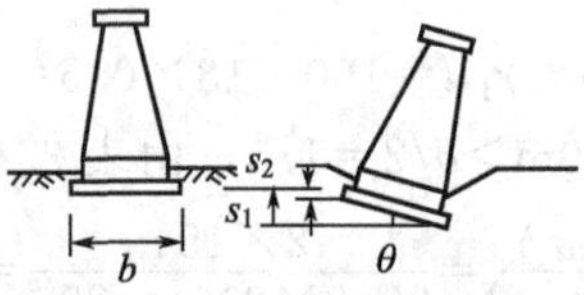	$\tan\theta = \dfrac{s_1 - s_2}{b}$
局部倾斜	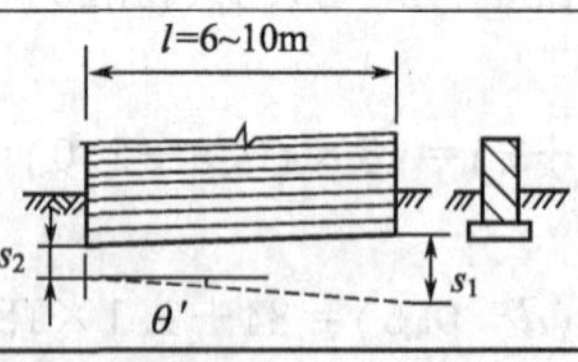	$\tan\theta' = \dfrac{s_1 - s_2}{l}$

规范中给出了建筑物的地基变形允许值,见表 3.6。从表 3.6 可见,地基的变形允许值对于不同类型的建筑物、对于不同的建筑结构特点和使用要求、对于不同的上部结构对不均匀沉降的敏感程度以及不同的结构安全储备要求,而有所不同。

对于单层排架结构的柱基,应限制其沉降量,尤其是多跨排架中受荷较大的中排柱基的沉降量,以免支承于其上的相邻屋架发生相对倾斜而使两端部相互碰撞。另外,柱基沉降量过大,也易引起水、气管折断、雨水倒灌等不良现象,影响建筑物的使用功能。

对于框架结构和单层排架结构、砌体墙填充的边排架,设计计算应由沉降差来控制,并要求沉降量不宜过大。如果框架结构相邻两基础的沉降差过大,将引起结构中梁、柱产生较大的次应力，而在常规设计中，梁、柱的截面确定及配筋是没有考虑这种应力影响的。对于有桥式吊车的厂房，如果沉降差过大，将使吊车梁倾斜（厂房纵向）或吊车桥倾斜（厂房横向），严重者吊车卡轨，甚至不能正常使用。

对于高耸结构物，高层建筑物，控制的地基特征变形主要是整体倾斜。这类结构物的重心高，基础倾斜使重心移动引起的附加偏心矩，不仅使地基边缘压力增加而影响其倾覆稳定性，而且还会导致结构物本身的附加弯矩。另一方面，高层建筑物、高耸结构物的整体倾斜将引起人们视觉上的注意，造成心理恐慌，甚至心理压抑。意大利的比萨斜塔和我国的苏州虎丘塔就是因为过大的倾斜而不得不进行地基加固。如果地基土质均匀，且无相邻荷载的影响，对高耸结构，只要基础中心沉降量不超过允许值，便可不作倾斜验算。

对于砌体承重结构，房屋的损坏主要是由于墙体挠曲引起的局部弯曲，而引起房屋外墙由抗拉应变形成的裂缝，故地基变形主要由局部倾斜控制。砌体承重结构对地基的不均匀沉降是很敏感的，其墙体极易产生呈45°左右的斜裂缝，如果中部沉降大，墙体正向挠曲，裂缝呈正八字形开展；反之，两端沉降大，墙体反向挠曲，裂缝呈反八字形开展。墙体在门窗洞口处刚度削弱，角隅应力集中，故裂缝首先在此处产生。

3.5.2 地基变形验算

地基变形要求地基的变形值在允许的范围内，即

$$s \leqslant [s] \tag{3.18}$$

式中 s——建筑物地基在长期荷载作用下的变形，mm；

$[s]$——建筑物地基变形允许值，mm（表3.6）。

表 3.6 建筑物的地基变形允许值

变形特征	地基土类别	
	中、低压缩性土	高压缩性土
砌体承重结构基础的局部倾斜	0.002	0.003
工业与民用建筑相邻柱基的沉降差/mm		
框架结构	0.002 l	0.003 l
砌体墙填充的边排柱	0.0007 l	0.001 l
当基础不均匀沉降时不产生附加应力的结构	0.005 l	0.005 l
单层排架结构（柱距为6m）柱基的沉降差/mm	(120)	200
桥式吊车轨道的倾斜（按不调整轨道计算）		
纵向	0.004	
横向	0.003	
多层和高层建筑的整体倾斜		
$H_g \leqslant 24$	0.004	
$24 < H_g \leqslant 60$	0.003	
$60 < H_g \leqslant 100$	0.0025	
$H_g \geqslant 100$	0.002	
体型简单的高层建筑基础的平均沉降量/mm	200	
高耸结构基础的倾斜		
$H_g \leqslant 20$	0.008	
$20 < H_g \leqslant 50$	0.006	
$50 < H_g \leqslant 100$	0.005	
$100 < H_g \leqslant 150$	0.004	
$150 < H_g \leqslant 200$	0.003	
$200 < H_g \leqslant 250$	0.002	

变形特征	地基土类别	
	中、低压缩性土	高压缩性土
高耸结构基础的沉降量/mm		
$H_g \leqslant 100$	400	
$100 < H_g \leqslant 200$	300	
$200 < H_g \leqslant 250$	200	

注：1. 本表数值为建筑物地基实际最终变形允许值；

　　2. 有括号者仅适用于中压缩性土；

　　3. l 为相邻柱基的中心距离，mm；H_g 为自室外地面起算的建筑物高度，m。

　　如果地基变形验算不符合要求，则应通过改变基础类型或尺寸、采取减弱不均匀沉降危害措施、进行地基处理或采用桩基础等方法来解决。

　　《建筑地基规范》规定对于表 3.7 所列范围内的设计等级为丙级的建筑物，可不进行地基变形验算。但凡属下列情况之一者，在按地基承载力确定基础底面尺寸之后，尚需验算地基变形是否超过允许值。

　　① 设计等级为甲级、乙级的建筑物，均应按地基变形设计。

　　② 表 3.7 所列范围以内设计等级为丙级的建筑物可不作变形验算，如有下列情况之一时，仍应作变形验算。

　　a. 地基承载力特征值小于 130kPa，且体型复杂的建筑；

　　b. 在基础上及其附近有地面堆载或相邻基础荷载差异较大，引起地基产生过大的不均匀沉降时；

表 3.7　可不作地基变形计算的设计等级为丙级的建筑物范围

地基主要受力层的情况	地基承载力特征值 f_{ak}/kPa			$60 \leqslant f_{ak} < 80$	$80 \leqslant f_{ak} < 100$	$100 \leqslant f_{ak} < 130$	$130 \leqslant f_{ak} < 160$	$160 \leqslant f_{ak} < 200$	$200 \leqslant f_{ak} < 300$
	各土层坡度%			$\leqslant 5$	$\leqslant 5$	$\leqslant 10$	$\leqslant 10$	$\leqslant 10$	$\leqslant 10$
建筑类型	砌体承重结构，框架结构层数			$\leqslant 5$	$\leqslant 5$	$\leqslant 5$	$\leqslant 6$	$\leqslant 6$	$\leqslant 7$
	单层框架结构（6m柱距）	单跨	吊车额定起重量/t	5~10	10~15	15~20	20~30	30~50	50~100
			厂房跨度/m	$\leqslant 12$	$\leqslant 18$	$\leqslant 24$	$\leqslant 30$	$\leqslant 30$	$\leqslant 30$
		多跨	吊车额定起重量/t	3~15	5~10	10~15	15~20	20~30	30~75
			厂房跨度/m	$\leqslant 12$	$\leqslant 18$	$\leqslant 24$	$\leqslant 30$	$\leqslant 30$	$\leqslant 30$
	烟囱		高度/m	$\leqslant 30$	$\leqslant 40$	$\leqslant 50$	$\leqslant 75$	$\leqslant 100$	
	水塔		高度/m	$\leqslant 15$	$\leqslant 20$	$\leqslant 30$	$\leqslant 30$	$\leqslant 30$	
			容积/m³	$\leqslant 50$	50~100	100~200	200~300	300~500	500~1000

注：1. 地基主要受力层是指条形基础底面下深度为 3b（b 为基础底面宽度），独立基础下为 1.5b，且厚度均不小于 5m 的范围（两层以下一般的民用建筑除外）；

　　2. 地基主要受力层中如有承载力特征值小于 130kPa 的土层时，表中砌体承重结构的设计应符合《建筑地基规范》的有关要求；

　　3. 表中砌体承重结构和框架结构均指民用建筑，对于工业建筑可按厂房高度、荷载情况折合成与其相当的民用建筑；

　　4. 表中吊车额定起重量、烟囱高度和水塔容积的数值系指最大值。

c. 软弱地基上的建筑物存在偏心荷载时；

d. 相邻建筑物距离过近，可能发生倾斜时；

e. 地基内有厚度较大或厚薄不均的填土，其自重固结未完成时。

一般建筑物不需要进行地基稳定性计算。但遇下列建筑物，则应进行地基稳定性计算。

a. 对于经常承受水平荷载作用的高层建筑、高耸结构；

b. 建造在斜坡上或边坡附近的建筑物和构筑物。

在水平荷载和竖向荷载作用下，基础可能和深层土层一起发生整体滑动破坏。这种地基破坏通常采用圆弧滑动面法进行验算，要求最危险的滑动面上诸力对滑动圆弧的圆心所产生的抗滑力矩 M_r 与滑动力矩 M_s 之比大于等于 1.2。

3.6　无筋扩展基础设计

用素混凝土、石砌或砖砌等抗压性能较好、抗拉性能较差的圬工材料做成的基础称为无筋扩展基础，见图 3.7。无筋扩展基础在受力时不允许发生挠曲变形，它通常用于六层及六层以下的民用建筑和墙承重的厂房。因为无筋扩展基础是由抗压性能较好，而抗拉、抗剪性能较差的材料建造的基础，基础需具有非常大的截面抗弯刚度，受荷后基础不允许挠曲变形和开裂，所以，过去习惯称其为"刚性基础"。无筋扩展基础设计时，必须规定基础材料强度及质量、限制台阶宽高比、控制建筑物层高和一定的地基承载力，因而，一般无需进行繁杂的内力分析和截面强度计算。

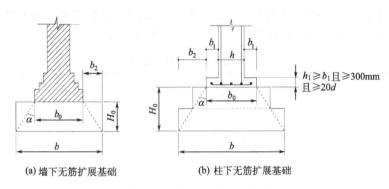

(a) 墙下无筋扩展基础　　　　　(b) 柱下无筋扩展基础

图 3.7　无筋扩展基础构造图

3.6.1　无筋扩展基础的立面设计

无筋扩展基础的设计应符合刚性角的限值

$$\tan\alpha = \frac{b_2}{H_0} \leqslant [\tan\alpha] \tag{3.19}$$

式中　α——基础的刚性角；

b_2——基础台阶宽度，m；

H_0——基础台阶高度，m；

$\left[\dfrac{b_2}{H_0}\right]$——无筋扩展基础台阶宽高比允许值，查表 3.8。

由式(3.19)可知基础底面的最大允许宽度为 $b \leqslant b_0 + 2H_0[\tan\alpha]$。

表 3.8　　无筋扩展基础台阶宽高比的允许值

基础材料	质量要求	台阶宽高比的允许值（[tanα]）		
		$p≤100$	$100<p≤200$	$200<p≤300$
混凝土基础	C15 混凝土	1∶1.00	1∶1.00	1∶1.25
毛石混凝土基础	C15 混凝土	1∶1.00	1∶1.25	1∶1.50
砖基础	不低于 MU10，砂浆不低于 M5	1∶1.50	1∶1.50	1∶1.50
毛石基础	砂浆不低于 M5	1∶1.25	1∶1.50	
灰土基础	体积比为 3∶7 或 2∶8 的灰土，其最小干密度： 粉土 15.5kN/m³ 粉质黏土 15.0kN/m³ 黏土 14.5kN/m³	1∶1.25	1∶1.50	
三合土基础	石灰∶砂∶骨料的体积比为 1∶2∶4～1∶3∶6，每层约虚铺 220mm，夯至 150mm	1∶1.50	1∶2.00	

注：1. p 为荷载效应标准组合时基础底面处的平均压力，kPa；

　　2. 阶梯形毛石基础的每阶伸出宽度不宜大于 200mm；

　　3. 当基础由不同材料叠合组成时，应对接触部分作局部受压承载力计算；

　　4. 基础底面处的平均压力值超过 300kPa 的混凝土基础，应进行抗剪验算。$V≤0.07f_cA$，其中 V 为剪力设计值，f_c 为混凝土轴心抗压强度设计值，A 为台阶高度变化处的剪切断面。

3.6.2　无筋扩展基础的选择及所用材料

　　为保证基础材料有足够的强度和耐久性，根据地基的潮湿程度和气候环境等条件不同，基础用砖、石料、混凝土砌块和水泥砂浆允许的最低标号如表 3.9 所示。

表 3.9　基础砌体所用材料最低等级

地基的潮湿程度	黏土砖		石料	混凝土砌块	水泥砂浆
	严寒地区	一般地区			
稍潮湿	MU10	MU10	MU30	MU7.5	M5
很潮湿	MU15	MU10	MU30	MU7.5	M7.5
含水饱和	MU20	MU15	MU40	MU10	M10

　　（1）砖

　　必须用黏土砖。灰砂砖与轻质砖均不得用于基础。砖具有取材容易，价格便宜，施工简便的特点，广泛用于六层和六层以下的民用建筑和墙承重的厂房。

　　砖基础是工程中最常见的一种无筋扩展基础，各部分的尺寸应符合砖的尺寸模数。砖基础各部分的尺寸应符合砖的模数。砖基础一般做成台阶状，俗称"大放脚"，其砌筑方式有两种，一是"二皮一收"：每砌两皮砖，即 120mm，收进 1/4 砖长，即 60mm；另一种是"二、一间隔收"，但必须保证底层为二皮砖，即 120mm 高，收进 1/4 砖长，如此反复。上述两种砌法都能符合台阶宽高比要求，"二、一间隔收"较节省材料，同时又恰好能满足台阶宽高比要求。

　　（2）混凝土和毛石混凝土基础

　　用混凝土或毛石混凝土做大放脚墙基下的垫层，简称混凝土基础。混凝土基础一般用 C7.5～C10 素混凝土做成，厚度不少于 20cm，一般为 30cm。其优点是强度较高不需配筋，基础整体性较好，施工简单且质量易于保证，不怕水，在地基土很湿或基槽下有水时都可采用；缺点是造价略高。

　　毛石混凝土基础是在浇灌混凝土时在混凝土中投入 30％左右的毛石（30％为毛石与混凝土的体积比）。投石时，注意毛石周围要包有足够的混凝土，以保证毛石混凝土的强度。投毛石的目的是为了减少混凝土用量，节约水泥，降低造价。

　　在采用混凝土或毛石混凝土基础时，应注意地下水的水质问题，如果该地区地下水的水质或生产废水的渗透对普通水泥有侵蚀作用，则应采用矿渣水泥或火山灰水泥拌制混凝土。

　　（3）毛石浆砌基础

　　毛石分块石和片石两种，毛石外形大致方正，高度不大于 20cm，一般不进行加工或稍加修整。乱毛石形状不规则，但其高度不小于 15cm。由于基础耐久性和抗冻性的要求，毛石的容重一般不低于 18.0kN/m³，标号不低于表 3.10 规定，相应的毛石砌体的抗压强度和弯曲抗拉强度列于表 3.11。

表 3.10　毛石浆砌体基础耐水和抗冻性要求

地基土的潮湿程度	最低毛石强度等级	最低砂浆标号	
		混合砂浆	水泥砂浆
稍潮湿的	MU20	M2.5	M2.5
很潮湿的	MU20	M5	M5
含水饱和的	MU30	—	M5

表 3.11　各种砌体的强度（10N/cm²）

砂浆等级	抗压强度					弯曲抗拉强度		
	毛石		乱毛石		砖砌体	乱毛石		砖砌体（沿齿缝）
	MU10	MU30	MU20	MU30	MU10	沿齿缝	沿通缝	
M2.5	45	66	16	20	25	3.0	1.8	4.0
M5	54	75	22	27	31	4.0	2.0	5.5

　　（4）石灰三合土基础

　　石灰三合土基础是石灰、砂与碎砖加适量的水经过充分拌和均匀后，铺在基槽内分层夯实而成的垫层。三合土的配合比为 1∶2∶4 或 1∶3∶6（石灰∶砂∶碎砖）的体积比。在基槽内虚铺厚度 22cm，夯实至 15cm 为一步，分层夯实至设计标高，在最后一遍夯打时，宜浇浓灰浆薄层，待表面灰浆略为风干后，再铺一层薄薄的砂子，然后整平夯实，在石灰三合土基础上面砌筑大放脚。

　　石灰三合土基础在我国南方地区应用很广，它的优点是造价低廉，施工简单，就地取材；缺点是强度较低。

　　（5）灰土基础

　　灰土是用消解后的石灰粉末和黏土按一定比例配成的一种混合物，常用的配合比有3∶7或 2∶8 两种，一般基础采用 3∶7，即 3 分石灰粉末掺入 7 分黏性土（体积比），通称三七灰土。

　　灰土基础施工时每层虚铺 22～25cm，夯至 15cm，以 15cm 为一步，3 层以下房屋可采用两步灰土，3 层以上房屋宜采用三步灰土。

　　灰土基础在我国古代建筑中早已广泛应用，是我国的宝贵遗产。优点是能就地取材，造价低廉，仅为混凝土基础的 1/3～1/2，并能节约水泥。其缺点是人工操作，质量不匀，强度较低，在很湿和软弱的地基中不宜采用。此外，灰土基础早期不宜受冻，必须设置在冻结深度以下。

【例题 3.5】 北京市某六层住宅楼，东西向长度 72.30m，南北向宽度 12.36m，总高 17.55m。地基为粉土，土质良好，修正后的地基承载力特征值为 $f_a=250\text{kPa}$。上部结构传至室外地面处的荷载为 $F=200\text{kN/m}$。室内地坪 ±0.00 高于室外地面 0.45m，如图 3.8 所示，基底高程为 −1.60m。设计无筋扩展条形基础。

【解】

① 基础埋深 d 由室外地面标高算起 $d=1.60-0.45=1.15\text{m}$

② 条形基础底宽 $b\geqslant\dfrac{F}{f_a-r_G D}=\dfrac{200}{250-20\times1.15}=0.88\text{m}$

取 $b=1.00\text{m}$

③ 基础材料及立面设计。基础底部采用素混凝土，强度等级为 C15，高度 $H_0=300\text{mm}$。其上用砖，标号 MU10，高度 360mm，4 级台阶，每级台阶宽度 60mm，如图 3.8 所示。

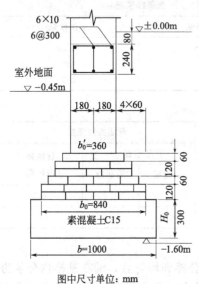

图 3.8　例 3.5 示意图

图中尺寸单位：mm

④ 刚性角验算

a. 砖基础验算　采用 M5 砂浆，由表 3.8 查得基础台阶宽高比限值 $[\tan\alpha]=1:1.50=0.67$。设计上部砖墙宽度 $b_0'=360\text{mm}$。

砖基础各部分的尺寸应符合砖的模数。本题采用二一间隔收砌 4 级台阶，高度分别为 60mm、120mm、60mm、120mm，则砖基础的高度 $H_0'=360\text{mm}$。砖基础底部实际宽度：$b_0=b_0'+2\times4\times60=360+480=840\text{mm}$

根据式 $b\leqslant b_0+2H_0[\tan\alpha]$ 得砖基础允许底宽为

$b_0'+2H_0'[\tan\alpha']=360+2\times360\times0.67=840\text{mm}=b_0$

设计宽度正好满足刚性角要求。

b. 混凝土基础验算　根据基底平均压力 $p=\dfrac{F+G}{A}=$

$\dfrac{200+20\times1\times1\times1.15}{1\times1}=223\text{kPa}$，查表 3.8 得混凝土基础台阶宽高比允许值 $[\tan\alpha]=1:1.25=0.8$。由设计尺寸 $b_0=840\text{mm}$，$H_0=300\text{mm}$，基底宽 $b=1000\text{mm}$，并结合式 $b\leqslant b_0+2H_0[\tan\alpha]$ 得混凝土基础允许底宽为 $b_0+2H_0[\tan\alpha]=800+2\times300\times0.8=1320\text{mm}>1000\text{mm}$

因此，设计基础宽度安全。

3.7　扩展基础设计

扩展基础的底面向外扩展，基础外伸的宽度大于基础高度，基础材料承受拉应力，因此，扩展基础必须采用钢筋混凝土材料，其适用于上部结构荷载较大，有时为偏心荷载或承受弯矩、水平荷载的建筑物基础。在地基表层土质较好，下层土质较软弱的情况，利用表层好土层设计浅埋基础，最适宜采用扩展基础。

扩展基础系指由钢筋混凝土材料构成的基础，包括柱下钢筋混凝土独立基础和墙下钢筋混凝土条形基础两大类，见图 3.9。由于采用钢筋承担弯曲引起的拉应力，可以不满足刚性角的要求，基础高度可以减小。

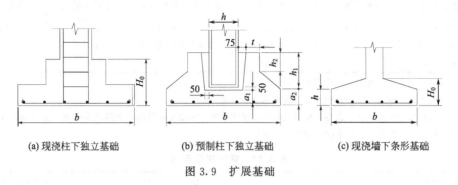

(a) 现浇柱下独立基础　　　(b) 预制柱下独立基础　　　(c) 现浇墙下条形基础

图 3.9　扩展基础

在进行扩展基础结构计算，确定基础配筋和验算材料强度时，上部结构传来的荷载效应组合应按承载能力极限状态下荷载效应的基本组合；相应的基底反力为净反力（不包括基础自重和基础台阶上回填土重所引起的反力）。

3.7.1　柱下钢筋混凝土独立基础的立面设计

3.7.1.1　柱下钢筋混凝土独立基础的分类

柱下钢筋混凝土独立基础按立面形式可分为台阶形和角锥形，按施工方法可分为现浇柱基础和预制柱基础。构造应满足下列要求。

① 垫层，其厚度不宜小于 70mm，垫层混凝土强度等级常采用 C10。垫层的作用是用以不扰动地基土的表层，保证地基土的质量和便于钢筋施工。

② 现浇柱基础的特点是与柱同时浇灌修建。阶梯形基础的每阶高度宜为 300～500mm；阶梯尺寸一般在水平和垂直方向采用 50mm 的倍数；角锥形基础底板边缘厚度不宜小于 200mm，锥台坡度 $i \leqslant 1 : 3$。

③ 基础混凝土强度等级不宜低于 C20。

④ 基础底板受力钢筋应双向布置。受力钢筋最小直径不宜小于 10mm，间距不宜大于 200mm，也不宜小于 100mm。钢筋保护层的厚度有垫层时不宜小于 40mm，无垫层时不宜小于 70mm。

预制钢筋混凝土柱与杯口基础的连接，应符合下列要求。

柱的插入深度 h_1 可按表 3.12 选用，并应满足锚固长度的要求和吊装时柱的稳定性。

表 3.12　柱的插入深度　　　　　　　　　　　　　　单位：mm

矩形或工字形柱				双肢柱
$h < 500$	$500 \leqslant h \leqslant 800$	$800 < h \leqslant 1000$	$h > 1000$	—
$h \sim 1.2h$	h	$0.9h$ 且 $\geqslant 800$	$0.8h$ 且 $\geqslant 1000$	$(1/3 \sim 2/3)h_a$、$(1.5 \sim 1.8)h_b$

注：1. h 为柱截面长边尺寸，h_a 为双肢柱整个截面长边尺寸，h_b 为双肢柱整个截面短边尺寸；

2. 柱轴心受压或小偏心受压时，h_1 可适当减小，偏心距大于 $2h$（或 $2d$）时，h_1 应适当加大。

基础的杯底厚度和杯壁厚度，可按照表 3.13 选用。

杯壁的配筋：当柱为轴心或小偏心受压且 $t/h_2 \geqslant 0.65$，或大偏心受压且 $t/h_2 \geqslant 0.75$ 时，杯壁可不配筋；当柱为轴心或小偏心受压且 $0.5 \leqslant t/h_2 < 0.65$ 时，杯壁可按表 3.14 构造配筋；其他情况下应按计算配筋。

表 3.13　基础的杯底厚度和杯壁厚度　　　　　单位：mm

柱截面长边尺寸 h	杯底厚度 a_1	杯壁厚度 t	柱截面长边尺寸 h	杯底厚度 a_1	杯壁厚度 t
$h<500$	$\geqslant 150$	$150\sim200$	$1000\leqslant h<1500$	$\geqslant 250$	$\geqslant 350$
$500\leqslant h<800$	$\geqslant 200$	$\geqslant 200$	$1500\leqslant h<2000$	$\geqslant 300$	$\geqslant 400$
$800\leqslant h<1000$	$\geqslant 200$	$\geqslant 300$			

注：1. 双肢柱的杯底厚度值，可适当加大；

2. 当有基础梁时，基础梁下的杯壁厚度应满足其支承宽度的要求；

3. 柱子插入杯口部分的表面应凿毛，柱子与杯口之间的空隙，应用比基础混凝土强度等级高一级的细石混凝土填密实，当达到材料设计强度的70%以上时方进行上部吊装。

表 3.14　杯壁构造配筋　　　　　单位：mm

柱截面长边尺寸	$h<1000$	$1000\leqslant h<1500$	$1500\leqslant h<2000$
钢筋直径	$8\sim10$	$10\sim12$	$12\sim16$

注：表中钢筋置于杯口顶部，每边两根。

3.7.1.2　确定基础的高度及变阶处的高度

柱下钢筋混凝土独立基础通过进行相应的冲切破坏验算来确定基础的高度及变阶处的高度。

在柱中心荷载作用下，如果基础高度（或阶梯高度）不足，则将沿着柱周边（或阶梯高度变化处）产生冲切破坏，形成45°斜裂面的角锥体。因此，由冲切破坏锥体以外的地基反力产生的冲切力应小于冲切面处混凝土的抗冲切能力。对于矩形基础，柱短边一侧冲切破坏较柱长边一侧危险，所以，一般只需根据短边一侧冲切破坏条件来确定底板厚度，即要求对矩形截面柱的矩形基础，应验算柱与基础交接处以及基础变阶处的受冲切承载力，可按式（3.20）计算

$$F_l \leqslant 0.7\beta_{hp}f_t A_m \qquad (3.20)$$

$$F_l = p_j A_l \qquad (3.21)$$

$$p_j = \frac{F}{l\times b} \qquad (3.22)$$

式中　β_{hp}——受冲切承载力截面高度影响系数，当 $h\leqslant800$mm 时，β_{hp} 取 1.0；当 $h\geqslant2000$mm 时，β_{hp} 取 0.9，其间按线性内插法取用；

f_t——为混凝土轴心抗拉强度设计值；

A_m——为冲切破坏锥体最不利一侧斜截面的水平投影面积；

p_j——为扣除基础自重及其上土重后相应于荷载效应基本组合时的地基土单位面积净反力，对偏心受压基础可取基础边缘处最大地基土单位面积净反力；

A_l——为冲切验算时取用的部分基底面积；

F_l——为相应于荷载效应基本组合时作用在 A_l 上的地基土净反力设计值。

（1）对柱边进行冲切破坏验算

柱截面长边、短边分别用 a_c，b_c 表示。

沿柱边产生冲切时，取 $b_t=b_c$。

① 当冲切锥体的底边落在基础底面之内，如图 3.10（b）所示，即 $b\geqslant b_c+2h_0$ 时，有

$$b_b = b_c + 2h_0 \qquad (3.23)$$

$$A_l = \left(\frac{l}{2}-\frac{a_c}{2}-h_0\right)b - \left(\frac{b}{2}-\frac{b_c}{2}-h_0\right)^2 \qquad (3.24)$$

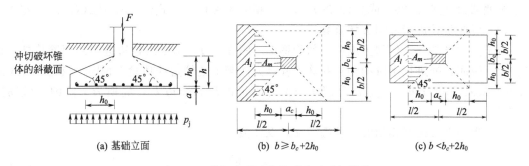

图 3.10　单级台阶或角锥形基础冲切计算

$$A_m = \frac{1}{2}(b_t + b_b)h_0 = (b_c + h_0)h_0 \tag{3.25}$$

h_0——为基础冲切破坏锥体的有效高度；当对台阶底边处进行下阶的冲切验算时，$h_0 = h_{01}$；

b_c——为冲切破坏锥体最不利一侧斜截面的上边长，当计算柱与基础交接处的受冲切承载力时，取柱宽；当计算变阶处的受冲切承载力时，取上阶宽；

b_b——为冲切破坏锥体最不利一侧斜截面的下边长，当冲切破坏锥体的底；面落在基础底面以内，计算柱与基础交接处的受冲切承载力时，取柱宽加两倍基础有效高度；当计算基础变阶处的受冲切承载力时，取上阶宽加两倍该处的基础有效高度；

根据 $F_l = p_j A_l$ 和 $F_l \leqslant 0.7\beta_{hp}f_t A_m$ 可得

$$p_j\left[\left(\frac{l}{2}-\frac{a_c}{2}-h_0\right)b - \left(\frac{b}{2}-\frac{b_c}{2}-h_0\right)^2\right] \leqslant 0.7\beta_{hp}f_t(b_c+h_0)h_0 \tag{3.26}$$

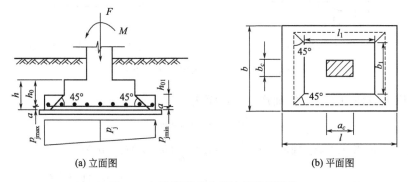

图 3.11　阶梯形基础的冲切破坏锥体

② 当 $b < b_c + 2h_0$ 时，如图 3.10（c）所示，冲切力的作用面积 A_l 为一矩形

$$A_l = \left(\frac{l}{2}-\frac{a_c}{2}-h_0\right)b \tag{3.27}$$

$$A_m = (b_c+h_0)h_0 - \left(\frac{b_c}{2}+h_0-\frac{b}{2}\right)^2 \tag{3.28}$$

$$p_j\left[\left(\frac{l}{2}-\frac{a_c}{2}-h_0\right)b \leqslant 0.7\beta_{hp}f_t\left[(b_c+h_0)h_0-\left(\frac{b_c}{2}+h_0-\frac{b}{2}\right)^2\right]\right. \tag{3.29}$$

设计时一般先按经验假定基础高度，得出 h_0，再代入式（3.26）式（3.29）进行验算，

直至抗冲切力［式(3.26)或式(3.29)右边］稍大于冲切力［式(3.26)或式(3.29)左边］。

（2）对变阶处进行冲切破坏验算

对于阶梯形基础，例如分成两级的阶梯形（图3.11），除了对柱边进行冲切验算外，还应在上一阶底边处进行下阶的冲切验算。验算方法与上述柱边冲切验算相同，只是在使用式(3.26)或式(3.29)时，a_c、b_c分别换为上阶的长边 l_1 和短边 b_1，h_0 换为下阶的有效高度 h_{01} 即可。

（3）当为偏心荷载作用时，基底净反力设计值

$$p_{jmin}^{jmax} = \frac{F}{lb} \pm \frac{6M}{bl^2} \qquad (3.30)$$

偏心荷载作用下，同样按式(3.26)或式(3.29)进行冲切破坏验算，但应以 p_{jmax} 代替 p_j，偏于安全。

当45°冲切破坏锥体底边全部落在基础底面以外时，则无需进行冲切验算。

3.7.1.3　钢筋混凝土柱下独立基础底板配筋计算

（1）在中心荷载作用下（图3.12）

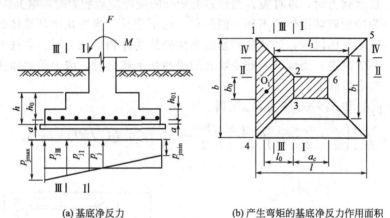

(a) 基底净反力　　　　　　(b) 产生弯矩的基底净反力作用面积

图3.12　中心荷载作用下的独立基础

地基净反力对柱边Ⅰ—Ⅰ截面产生的弯矩为

$$M_I = p_j A_{1234} l_0 \qquad (3.31)$$

式中　A_{1234}——梯形1234的面积，m^2；$A_{1234} = \frac{1}{4}(b+b_c)(l-a_c)$；

l_0——梯形1234的形心至柱边的距离，m；$l_0 = \frac{(l-a_c)(2b+b_c)}{6(b+b_c)}$

故　　　　　　　　$M_I = \frac{1}{24} P_j (2b+b_c)(l-a_c)^2 \qquad (3.32)$

平行于 l 方向的受力筋面积

$$A_{sI} = \frac{M_I}{0.9 f_y h_0} \qquad (3.33)$$

同理地基净反力对柱边Ⅱ—Ⅲ截面产生的弯矩为

$$M_{II} = \frac{1}{24} P_j (2l+a_c)(b-b_c)^2 \qquad (3.34)$$

平行于 b 方向的受力筋面积

$$A_{sⅡ} = \frac{M_Ⅱ}{0.9 f_y (h_0 - d)} \tag{3.35}$$

式中　$A_{sⅠ}$，$A_{sⅡ}$——钢筋面积，m^2；

　　　　h_0——基础有效高度；

　　　　f_y——钢筋抗拉强度设计值，kN/m^2；

　　　　d——l 方向底板钢筋直径，mm。

阶梯形基础的变阶处也是抗弯的危险界面，可按式(3.32)～式(3.35)计算上台阶底边的弯矩和钢筋面积，只要把各式中的 a_c、b_c 换成上阶的长边 l_1 和短边 b_1，把 h_0 换成下阶的有效高度 h_{01} 便可。

（2）在偏心荷载作用下

偏心荷载作用下的基础底板配筋仍可按式(3.33)或式(3.35)计算钢筋面积，但式中弯矩的计算应考虑偏心影响，即应按下式计算

$$M_Ⅰ = \frac{1}{48}(p_{jmax} + p_{jⅠ})(2b + b_c)(l - a_c)^2 \tag{3.36}$$

$$M_Ⅱ = \frac{1}{48}(p_{jmax} + p_{jmin})(2l + a_c)(b - b_c)^2$$

$$= \frac{1}{24} p_j (2l + a_c)(b - b_c)^2 \tag{3.37}$$

式中　p_j——平均净反力设计值，$p_j = F/lb$，kPa；

　　　$p_{jⅠ}$——Ⅰ—Ⅰ截面处的基底净反力设计值，kPa。

【例题 3.6】　设计如图 3.13 所示的柱下独立基础。已知作用于基础地面处的柱荷载 $F = 700kN$，$M = 87.8kN \cdot m$，柱截面尺寸为 300mm×400mm，基础底面尺寸为 1.6m×2.4m。

【解】　采用 C20 混凝土，HPB235 级钢筋，查得，$f_t = 1.10N/mm^2$，$f_y = 210N/mm^2$。垫层采用 C10 混凝土，厚度 100mm。

（1）计算基底净反力设计值

基地平均净反力值

$$p_j = \frac{F}{bl} = \frac{700}{1.6 \times 2.4} = 182.3kPa$$

基底净反力最大、最小值

$$p_{jmax\atop jmin} = \frac{F}{bl} \pm \frac{6M}{bl^2} = \frac{700}{1.6 \times 2.4} \pm \frac{6 \times 87.8}{1.6 \times 2.4^2} = \frac{239.5}{125.1}kPa$$

Ⅰ—Ⅰ截面处的基底净反力 $p_{jⅠ}$ 和Ⅲ—Ⅲ截面的基底净反力 $p_{jⅢ}$ 由 p_{jmax} 和 p_{jmin} 内插得到，见图 3.13。

（2）基础高度确定

① 柱边处截面　取基底高度 600mm，基底保护层厚度取 45mm，则 $h_0 = 555mm$，则

$$b_c + 2h_0 = 0.3 + 2 \times 0.555 = 1.41m < b = 1.6m$$

冲切锥体的底边落在基础底面之内。

因偏心受压，

$$p_{j\max}\left[\left(\frac{l}{2}-\frac{a_c}{2}-h_0\right)b-\left(\frac{b}{2}-\frac{b_c}{2}-h_0\right)^2\right]$$

$$=239.5\times\left[\left(\frac{2.4}{2}-\frac{0.4}{2}-0.555\right)\times1.6-\left(\frac{1.6}{2}-\frac{0.3}{2}-0.555\right)^2\right]$$

$$=168.4\text{kN}$$

$$0.7\beta_{hp}f_t(b_c+h_0)h_0=0.7\times1.0\times1100\times(0.3+0.555)\times0.555$$

$$=365.4\text{kN}>168.4\text{kN}$$

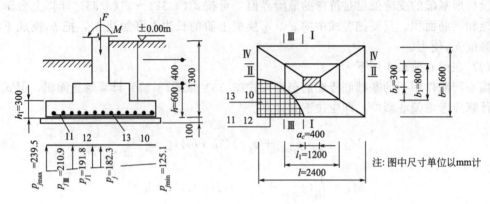

图 3.13 例 3.6 示意图

符合要求。

② 变阶处截面

基础分两级,下阶 $h_1=300\text{mm}$, $h_{01}=255\text{mm}$, 取 $l_1=1.2\text{m}$, $b_1=0.8\text{m}$。

$$b_1+2h_{01}=0.8+2\times0.255=1.31\text{m}<1.60\text{m}$$

冲切力

$$p_{j\max}\left[\left(\frac{l}{2}-\frac{a_c}{2}-h_0\right)b-\left(\frac{b}{2}-\frac{b_c}{2}-h_0\right)^2\right]$$

$$=239.5\times\left[\left(\frac{2.4}{2}-\frac{1.2}{2}-0.255\right)\times1.6-\left(\frac{1.6}{2}-\frac{0.8}{2}-0.255\right)^2\right]$$

$$=127.2\text{kN}$$

抗冲切力

$$0.7\beta_{hp}f_t(b_1+h_{01})h_{01}=0.7\times1.0\times1100\times(0.8+0.255)\times0.255$$

$$=207.1\text{kN}>127.2\text{kN}$$

符合要求。

(3)配筋计算

① 计算基础长边方向的弯矩设计值,

取 Ⅰ—Ⅰ 截面

$$M_{\text{I}}=\frac{1}{48}(p_{j\max}+p_{j\text{I}})(2b+b_c)(l-a_c)^2$$

$$=\frac{1}{48}(239.5+191.8)(2\times1.6+0.3)(2.4-0.4)^2$$

$$=125.8\text{kN}\cdot\text{m}$$

$$A_{s\text{I}}=\frac{M_{\text{I}}}{0.9f_yh_0}=\frac{125.8\times10^6}{0.9\times210\times555}=1199\text{mm}^2$$

取 Ⅲ—Ⅲ 截面

$$M_{\text{III}} = \frac{1}{48}(p_{j\max} + p_{j\text{III}})(2b + b_1)(l - l_1)^2$$

$$= \frac{1}{48}(239.5 + 210.9)(2 \times 1.6 + 0.8)(2.4 - 1.2)^2$$

$$= 54.05 \text{kN} \cdot \text{m}$$

$$A_{s\text{III}} = \frac{M_{\text{III}}}{0.9 f_y h_{01}} = \frac{54.05 \times 10^6}{0.9 \times 210 \times 255} = 1121 \text{mm}^2$$

比较 $A_{s\text{I}}$ 和 $A_{s\text{III}}$，应按 $A_{s\text{I}}$ 配筋，现于 1.6m 宽度范围内配 11ϕ12，$A_s = 1244 \text{mm}^2 > 1199 \text{mm}^2$。

② 计算基础短边方向的弯矩

取 II—II 截面

$$M_{\text{II}} = \frac{1}{24} p_j (2l + a_c)(b - b_c)^2$$

$$= \frac{1}{24} \times 182.3 \times (2 \times 2.4 + 0.4)(1.6 - 0.3)^2$$

$$= 66.8 \text{kN} \cdot \text{m}$$

$$A_{s\text{II}} = \frac{M_{\text{II}}}{0.9 f_y (h_0 - d)} = \frac{66.8 \times 10^6}{0.9 \times 210 \times (555 - 12)} = 651 \text{mm}^2$$

IV—IV 截面

$$M_{\text{IV}} = \frac{1}{24} p_j (2l + l_i)(b - b_1)^2$$

$$= \frac{1}{24} \times 182.3 \times (2 \times 2.4 + 1.2)(1.6 - 0.8)^2$$

$$= 29.2 \text{kN} \cdot \text{m}$$

$$A_{s\text{IV}} = \frac{M_{\text{IV}}}{0.9 f_y (h_{01} - d)} = \frac{29.2 \times 10^6}{0.9 \times 210 \times (255 - 12)} = 636 \text{mm}^2$$

按构造要求配 13ϕ10，$A_s = 1021 \text{mm}^2 > 651 \text{mm}^2$。基础配筋见图 3.13。

3.7.2　墙下钢筋混凝土条形基础的立面设计

墙下钢筋混凝土条形基础的立面设计包括确定基础高度和基础底板配筋。计算时沿墙长度方向取 1m 作为计算单元。

（1）构造

墙下钢筋混凝土条形基础的底板材料及构造同柱下钢筋混凝土基础，受力钢筋按计算确定，沿横向（基础宽度方向）布置，受力筋直径不小于 10mm，间距不宜大于 200mm，也不宜小于 100mm，一般不配弯起钢筋。沿基础纵向设分布筋，置于受力筋上方，直径不小于 8mm，间距不大于 300mm。

（2）中心荷载作用下基础高度和配筋计算

基础高度由混凝土的受剪承载力确定

$$h_0 \geqslant \frac{p_j b_1}{0.7 f_t} \tag{3.38}$$

式中　f_t——混凝土轴心抗拉强度设计值，kN/m²

p_j——相应于荷载效应基本组合时的地基净反力，$p_j = F/b$，kPa；

F——相应于荷载效应基本组合时上部结构传至基础地面处的竖向力，kN；

h_0——基础有效高度，m；

b——基础宽度，m；

b_1——基础悬挑部分挑出长度，m；如图 3.14 所示，当墙体材料为混凝土时，b_1 为
基础边缘至墙脚的距离；当为砖墙且放脚不大于 1/4 砖长时，b_1 为基础边缘至
墙脚的距离加上 0.06m，即基础边缘至墙面的距离。

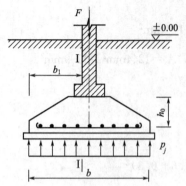

基础悬臂根部的最大弯矩设计值为

$$M = \frac{1}{2} P_j b_1^2 \qquad (3.39)$$

基础每延米的受力钢筋截面面积为

$$A_s = \frac{M}{0.9 f_y h_0} \qquad (3.40)$$

式中　　A_s——钢筋面积，m^2；

　　　　h_0——基础有效高度，m；

　　　　f_y——钢筋抗拉强度设计值，kN/m^2。

（3）偏心荷载作用下基础高度和配筋计算

图 3.14　墙下钢筋混凝土条形基础

在偏心荷载作用下，基础边缘处的最大净反力设计值
$p_{j\max}$ 为

$$p_{j\max} = \frac{F}{b} + \frac{6M}{b^2} \qquad (3.41)$$

式中　M——相应于荷载效应基本组合时作用于基础底面的力矩值，$kN \cdot m$。

基础的高度和配筋仍按式（3.38）和式（3.40）计算，但其中剪力和弯矩设计值应改为下
式计算

$$V = \frac{1}{2}(p_{j\max} + p_j) b_1 \qquad (3.42)$$

$$M = \frac{1}{6}(2p_{j\max} + p_j) b_1^2 \qquad (3.43)$$

式中　p_j——基底平均净反力设计值，kPa，$p_j = \frac{F}{b}$。

【例题 3.7】　某砖墙厚 240mm，相应于荷载效应基本组合时作用于基础地面处的轴心荷
载为 $F = 144 kN/m$，基础埋深为 0.5m，地基承载力特征值为 $f_{ak} = 106 kPa$，其他资料见图
3.15，设计此基础。

【解】　基础埋深 0.5m，故采用钢筋混凝土条
形基础，混凝土等级采用 C20。HPB235 级钢筋，
查得 $f_t = 1.10 N/mm^2$，$f_y = 210 N/mm^2$。

① 基础底面宽度

先不对基础宽度进行修正，由于埋置深度
$d = 0.5m$，因此不需对基础埋深进行修正，即
$f_a = f_{ak} = 106 kPa$

基础底面宽度 $b \geq \dfrac{F}{f_a - \gamma_G d} = \dfrac{144}{106 - 20 \times 0.5}$
$$= 1.5m$$

取基础宽度 $b = 1.5m$，由于 $b = 1.5m < 3.0m$，

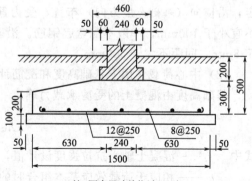

注：图中尺寸单位以 mm 计

图 3.15　例 3.7 示意图

故不需对基础宽度进行修正，即取 $b=1.5\mathrm{m}$。

② 地基反力：$p_j=\dfrac{F}{b}=\dfrac{144}{1.5}=96\mathrm{kPa}$

③ 基础边缘至计算截面(墙面处)的距离：$b_1=\dfrac{1}{2}\times(1.5-0.24)=0.63\mathrm{m}$

④ 基础有效高度：$h_0\geqslant\dfrac{p_jb_1}{0.7f_t}=\dfrac{96\times0.63}{0.7\times1100}=0.078\mathrm{m}=78\mathrm{mm}$

取基础高度 $h=300\mathrm{mm}$，基础钢筋保护层厚度 $40\mathrm{mm}$，$h_0=300-40=260\mathrm{mm}>78\mathrm{mm}$

$$M=\frac{1}{2}p_jb_1^2=\frac{1}{2}\times96\times0.63^2=19.05\mathrm{kN\cdot m}$$

$$A_s=\frac{M}{0.9f_yh_0}=\frac{19.05\times10^6}{0.9\times210\times260}=387.7\mathrm{mm}^2$$

配钢筋 $\phi12@250$，$A_s=452.2\mathrm{mm}^2$，符合要求。

以上受力钢筋沿垂直于砖墙长度的方向配置，纵向分布筋取 $\phi8@250$，如图 3.15 所示，垫层用 C10 混凝土。

3.8　弹性地基上梁的计算

地基上梁的分析，是从地基与基础共同作用出发，对设置于地基上的梁，在选定地基模型的基础上，确定地基反力分布和大小，从而较为准确地分析梁的内力和变形。如柱下条形基础，设计时即可当作地基上的梁来分析。本课程仅对文克尔地基上梁的分析作一简要介绍，以初步了解这种分析方法。更详细的论述分析方法可参阅有关专著或手册。

3.8.1　地基模型

在地基与基础共同工作中，重要的问题是如何选择地基模型的问题。

所谓地基模型是指地基表面上压力与沉降的关系。目前，已提出过许多有价值的地基模型，但由于问题的复杂性，还很难找到一种能完全反映地基实际工作性状同时又便于应用的理想模型。本节介绍比较有代表性的线性弹性模型之一——文克尔地基模型。

捷克工程师文克尔（E. Winkler）曾假定地基上任一点所受的压力与该点的地基沉降变形成正比，即

$$p=ks \tag{3.44}$$

式中　p——压力，kPa；

$\quad\quad s$——沉降变形，m；

$\quad\quad k$——基床系数，$\mathrm{kN/m^3}$；基床系数指地基表面某点产生单位竖向变形（$s=1$）时作用于该点的压力。

文克尔地基模型用弹簧体系模拟地基，并认为各弹簧之间无相互影响，故文克尔地基模型具有下述特征：其一，作用在地基表面任一点的压力只在该点引起地基变形，而与该点以外的变形无关，所以在基底压力作用下，地基变形只发生在基底范围以内，基底以外无变形；其二，地基反力分布图的形状与地基表面竖向变形图相似。

按照文克尔地基模型，在基底压力作用下地基内没有剪应力，附加应力也就不会扩散到基底以外，地基变形只发生在基底范围以内，这与实际情况不符。另外，研究结果表明，基床系数并非常数，它与土的性质、类别有关，与基础的大小、形状、埋置深度有关。但由于

该模型涉及的参数较少且便于应用，目前仍是最常用的地基模型之一，尤其当地基土的抗剪强度较低或地基压缩层厚度比基底尺寸小很多时，一般不会引起过大误差。

3.8.2　文克尔地基上梁的微分方程及其解

根据材料力学知识，在纯弯曲状态下，梁的挠曲微分方程可表示为

$$EI\frac{\mathrm{d}^2 w}{\mathrm{d}x^2} = -M \tag{3.45}$$

式中　E——梁材料的弹性模量，kPa；

　　　　I——梁的截面惯性矩，m^4；

　　　　w——梁的挠度，m；

　　　　M——梁截面的弯矩，kN·m。

设地基压力与竖向变形间的关系符合文克尔的假定，一截面宽度为 b 的等截面梁置于其上，在线布荷载 q、集中力 F_0 和力矩 M_0 作用下，见图 3.16，梁发生的竖向变形 w，引起地基反力 p。

由微单元静力平衡条件

$$\sum M = 0 \quad 即(M+\mathrm{d}M) - M - (V+\mathrm{d}V)\frac{\mathrm{d}x}{2} - V\frac{\mathrm{d}x}{2} = 0$$

$$\sum V = 0 \quad 即(V+\mathrm{d}V) - V + q\mathrm{d}x - bp\mathrm{d}x = 0$$

化简上述两式得

$$\frac{\mathrm{d}M}{\mathrm{d}x} = V$$

$$\frac{\mathrm{d}V}{\mathrm{d}x} = bp - q \tag{3.46}$$

式中　V——梁截面的剪力，kN；

将式(3.45)对坐标 x 求两次导数，可得

$$EI\frac{\mathrm{d}^4 w}{\mathrm{d}x^4} = -\frac{\mathrm{d}^2 M}{\mathrm{d}x^2} = -bp + q \tag{3.47}$$

为分析方便，假定梁上无均布荷载作用（$q=0$），则式(3.47)可简化为

$$EI\frac{\mathrm{d}^4 w}{\mathrm{d}x^4} + bp = 0$$

对于文克尔地基模型，有 $p=ks$。根据变形协调条件，地基沉降等于梁的挠度（即 $s=w$）代入上式并经整理得

$$\frac{\mathrm{d}^4 w}{\mathrm{d}x^4} + 4\lambda^4 w = 0 \tag{3.48}$$

其中

$$\lambda = \sqrt[4]{\frac{kb}{4EI}}$$

式中　k——地基的基床系数，kN/m^3；

　　　　λ——梁的柔度特征值，m^{-1}，并定义 $L=1/\lambda$ 为特征长度，m；

　　　　I——梁的截面惯性矩，m^4。

柔度特征值 λ 与地基的基床系数和梁的抗弯刚度有关，λ 值越小，则基础的相对刚度越大。对于式(3.48)给出的四阶常系数线性常微分方程，其通解为

$$w = e^{\lambda x}(C_1\cos\lambda x + C_2\sin\lambda x) + e^{-\lambda x}(C_3\cos\lambda x + C_4\sin\lambda x) \tag{3.49}$$

式中　C_1, C_2, C_3, C_4——积分常数，可根据荷载类型和已知边界条件确定。

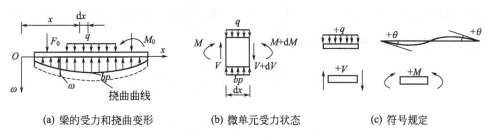

(a) 梁的受力和挠曲变形　　　　　(b) 微单元受力状态　　　　　(c) 符号规定

图 3.16　文克尔地基上梁的计算

3.8.3　梁按柔度指数的分类

分析结果表明，当柔度指数 $\lambda l \leqslant \pi/4$ 时，荷载作用下梁的挠曲变形很小，计算时可以忽略而把梁看成刚性的。这种梁称为短梁或刚性梁，其地基反力可按线性分布计算。

在 $\lambda l > \pi/4$ 的情况下，若荷载对梁端产生的影响可以忽略不计，则可视之为无限长梁，否则应按有限长梁计算。如果荷载为集中力或力矩，其作用点至梁两端的距离为 l_1 和 l_2，则可按下述区分无限长梁和有限长梁：当 $\beta l_1 \geqslant \pi$ 且 $\beta l_2 \geqslant \pi$ 时，可以按无限长梁计算；当 $\beta l_1 < \pi$ 或 $\beta l_2 < \pi$ 时，应按有限长梁计算。若梁的 $\beta l \geqslant \pi$，其一端受集中力或力矩作用，此时荷载对梁另一端的影响可以忽略，这种梁称为半无限长梁。

3.8.4　梁的计算

3.8.4.1　无限长梁的计算

（1）无限长梁受竖向集中力 F_0 作用

图 3.17 所示为竖向集中力 F_0 作用于无限长梁时的情形。取 F_0 的作用点为坐标原点 O。由于对称，研究梁的右半段（$x \geqslant 0$）即可。

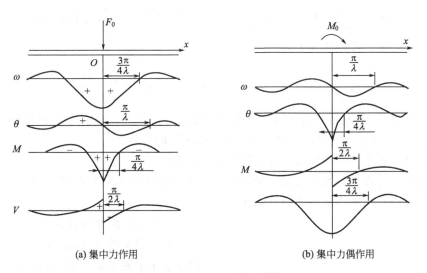

(a) 集中力作用　　　　　　　　　　　(b) 集中力偶作用

图 3.17　无限长梁的计算

若梁只受集中力 F_0 作用，求解所用的已知条件则为

① 当 $x \to \infty$ 时，$w = 0$；

② 在 $x = 0$ 处，$\theta = 0$；

③ 在 $x = 0$ 处，$V = -F_0/2$。

利用计算公式 $\theta=\dfrac{dw}{dx}$，$M=-EI\dfrac{d^2w}{dx^2}$，$V=-EI\dfrac{d^3w}{dx^3}$，并利用上述已知条件可得 $x\geqslant0$ 时梁的挠度、转角、弯矩和剪力分别为

$$w=\frac{F_0\lambda}{2kb}A_x,\quad \theta=-\frac{F_0\lambda^2}{kb}B_x,\quad M=\frac{F_0}{4\lambda}C_x,\quad V=-\frac{F_0}{2}D_x \tag{3.50}$$

式中

$$A_x=e^{-\lambda x}(\cos\lambda x+\sin\lambda x)$$
$$B_x=e^{-\lambda x}\sin\lambda x$$
$$C_x=e^{-\lambda x}(\cos\lambda x-\sin\lambda x)$$
$$D_x=e^{-\lambda x}\cos\lambda x \tag{3.51}$$

可见，A_x，B_x，C_x，D_x 均是关于 λx 的函数。

类似地，可对 F_0 左边的截面（$x<0$）进行推导。实际上，只需将 x 的绝对值代入上式即可，而结果为：w 和 M 正负号不变，θ 和 V 取相反的符合。

基底反力可由 $p=kw$ 计算。

梁的挠度、转角、弯矩和剪力分布见图 3.17（a）。

（2）无限长梁受集中力偶 M_0 作用

图 3.17（b）所示为集中力偶 M_0 作用于无限长梁时的情形。同样取 M_0 的作用点为坐标原点 O。由于对称，研究梁的右半段（$x\geqslant0$）即可。

若梁只受集中力 M_0 作用，求解所用的已知条件则为

① 当 $x\to\infty$ 时，$w=0$；

② 在 $x=0$ 处，$w=0$；

③ 在 $x=0$ 处，$M=M_0/2$。

利用计算公式 $\theta=\dfrac{dw}{dx}$，$M=-EI\dfrac{d^2w}{dx^2}$，$V=-EI\dfrac{d^3w}{dx^3}$，并利用上述已知条件可得 $x\geqslant0$ 时梁的挠度、转角、弯矩和剪力分别为

$$\omega=\frac{M_0\lambda^2}{kb}B_x,\quad \theta=\frac{M_0\lambda^3}{kb}C_x,\quad M=\frac{M_0}{2}D_x,\quad V=-\frac{M_0\lambda}{2}A_x \tag{3.52}$$

类似地，可对 M_0 左边的截面（$x<0$）进行推导。实际上，只需将 x 的绝对值代入上式即可，而结果为：θ 和 V 正负号不变，w 和 M 取相反的符号。

梁的挠度、转角、弯矩和剪力分布见图 3.17（b）。

对于同时承受若干个集中力和力矩的梁，可按上述分别求出各荷载单独作用时的解答，然后叠加而得各荷载共同作用下的总效应。

3.8.4.2 半无限长梁的计算

（1）半无限长梁受竖向集中力作用

假定半无限长梁的一端受集中力 F_0 的作用，另一端延伸至无穷远，见图 3.18。取坐标原点在 F_0 的作用点，则应满足下列条件。

① 当 $x\to\infty$ 时，$w=0$；

② 在 $x=0$ 处，$M=0$；

③ 在 $x=0$ 处，$V=-F_0$。

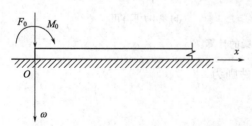

图 3.18 半无限长梁的计算

利用计算公式 $\theta=\dfrac{\mathrm{d}w}{\mathrm{d}x}$，$M=-EI\dfrac{\mathrm{d}^2w}{\mathrm{d}x^2}$，$V=-EI\dfrac{\mathrm{d}^3w}{\mathrm{d}x^3}$，并利用上述已知条件可得梁的挠度、转角、弯矩和剪力分别为

$$w=\frac{2F_0\lambda}{kb}D_x，\quad \theta=-\frac{2F_0\lambda^2}{kb}A_x，\quad M=-\frac{F_0}{\lambda}B_x，\quad V=-F_0C_x \tag{3.53}$$

（2）半无限长梁受集中力偶 M_0 作用

假定半无限长梁的一端受集中力 M_0 的作用，另一端延伸至无穷远。取坐标原点在 M_0 的作用点，则应满足下列条件

① 当 $x\to\infty$ 时，$w=0$；

② 在 $x=0$ 处，$M=M_0$；

③ 在 $x=0$ 处，$V=0$。

利用计算公式 $\theta=\dfrac{\mathrm{d}w}{\mathrm{d}x}$，$M=-EI\dfrac{\mathrm{d}^2w}{\mathrm{d}x^2}$，$V=-EI\dfrac{\mathrm{d}^3w}{\mathrm{d}x^3}$，并利用上述已知条件可得梁的挠度、转角、弯矩和剪力分别为

$$w=-\frac{2M_0\lambda^2}{kb}C_x，\quad \theta=\frac{4M_0\lambda^3}{kb}D_x，\quad M=M_0A_x，\quad V=-2M_0\lambda B_x \tag{3.54}$$

3.8.4.3　有限长梁的计算

有限长梁的内力和变形，可以利用无限长梁的解由叠加原理求得。为此，将图 3.19 中的有限长梁（梁 I）用无限长梁（梁 II）来代替，并假定在梁 II 紧靠 A、B 两截面的外侧各施加一对梁端边界条件力 F_A、M_A 和 F_B、M_B。如果在已知荷载 F_0 和 M_0 以及梁端边界条件共同作用下，A、B 两截面的弯矩和剪力正好为零，那么梁 II 的 AB 段的内力和变形就完全等价于梁 I（即满足梁 I 梁端为自由端的边界条件）。此时，在已知荷载及梁端边界条件力共同作用下梁 II 上相应点处的挠度、转角、弯矩和剪力值即为梁 I 对应点处的值。分析步骤如下。

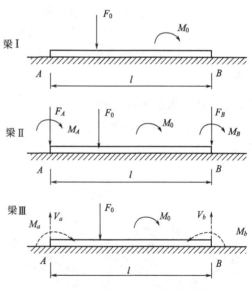

图 3.19　有限长梁的计算

利用叠加法计算已知荷载 F_0 和 M_0 在梁 II 上 A 和 B 截面引起的弯矩和剪力 M_a、V_a 和 M_b、V_b（即梁 III）。为保证两截面的弯矩和剪力为零，要求梁端边界条件力 F_A、M_A 和 F_B、M_B 在 A、B 两截面产生的弯矩和剪力为 $-M_a$、$-V_a$ 和 $-M_b$、$-V_b$。于是，由式(3.50)和式(3.52)（集中力和力偶作用下的弯矩、剪力等公式）可得

$$\left.\begin{array}{l}\dfrac{F_A}{4\lambda}+\dfrac{F_B}{4\lambda}C_l+\dfrac{M_A}{2}+\dfrac{M_B}{2}D_l=-M_a\\[2mm]-\dfrac{F_A}{2}+\dfrac{F_B}{2}D_l-\dfrac{M_A\lambda}{2}-\dfrac{M_B\lambda}{2}A_l=-V_a\\[2mm]\dfrac{F_A}{4\lambda}C_l+\dfrac{F_B}{4\lambda}+\dfrac{M_A}{2}D_l+\dfrac{M_B}{2}=-M_b\\[2mm]-\dfrac{F_A}{2}D_l+\dfrac{F_B}{2}-\dfrac{M_A\lambda}{2}A_l-\dfrac{M_B\lambda}{2}=-V_b\end{array}\right\} \tag{3.55}$$

式中　A_l，C_l和D_l是当$x=l$时的A_x，C_x和D_x，按式(3.51)计算。

　　求解上述方程组，可得梁端边界条件力F_A，M_A和F_B，M_B。

　　最后，由式(3.50)和式(3.52)(集中力和力偶作用下的弯矩、位移等公式)以叠加法计算在已知荷载和边界条件力的共同作用下，梁Ⅱ上对应于梁Ⅰ所求截面处的挠度w、转角θ、弯矩M和剪力V值。

　　从上述可见，文克尔地基上梁的分析是根据梁的微分方程的解析解，导出不同情况下梁的内力和变形的计算公式。实际工程问题简化为地基上的梁时，一般都有一系列荷载同时作用在梁上，计算时需重复叠加，十分繁杂，故宜用计算机计算。若采用其他地基模型，一般需用数值方法求解。

3.9　柱下条形基础

3.9.1　应用范围

　　① 单柱荷载较大，地基承载力不很大，按常规设计的柱下独立基础，因基础需要底面积大，基础之间的净距很小。为施工方便，把各基础之间的净距取消，连在一起，即为柱下条形基础。柱下条形基础由肋梁及横向伸出的翼板组成，断面一般呈倒T形。由于肋梁的截面相对较大且配置一定数量的纵筋和腹筋，因而具有较强的抗剪能力和抗弯能力。

　　② 对于不均匀沉降或振动敏感的地基，为加强结构整体性，可将柱下独立基础连成条形基础。

3.9.2　柱下条形基础的构造

　　柱下条形基础横截面的中间位高h、宽b_1的肋梁，下部向两侧伸出的部分称为翼板，见图3.20。

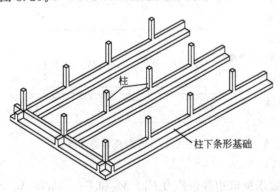

图 3.20　柱下条形基础

　　① 肋梁的高度(即基础高度)h一般取为柱中心距的$\frac{1}{8}\sim\frac{1}{4}$，据统计，条形基础梁的高跨比在$\frac{1}{6}\sim\frac{1}{4}$之间的占工程总数的88%。

　　② 翼板厚度h_1不应小于200mm；当翼板厚度$h_1=200\sim250$mm时，采用等厚度翼板；当翼板厚度$h_1>250$mm时，采用变厚度翼板，宜设计成坡度$i\leqslant1:3$，此时其边缘高度不宜小于200mm。

　　③ 一般而言，条形基础端部应外伸，以扩大基底面积，伸出长度可取宜为边跨距的1/4~1/3。

　　④ 现浇柱与条形基础梁的交接处，应放大尺寸，其尺寸应符合图3.21。

　　⑤ 柱下条形基础的混凝土强度等级不应低于C20。

　　⑥ 梁的纵向受力钢筋在柱位处布置于下部，在跨中布置于上部，配筋率均不宜小于0.2%，上下均应有2~4根通长配置，且其面积不得小于纵向钢筋总面积的1/3。

　　⑦ 翼板的横向受力钢筋由计算确定，但直径不应小于10mm，间距100~200mm。非肋部分的纵向分布钢筋直径为8~10mm，间距不大于300mm。

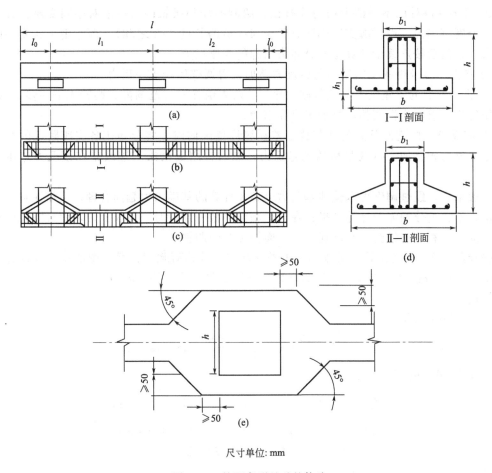

尺寸单位: mm

图 3.21　柱下条形基础的构造

3.9.3　柱下条形基础的计算

柱下条形基础的设计需要首先确定基底尺寸、基础高度及配筋，然后还需验算地基变形。

① 在比较均匀的地基上，当上部结构刚度较大，荷载分布较均匀，且基础高度 h 大于柱距的 1/6 时，可以忽略基础挠曲变形的影响，并且假定地基反力呈线性分布，按连续梁计算基础的内力。

② 如果不能满足上述要求，则应该考虑地基与基础的共同作用，按线性弹性地基上的梁来计算。

对中小型工程，一般可采用简化方法——倒梁法（或称连续梁法）计算。该法将柱下条形基础看成倒置的连续梁，将条形基础的柱脚看作固定铰支座，而连续梁上的荷载作为基础荷载引起的地基净反力，按多跨连续梁方法求得梁的内力。倒梁法求得的支座反力可能会不等于原先用于基底净反力的竖向柱荷载。这即可理解为上部结构的整体刚度对基础整体弯曲的抑制作用，使柱荷载的分布均匀化；也反映了倒梁法计算所得的支座反力与基底反力不平衡的这一主要缺点。当支座反力与柱荷载相差太大（如大于 20％）时，可用逐次逼近的方法来消除不平衡力或使不平衡力减小到容许的范围，从而可使地基反力分布及计算的基础内力更为合理。对此，实践中有采用所谓"基底反力局部调整法"，即

① 可将支座处的不平衡力均匀分布在其两侧的局部梁长内（一般对中间支座在其两侧各 1/3 跨度范围内，而对端支座则取悬臂长与一侧跨长的 1/3 之和），得作用于各支座附近的均布力，然后按连续梁计算这些分布力引起的支座反力。

② 将上一步求得的支座反力与原反力叠加，得调整后的支座反力。

③ 将调整后的支座反力与柱荷载相比较，若差值在容许范围内，则转入下一步，否则，返回第①步，重新进行调整，直到满足要求为止。

④ 将调整后的支座反力与柱荷载之差在容许范围内时，将分布于各支座附近的均布力与原地基反力相叠加，得调整后的地基反力，然后再用倒梁法求连续梁在该反力作用下的内力。

一般来讲，经过调整可以使地基反力分布及计算的基础内力趋向合理。但需注意，对于倒梁法，不宜过分拘泥于计算结果；在进行基础的截面设计时，不仅允许，而且需要设计者根据实际情况和工程经验，在配筋量等方面作必要的调整。

【例题 3.8】 某建筑物基础采用柱下条形基础，基础荷载和柱距如图所示，基础总长度为 34m，柱距 6m，共 5 跨，设 EI 为常数，试用倒梁法计算基础内力。

【解】

① 计算基底单位净反力，即

$$p_j = \frac{\sum p}{L} = \frac{2 \times 1200 + 4 \times 1800}{34} = 282.4 \text{kN/m}$$

② 求固端弯矩，有

$$M_{AD} = -M_{AB} = \frac{1}{2} \times 282.4 \times 2^2 = 564.8 \text{kN} \cdot \text{m}$$

$$M_{A'D'} = -M_{A'B'} = -M_{AD} = -564.8 \text{kN} \cdot \text{m}$$

$$M_{BA} = -M_{B'A'} = -1270.8 \text{kN} \cdot \text{m}$$

$$M_{BC} = M_{CC'} = M_{C'B'} = \frac{1}{12} \times 282.4 \times 6^2 = 847.2 \text{kN} \cdot \text{m}$$

$$M_{CB} = M_{C'C} = M_{B'C''} = -\frac{1}{12} \times 282.4 \times 6^2 = -847.2 \text{kN} \cdot \text{m}$$

③ 求弯矩分配系数。设 $i = \dfrac{EI}{6}$，则

$$\mu_{BA} = \mu_{B'A'} = \frac{3i}{3i + 4i} = 0.43$$

$$\mu_{BC} = \mu_{B'C'} = \frac{4i}{3i + 4i} = 0.57$$

$$\mu_{CB} = \mu_{C'B'} = \mu_{CC''} = \mu_{C'C'} = \frac{4i}{4i + 4i} = 0.5$$

④ 用力矩分配法计算弯矩

首先计算各支座处的不平衡力矩，即

$$\sum M_B^f = -\sum M_{B'}^f = (-1270.8 + 847.2) = -423.6 \text{kN} \cdot \text{m}$$

$$\sum M_C^f = -\sum M_{C'}^f = 0$$

先进行第一轮的力矩分配及传递（从 B 和 B' 开始），然后进行 C 和 C' 的力矩分配及传递，再回到 B 和 B'，如此循环到误差允许为止，详细过程见图 3.22。弯矩如图 3.23（a）。

⑤ 根据弯矩及外荷载，以每跨梁为隔离体求支座剪力，如图 3.23（b）。由计算结果可看出，支座反力和柱荷载有较大的不平衡力，应进行调整。

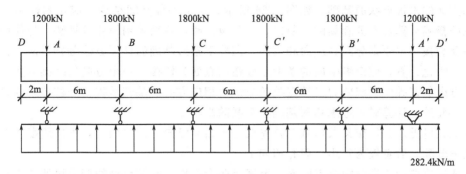

图 3.22　荷载布置及力矩分配法计算过程图

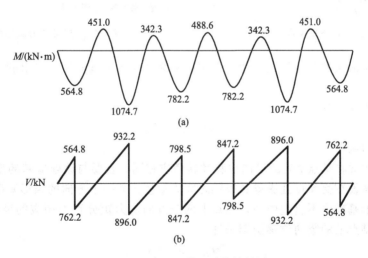

图 3.23　弯矩及剪力计算结果图

⑥ 调整不平衡力。（此处不平衡力较小，在容许范围之内，不需调整。）

3.10　交叉条形基础

当地基土质软弱且不均匀，建筑物荷载又相当大时，为了使基础有足够的支承面积，并减少建筑物的不均匀下沉，可以采用交叉的钢筋混凝土条形基础。这种类型的基础也是多层建筑物在地震区的抗震措施之一。交叉条形基础是在柱列下纵横两个方向以条形基础构成的整体的交叉的格排形状的基础，如图 3.24 所示。这是一种空间结构，应用弹性半无限空间体理论的精确计算是十分麻烦的。所以，工程设计时，一般采用简化计算法。将作用于结点处的柱荷载按一定原则分配到纵向和横向，用柱下条形基础的计算方法分别对两个方向进行分析。为简化计算，假定纵横向的条形基础在结点处为铰接，一个方向的基础发生转角时不在另一方向的基础中引起内力；结点处的弯矩由相应方向的基础承担，即柱传来的弯矩不进行分配。此外，计算时不考虑相邻基础上荷载的影响。

从上述可见，分析交叉条形基础首先要分配结点竖向力。实用上，可按刚度或变形协调的原则来分配，后者较为常用，现介绍如下。

按变形协调的原则分配结点竖向力要满足两个条件，即结点处的变形协调条件和竖向静力平衡条件。如图 3.25 所示，在结点 i 有柱传来的竖向力 F，其中，x 为基础平面的纵向，y 为基础平面的横向。在结点 i 处将交叉条形基础分解为纵向和横向两个条形基础，所受荷载分别为竖向力 F_x 和 F_y。

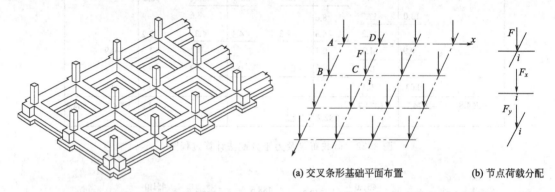

图 3.24   柱下交叉条形基础   (a) 交叉条形基础平面布置   (b) 节点荷载分配

                                               图 3.25   交叉条形基础的计算

为解决结点荷载的分配问题，通常采用的多为文克尔地基模型，要求满足静力平衡和变形协调条件。

（1）静力平衡条件

$$F_i = F_{ix} + F_{iy} \tag{3.56}$$

（2）变形协调条件

即纵横基础梁在结点 i 处的竖向位移和转角应相同，且要与该处地基的变形相协调。为了简化计算，假设在交叉点处纵梁和横梁之间为铰接，即一个方向的条形基础有转角时，在另一方向的条形基础内不引起内力，结点上两个方向的力矩分别由相应的纵梁和横梁承担。因此，只考虑结点处的竖向位移协调条件

$$w_{ix} = w_{iy} = s \tag{3.57}$$

交叉条形基础的结点有 3 种，即中柱结点 C、边柱结点 B（或 D）和角柱结点 A（见图 3.26）。下面分别给出三种情况下柱结点竖向力的分配方法。

3.10.1   边柱结点

在荷载 F_i 的作用下，交叉的基础梁可以分解为 F_{ix} 作用下的无限长梁和 F_{iy} 作用下的半无限长梁。

由式(3.50)可得无限长梁在 F_{ix} 作用下，在荷载作用点（$x=0$）处的地基沉降为

$$w_x = \frac{F_{ix}\lambda_x}{2kb_x} = \frac{F_{ix}}{2kb_x L_x}$$

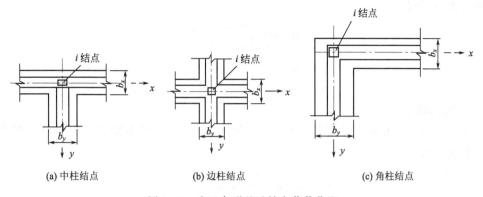

图 3.26　交叉条形基础结点荷载分配

式中　　k——基床系数；

　b_x、b_y——x、y 方向的基础梁底面宽度；

　L_x、L_y——x、y 方向的基础梁弹性特征长度。

$$L_x = \sqrt[4]{\frac{4EI_x}{kb_x}}\text{、}\quad L_y = \sqrt[4]{\frac{4EI_y}{kb_y}}$$

EI_x、EI_y——x、y 方向梁的弯曲刚度。

同理，半无限长梁当集中力 F_{iy} 作用于梁端时，载荷在作用下（即 $y=0$）的地基沉降为

$$w_{iy} = \frac{2F_{iy}\lambda_y}{kb_y} = \frac{2F_{iy}}{kb_y L_y}$$

由变形协调条件 $\omega_{ix} = \omega_{iy} = s$ 得　　$\dfrac{F_{ix}}{2kb_x L_x} = \dfrac{2F_{iy}}{kb_y L_y}$

又由平衡条件可得　　　　　　　　$F_i = F_{ix} + F_{iy}$

解以上两式得

$$F_{ix} = \frac{4b_x L_x}{4b_x L_x + b_y L_y} F_i$$

$$F_{iy} = \frac{b_y L_y}{4b_x L_x + b_y L_y} F_i \tag{3.58}$$

3.10.2　中柱结点

对中柱结点，在作用在结点处的荷载 F_i 的作用下，交叉的基础梁可以分解为 F_{ix} 作用下的无限长梁和 F_{iy} 作用下的无限长梁计算。

$$w_x = \frac{F_{ix}}{2kb_x L_x}$$

$$w_y = \frac{F_{iy}}{2kb_y L_y}$$

由变形协调条件 $\omega_{ix} = \omega_{iy} = s$ 得　　$\dfrac{F_{ix}}{2kb_x L_x} = \dfrac{F_{iy}}{2kb_y L_y}$

又由平衡条件可得　　$F_i = F_{ix} + F_{iy}$

解以上两式得

$$F_{ix} = \frac{b_x L_x}{b_x L_x + b_y L_y} F_i$$

$$F_{iy} = \frac{b_y L_y}{b_x L_x + b_y L_y} F_i \tag{3.59}$$

3.10.3 角柱结点

对角柱结点，在作用在结点处的荷载 F_i 的作用下，交叉的基础梁可以分解为两个方向的半无限长梁计算

$$w_{ix} = \frac{2 F_{ix} \lambda_x}{k b_x} = \frac{2 F_{ix}}{k b_x L_x}$$

$$w_{iy} = \frac{2 F_{iy} \lambda_y}{k b_y} = \frac{2 F_{iy}}{k b_y L_y}$$

由变形协调条件 $w_{ix} = w_{iy} = s$ 得 $\quad \dfrac{2 F_{ix}}{k b_x L_x} = \dfrac{2 F_{iy}}{k b_y L_y}$

又由平衡条件可得 $\quad\quad\quad\quad F_i = F_{ix} + F_{iy}$

解以上两式得

$$F_{ix} = \frac{b_x L_x}{b_x L_x + b_y L_y} F_i$$

$$F_{iy} = \frac{b_y L_y}{b_x L_x + b_y L_y} F_i \tag{3.60}$$

3.10.4 交叉条形基础结点力分配的调整

按照结点集中力分配公式计算出的 F_{ix} 和 F_{iy} 结点集中力，只用来确定交叉条形基础每个结点下地基反力的初值，但由于交叉条形基础的底板在结点处相互交叉，尚需考虑两条形基础相互影响的调整值。

因此，要把实际的计算图简化到不相互交叉简图，将底板重叠部分面积上的地基压力，折算成整个基础底面积上地基平均压力，作为地基压力的增量

$$\Delta F = \frac{\Delta A \sum F_i}{A^2} \tag{3.61}$$

式中　　ΔA——为交叉条形基础结点重叠的总面积；

$\quad\quad \sum F_i$——所有结点集中力之和；

$\quad\quad A$——交叉条形基础全部支承总面积。

实际位于每一结点上纵横方向的集中力，应等于结点分配力加上交叉叠加部分面积上的压力之和。由于重叠面积在纵横梁计算中作了重复考虑，故每一结点引起 ΔF_i 的多余，为使结点达到平衡，可按比例用下式分配

$$\Delta F_{ix} = \frac{F_{ix}}{F_i} \times \Delta A_i \Delta F$$

$$\Delta F_{iy} = \frac{F_{iy}}{F_i} \times \Delta A_i \Delta F \tag{3.62}$$

调整后的结点集中力为

$$F'_{ix} = F_{ix} + \Delta F_{ix}$$

$$F'_{iy} = F_{iy} + \Delta F_{iy} \tag{3.63}$$

式中 ΔF_{ix}——结点 i 在 x 轴方向集中力的增量；

   ΔF_{iy}——结点 i 在 y 轴方向集中力的增量；

   A_i——结点 i 处基础板带相互重叠的面积。

基础板带重叠面积按如下方法计算

中柱和带悬臂的板带 $A_i = b_{ix} \times b_{iy}$ (3.64)

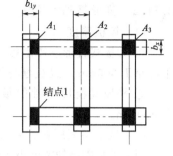

边柱的无伸出悬臂板带与边缘横向板带交叉，认为只到后者宽度的一半，如图 3.27 结点 1，可用下式计算

$$A_1 = \frac{b_{ix} \times b_{iy}}{2} \qquad (3.65)$$

图 3.27 交叉面积计算简图

3.11 筏形基础

3.11.1 应用范围

当上部结构荷载较大，地基土较软，采用十字交叉基础不能满足地基承载力要求或采用人工地基不经济时，则可采用筏形基础。对于采用箱形基础不能满足地下空间使用要求的情况，例如地下停车场、商场、娱乐场等，也可采用筏形基础。此时筏形基础的厚度可能会比较大。

筏形基础不仅能减少地基土的单位面积压力、提高地基承载力，还能增强基础的整体刚性，调整不均匀沉降，故在多层和高层建筑中被广泛采用。

筏形基础分梁板式和平板式两种类型，应根据地基土质、上部结构体系、柱距、荷载大小以及施工等条件确定。筏形基础常做成一块等厚的钢筋混凝土板［图 3.28 (a)］，称为平板式筏形基础，适用于柱荷载不大、柱距较小且等柱距的情况，当荷载较大时，可以加大柱下的板厚［图 3.28 (b)］。如柱荷载太大且不均匀，柱距又较大时，将产生较大的弯曲应力，可沿柱轴线纵横向设肋梁［图 3.28 (c)］，就成为梁板式筏形基础，肋梁设在板下使地坪自然形成，且较经济，但施工不方便。肋梁也可设在板的上方，施工方便，但要架空地坪（图 3.29）。

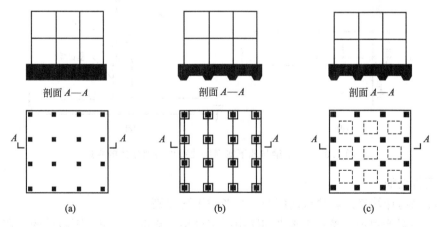

图 3.28 筏形基础的基本类型

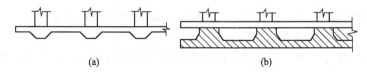

图 3.29 梁板式筏基的肋梁位置

3.11.2　筏形基础的构造

（1）筏板厚度

① 梁板式筏形基础底板的板格应满足受抗冲切承载力的要求。梁板式筏形基础的板厚不应小于 300mm，且板厚与板格的最小跨度之比不宜小于 1/20。

② 平板式筏形基础的板厚应能满足受冲切承载力的要求，且板的最小厚度不宜小于 400mm。

（2）地下室底层柱、剪力墙与梁板式筏形基础的基础梁连接

当交叉基础梁的宽度小于柱截面的边长时，交叉基础梁连接处应设置八字角，柱角和八字角之间的净距不宜小于 50mm，见图 3.30（a），当单向基础梁与柱连接时，柱截面边长大于 400mm 时，可按图 3.30（b）、图 3.30（c）采用；柱截面边长小于 400mm 时，可按图 3.30（d）采用。当基础梁与剪力墙连接时，基础梁边至剪力墙边的距离不宜小于 50mm，见图 3.30（e）。

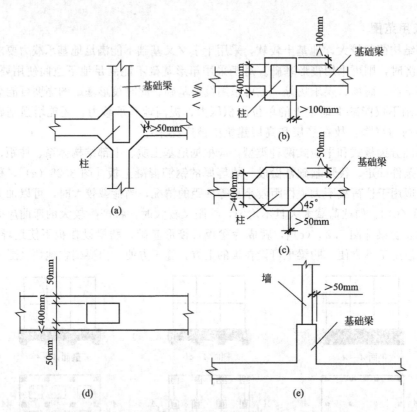

图 3.30　基础梁与地下室底层柱或剪力墙连接的构造

（3）筏板配筋

筏板配筋由计算确定，按双向配筋，并考虑下述原则。

① 平板式筏形基础，按柱下板带和跨中板带分别计算配筋，以柱下板带的正弯矩计算下筋，用跨中板带的负弯矩计算上筋，用柱下和跨中板带正弯矩的平均值计算跨中板带的下筋。

② 梁板式筏形基础，在用四边嵌固双向板计算跨中和支座弯矩时，应适当予以折减。肋梁按 T 形梁计算，肋板也应适当的挑出 1/6～1/3 柱距。

配筋除满足上述计算要求，纵横方向的支座钢筋尚应 1/2～1/3 贯通全跨，且其配筋率不应小于 0.15%，跨中钢筋按实际配筋率全部连通。

筏板分布钢筋在板厚小于或等于 250mm 时，取 $d=8$mm，间距 250mm；板厚大于 250mm 时，取 $d=10$mm，间距 200mm。

对于双向悬臂挑出，但基础梁不外伸的筏板，应在板底布置放射状附加钢筋，附加钢筋直径与边跨主筋相同，间距不大于 200mm。一般为 5～7 根。

（4）筏板基础材料

高层建筑筏基的混凝土强度等级不应低于 C30，多层建筑的墙下筏基可采用 C20。地下水位以下的地下室筏基防水混凝土的抗渗等级，应根据地下水的最高水头与混凝土厚度之比 r 按表 3.15 选用，所用混凝土设计抗渗等级不应低于 0.6MPa。

表 3.15　基础防水混凝土的抗渗等级

比值 r	$r<10$	$10 \leqslant r<15$	$15 \leqslant r<25$	$25 \leqslant r<35$	$r \geqslant 35$
设计抗渗等级/MPa	0.6	0.8	1.2	1.6	2.0

（5）筏板基础埋深

高层建筑筏形基础的埋深较大，一般应根据建筑物的高度、体型和地基土性及抗震设防烈度等因素确定，并应满足抗倾覆和抗滑移稳定性的要求。在抗震设防区的天然地基上，高层建筑筏基的埋置深度不宜小于建筑物高度（即室外地面至檐口高度）的 1/15。

对 6 层及以下横墙较密的民用建筑，在比较均匀的软弱地基上，当其表层为天然或人工处理形成的硬壳层时，筏基可以浅埋或不埋，但应符合与扩展基础相同的有关规定。

3.11.3　筏形基础的地基计算

筏形基础的平面尺寸应根据地基土的承载力、上部结构的布置及荷载分布等因素确定。当为满足地基承载力的要求而扩大底板面积时，扩大部位宜设置在建筑物的宽度方向。筏形基础的地基应进行承载力和变形验算，必要时应验算地基的稳定性。

（1）基础底面积的确定

① 应满足基础持力层的地基承载力要求。如果将坐标原点置于筏基底板形心处，则基底反力可按下式计算

$$p(x,y) = \frac{F+G}{A} \pm \frac{M_x y}{I_x} \pm \frac{M_y x}{I_y} \tag{3.66}$$

式中　F——相应于荷载效应标准组合时，筏形基础上由墙或柱传来的竖向荷载总和，kN；

　　　G——筏形基础自重，kN；

　　　A——筏形基础底面积，m²；

M_x、M_y——相应于荷载效应标准组合时，分别为竖向荷载 F 对通过筏基底面形心的 x 轴和 y 轴的力矩，kN·m；

　I_x、I_y——分别为筏基底面积对 x 轴和 y 轴的惯性矩，m⁴；

　　x、y——分别为计算点的 x 轴和 y 轴的坐标，m。

基底反力应满足以下要求

$$p \leqslant f_a \tag{3.67}$$

$$p_{max} \leqslant 1.2 f_a \tag{3.68}$$

式中　p、p_{max}——分别为平均基底压力和最大基底压力，kPa；

　　　　f_a——基础持力层土的地基承载力特征值，kPa。

② 对单幢建筑物，在均匀地基的条件下，基础底面形心宜与结构竖向荷载重心重合。当不能重合时，在荷载效应准永久组合下，偏心距宜符合下式

$$e \leqslant 0.1 \frac{W}{A} \tag{3.69}$$

式中　A——基础底面积。

　　　　W——与偏心距方向一致的基础底面边缘抵抗矩；

　　从实测结果来看，该限制对硬土地区稍严格，当有可靠依据时还可适当放松。对于高层建筑的平板式筏基，筏板伸出墙柱外缘的宽度不宜大于 2000mm；对于梁板式筏基，筏板伸出基础梁外缘的宽度，在基础纵向不宜大于 800mm，横向不宜大于 1200mm。多层建筑的墙下筏基，筏板悬挑墙外的长度横向不宜大于 1500mm（从轴线起算），纵向不宜大于 1000mm。

　　（2）基础的沉降

　　基础的沉降应小于建筑物的允许沉降值，可按分层总和法或按《建筑地基基础设计规范》（GB 50007—2011）规定的方法计算，如果基础埋置较深，应适当考虑由于基坑开挖引起的回弹变形。当预估沉降量大于 120mm 时，宜增强上部结构的刚度。

3.11.4　筏形基础内力的计算及配筋要求

　　可将筏板基础看作地基上的板。在荷载作用下，由于地基土的压缩和地基土反力的作用，基础将发生整体或局部挠曲变形。

　　当地基比较均匀、上部结构刚度较好，且柱荷载及柱间距的变化不超过 20％时，筏形基础可仅考虑局部弯曲作用，按倒置楼盖法进行计算。计算时地基反力可视为均布荷载，其值应扣除底板自重。

　　当地基比较复杂、上部结构刚度较差或柱荷载及柱间距变化较大时，筏基内力应按弹性地基梁板方法进行分析。

　　（1）倒楼盖法

　　按倒置楼盖法计算的梁板式筏基，其基础的内力可按连续梁分析，边跨跨中弯距以及第一内支座的弯矩值宜乘以 1.2 的系数。考虑整体弯曲的影响，梁式板筏基的底板和基础梁的配筋除满足计算要求外，纵横方向的支座钢筋尚应有 1/3～1/2 贯通全跨，且其配筋率不得小于 0.15％；跨中钢筋应按实际配筋全部连通。

　　按倒梁法计算的平板式筏基，柱下板带和跨中板带的承载力应符合计算要求。柱下板带中在柱宽及其两侧各 0.5 倍板厚的有效宽度范围内的钢筋配置量不应小于柱下板带钢筋的一半，且应能承受作用在冲切临界截面重心上的部分不平衡弯矩的作用。

　　同样，考虑到整体弯曲的影响，柱下筏板带和跨中板带的底部钢筋应有 1/3～1/2 贯通全跨，且其配筋率不得小于 0.15％；顶部钢筋应按实际配筋全部连通。

　　（2）弹性地基上板的简化算法

　　弹性地基上的板的简化算法是把筏基当做弹性地基上的梁来分析，以确定地基反力分布，然后按梁、板计算基础内力。

3.11.5　筏形基础的承载力计算要点

　　梁板式筏基底板的板格应满足受冲切承载力的要求。梁板式筏基的基础梁除满足正截面受弯及斜截面受剪承载力外，尚应验算底层柱下基础梁顶面的局部受压承载力。

　　平板式筏基的板厚应能满足受冲切承载力的要求。计算时应考虑作用在冲切临界截面重心上的不平衡弯矩所产生的附加剪力。平板式筏板除满足受冲切承载力外，尚应验算柱边缘处筏板的受剪承载力。

3.12　箱形基础

3.12.1　概述

箱形基础是指由底板、顶板、外墙及一定数量内隔墙构成的整体刚度较大的钢筋混凝土箱形结构，简称箱基，见图 3.31。箱基是在工地现场浇筑的钢筋混凝土大型基础，空间部分可结合建筑使用功能设计成地下室，是多层和高层建筑中广泛使用的一种基础形式。箱基的尺寸很大：平面尺寸通常与整个建筑平面外形轮廓相同；箱基高度至少超过 3m，超高层建筑的箱基有数层，高度可超过 10m。

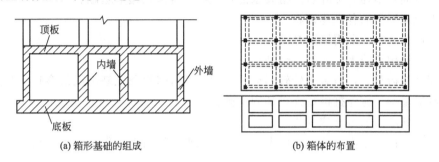

(a) 箱形基础的组成　　　　　　　　(b) 箱体的布置

图 3.31　箱形基础的组成与布置

我国第一个箱基工程是 1953 年设计的北京展览馆中央大厅的基础，此后，北京、上海与全国各省市很多高层建筑均采用箱基。

3.12.2　箱形基础的特点

（1）箱基的整体性好、刚度大

由于箱基是现场浇筑的钢筋混凝土箱型结构，整体刚度大，可将上部结构荷载有效地扩散传给地基，同时又能调整与抵抗地基的不均匀沉降，并减少不均匀沉降对上部结构的不利影响。

（2）有较好的补偿性

箱形基础的埋置深度一般比较大，基础底面处的土自重应力和水压力在很大程度上补偿了由于建筑物自重和荷载产生的基底压力。如果箱形基础有足够埋深，使得基底上自重应力等于基底接触压力，从理论上讲，基底附加压力等于零，在地基中就不会产生附加应力，因而也就不会产生地基沉降，亦不存在地基承载力问题，按照这种概念进行地基基础设计的称为补偿性设计。但在施工过程中，由于基坑开挖解除了土自重，使坑底发生回弹，当建造上部结构和基础时，土体会因再度受荷而发生沉降，在这一过程中，地基中的应力发生一系列变化，因此，实际上不存在那种完全不引起沉降和强度问题的理想情况，但如果能精心设计、合理施工，就能有效地发挥箱基的补偿作用。

（3）箱基抗震性能好

箱基为现场浇筑的钢筋混凝土整体结构，底板、顶板与内外墙体厚度都较大。箱基不仅整体刚度大，而且箱基的长度、宽度和埋深都大，在地震作用下箱基不可能发生移滑或倾覆，箱基本身的变形也不大。因此，箱基是一种具有良好抗震性能的基础形式。例如，1976年唐山发生 7.8 级大地震时，唐山市区平地上的房屋全部倒塌，但当地最高建筑物——新华旅社 8 层大楼反而未倒，该楼采用的即是箱形基础。

　　但是，箱形基础的纵横隔墙给地下空间的利用带来了诸多限制。由于这个原因，现在有许多建筑物采用了筏形基础。通过增加筏形基础的厚度来获得足够的整体性和刚度。

3.12.3　箱形基础的适用范围

　　箱形基础主要适用以下几种建筑。

　　（1）高层建筑

　　高层建筑为了满足地基稳定性的要求，防止建筑物的滑动与倾覆，不仅要求基础整体刚度大，而且需要埋深大，常采用箱形基础。

　　（2）重型设备

　　重型设备或对不均匀沉降有严格要求的建筑物，可采用箱形基础。

　　（3）需要地下室的各类建筑物

　　人防、设备间等常采用箱形基础。

　　（4）上部结构荷载大，地基土较差

　　当上部结构荷载大，地基土较软弱或不均匀，无法采用独立基础或条形基础时，可采用天然地基箱形基础，避免打桩或人工加固地基。

　　（5）地震烈度高的重要建筑物

　　重要建筑物位于地震烈度 8 度以上设防区，根据抗震要求可采用箱形基础。

3.12.4　箱形基础的设计

　　箱形基础的设计与计算比一般基础要复杂得多，长期以来没有统一的计算方法，合理的设计应考虑上部结构、基础和地基的共同作用。我国于 20 世纪 70 年代在北京、上海等地的高层建筑中进行了测试研究工作，对箱基的基底反力和箱基内力分析等问题取得了重要成果，并编制了《高层建筑箱形与筏形基础技术规范》（JGJ 6—99），为箱基的设计与施工提供了有效的依据。

　　箱形基础设计包括以下内容：①确定箱形基础的埋置深度；②进行箱形基础的平面布置及构造设计；③根据箱形基础的平面尺寸验算地基承载力；④箱形基础的沉降和整体倾斜验算；⑤箱形基础内力分析及结构设计。

　　（1）箱形基础的埋置深度

　　箱形基础的埋置深度除应满足一般基础埋置深度有关规定外，对于作为高层建筑或重型建筑物的基础，为防止整体倾斜，满足抗倾覆和抗滑稳定性要求，一定程度上依赖于箱基的埋置深度和周围土体的约束作用，同时考虑箱基使用功能的要求，如作为人防抗爆防辐射要求，设置设备层的要求等。一般最小埋置深度在 $3.0 \sim 5.0 \mathrm{m}$，在地震区天然地基上箱形基础埋深不宜小于高层建筑物总高度的 $1/15$；对桩基上箱形基础，当桩顶嵌入箱基底板内的长度对大直径桩不小于 $100 \mathrm{mm}$、对小直径桩不小于 $50 \mathrm{mm}$ 时，箱形基础埋深（不计桩长）不宜小于建筑物高度的 $1/8 \sim 1/20$。为确定合理的埋深应进行抗倾覆等稳定性验算。

　　箱形基础的埋置深度比一般基础要大得多，既有利于对地基承载力的提高，又由于基础体积所占空间部分挖去的土方重量远比箱基为重，相应的基底附加压力值会得到减小。因此，箱形基础是一种理想的补偿基础。采用箱形基础不但可提高地基土的承载力，而且在同样的上部结构荷载情况下，基础的沉降量要比其他类型天然地基的基础小。

　　（2）箱形基础的构造要求

　　箱形基础的构造要求主要有下列各点。

　　① 箱形基础的平面尺寸应根据地基强度、上部结构的布置和荷载分布等条件确定。在

均匀地基条件下，基底平面形心应尽可能与上部结构竖向荷载重心相重合，当偏心较大时，可使箱形基础底板四周伸出不等长的悬臂以调整底面形心位置，如不可避免偏心，偏心距 e 不宜大于 0.1，其值按式

$$e = \frac{W}{A}$$

式中　W——基础底面的抵抗矩；

　　　A——基础底面积。

根据设计经验，也可控制偏心距不大于偏心方向基础边长的 1/60。

② 箱形基础的高度（底板底面到顶板顶面的外包尺寸）应满足结构强度、结构刚度和使用要求，一般取建筑物高度 1/8～1/12，也不宜小于箱形基础长度的 1/20，并不应小于 3m。箱形基础的长度不包括底板悬挑部分。

③ 箱形基础的顶、底板厚度应按跨度、荷载、反力大小、整体刚度及防水等要求确定，并应进行斜截面抗剪强度和冲切验算。顶板厚度不宜小于 200mm，底板厚度不宜小于 300mm。

④ 箱形基础的墙体是保证箱形基础整体刚度和纵、横方向抗剪强度的重要构件。外墙沿建筑物四周布置，内墙一般沿上部结构柱网和剪力墙纵横均匀布置。墙体要有足够的密度，要求平均每平方米基础面积上墙体长度不得小于 400mm，或墙体水平截面积不得小于箱形基础外墙外包尺寸的水平投影面积的 1/10，其中纵墙配置不得小于墙体总配置量的 3/5，且有不少于三道纵墙贯通全长。对基础平面长宽比大于 4 的箱形基础，其纵墙水平截面积不得小于箱形基础外墙外包尺寸的水平投影面积的 1/18。计算墙体水平截面积时，不扣除墙体上开洞的洞口部分。当墙满足上述要求时，墙距可能仍很大，建议墙的间距不宜大于 10m。

墙体的厚度应根据实际受力情况确定，外墙厚度不宜小于 250mm，内墙厚度不宜小于 200mm。

⑤ 箱形基础的墙体应尽量不开洞或少开洞，并应避免开偏洞和边洞或高度大于 2.0m 的高洞、宽度大于 1.2m 的宽洞，一个柱距内不宜开洞两个以上，也不宜在内力最大的断面上开洞。两相邻洞口最小净间距不宜小于 1.0m，否则洞间墙体应按柱子计算，并采取构造措施。开口系数 λ 应符合要求

$$\lambda = \sqrt{\frac{A_h}{A_w}} \leqslant 0.4 \tag{3.70}$$

式中　A_h——开口面积，m^2；

　　　A_w——墙面积，m^2；系指柱距与箱形基础全高的乘积。

⑥ 顶、底板及内外墙的钢筋应按计算确定，墙体一般采用双面配筋；横、竖向钢筋不宜小于 $\phi 10@200$，除上部为剪力墙外，内、外墙的墙顶宜配置两根不小于 $\phi 20$ 的钢筋。顶、底板配筋不宜小于 $\phi 14@200$。

⑦ 在底层柱与箱形基础交接处，应验算墙体的局部承压强度，当承压强度不能满足时，应增加墙体的承压面积，且墙边与柱边或柱角与八字角之间的净距不宜小于 50mm。

(3) 箱形基础的地基承载力与变形验算

① 地基强度验算　对于天然地基上的箱形基础，应验算持力层的地基承载力，应符合下列要求。

在非地震区

$$p \leqslant f_a \tag{3.71}$$
$$p_{\max} \leqslant 1.2 f_a \tag{3.72}$$
$$p_{\min} > 0 \tag{3.73}$$

在地震区

$$p \leqslant f_a$$
$$p_{\max} \leqslant 1.2 f_a$$
$$p_E \leqslant f_{SE} \tag{3.74}$$
$$p_{E,\max} \leqslant 1.2 f_{SE} \tag{3.75}$$
$$f_{SE} = \zeta_s f_a \tag{3.76}$$

式中　p——相应荷载效应标准组合时，箱基底面处平均基底压力，kPa；

$p_{\max}$、$p_{\min}$——分别为最大基底压力和最小基底压力，kPa；

f_a——地基承载力特征值，kPa，按《建筑地基基础设计规范》（GB 50007—2011）确定；

ζ_s——地基土抗震承载力修正系数，按《建筑抗震设计规范》（GB 50011—2010）确定。

②　地基变形计算　由于箱形基础埋深较大，随着施工的进展，地基的受力状态和变形十分复杂。在基坑开挖前大多用井点降低地下水位，以便进行基坑开挖和基础施工，因此由于降水使地基压缩。在基坑开挖阶段，由于卸去土重引起地基回弹变形，根据某些工程的实测，回弹变形不容忽视。当基础施工时，由于逐步加载，使地基产生再压缩变形。基础施工完后可停止降水，地基又回弹。最后，在上部结构施工和使用阶段，由于继续加载，地基继续产生压缩变形。为了使地基变形计算所取用的参数尽可能与地基实际受力状态相吻合，可以在室内进行模拟实际施工过程的压缩——回弹试验。

基础的最终沉降计算公式如下

$$s = \sum_{i=1}^{n} \left(\phi' \frac{p_c}{E'_{si}} + \phi_s \frac{p_0}{E_{si}} \right)(z_i \bar{a}_i - z_{i-1} \bar{a}_{i-1}) \tag{3.77}$$

式中　s——箱形基础中心店沉降；

ϕ'——考虑回弹影响的沉降计算经验系数，无经验时可取 $\phi'=1$；

ϕ_s——沉降计算经验系数，按现行《建筑地基基础设计规范》（GB 50007—2002）采用，或按地区经验确定；

n——地基沉降计算深度范围内所划分的土层数；

p_0——对应于荷载效应准永久组合时的基底附加压力，应扣除浮力；

E'_{si}、E_{si}——基础底面以下第 i 层土的回弹再压缩模量和压缩模量，按实际应力范围取值；

$\bar{a}_i$、$\bar{a}_{i-1}$——基础底面计算点至第 i 层土上，第 $i-1$ 层土底面范围内平均附加应力系数可按《高层建筑箱形与筏形基础技术规范》（JGJ 6—99）规范附录 A 采用。

在具体应用时，应注意以下几点。

①　由于箱形基础埋置深度一般较大，又置于地下水位以下，故在计算基底平均附加压力时应扣除水浮力；

②　地基沉降计算深度 Z_n。按《建筑地基基础设计规范》（GB 50007—2002）中的简化经验公式确定，即当无相邻荷载影响，基础宽度在 1～50m 范围内时，基础中点的地基沉降计算深度按下式计算

$$Z_n = b(2.5 - 0.4\ln b) \tag{3.78}$$

式中　b——基础的宽度，m。

　　箱形基础的允许沉降量到目前还没有明确统一的规定。根据工程的调查发现，许多工程的沉降量尽管很大，但对建筑物本身没有什么危害，只是对毗邻建筑物有较大影响，但过大的沉降还会造成室内外高差，影响建筑物正常使用，也可能引起地下管道的损坏。因此，箱形基础的允许沉降量应根据建筑物的使用要求和可能产生的对相邻建筑物的影响按地区经验确定，也可参考《建筑地基基础设计规范》（GB 50007—2002）中的高耸结构取用。建议对中、低压缩性土不宜超过 200mm，对高压缩性土则不宜超过 350mm。

　　③ 整体倾斜　在箱形基础设计中整体倾斜问题应引起足够重视，当整体倾斜超过一定数值时，首先造成人们心理恐慌，并直接影响建筑物的稳定性，使上部结构产生过大的附加应力，严重的还有倾覆的危险。此外，还会影响建筑物的正常使用，如电梯导轨的偏斜将影响电梯的正常运转等，在地震区影响则更大。

　　影响高层建筑整体倾斜的因素主要有上部结构荷载的偏心、地基土层分布的不均匀性、建筑物的高度、地震烈度、相邻建筑物的影响以及施工因素等。在地基均匀的条件下，应尽量使上部结构荷载的重心与基底形心相重合。当有邻近建筑物影响时，应综合考虑重心与形心的位置。施工因素往往很难估计。但应引起重视，应采取措施防止对基坑土体的扰动。

　　目前还没有统一的整体倾斜的计算方法。一般情况下，常控制横向整体倾斜，例如对矩形的箱形基础，以分层总和法计算基础纵向边缘中点的沉降值，两点的沉降差除以基础的宽度，即得横向整体倾斜值。

　　确定横向整体倾斜允许值的主要依据是保证建筑物的稳定性和正常使用，不造成人们心理的恐慌，与此有关的主要因素是建筑物的高度 H 和箱形基础的宽度 B，在非地震区，横向整体倾斜计算值 α_T 应符合要求

$$\alpha_T \leqslant \frac{B}{100H_g} \tag{3.79}$$

式中　B——基础宽度；

　　　H_g——建筑物高度，指室外地坪至檐口（不包括突出屋面的电梯间、水箱间等局部附属建筑）的高度。

　　对于地震区，目前还没有明确的横向整体倾斜允许值，可按地区经验和参考一些工程的实测值确定。

　　（4）箱形基础基底压力分布

　　在箱形基础的设计中，基底反力的确定是甚为重要的，因为其分布规律和大小不仅影响箱基内力的数值，还可能改变内力的正负号，因此基底反力的分布成为箱基计算分析中的关键问题。

　　影响基底反力的因素很多，主要有土的性质、上部结构和基础的刚度、荷载的分布和大小、基础的埋深、基底尺寸和形状以及相邻基础的影响等。要精确地确定箱形基础的基底反力是一个非常复杂和困难的问题，至今尚没有一个可靠而又实用的计算方法。《高层建筑箱形与筏形基础技术规范》根据北京地区和上海淤泥质黏性土上高层建筑实测反力资料以及收集到的西安、沈阳等地的实测结果编制了几种常见平面形状的箱形基础的地基反力系数表。具体方法如下。

　　将基础底面划分成若干个区格，如黏性土地基上，当箱形基础底板长宽比 $L/B=1$，将底板分区，形成 8×8 个区格，给出了每个区格地基反力系数 α_i；对基础底板长宽比 $L/B \geqslant 2$ 者，将底板分成纵向 8 格横向 5 格共 40 个区格，如图 3.32 所示，某 i 区格的基底反力按式

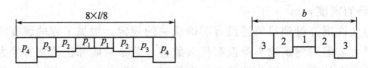

图 3.32 箱形基础基底反力分布分区示意

（3.80）确定。

$$p_i = \frac{p}{bl} \alpha_i \qquad (3.80)$$

式中 p——上部结构竖向荷载加箱形基础重；

b、l——分别为箱形基础的宽度和长度；

α_i——相应于 i 区格的基底反力系数，由《高层建筑箱形与筏形基础技术规范》附录 C 确定。

《高层建筑箱形与筏形基础技术规范》附录 C 地基反力系数表适用于上部结构与荷载比较匀称的框架结构、地基土比较均匀、底板悬挑部分不超过 0.8m、不考虑相邻建筑物的影响以及满足各项构造要求的单幢建筑物的箱形基础。当纵横方向荷载不很均匀时，应分别求出由于荷载偏心产生的纵横向力矩引起的不均匀基底反力，将该不均匀反力与由反力系数表计算的反力进行叠加，力矩引起的基底不均匀反力按直线变化计算。

计算分析表明，由基底反力系数计算箱基整体弯矩的结果比较符合实际。当荷载、柱距相差，箱形基础长度大于上部结构的长度（悬挑部分大于 1m）时，或者建筑物平面布置复杂、地基不均匀时，箱基内力应通过考虑土—箱基或土—箱基—上部结构相互作用的方法计算。

（5）箱形基础的内力分析

箱形基础的内力计算是个比较复杂的问题。从整体来看，箱基承受着上部结构荷载和地基反力的作用在基础内产生整体弯曲应力，可以将箱基当做一空心厚板，用静定分析法计算任一截面的弯矩和剪力，弯矩使顶板、底板轴向受压或受拉，剪力由横墙或纵墙承受。

另一方面，箱形基础的顶板、底板还分别由于顶板荷载和地基反力的作用产生局部弯曲应力，可以将顶板、底板按周边固定的连续板计算内力。合理的分析方法应该考虑上部结构、基础和土的共同作用。根据共同作用的理论研究和实测资料表明，上部结构刚度对基础内力有较大影响，由于上部结构参与共同作用，分担了整个体系的整体弯曲应力，基础内力将随上部结构刚度的增加而减少，但这种共同作用分析方法距实际应用还有一定距离，故目前工程上应用的是考虑上部结构刚度的影响（采用上部结构等效刚度），按不同结构体系采用不同的分析方法。上部结构大致可分为框架、剪力墙、框剪和筒体四种结构体系，可根据不同体系来选择不同计算方法。

① 按局部弯曲计算 当地基压缩层深度范围内的土层在竖向和水平向较均匀，且上部结构为平、立面布置较规则的框架、剪力墙、框架剪力墙体系时，箱形基础的顶、底板可仅按局部弯曲计算，计算时底板反力应扣除板的自重。顶板按实际荷载、底板按均布基底反力作用的周边固定双向连续板分析。考虑到整体弯曲可能的影响，钢筋配置量除符合计算要求外，纵横方向支座钢筋尚应有 1/2～1/3 贯通全跨，并应分别有不少于 0.15% 和 0.10% 配筋率连通配置，跨中钢筋按实际配筋率全部连通。

② 同时考虑整体弯曲和局部弯曲计算 对不符合按局部弯曲计算的箱形基础，箱基的整体弯曲就比较明显，箱基的内力应同时考虑整体弯曲和局部弯曲作用。在计算整体弯曲产

生的弯矩时，将上部结构的刚度折算成等效抗弯刚度，然后将整体弯曲产生的弯矩按基础刚度占总刚度的比例分配到基础。基底反力按基底反力系数法或其他有效方法确定。由局部弯曲产生的弯矩应乘以 0.8 的折减系数，并叠加到整体弯曲的弯矩中去。其具体方法如下。

a. 上部结构等效抗弯刚度

1953 年梅耶霍夫（Meyerhof）首次提出了框架结构等效抗弯刚度计算公式，后经过修改，列入我国《高层建筑箱形与筏形基础技术规范》中，对于如图 3.33 所示的框架结构，等效抗弯刚度计算公式如下

$$E_B I_B = \sum_{i=1}^{n} \left[E_b I_{bi} \left(1 + \frac{K_{ui} + K_{li}}{2K_{bi} + K_{ui} + K_{li}} \cdot m^2 \right) \right] + E_w I_w \tag{3.81}$$

式中　　$E_B I_B$——上部结构折算的等效抗弯刚度；

　　　　　E_b——梁、柱的混凝土弹性模量；

　　　　　I_{bi}——第 i 层梁的截面惯性矩；

K_{ui}、K_{li}、K_{bi}——第 i 层上柱、下柱和梁的线刚度；

　　　　　n——建筑物层数；

　　　　　m——上部结构在弯曲方向的节间数，$m = L/l$，L 上部结构弯曲方向的总长度；

E_w、I_w——分别为在弯曲方向与箱形基础相连的连续钢筋混凝土墙的弹性模量和惯

　　　　　性矩。$I_w = \dfrac{b_w h_w^3}{12}$（$b_w$、$h_w$ 分别为墙的厚度总和和高度）。

上柱、下柱和梁的线刚度分别按下列各式计算

$$K_{ui} = \frac{I_{ui}}{h_{ui}}, \ K_{li} = \frac{I_{li}}{h_{li}}, \ K_{bi} = \frac{I_{bi}}{l} \tag{3.82}$$

式中　　h_{ui}、h_{li}——分别为上柱、下柱的高度；

　I_{ui}、I_{li}、I_{bi}——分别为第 i 层上柱、下柱和梁的截面惯性矩；

　　　　　l——为框架结构的柱距。

公式（3.82）适用于等柱距的框架结构，对柱距相差不超过 20% 的框架结构也可适用。

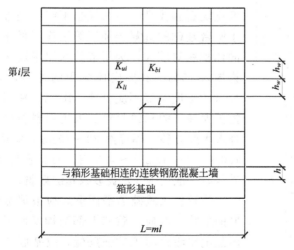

图 3.33　公式（3.81）中符号的示意

b. 箱形基础的整体弯曲弯矩　从整个体系来看，上部结构和基础是共同作用的，因此，

箱基所承担的弯矩 M_F 可以将整体弯曲产生的弯矩 M 按基础刚度占总刚度的比例分配，即

$$M_F = \frac{E_F I_F}{E_F I_F + E_B I_B} M \tag{3.83}$$

式中　M_F——箱形基础承担的整体弯曲弯矩；

M——由整体弯曲产生的弯矩，可按静定分析或采用其他有效方法计算；

E_F——箱形基础的混凝土弹性模量；

I_F——箱形基础横截面的惯性矩，按工字形截面计算，上、下翼缘宽度分别为箱形基础顶、底板全宽，腹板厚度为箱基在弯曲方向墙体厚度总和；

$E_B I_B$——框架结构的等效抗弯刚度，按式(3.81)计算。

c. 局部弯曲弯矩　顶板按实际承受的荷载，底板按扣除底板自重后的基底反力作为局部弯曲计算的荷载，并将顶、底板视作周边固定的双向连续板计算局部弯曲弯矩。顶、底板的总弯矩为局部弯曲弯矩乘以 0.8 折减系数后与整体弯曲弯矩叠加。

在箱形基础顶、底板配筋时，应综合考虑承受整体弯曲的钢筋与局部弯曲的钢筋配置部位，以充分发挥各截面钢筋的作用。

3.13　桥涵明挖扩大基础

3.13.1　概述

明挖扩大基础是桥梁工程中桥梁墩、台、涵洞基础的主要形式之一。明挖扩大基础由于埋入地层较浅，设计计算时一般忽略基础侧面土体的横向抗力及摩阻力，因而属浅基础的范畴；施工时采用明挖法开挖基坑，再修建基础，且基础底面常采用平面实体形式，故又称为浅平基。

由素混凝土、石砌圬工做成的桥涵基础，抗压性能好，但抗挠曲变形的能力差，故明挖扩大基础也称为刚性扩大基础。

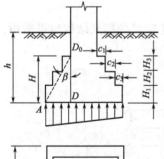

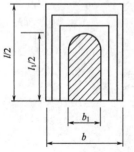

图 3.34　明挖扩大基础
的平面和立面形式

从经久耐用、便于施工和就地取材考虑，明挖扩大基础通常采用素混凝土或块石（毛石或加工平整的块石）作为砌体材料。素混凝土是建筑基础最常用的一种材料，其抗压强度比块石砌体高，耐久性也不差，经常用于桥梁基础上。用于墩台基础的混凝土强度等级应不低于 C15。由于桥涵基础的体积相对较大，为了节约水泥用量又不影响强度，有时允许掺入 15%～25% 砌体体积的片石，亦称片石混凝土。但片石的强度等级不应低于 MU25。粗料石或片石也可作为明挖扩大基础的砌筑材料。采用粗料石砌筑基础时，要求石料外形大致方整，厚度约 20～30cm，宽度和长度分别为厚度的 1.0～1.5 倍和 2.5～4.0 倍，石料强度等级不应低于 MU25，砌筑时一般用 M5 水泥砂浆错缝砌筑。

明挖扩大基础的平面形式应根据墩台底面形状而定。基底的形状一般应大致和上部结构底面形状相符。由于地基土的强度比墩台圬工的强度低，故基底的平面尺寸都需要稍大于墩台底平面尺寸，即做成扩大基础，如图 3.34 所示。具体扩大多少，则决定于上部荷载和地基土的承载力。基础扩出

部分受有弯矩，以"悬臂"根部处（D_0D 截面）弯矩最大。因此，对于无筋扩展基础，就必须从构造上来防止其发生弯曲拉裂破坏，可通过控制基础的刚性角 $\alpha \leqslant \alpha_{max}$ 来实现。对于桥梁工程，根据试验，常用的基础材料的容许刚性角可按下面提供的数值取用。

片石、块石、粗料石砌体，当用 M5 以下砂浆砌筑时，$\alpha_{max} = 30°$；片石、块石、粗料石砌体，当用 M5 以上砂浆砌筑时，$\alpha_{max} = 35°$；混凝土浇筑时，$\alpha_{max} = 40°$。

基础各台阶的悬出长度 c 叫做襟边，它的作用是为了施工方便，并考虑到基础位置可能有些偏差，也为了保护基础顶以免由于应力的局部集中而造成破坏，通常墩台基础的最小襟边为 $20 \sim 25$cm。

基础的厚度应根据墩台的结构形式、荷载大小、基础的材料等情况来确定。当基础厚度较大时，在保证刚性角与最小襟边的原则下，为节省圬工，可将基础作成阶梯形，台阶的每一层厚度应不小于 1m。

3.13.2 地基承载力容许值的确定

本节介绍按《公路桥涵地基与基础设计规范》（JTG D63—2007）提供的经验公式和参数确定地基承载力容许值 $[f_{a0}]$ 的方法。

地基承载力的验算，应以修正后的地基承载力容许值 $[f_a]$ 控制。该值系在地基原位测试或《公路桥涵地基与基础设计规范》（JTG D63—2007）给出的各类岩土承载力基本容许值 $[f_{a0}]$ 的基础上，经修正后而得。地基承载力基本容许值应首先考虑由载荷试验或其他原位测试取得，其值不应大于地基极限承载力的 1/2；对中小桥、涵洞，当受现场条件限制，或载荷试验和原位测试确有困难时，也可按照《公路桥涵地基与基础设计规范》（JTG D63—2007）第 3.3.3 条有关规定采用。

地基承载力基本容许值尚应根据基底埋深、基础宽度及地基土的类别按照《公路桥涵地基与基础设计规范》（JTG D63—2007）第 3.3.4 条规定进行修正。

软土地基承载力容许值可按照《公路桥涵地基与基础设计规范》（JTG D63—2007）第 3.3.5 条确定。

其他特殊性岩土地基承载力基本容许值可参照各地区经验或相应的标准确定。

(1) 地基承载力基本容许值的确定

地基承载力基本容许值 $[f_{a0}]$ 可根据岩土类别、状态及其物理力学特性指标按表 3.16 ～表 3.22 选用。

① 一般岩石地基可根据强度等级、节理按表 3.16 确定承载力基本容许值 $[f_{a0}]$。对于复杂的岩层（如溶洞、断层、软弱夹层、易溶岩石、软化岩石等）应按各项因素综合确定。

表 3.16 岩石地基承载力基本容许值 $[f_{a0}]$ 单位：kPa

坚硬程度　　　节理发育程度 $[f_{a0}]$	节理不发育	节理发育	节理很发育
坚硬岩、较硬岩	>3000	3000～2000	2000～1500
较软岩	3000～1500	1500～1000	1000～800
软岩	1200～1000	1000～800	800～500
极软岩	500～400	400～300	300～200

② 碎石土地基可根据其类别和密实程度按表 3.17 确定承载力基本容许值 $[f_{a0}]$。

表 3.17　碎石土地基承载力基本容许值［f_{a0}］　　　　　单位：kPa

［f_{a0}］ 土名 ＼ 密实程度	密实	中密	稍密	松散
卵石	1200～1000	1000～650	650～500	500～300
碎石	1000～800	800～550	550～400	400～200
圆砾	800～600	600～400	400～300	300～200
角砾	700～500	500～400	400～300	300～200

注：1. 由硬质岩组成，填充砂土者取高值；由软质岩组成，填充黏性土者取低值；
　　2. 半胶结的碎石土，可按密实的同类土的［f_{a0}］值提高 10%～30%；
　　3. 松散的碎石土在天然河床中很少遇见，需特别注意鉴定；
　　4. 漂石、块石的［f_{a0}］值，可参照卵石、碎石适当提高。

③ 砂土地基可根据土的密实度和水位情况按表 3.18 确定承载力基本容许值［f_{a0}］。

表 3.18　砂土地基承载力基本容许值［f_{a0}］　　　　　单位：kPa

土名	湿度 ＼ 密实度	密实	中密	稍密	松散
砾砂、粗砂	与湿度无关	550	430	370	200
中砂	与湿度无关	450	370	330	150
细砂	水上	350	270	230	100
	水下	300	210	190	—
粉砂	水上	300	210	190	—
	水下	200	110	90	—

④ 粉土地基可根据土的天然孔隙比 e 和天然含水率 w 按表 3.19 确定承载力基本容许值［f_{a0}］。

表 3.19　粉土地基承载力基本容许值［f_{a0}］　　　　　单位：kPa

e ＼ w/%	10	15	20	25	30	35
0.5	400	380	355	—	—	—
0.6	300	290	280	270	—	—
0.7	250	235	225	215	205	—
0.8	200	190	180	170	165	—
0.9	160	150	145	140	130	125

⑤ 老黏性土地基可根据压缩模量 E_s 按表 3.20 确定承载力基本容许值［f_{a0}］。

⑥ 一般黏性土可根据液性指数 I_L 和天然孔隙比 e 按表 3.21 确定承载力基本容许值［f_{a0}］。

表 3.20　老黏性土地基承载力基本容许值 $[f_{a0}]$　　　　　　　　　单位：kPa

E_s/MPa	10	15	20	25	30	35	40
$[f_{a0}]$	380	430	470	510	550	580	620

注：当老黏性土 $E_s<10$MPa 时，承载力基本容许值 $[f_{a0}]$ 按一般黏性土表 3.21 确定。

表 3.21　一般黏性土地基承载力基本容许值 $[f_{a0}]$　　　　　　　单位：kPa

e ＼ I_L ＼ $[f_{a0}]$	0	0.1	0.2	0.3	0.4	0.5	0.6	0.7	0.8	0.9	1.0	1.1	1.2
0.5	450	440	430	420	400	380	350	310	270	240	220	—	—
0.6	420	410	400	380	360	340	310	280	250	220	200	180	—
0.7	400	370	350	330	310	290	270	240	220	190	170	160	150
0.8	380	330	300	280	260	240	230	210	180	160	150	140	130
0.9	320	280	260	240	220	210	190	180	160	140	130	120	100
1.0	250	230	220	210	190	170	160	150	140	120	110	—	—
1.1	—	—	160	150	140	130	120	110	100	90	—	—	—

注：1. 土中含有粒径大于 2mm 的颗粒质量超过总质量 30% 以上者，$[f_{a0}]$ 可适当提高。

2. 当 $e<0.5$ 时，取 $e=0.5$；当 $I_L<0$ 时，取 $I_L=0$。此外，超过表列范围的一般黏性土，$[f_{a0}]=57.22E_s^{0.57}$。

⑦ 新近沉积黏性土地基可根据液性指数 I_L 和天然孔隙比 e 按表 3.22 确定承载力基本容许值 $[f_{a0}]$。

（2）地基承载力容许值的确定

地基承载力容许值 $[f_a]$ 按式（3.84）确定。当基础位于水中不透水地层上时，$[f_a]$ 按平均常水位至一般冲刷线的水深每米再增大 10kPa。

$$[f_a]=[f_{a0}]+k_1r_1(b-2)+k_2r_2(h-3) \tag{3.84}$$

式中　$[f_a]$——地基承载力容许值，kPa；

　　　b——基础底面的最小边宽，m，当 $b<2$m 时，取 $b=2$m；当 $b>10$m 时，取 $b=10$m；

　　　h——基底埋置深度，m，自天然地面起算，有水流冲刷时自一般冲刷线起算；当 $h<3$m 时，取 $h=3$m；当 $h/b>4$ 时，取 $h=4b$；

　　　k_1、k_2——基底宽度、深度修正系数，根据基底持力层土的类别按表 3.23 确定；

　　　r_1——基底持力层土的天然重度，kN/m³，若持力层在水面以下且为透水者，应取浮重度；

　　　r_2——基底以上土层的加权平均重度，kN/m³，换算时若持力层在水面以下，且不透水时，不论基底以上土的透水性质如何，一律取饱和重度；当透水时，水中部分土层则应取浮重度。

表 3.22　新近沉积黏性土地基承载力基本容许值 $[f_{a0}]$　　　　　　単位：kPa

e ＼ I_L ＼ $[f_{a0}]$	0	0.1	0.2	e ＼ I_L ＼ $[f_{a0}]$	0	0.1	0.2
≤0.8	140	120	100	1.0	120	100	80
0.9	130	110	90	1.1	110	90	—

表 3.23 地基土承载力宽度、深度修正系数 k_1、k_2

土类 系数	黏性土				粉土	砂土						碎石土					
	老黏性土	一般黏性土		新近沉积黏性土	—	粉砂		细砂		中砂		砾砂、粗砂		砾石、圆砾、角砾		卵石	
		$I_L \geqslant 0.5$	$I_L < 0.5$			中密	密实	中密	密实	中密	密实	中密	密实	中密	密实	中密	密实
k_1	0	0	0	0	0	1.0	1.2	1.5	2.0	2.0	3.0	3.0	4.0	3.0	4.0	3.0	4.0
k_2	2.5	1.5	2.5	1.0	1.5	2.0	2.5	3.0	4.0	4.0	5.5	5.0	6.0	5.0	6.0	6.0	10.0

注：1. 对于稍密和松散状态的砂、碎石土，k_1、k_2 值可采用表列中密值的 50%；

2. 强风化和全风化的岩石，可参照所风化成的相应土类取值；其他状态下的岩石不修正。

（3）地基承载力容许值应乘的抗力系数

地基承载力容许值 $[f_a]$ 应根据地基受荷阶段及受荷情况，乘以下列规定的抗力系数 γ_R。

① 使用阶段

a. 当地基承受作用短期效应组合或作用效应偶然组合时，可取 $\gamma_R = 1.25$；但对承载力容许值 $[f_a]$ 小于 150kPa 的地基，应取 $\gamma_R = 1.0$；

b. 当地基承受的作用短期效应组合仅包括结构自重、预加力、土重、土侧压力、汽车和人群效应时，应取 $\gamma_R = 1.0$

c. 当基础建于经多年压实未遭破坏的旧桥基（岩石旧桥基除外）上时，不论地基承受的作用情况如何，抗力系数均可取 $\gamma_R = 1.5$；对 $[f_a]$ 小于 150kPa 的地基可取 $\gamma_R = 1.25$；

d. 基础建于岩石旧桥基上，应取 $\gamma_R = 1.0$。

② 施工阶段

a. 地基在施工荷载作用下，可取 $\gamma_R = 1.25$；

b. 当墩台施工期间承受单向推力时，可取 $\gamma_R = 1.5$。

3.13.3 基础的埋置深度

基础的埋置深度是指地面或一般冲刷线至基础底面的距离。

基础埋置深度是明挖扩大基础设计的重要内容，它关系到建筑物建成后是否牢固、稳定及正常使用的问题。明挖扩大基础选择埋深时应从以下两个方面考虑：第一，基础需保证持力层不受外界破坏影响的最小埋深，这些破坏因素包括湿度、温度、冻胀及冲刷等；第二，在最小埋深以下各土层中找一个埋深较浅、压缩性较低、强度较高的土层，即保证基础的强度和变形满足承载能力和正常使用极限状态。

影响最小埋深的因素如下。

（1）为了保证持力层稳定的埋深

由于地基土在气候的变化影响下会产生一定的风化作用，其性质是不稳定的。加上人类和动物的活动以及植物的生长作用，都会破坏地表土层的结构，影响其强度和稳定，而且基础埋得过浅，当受横向水平力时，也易造成地基土挤出，从而导致基础失稳。所以一般地表土不宜作为持力层。为了保证地基和基础的稳定性，基础的埋深应在天然地面或无冲刷河底以下不小于 1m。

（2）河流的冲刷深度

在终年有水流的河床上修建基础时，要考虑洪水对基础下地基土的冲刷作用。整个河床面被洪水冲刷后要下降，这叫一般冲刷，被冲下去的深度叫一般冲刷深度。同时由于墩台的阻水作用，还在墩台四周冲出一个深坑，这叫局部冲刷。如图 3.35 所示，一般冲刷深度与局部冲刷深度之和为冲刷总深度。显然，若基底的埋深小于冲刷深度，则一次洪水就可把基底下的土全给掏光冲走，使墩台因失去支承而倒塌。因此要求基底一定要埋置在最大可能冲刷线以下一定深度。

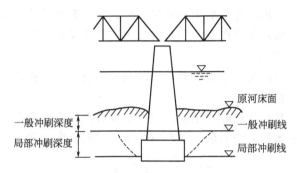

图 3.35 河流的冲刷作用

因此，在有冲刷的河流中，为了防止桥梁墩台基础四周和基底下土层被水流掏空冲走以致倒塌，基础必须埋置在设计洪水的最大冲刷线以下不小于 1m。特别是在山区和丘陵地区的河流，更应注意考虑季节性洪水的冲刷作用。涵洞基础，在无冲刷处（岩石地基除外），应设在地面或河床底以下埋深不小于 1m 处；如有冲刷，基底埋深应在局部冲刷线以下不小于 1m；如河床上有铺砌层时，基础底面宜设置在铺砌层顶面以下不小于 1m。

基础在设计洪水冲刷总深度以下的最小埋置深度不是一个定值，它与桥梁的重要性、河床地层的抗冲刷能力等因素有关。因此，对于非岩石河床桥梁墩台基础的基底在设计洪水冲刷总深度以下的最小埋置深度，参照表 3.24 采用。

表 3.24 基底埋置安全值

冲刷总深度			0	5	10	15	20
安全值/m	一般桥梁		2.0	2.5	3.0	3.5	4.0
	特大桥(或大桥)属于技术复杂、修复困难或重要者	设计频率流量	3.0	3.5	4.0	4.5	5.0
		检算频率流量	1.5	1.8	2.0	2.3	2.5

在计算冲刷深度时，尚应考虑其他可能产生的不利因素，如因水利规划使河道变迁，水文资料不足或河床为变迁性和不稳定河段等时，表 3.24 所列数值应适当加大。

（3）当地的冻结深度

土因冻胀而隆起和因融化而沉陷的现象，对土的力学性质影响很大。它可影响上部结构的正常使用。为此，为了保证建筑物不受冻胀，基底应埋置在冻结线下一定深度。《公路桥涵地基与基础设计规范》（JTG D63—2007）规定，上部为超静定结构的桥涵基础，其地基为冻胀土层时，应将基底埋入冻结线以下不小于 0.25m。对静定结构的基础，一般也按此要求，但在冻结较深地区，为了减少基础埋深，有些类别的冻土经计算后也可将基底置于最大冻结线以上。我国幅员辽阔，各地冻结深度应按实测资料确定。无资料时，可参照《公路桥涵地基与基础设计规范》（JTG D63—2007）中标准冻深线图结合实地调查确定。

满足上述三条规定的埋深为最小埋深，它是保证基础安全的先决条件和最低要求。合适的持力层要在此最小埋深以下的各土层中去找。

3.13.4 明挖扩大基础的设计与计算

桥梁墩台下的基础多为明挖扩大基础。这种基础只要满足前述刚性角的要求，基础本身的强度即可得到保证，也就不必再进行基础强度的检算。

设计时，首先应根据荷载大小，水文地质及工程地质条件，结合明挖扩大基础的构造要求，参照前述有关内容，拟定基础底面的埋置深度、基底平面尺寸、基础高度等，然后进行各项必要的验算，以保证建筑物的安全和正常使用，并使设计经济合理。

3.13.4.1 地基承载力验算

地基承载力验算包括持力层承载力验算、软弱下卧层承载力验算。

（1）持力层承载力验算

持力层是指直接与基底相接触的土层，持力层承载力验算要求荷载在基底产生的地基应力不超过持力层的地基承载力容许值。基底应力多采用简化算法进行计算。

$$p_{min}^{max} = \frac{N}{A} \pm \frac{M}{W} \leqslant \gamma_R [f_a] \tag{3.85}$$

式中　γ_R——地基承载力容许值抗力系数；

　　　p——基底应力，kPa；

　　　N——基底以上的竖向荷载，kN；

　　　A——基底面积，m²；

　　　M——作用于墩、台上各外力对基底形心轴之力矩，kN·m，

$$M = \sum H_i h_i + \sum P_i e_i = N \cdot e_0$$

式中　H_i——水平力；

　　　h_i——水平作用点至基底的距离；

　　　P_i——竖向分力；

　　　e_i——竖向分力 P_i 作用点至基底形心的偏心距；

　　　e_0——合理偏心距，其计算见式(3.91)；

　　　W——基底截面模量，m³，对如图 3.36 所示矩形基础，$W = \frac{1}{6} ab^2 = \rho A$，$\rho$ 为基底核心半径，其计算见式见式(3.92)；

　　　$[f_a]$——基底处持力层地基承载力容许值，kPa。

式(3.85) 也可改写为

$$p_{min}^{max} = \frac{N}{A} \pm \frac{N \cdot e_0}{\rho A} = \frac{N}{A} \left(1 \pm \frac{e_0}{\rho} \right) \leqslant [f_a] \tag{3.86}$$

从式(3.86)分析可知：

当 $e_0 = 0$ 时，基底压应力均匀分布，压应力分布图为矩形，如图 3.36（a）；

当 $e_0 < \rho$ 时，$1 + \frac{e_0}{\rho} > 0$，基底压应力分布图为梯形，如图 3.36（b）；

当 $e_0 = \rho$ 时，$1 - \frac{e_0}{\rho} = 0$，这时 $\rho_{min} = 0$，基底压应力分布图为三角形，如图 3.36（c）；

当 $e_0 > \rho$ 时，$1 - \frac{e_0}{\rho} < 0$，则 $\rho_{min} < 0$，说明基底一侧出现了拉应力，整个基底面积上部分受拉。此时若持力层为非岩石地基，则基底与土之间不能承受拉应力；若持力层为岩石地

基，除非基础混凝土浇筑在岩石地基上，有些基底也不能承受拉应力。因此需考虑基底应力重分布，并假定全部荷载由受压部分承担及基底压应力仍按三角形分布，见图 3.36 (d)。对矩形基础，其受压分布宽度为 b'，则从三角形分布压力合力作用点及静力平衡条件可得

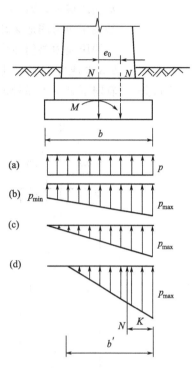

$$\left.\begin{array}{l} K=\dfrac{1}{3}b',\ K=\dfrac{b}{2}-e_0 \\[2mm] b'=3\times\left(\dfrac{b}{2}-e_0\right) \end{array}\right\} \qquad (3.87)$$

$$\left.\begin{array}{l} N=\dfrac{1}{2}ab'p_{\max}=\dfrac{1}{2}a\times 3\times\left(\dfrac{b}{2}-e_0\right)p_{\max} \\[3mm] p_{\max}=\dfrac{2N}{3a\left(\dfrac{b}{2}-e_0\right)} \end{array}\right\} \qquad (3.88)$$

对公路桥梁，通常基础横向长度比顺桥向宽度大得多，同时上部结构在横桥向布置常是对称的，故一般取顺桥向控制基底应力计算。但对通航河流或河流中有漂流物时，应计算船舶撞击力或漂流物撞击力在横桥向产生的基底应力，并与顺桥向基底应力比较，取其大者控制设计。

图 3.36　基底应力分布图

在曲线上的桥梁，除顺桥向引起的力矩 M_x 外，尚有离心力（横桥向水平力）在横桥向产生的力矩 M_y；若桥面上活载考虑横向分布的偏心作用时，则偏心竖向力对基底两个方向中心轴均有偏心距，见图 3.37，则产生偏心距 $M_x=N\cdot e_x$，$M_y=N\cdot e_y$。故对于曲线桥，计算基底应力时，应按下式计算

$$p_{\substack{\max \\ \min}}=\frac{N}{A}\pm\frac{M_x}{W_x}\pm\frac{M_y}{W_y}\leqslant\gamma_R\left[f_a\right] \qquad (3.89)$$

式中　W_x、W_y——分别为基底对 x、y 轴的截面模量；

　　　M_x、M_y——分别为外力对基底顺桥向中心轴和横桥向中心轴之力矩。

对式(3.85)和式(3.89)中的 N 值及 M（或 M_x、M_y）值，应按能产生最大竖向力 $N_{\max}$ 的最不利作用效应组合与此相应的 M 值，和能产生最大力矩 $M_{\max}$ 时的最不利作用效应组合与此相对应的 N 值，分别进行基底应力计算，取其大者控制设计。

(2) 软弱下卧层承载力验算（图 3.38）

当受压层范围内地基为多层土组成，且持力层以下有软弱下卧层，这时还应验算软弱下卧层的承载力，验算时先计算软弱下卧层顶面的自重应力与附加应力之和不得大于该处地基土的承载力容许值，即

$$p_z=\gamma_1(h+z)+\alpha(p-\gamma_2 h)\leqslant\gamma_R\left[f_a\right] \qquad (3.90)$$

式中　p_z——软弱下卧层顶面处的压应力，kPa；

　　　r_1——相应于深度 $h+z$ 以内土的换算重度，kN/m³；

　　　γ_2——相应于深度 h 以内土的换算重度，kN/m³；

　　　h——基底埋置深度，m；

　　　z——从基底到软弱土层顶面的距离，m；

　　　α——基底中心下土中附加应力系数，可按土力学教材或规范提供系数表查用；

p——基底压应力，kPa，当 $z/b>1$ 时，采用基底平均压应力；当 $z/b\leqslant1$ 时，p 按基底压应力图形采用距最大压应力点 $b/3\sim b/4$ 处的压应力（对于梯形图形前后端压应力差值较大时，可采用上述 $b/4$ 点处的压应力值；反之，则采用上述 $b/3$ 处压应力值），以上 b 为矩形基底的宽度；

$[f_a]$——软弱下卧层顶面处的地基承载力容许值，kPa；

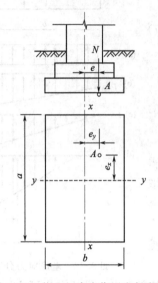

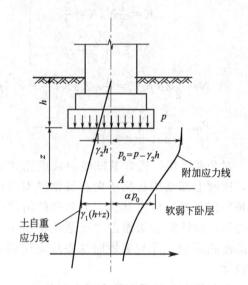

图 3.37 偏心竖直力作用在任意点 　　　　　　图 3.38 软弱下卧层承载力验算

当软弱下卧层为压缩性高而且较厚的软黏土，或当上部结构对基础沉降有一定要求时，除承载力应满足上述要求外，还应验算包括软弱下卧层的基础沉降量。

3.13.4.2 基底合力偏心距验算

墩、台基础的设计计算，必须控制基底合力偏心距，其目的是尽可能使基底应力分布比较均匀，以免基底两侧应力相差过大，使基础产生较大的不均匀沉降，墩、台发生倾斜，影响正常使用。若使合力通过基底中心，虽然可得均匀的应力，但这样做非但不经济，往往也是不可能的，所以在设计时，根据《公路桥涵地基与基础设计规范》（JTG D63—2007），按以下原则掌握。

对于非岩石地基，以不出现拉应力为原则：当墩、台仅承受永久作用标准值效应组合时，基底合力偏心距 e_0 应分别不大于基底核心半径 ρ 的 0.1 倍（桥墩）和 0.75 倍（桥台）；当墩、台承受作用标准效应组合或偶然作用（地震作用除外）标准效应组合时，一般只要求基底偏心距 e_0 不超过核心半径即可。

对于修建在岩石地基上的基础，可以允许出现拉应力，根据岩石的强度，合力偏心距 e_0 最大可为基底核心半径的 1.2～1.5 倍，以保证必要的安全储备［具体规定可参阅《公路桥涵地基与基础设计规范》（JTG D63—2007）］。

其中，基底以上外力合力作用点对基底形心轴的偏心距 e_0 按下式计算

$$e_0=\frac{\sum M}{\sum N} \tag{3.91}$$

式中 $\sum M$——作用于墩台的水平力和竖向力对基底形心轴的弯矩；

$\sum N$——作用在基底的合力的竖向分力。

墩、台基础基底截面核心半径 ρ 按下式计算

$$\rho = \frac{W}{A} \qquad (3.92)$$

式中　W——相应于应力较小基底边缘截面模量；

　　　　A——基底截面积。

当外力合力作用点不在基底两个对称轴中任一对称轴上，或当基底截面为不对称时，可直接按下式求 e_0 与 ρ 的比值，使其满足规定的要求

$$\frac{e_0}{\rho} = 1 - \frac{p_{\min}}{\dfrac{N}{A}} \qquad (3.93)$$

式中符号意义同前，但要注意 N 和 $p_{\min}$ 应在同一种荷载组合情况下求得。

3.13.4.3　基础稳定性和地基稳定性验算

在基础设计计算时，必须保证基础本身具有足够的稳定性。基础稳定性验算包括：基础倾覆稳定性验算和基础滑动稳定性验算。此外，对某些土质条件下的桥台、挡土墙还要验算地基稳定性，以防桥台、挡土墙下地基的滑动。

（1）基础倾覆稳定性验算

基础倾覆或倾斜除了地基的强度和变形原因外，往往发生在承受较大的单向水平推力而其合力作用点又离基础底面的距离较高的结构物上，如挡土墙或高桥台受侧向土压力作用，大跨度拱桥在施工中墩、台受到不平衡的推力以及在多孔拱桥中一孔被毁等，此时在单向恒载推力作用下，均可能引起墩、台连同基础的倾覆和倾斜。

理论和实践证明，基础倾覆稳定性与合力的偏心距有关。合力偏心距愈大，则基础抗倾覆的安全储备愈小，如图 3.39 所示。因此，在设计时，可以用限制合力偏心距 e_0 来保证基础的倾覆稳定性。墩台基础抗滑动稳定性系数见表 3.25。

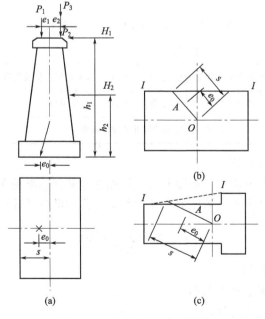

图 3.39　基础倾覆稳定性计算

表 3.25　墩台基础抗滑动稳定性系数 k_c

作 用 组 合		稳定性系数
使用阶段	永久作用(不计混凝土收缩和徐变、浮力)和汽车、人群的标准值效应组合	1.3
	各种作用(不包括地震作用)的标准值效应组合	1.2
施工阶段	施工阶段作用的标准值效应组合	1.2

设基底截面重心至压力最大一边的边缘的距离为 s（荷载作用在重心轴上的矩形基础 $s = \dfrac{b}{2}$），见图 3.39，外力合力偏心距 e_0，则两者的比值 k_0 可反映基础倾覆稳定性的安全度，k_0 称为墩台基础抗倾覆稳定性系数，即

$$k_0 = \frac{s}{e_0} \tag{3.94}$$

$$e_0 = \frac{\sum P_i e_i + \sum H_i h_i}{\sum P_i}$$

式中　P_i——各竖直分力；

　　　e_i——相应于各竖直分力 P_i 作用点至基础底面形心轴的距离；

　　　H_i——各水平分力；

　　　h_i——相应于各水平分力作用点至基底的距离。

如外力合力不作用在形心轴上，如图 3.39（b），或基底截面有一个方向为不对称，而合力又不作用在形心轴上，如图 3.39（c），基底压力最大一边的边缘线应是外包线，如图 3.39（b）、图 3.39（c）中的 I—I 线，s 值应是通过形心与合力作用点的连线并延长与外包线相交点至形心的距离。

不同的作用组合，对墩台基础抗倾覆稳定性系数 k_0 的容许值均有不同要求，详见表 3.26 所示。

表 3.26　墩台基础抗倾覆稳定性系数 k_0

作 用 组 合		稳定性系数
使用阶段	永久作用(不计混凝土收缩和徐变、浮力)和汽车、人群的标准值效应组合	1.5
	各种作用(不包括地震作用)的标准值效应组合	1.3
施工阶段	施工阶段作用的标准值效应组合	1.2

（2）基础滑动稳定性验算

基础在水平推力作用下沿基础底面滑动的可能性即基础抗滑动安全度的大小，可用基底与土之间的摩擦阻力和水平推力的比值 k_c 来表示，k_c 称为墩台基础抗滑动稳定性系数，即

$$k_c = \frac{\mu \sum P_i + \sum H_{ip}}{\sum H_{ia}} \tag{3.95}$$

式中　$\sum P_i$——竖向力总和；

　　　$\sum H_{ip}$——抗滑稳定水平力总和；

　　　$\sum H_{ia}$——滑动水平力总和；

　　　μ——基础底面与地基之间的摩擦系数，在无实测资料时，可参照表 3.27 采用。

表 3.27　摩擦系数 μ

地基土分类	μ	地基土分类	μ
黏土(流塑～坚硬)、粉土	0.25	软岩(极软岩～较软岩)	0.40～0.60
砂土(粉砂～砾砂)	0.30～0.40	硬岩(较硬岩、坚硬岩)	0.60～0.70
碎石土(松散～密实)	0.40～0.50		

3.13.4.4　基础沉降验算

基础沉降验算包括：沉降量，相邻基础沉降差，基础由于地基不均匀沉降而发生的倾斜等。

基础沉降主要由竖向荷载作用下土层的压缩变形引起。沉降量过大将影响结构物的正常使用和安全，应加以限制。在确定一般土质的地基承载力容许值时，已考虑这一变形的因素，所以修建在一般土质条件下的中、小型桥梁的基础，只要满足了地基的强度要求，地基(基础)的沉降也就满足要求。但对于下列情况，则必须验算基础的沉降，使其不大于规定的容许值。

① 修建在地质情况复杂、地层分布不均或强度较小的软黏土地基及湿陷性黄土上的基础；

② 修建在非岩石地基上的拱桥、连续梁桥等超静定结构的基础；

③ 当相邻基础下地基土强度有显著不同或相邻跨度相差悬殊而必须考虑其沉降差时；

④ 对于跨线桥、跨线渡槽要保证桥(或槽)下净空高度时。

地基土的沉降可根据土的压缩特性指标按式(3.96)计算

$$s = \phi_s s_0 = \phi_s \sum_{i=1}^{n} \frac{p_0}{E_{si}} (z_i \overline{\alpha_i} - z_{i-1} \overline{\alpha_{i-1}}) \tag{3.96}$$

式中　　s——地基最终沉降量，mm；

s_0——按分层总和法计算的地基沉降量，mm；

ϕ_s——沉降计算经验系数，根据地区沉降观测资料及经验确定，缺少沉降观测资料及经验数据时，可参照《公路桥涵地基与基础设计规范》(JTG D63—2007)；

n——地基沉降计算深度范围内所划分的土层数(图 3.40)；

p_0——对应于荷载长期效应组合时的基础底面处附加压应力，kPa；

E_{si}——基础底面下第 i 层土的压缩模量(MPa)，应取土的"自重压应力"至"土的自重压应力与附加压应力之和"的压应力段计算；

z_i、z_{i-1}——基础底面至第 i 层土、第 $i-1$ 层土底面的距离，m；

$\overline{\alpha_i}$、$\overline{\alpha_{i-1}}$——基础底面计算点至第 i 层土、

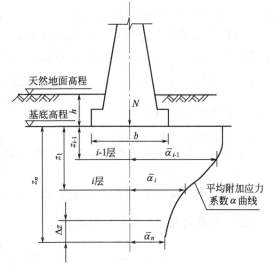

图 3.40　基础沉降计算分层示意图

第 i-1 层土底面范围内平均附加压应力系数；

p——基底压应力，kPa；当 $z/b>1$ 时，采用基底平均压应力；$z/b\leqslant1$ 时，p 按压应力图形采用距最大压应力点 $b/3\sim b/4$ 处的压应力（对梯形图形前后端压应力差值较大时，可采用上述 $b/4$ 处的压应力值；反之，则采用上述 $b/3$ 处压应力值），以上 b 为矩形基底宽度；

h——基底埋置深度，m，当基础受水流冲刷时，从一般冲刷线算起；当不受水流冲刷时，从天然地面算起；如位于挖方内，则由开挖后地面算起；

r——h 内土的重度，kN/m^3，基底为透水地基时地下水位以下取浮重度。

【例题 3.9】　埋置式桥台刚性扩大基础设计示例

(一) 设计资料及基本数据

某桥上部结构采用装配式钢筋混凝土简支 T 形梁，标准跨径是 20.00m，计算跨径 $L=$ 19.50m，摆动支座，桥面宽度为 7m+2×1.0m，该工程为二级公路桥涵，设计安全等级为二级，汽车荷载等级为公路—Ⅱ级，双车道，按《公路桥涵地基规范》进行计算。

材料：台帽混凝土强度等级为 C30，$\gamma_1=25.00kN/m^3$，台身用 M7.5 砂浆砌块片石（面墙用块石，其他用片石，石料强度不小于 MU30），$\gamma_2=23.00kN/m^3$，基础用 C15 素混凝土浇筑，$\gamma_3=24.00kN/m^3$，台后填土 $\gamma_4=18.50kN/m^3$，填土的内摩擦角 $\varphi=35°$，黏聚力 $c=0$。

水文、地质资料：设计洪水水位高程离基底的距离为 3.5m，地基土的物理、力学指标见表 3.28。

表 3.28　岩土层主要物理、力学性质指标

取土深度（或标贯试验深度）	天然状态下土的物理性质指标			孔隙比	标贯试验击数	抗剪试验		压缩系数
	含水量 $w/\%$	密度 ρ /(g/cm³)	土粒相对密度 d_s			内摩擦角 $\varphi/(°)$	黏聚力 c/kPa	α_{1-2} /MPa^{-1}
5.60					23	19.3	0	
1.20~1.40	13.0	1.87	2.73	0.65	23	5		0.16

(二) 桥台与基础构造及尺寸的拟定

桥台及基础的拟定的尺寸如图 3.41 所示，基础分两阶，每阶厚度为 0.5m，襟边和台阶宽度相等，取 0.40m。基础用 C15 混凝土，混凝土的刚性角 $\alpha_{max}=40°$，则基础的扩散角为 $\alpha=\tan^{-1}\dfrac{0.8}{1.0}=38.66°<\alpha_{max}=40°$（满足要求）

(三) 荷载计算及组合

(1) 恒载计算

上部构造恒载及桥台台身、基础自重与基础上土重计算，其值列于表 3.29。

(2) 土压力计算

以侧墙侧缘垂线作为假想台背，即 $\alpha=0$，后台填土水平，即 $\beta=0$，填土的内摩擦角 $\varphi=35°$，取台背与填土间的外摩擦角 $\delta=\dfrac{\varphi}{2}=17.5°$，则主动土压力系数 K_a 为

$$K_a=\dfrac{\cos^2(\varphi-\alpha)}{\cos^2\alpha\cos(\alpha+\delta)[1+\sqrt{\dfrac{\sin(35°+17.5°)\sin35°}{\cos17.5°}}]^2}=0.247$$

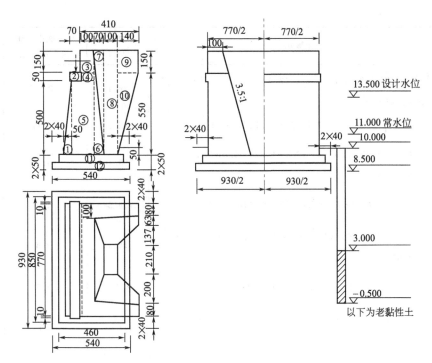

图 3.41　埋置式桥台刚性扩大基础设计示例（以下为老黏性土）

① 台后填土表面无车辆荷载

$$E_a = \frac{1}{2}BK_a\gamma H^2 = \frac{1}{2}\times 7.7\times 0.247\times 18.5\times 8^2 = 1125.92\text{kN}$$

其水平方向分力：　　$E_{ax} = E_a\cos(\delta+\alpha) = 1125.92\times\cos 17.5° = 1073.81\text{kN}$

距基础底面的距离：　　$e_y = \dfrac{H}{3} = \dfrac{8}{3} = 2.67\text{m}$

对基底形心轴的弯矩：　　$M_{ex} = 1073.81\times 2.67 = 2867.05\text{kN}\cdot\text{m}$

其竖直方向分力：　　$E_{ay} = E_a\sin(\delta+\alpha) = 1125.92\times\sin 17.5° = 338.57\text{kN}$

距离基础底面的距离：　　$e_x = -\left(\dfrac{5.4}{2}+1.4\right)+0.8 = -3.3\text{m}$

对基底形心轴的弯矩：　　$M_{ey} = 338.57\times(-3.3) = -1117.28\text{kN}\cdot\text{m}$

对基底形心轴的总弯矩：　　$M = M_{ex}+M_{ey} = 1749.77\text{kN}\cdot\text{m}$

表 3.29　恒载计算表

序号	计算式	竖直力 p /kN	对基底中心轴 偏心距 ρ/m	弯矩 /(kN·m)
①	$\dfrac{1}{2}\times 0.5\times 5.0\times 7.7\times 23$	221.38	1.567	346.90
②	$0.5\times 0.8\times 7.9\times 25$	79	1.10	86.90
③	$1.0\times 1.5\times 7.7\times 23$	265.65	0.30	79.70
④	$0.5\times 0.9\times 7.7\times 23$	79.70	0.25	19.93
⑤	$1.6\times 5.0\times 7.7\times 23$	1416.80	0.60	850.08
⑥	$\dfrac{1}{2}\times 0.7\times 7.0\times 7.7\times 23$	433.90	-0.433	-187.88

序号	计算式	竖直力 p /kN	对基底中心轴偏心距 ρ/m	弯矩 /(kN·m)
⑦	$\left[\dfrac{1}{2}\times0.975\times0.7\times7.0+\dfrac{1}{6}\times(2.8-0.975)\times0.7\times7.0\right]\times$ $2\times23=7.76\times23$	178.44	−0.667	−119.02
⑦	$\left(\dfrac{1}{2}\times0.975\times7.7\times7.0-7.76\right)\times18.5$	342.55	−0.667	−228.48
⑧	$[0.92\times1.0\times7.0+\dfrac{1}{2}\times(2.8-0.32)\times1.0\times7.0]\times23$ $=13.02\times23$	299.46	−1.40	−419.24
⑧ (土重)	$(1.0\times7.7\times7.0-13.02)\times18.5$	756.28	−1.40	−1058.79
⑨	$(0.845\times1.4\times1.5+\dfrac{1}{2}\times0.675\times1.4\times1.5)\times2\times23$ $=4.97\times23$	114.31	−2.60	−297.21
⑨ (土重)	$(1.4\times1.5\times7.7-4.97)\times18.5$	207.2	−2.60	−538.72
⑩	$\left(\dfrac{1}{2}\times1.4\times1.43\times5.5+\dfrac{1}{6}\times1.4\times5.5\times1.37\right)\times2\times23$ $=14.53\times23$	334.13	−2.367	−790.89
⑩ (土重)	$\left(\dfrac{1}{2}\times1.4\times5.5\times7.7-14.53\right)\times18.5$	279.63	−2.367	−661.88
⑪	$0.5\times8.5\times4.6\times24$	469.2	0	0
⑫	$0.5\times9.3\times5.4\times24$	602.64	0	0
⑬ (襟边上土重)	$(9.3\times5.4-8.5\times4.6)\times18.5$	205.72	0	0
⑭	上部构造恒载	846.00	1.05	888.30
合力矩	$\sum p=71399$		$\sum M=-2030.30$	

注：1. 弯矩以顺时针转为负，逆时阵转为正。

2. 偏心距在基底中心轴之右为负，中心轴之左为正。

② 台后填土表面有车辆荷载　桥台土压力计算采用车辆荷载。车辆荷载换算成等代均布土层厚度为

$$h=\dfrac{\sum G}{Bl_0\gamma}$$

式中　l_0——桥台后填土破坏棱体长度，当台背竖直时 $l_0=H\tan\theta$；

　　　θ——破坏棱体滑动面与竖直方向的夹角。

$$\tan\theta=-\tan\omega+\sqrt{(\tan\varphi+\tan\omega)(\tan\omega-\tan\alpha)}$$
$$=-\tan52.5°+\sqrt{(\tan35°+\tan52.5°)(\tan52.5°-\tan35°)}$$
$$=0.583$$

其中　　　　　　　　　　　$\omega=\alpha+\delta+\varphi=52.5°$

得　　　　　　　　　$l_0=H\tan\theta=8\times0.583=4.664\text{m}$

按车辆荷载的平、立面尺寸，考虑最不利情况，在破坏棱体长度范围内布置车辆荷载后轴，因是双车道，故

$$\sum G=2\times140\times2=560\text{kN}$$

由车辆荷载换算等代均布土层厚度为

$$h = \frac{\sum G}{B l_0 \gamma} = \frac{560}{7.7 \times 4.664 \times 18.5} = 0.843 \text{m}$$

车辆荷载作用下在台背破坏棱体上所引起的土压力标准值

$$E = \gamma_4 h H B K_a = 18.5 \times 0.843 \times 8 \times 7.7 \times 0.247 = 237.29 \text{kN}$$

其水平方向分力为

$$E_{ax} = E \cos(\delta + \alpha) = 237.29 \times \cos 17.5° = 226.31 \text{kN}$$

距基础底面的距离：$e_y = \frac{H}{2} = \frac{8}{2} = 4 \text{m}$

对基底形心轴的弯矩：$M_{ex} = 226.31 \times 4 = 905.24 \text{kN·m}$

其竖直方向分力：$E_y = E \sin(\delta + \alpha) = 237.29 \times \sin 17.5° = 71.35 \text{kN}$

距离基础底面的距离：$e_x = -\left(\frac{5.4}{2} + 1.4 \right) + 0.8 = -3.3 \text{m}$

对基底形心轴的弯矩：$M_{ey} = 68.05 \times (-3.3) = -235.46 \text{kN·m}$

对基底形心轴的总弯矩：$M = M_{ex} + M_{ey} = 669.79 \text{kN·m}$

（3）支座活载反力计算

根据《公路桥涵通用设计规范》（JTG D60—2004）规定，桥梁结构的整体计算采用车道荷载。车道荷载由均布荷载的集中荷载组成。

公路Ⅱ级车道均布荷载标准值为

$$q_K = 0.75 \times 10.5 = 7.875 \text{kN/m}$$

公路Ⅱ级车道集中荷载标准值为

$$P_K = 0.75 \times \left[180 + \frac{360 - 180}{50 - 5} \times (19.5 - 5) \right] = 178.5 \text{kN}$$

车道荷载布置如图 3.42 所示，支座反力为（按两形车队计算）

$$R_1 = \left(\frac{7.875 \times 1.013 \times 19.75}{2} + 178.5 \times 1.013 \right) \times 2 = 519.19 \text{kN}$$

人群荷载支座反力为

$$R_2 = \frac{20 \times 1 \times 3.0 \times 2}{2} = 60 \text{kN}$$

支座反力为

$$R = R_1 + R_2 = 579.19 \text{kN}$$

支座反力作用点距基底形心轴的距离为

$$e_R = \frac{5.4}{2} - 0.4 - 0.4 - 0.5 - (0.6 - 0.25) = 1.05 \text{m}$$

支座反力对基底形心轴的弯矩为

$$M_R = 579.19 \times 1.05 = 608.15 \text{kN·m}$$

（4）汽车荷载制动力计算

汽车荷载制动力按车道荷载的标准值在加载长度上计算总重力的 10% 计算，但公路Ⅱ级汽车荷载的制动力标准值不得小于 90kN。

$$T_1 = (7.875 + 19.75 \times 178.5) \times 0.1 = 33.40 \text{kN} < 90 \text{kN}$$

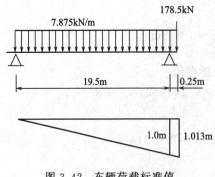

图 3.42 车辆荷载标准值

故取 90kN 计算，双车道为 $2×90＝180$kN，简支梁摆动支座应计算的制动力为

$$T＝0.25×2T_1＝0.5×90＝45kN$$

对基底形心轴的弯矩为：

$$M_R＝45×6.5＝292.5kN·m$$

（5）支座摩阻力计算

摆动支座摩擦系数取 $f＝0.05$，则支座摩阻力为

$$F＝P_恒 f＝846.0×0.05＝42.30kN$$

对基底形心轴的弯矩为

$$M_f＝42.3×6.5＝274.95kN·m$$

实体 U 形桥台不计汽车的冲击力。同时从以上对制动力和支座摩阻力的结果表明，制动力小于支座摩阻力。根据规定，活动支座传递的制动力，其值不应大于摩阻力；当大于摩阻力时，按摩阻力计算。因此，在以后的基本组合中，以支座摩阻力作用为控制设计。

（四）按承载能力极限状态设计时的效应组合

由前述计算得各种作用标准值见表 3.30。

表 3.30 桥台作用效应标准值汇总表

作用类别　作用效应	永久作用		可变作用		
	恒载 (1)	台后土压力 (2)	桥上荷载 (3)	汽车引起土压力(4)	支座摩阻力 (5)
水平力/kN	0	1073.81	0	226.31	42.3
竖向力/kN	7131.99	338.57	579.19	71.35	0
力矩/kN·m	−2030.30	1749.77	608.15	669.79	±274.95

根据实际可能出现的荷载情况，可按以下几种状况进行荷载组合。

（1）桥上有活载，台后无汽车荷载时

① 基本组合 1—(1)+(2)+(3)

② 基本组合 2—(1)+(2)+(3)+(5)

（2）桥上有活载，台后有汽车荷载时

① 基本组合 1—(1)+(2)+(3)+(4)

② 基本组合 2—(1)+(2)+(3)+(4)+(5)

表 3.31 作用效应组合列表

作用类别　作用效应	效应组合 1		效应组合 2		效应组合 3		效应组合 4
	基本组合 1	基本组合 2	基本组合 1	基本组合 2	基本组合 1	基本组合 2	
水平力/kN	1073.81	1116.11	1300.12	1342.42	1300.12	1342.42	1073.81
竖向力/kN	8049.75	8049.75	8121.1	8121.1	7541.8	7541.8	7470.56
力矩/kN·m	327.62	602.57	997.41	1272.36	389.26	664.26	−280.53

（3）桥上无活载，台后有汽车荷载时

① 基本组合 1—(1)+(2)+(4)

② 基本组合 2—(1)+(2)+(4)+(5)

（4）无上部构造时

恒载＋台后土压力－（1）＋（2）

作用效应组合列于表 3.31 中。

（五）地基承载力验算

（1）台后填土对基底产生的附加应力计算

考虑到因台后填土较高，须计算由于填土自重在基底下地基土中所产生的附加应力，按《公路桥涵地基规范》中的公式计算

$$p_i = \alpha_i \gamma h_i$$

式中　α_i——附加应力系数，按基础埋置深度及填土高度查《公路桥涵地基规范》；

　　　γ——路堤填土重度；

　　　h_i——原地面到路堤表面的距离。

根据桥台情况，台后填土高度 $h = 6.5\text{m}$，当基础埋深 1.5m 时，则基础后边缘附加应力系数 $\alpha_1' = 0.449$，基础前边缘附加应力系数 $\alpha_1'' = 0.071$。则

后边缘处：$p_1' = 0.449 \times 18.5 \times 6.5 = 53.99\text{kPa}$

前边缘处：$p_1'' = 0.071 \times 18.5 \times 6.5 = 8.54\text{kPa}$

（2）基底压应力计算

根据《公路桥涵地基规范》规定，按基础底面积验算地基承载力时，传至基础的荷载效应采用正常使用极限状态下作用短期效应组合值，相应的抗力应采用地基承载力容许值。

① 使用阶段　取作用效应组合 2 中的基本组合 1 和基本组合 2（基本组合 2 弯矩大，但验算时地基承载力容许值可提高 25%）分别计算出相应的基底压应力，取最不利情况控制设计。

基本组合 1：

$$p_{\min}^{\max} = \frac{N}{A} \pm \frac{M}{W} = \frac{8121.1}{5.4 \times 9.3} \pm \frac{997.41}{9.3 \times 5.4^2/6} = 161.71 \pm 22.07 = \begin{cases} 183.78 \\ 139.64 \end{cases} \text{kPa}$$

基本组合 1：

$$p_{\min}^{\max} = \frac{N}{A} \pm \frac{M}{W} = \frac{8121.1}{5.4 \times 9.3} \pm \frac{1272.36}{9.3 \times 5.4^2/6} = 161.71 \pm 28.15 = \begin{cases} 189.86 \\ 133.56 \end{cases} \text{kPa}$$

取基本组合 1，考虑台前、台后填土产生的附加应力后的总应力

前台　$p_{\min} = 183.78 + 8.54 = 192.32\text{kPa}$

后台　$p_{\max} = 139.64 + 53.99 = 193.63\text{kPa}$

② 施工阶段

$$p_{\min}^{\max} = \frac{N}{A} \pm \frac{M}{W} = \frac{7470.56}{5.4 \times 9.3} \pm \frac{280.53}{9.3 \times 5.4^2/6} = 148.76 \pm 6.21 = \begin{cases} 154.97 \\ 142.55 \end{cases} \text{kPa}$$

前台　$p_{\min} = 154.97 + 8.54 = 163.51\text{kPa}$

后台　$p_{\max} = 142.55 + 53.99 = 196.54\text{kPa}$

（3）地基承载力验算

根据土工试验资料，持力层为一般黏性土，根据《公路桥涵地基规范》，当 $e = 0.87$，$I_L = 0.6$ 时，查表得 $[f_{a0}] = 202\text{kPa}$。因基础埋置深度为原地面下 1.5m < 3.0m，不考虑深度修正；对黏性土地基，虽 b > 2.0m，但不进行宽度修正。则

使用阶段：$\gamma_R[f_a] = \gamma_R[f_{a0}] = 1.0 \times 202 = 202\text{kPa} > p_{\max} = 193.63\text{kPa}$

施工阶段：$\gamma_R[f_a] = \gamma_R[f_{a0}] = 1.25 \times 202 = 252.5\text{kPa} > p_{\max} = 196.54\text{kPa}$

满足要求。

（六）基底偏心距验算

（1）墩台仅承受永久作用标准值效应组合的偏心距

偏心距应满足 $e_0 \leqslant 0.75\rho$。

$$\rho = \frac{W}{A} = \frac{b}{6} = \frac{5.4}{6} = 0.9\text{m}$$

$$e_0 = \frac{M}{N} = \frac{280.53}{7470.56} = 0.04\text{m} < 0.75\rho = 0.675\text{m}$$

满足要求。

（2）墩台承受作用标准值效应组合的偏心距

偏心距应满足 $e_0 \leqslant \rho$，效应组合 2 的基本组合 2 为最不利效应作用组合。

$$e_0 = \frac{M}{N} = \frac{1272.36}{8121.1} = 0.16\text{m} < \rho = 0.9\text{m}$$

满足要求。

（七）基础稳定性验算

在验算基础稳定性时，作用效应应采用承载力极限状态下作用效应的基本组合，但其分项系数均取 1.0。

（1）倾覆稳定性验算

效应组合 2 为最不利效应作用组合。

$$S = \frac{b}{2} = \frac{5.4}{2} = 2.7\text{m}$$

基本组合 1　$e_0 = \dfrac{M}{N} = \dfrac{997.41}{8121.1} = 0.12$，$K_0 = \dfrac{S}{e_0} = \dfrac{2.7}{0.12} = 22.5 > [K_0] = 1.5$，满足要求。

基本组合 2　$e_0 = \dfrac{M}{N} = \dfrac{1272.36}{8121.1} = 0.16$，$K_0 = \dfrac{S}{e_0} = \dfrac{2.7}{0.16} = 16.88 > [K_0] = 1.3$，满足要求。

（2）滑动稳定性验算

持力层为砂土，查表得 $\mu = 0.30$，从表 3.31 可知，效应组合 3 为最不利效应作用组合。

基本组合 1　$k_c = \dfrac{\mu \sum P_i + \sum H_{ip}}{H_{ia}} = \dfrac{0.30 \times 7541.8}{1300.12} = 1.74 > 1.3$，满足要求。

基本组合 2　$k_c = \dfrac{\mu \sum P_i + \sum H_{ip}}{H_{ia}} = \dfrac{0.30 \times 7541.8}{1342.42} = 1.69 > 1.2$，满足要求。

（八）沉降计算

因本桥为静定桥，跨度不大，而且地基土为砂土，大部分沉降在施工期间就已完成，故不必计算沉降。

3.14 减轻不均匀沉降的措施

实践表明，绝对沉降量愈大，差异沉降往往亦愈大。因此，为减小地基沉降对建筑物可能造成的危害，除采取措施尽量减小差异沉降外，尚应设法尽可能减小基础的绝对沉降量。

目前，对可能出现过大沉降或差异沉降的情况，通常从以下几个方面采取措施。

① 采用轻型结构、轻型材料，尽量减轻上部结构自重；减少填土，增设地下室，尽量

减小基础底面附加压力。

②　妥善处理局部软弱土层，如暗浜、墓穴、杂填土、吹填土和建筑垃圾、工业废料等。

③　调整基础形式、大小和埋置深度；必要时采用桩基或深基础。

④　尽量避免复杂的平面布置，并避免同一建筑物各组成部分的高度以及作用荷载相差过多。

⑤　加强基础的刚度和强度，如采用十字交叉形基础、箱形基础。

⑥　在可能产生较大差异沉降的位置或分期施工的单元连接处设置沉降缝。

⑦　在砖石承重结构墙体内设置钢筋混凝土圈梁（在平面内呈封闭系统，不断开）。

⑧　预留吊车轨道高程调整余地。

⑨　防止施工开挖、降水不当恶化地基土的工程性质。

⑩　对高差较大、重量差异较多的建筑物相邻部位采用不同的施工进度，先施工荷重大的部分，后施工荷重轻的部分。

⑪　控制大面积地面堆载的高度、分布和堆载速率。

以上措施，有的是设法减小地基沉降量，尤其是差异沉降量，有的是设法提高上部结构对沉降和差异沉降的适应能力。设计时，应从具体工程情况出发，因地制宜，选用合理、有效、经济的一种或几种措施。

思考题与习题

3.1　什么是基础的埋置深度？影响基础埋深的因素有哪些？

3.2　影响地基承载力的主要因素有哪些？确定地基承载力特征值的方法有哪些？

3.3　简述软弱下卧层的验算要点。

3.4　地基变形的特征有哪些？为何要进行地基变形验算？

3.5　如何确定基础的底面尺寸？

3.6　什么是无筋扩展基础？它与钢筋砼扩展基础有何区别？各自的特点和适用条件是什么？

3.7　简述按倒梁法计算柱下条形基础的基本思想。

3.8　简述交叉条形基础的节点类型。

3.9　某基础宽 2m，埋深为 1m。地基土为粉质黏土，重度为 $18kN/m^3$，土的内摩擦角 $\varphi_k=28°$，黏聚力 $c_k=12kPa$，试确定地基承载力特征值。

3.10　某条形基础底宽 $b=1.8mm$，埋深 $d=1.2mm$，地基土为黏土，内摩擦角 $\varphi_k=20°$，黏聚力 $c_k=12kPa$，地下水位与基底平齐，水位以下土的有效重度为 $10kN/m^3$，基底以上土的天然重度为 $18.3kN/m^3$，试确定地基承载力特征值。

3.11　某砖混结构外墙采用条形基础，墙厚为 24cm，作用于地面处的荷载 $F=218kN/m$。地基表层为黏粒含量为 20% 的粉土，土层厚度 $h_1=2.6mm$，$\gamma_1=17.2kN/m^3$，$f_{ak1}=180kPa$，$E_{s1}=10.5MPa$；地基表层下面为淤泥质粉土，$\gamma_2=18.9kN/m^3$，$f_{ak2}=80kPa$，$E_{s2}=2.1MPa$。现拟定基础宽度为 1.3m，埋深 0.5m，试验算地基的承载力。

3.12　有一柱下独立基础，柱的截面尺寸为 $400mm×600mm$，荷载效应的标准组合下，传至 ±0.00 标高（室内地面）的竖向荷载 $F_k=2400kN$，$M_k=240kN·m$，水平力 $V_k=180kN$（与 M 同方向），室外地面标高为 −0.15m，试设计该基础。补充条件如下：取基础底面标高为 −1.5m，底面尺寸为 $2.5m×3.5m$，基础的长边和柱的长边平行且与弯矩的作用方向一致，材料用 C20 混凝土和 I 级钢筋，垫层用 C10 混凝土，厚度 100mm。

要求：（1）设计成钢筋混凝土扩展基础；

（2）确定基础的高度和配筋（可以用简化公式）；

（3）确定基础各部分尺寸并绘制剖面草图。

3.13　某承重墙厚 240mm，作用于地面标高处的中心荷载 $F=180$kN/m，拟采用砖基础，埋深为 2.1m。地基土为粉质黏土，$\gamma=18$kN/m³，$e=0.9$，$f_{ak}=170$kPa。试确定砖基础的底面宽度，并画出剖面示意图。

第4章 桩 基 础

4.1 概述

当地基浅层土质不良，采用浅基础无法满足建筑物对地基强度、变形和稳定性方面的要求，也不宜采用地基处理等措施时，往往需要采用深基础，深基础主要有桩基础、沉井基础、墩基础和地下连续墙等几种类型。

桩基础是最古老的深基础形式之一。早在新石器时代，人类在湖泊和沼泽地里栽木桩搭台作为水上住所。我国在汉朝已用木桩修桥。到宋代桩基技术已比较成熟。上海市的龙华塔和山西晋祠圣母殿都是现存的北宋年代修建的桩基建筑物，早期的桩多为木桩。

19世纪20年代开始使用铸铁钢板桩修筑围堰和码头。到20世纪初，美国出现了各种形式的型钢，在密西西比河上的钢桥开始大量采用钢桩基础，其后在世界各地逐渐推广，并逐渐发展成为包括钢桩、钢板桩、钢管桩及异形断面钢桩等类型。

20世纪初钢筋混凝土预制构件问世后，出现了钢筋混凝土预制桩。我国从20世纪50年代开始生产预制钢筋混凝土桩，多为方桩，以后又广泛采用抗裂能力较高的预应力钢筋混凝土桩。1949年，美国雷蒙德混凝土桩公司最早用离心机生产预应力混凝土管桩。20世纪60~70年代，我国也研制生产出大型的预应力钢筋混凝土管桩，并将其应用于桥梁、港口工程中。

以混凝土或钢筋混凝土为材料的另一种类型的桩是就地灌注混凝土桩。20世纪20~30年代已出现沉管灌注混凝土桩。20世纪30年代上海修建的一些高层建筑的基础就曾采用过沉管灌注混凝土桩。随着大型钻孔机械的发展，出现了钻孔灌注桩。20世纪50~60年代，我国的铁路和公路桥梁就开始大量采用钻孔灌注桩和挖孔灌注桩。随着桩基施工技术的提高，灌注桩的桩径、桩长也不断增大。目前我国桥梁工程中最大桩径已超过5m，基桩入土深度已达100m以上。

近年来随着工程建设和现代科学技术的发展，桩的类型和成桩工艺、桩的承载力与桩体结构完整性的检测、桩基的设计理论和计算方法等各方面均有较大的发展和提高，使桩与桩基础的应用更为广泛，更具有生命力。它不仅可以作为建筑物的基础，而且还广泛用于软弱地基的加固和地下支挡结构物。

4.1.1 桩基础的组成与特点

桩基础可以是单根桩（如一柱一桩的情况），也可以是单排桩或多排桩。对于桥梁工程中常见的双（多）柱式桥墩单排桩基础，当桩外露在地面上较高时，桩之间以横系梁相连，以加强各桩的横向联系。多数情况下桩基础是由多根桩组成的群桩基础，基桩可全部或部分埋入地基土中。群桩基础中所有桩的顶部由承台联成一整体，在承台上再修筑柱或墩（台）身（见图4.1）。承台的作用是将外力传递给各桩并将各桩联成一整体共同承受外荷载。基桩的作用在于穿过软弱的压缩性土层或水，使桩底坐落在更密实的地基持力层上。各桩所承受的荷载由桩通过桩侧土的摩阻力及桩端土的抵抗力将荷载传递到桩周土及持力层中。

4.1.2　桩基础的适用性

桩基础通常作为荷载较大的建（构）筑物基础，具有承载力高、稳定性好、沉降量小而均匀、能承受一定的水平和上拔力、便于机械化施工、适应性强以及抗震性能良好等突出特点。与其他深基础相比，桩基础的适用范围更广，一般对下述情况可考虑选用桩基础。

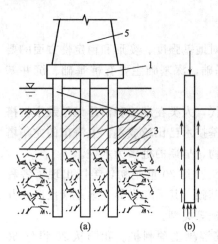

图 4.1　桩基础
1—承台；2—基桩；3—松软土层；
4—持力层；5—墩身

① 上部结构荷载较大，地基的上层土质差而下层土质较好；或地基软硬不均或荷载不均，不能满足上部结构对不均匀变形的要求，采用浅基础或地基处理在技术、经济上不合理；

② 建筑物较为重要，不允许有过大的沉降；

③ 当建筑物承受较大偏心荷载、水平荷载、动力或周期性荷载作用；

④ 上部结构对基础的不均匀沉降相当敏感；或建筑物受到大面积地面超载的影响；或地基土性特殊，如存在可液化土层、自重湿陷性黄土、膨胀土及季节性冻土等；

⑤ 施工水位或地下水位较高，采用其他深基础形式施工困难或经济上不合理；

⑥ 对于水中建筑，当河床冲刷较大，河道不稳定或冲刷深度不易计算正确，位于基础或结构物下面的土层有可能被侵蚀、冲刷，如采用浅基础不能保证基础安全；

⑦ 高耸结构物，如输电塔、烟囱等对倾斜有限制，或需要承受水平和上拔力；

⑧ 需要减弱其振动影响的动力机器基础或地震区的建筑物。

4.1.3　桩基设计内容

桩基设计的基本内容包括下列各项

① 选择桩的类型和几何尺寸；

② 确定单桩竖向（和水平向）承载力设计值；

③ 确定桩的数量、间距和布桩方式；

④ 验算桩基的承载力和沉降；

⑤ 桩身结构设计；

⑥ 承台设计；

⑦ 绘制桩基施工图。

设计桩基应先根据建筑物的特点和有关要求，进行岩土工程勘察和场地施工条件等资料的收集工作；设计时应考虑桩的设置方法及其影响。

4.1.4　桩基设计原则

《建筑桩基技术规范》（JGJ 94—2008）规定，桩基础应按下列两类极限状态进行设计。

① 承载能力极限状态：桩基达到最大承载能力、整体失稳或发生不适于继续承载的变形；

② 正常使用极限状态：桩基达到建筑物正常使用所规定的变形限制或达到耐久性要求的某项限值。

根据建筑物规模、功能特征、对差异变形的适应性、场地地基和建筑物体形的复杂性以及由于桩基问题可能造成建筑物破坏或影响正常使用的程度，将桩基设计分为表 4.1 所列的三个设计等级。

表 4.1　建筑桩基设计等级

设计等级	建筑类型
甲级	(1)重要的建筑； (2)30 层以上或高度超过 100m 的高层建筑； (3)体形复杂且层数相差超过 10 层的高低层(含纯地下室)连体建筑； (4)20 层以上框架-核心筒结构及其他对差异沉降有特殊要求的建筑； (5)场地和地基条件复杂的 7 层以上的一般建筑及坡地、岸边建筑； (6)对相邻既有工程影响较大的建筑
乙级	除甲级、丙级以外的建筑
丙级	场地和地基条件简单、荷载分布均匀的 7 层及 7 层以下的一般建筑

桩基应根据具体条件分别进行下列承载能力计算和稳定性验算。

① 应根据桩基的使用功能和受力特征分别进行桩基的竖向承载力计算和水平承载力计算；

② 应对桩身和承台结构承载力进行计算；对于桩侧土不排水抗剪强度小于 10kPa 且长径比大于 50 的桩，应进行桩身压屈验算；对于混凝土预制桩，应按吊装、运输和锤击作用进行桩身承载力验算；对于钢管桩，应进行局部压屈验算；

③ 当桩端平面以下存在软弱下卧层时，应进行软弱下卧层承载力验算；

④ 对于坡地、岸边的桩基，应进行整体稳定性验算；

⑤ 对于抗浮、抗拔桩基，应进行基桩和群桩的抗拔承载力计算；

⑥ 对于抗震设防区的桩基，应进行抗震承载力验算。

下列桩基应进行沉降计算。

① 设计等级为甲级的非嵌岩桩和非深厚坚硬持力层的建筑桩基；

② 设计等级为乙级的体形复杂、荷载分布显著不均匀或桩端平面以下存在软弱土层的建筑桩基；

③ 软土地基多层建筑减沉复合疏桩基础。

对受水平荷载较大，或对水平位移有严格限制的建筑桩基，应计算其水平位移。根据桩基所处的环境类别和相应的裂缝控制等级，验算桩和承台正截面的抗裂和裂缝宽度。

桩基设计时，所采用的作用效应组合与相应的抗力应符合下列规定。

① 确定桩数和布桩时，应采用传至承台底面的荷载效应标准组合；相应的抗力应采用基桩或复合基桩承载力特征值。

② 计算荷载作用下的桩基沉降和水平位移时，应采用荷载效应准永久组合；计算水平地震作用、风载作用下的桩基水平位移时，应采用水平地震作用、风载效应标准组合。

③ 验算坡地、岸边建筑桩基的整体稳定性时，应采用荷载效应标准组合；抗震设防区，应采用地震作用效应和荷载效应的标准组合。

④ 在计算桩基结构承载力、确定尺寸和配筋时，应采用传至承台顶面的荷载效应基本组合。当进行承台和桩身裂缝控制验算时，应分别采用荷载效应标准组合和荷载效应准永久

组合。

⑤ 桩基结构安全等级、结构设计使用年限和结构重要性系数 γ_0 应按现行有关建筑结构规范的规定采用，除临时性建筑外，重要性系数 γ_0 不应小于 1.0。

⑥ 对桩基结构进行抗震验算时，其承载力调整系数 γ_{RE} 应按现行国家标准《建筑抗震设计规范》（GB 50011—2008）的规定采用。

桩筏基础以减小差异沉降和承台内力为目标的变刚度调平设计，宜结合具体条件按下列规定实施。

① 对于主裙楼连体建筑，当高层主体采用桩基时，裙房（含纯地下室）的地基或桩基刚度宜相对弱化，可采用天然地基、复合地基、疏桩或短桩基础。

② 对于框架—核心筒结构高层建筑桩基，应强化核心筒区域桩基刚度（如适当增加桩长、桩径、桩数、采用后注浆等措施），相对弱化核心筒外围桩基刚度（采用复合桩基，视地层条件减小桩长）。

③ 对于框架—核心筒结构高层建筑天然地基承载力满足要求的情况下，宜于核心筒区域局部设置增强刚度、减小沉降的摩擦型桩。

④ 对于大体量筒仓、储罐的摩擦型桩基，宜按内强外弱原则布桩。

⑤ 对上述按变刚度调平设计的桩基，宜进行上部结构—承台—桩—土共同工作分析。

软土地基上的多层建筑物，当天然地基承载力基本满足要求时，可采用减沉复合疏桩基础。

对于上述规定应进行沉降计算的建筑桩基，在其施工过程及建成后使用期间，应进行系统的沉降观测直至沉降稳定。

4.2 桩的类型

4.2.1 桩基础的分类

（1）根据桩基础中桩的数量分类

① 单桩基础　采用单根桩的形式承受和传递上部结构的荷载。

② 群桩基础　由两根或两根以上的多根桩组成，由承台将桩在上部连接成一个整体，建筑物的荷载通过承台分配给各根桩，桩群再把荷载传递给地基。群桩基础中的单根桩称为基桩。

（2）根据承台与地面（或冲刷线）的相对位置分类

① 低承台桩基　承台底面位于地面（或冲刷线）以下的桩基础称为低承台桩基（见图4.2），其结构特点是基桩全部沉入土中（桩的自由长度为零）。低承台桩基的受力性能较好，具有较强的抵抗水平荷载的能力，在工业与民用建筑中，几乎都使用低承台桩基。

② 高承台桩基　承台底面位于地面（或冲刷线）以上的桩基础称为高承台桩基（见图4.3），其结构特点是基桩部分桩身沉入土中，部分桩身外露在地面以上（称为桩的自由长度）。高承台桩多用于桥梁及港口工程中。由于高承台桩基的承台位置较高或设在施工水位以上，可以减少墩台的圬工数量，避免或减少水下作业，施工较为方便。但是在水平力的作用下，由于承台及基桩露出地面的一端自由长度周围无土来共同承受水平外力，基桩的受力情况较为不利，桩身内力和位移都比同样水平外力作用下的低承台桩要大，其稳定性也比低承台桩差。

4.2.2 桩的分类

4.2.2.1 按承载性状分类

建筑物荷载通过桩基础传递给地基。垂直荷载一般由桩底土层抵抗力和桩侧土产生的摩阻力来支承。由于地基土的分层和其物理力学性质不同，桩的尺寸和设置在土中方法的不同，都会影响桩的受力状态。水平荷载一般由桩和桩侧土水平抗力来支承，而桩承受水平荷载的能力与桩轴线方向及斜度有关，因此，根据桩土相互作用特点，基桩可分为以下几类。

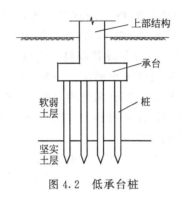

图 4.2 低承台桩

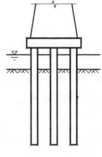

图 4.3 高承台桩

（1）竖向受荷桩

① 端承型桩 桩穿过较松软土层，桩底支承在坚实土层或岩层中，且桩的长径比不太大时，在承载能力极限状态下，桩顶竖向荷载全部或主要由桩端阻力承担［见图 4.4（a）］。根据桩端阻力分担荷载的比例，端承型桩又分为端承桩和摩擦端承桩两类。

端承桩：在承载能力极限状态下，桩顶竖向荷载由桩端阻力承担，桩侧阻力小到可忽略不计。通常桩的长径比较小（一般小于 10），桩端设置在密实砂类、碎石类土层中或位于中、微风化及新鲜基岩中。

摩擦端承桩：在承载能力极限状态下，桩顶竖向荷载由桩端阻力和桩侧阻力共同承担，但桩端阻力分担荷载较大。通常桩端进入中密以上的砂类、碎石类土层中或位于中、微风化及新鲜基岩顶面。这类桩的侧阻力虽属次要，但不可忽略。

② 摩擦型桩 桩穿过并支承在各种压缩性土层中，在承载能力极限状态下，桩顶竖向荷载全部或主要由桩侧阻力承担［如图 4.4（b）］。根据桩侧阻力分担荷载的比例，摩擦型桩又分为摩擦桩和端承摩擦桩两类。

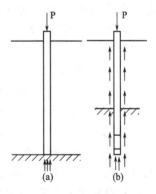

图 4.4 端承型桩和摩擦型桩

摩擦桩：在承载能力极限状态下桩顶竖向荷载由桩侧阻力承受，桩端阻力小到可以忽略不计。例如：a. 当桩端无坚实持力层且不扩底时；b. 当桩的长径比很大，即使桩端置于坚实持力层上，由于桩身直接压缩量过大，传递到桩端的荷载较小时；c. 预制桩沉桩过程中由于桩距小、桩数多、沉桩速度快，使已沉入桩上涌，桩端阻力明显降低时；d. 桩底残留虚土或沉渣的灌注桩。

端承摩擦桩：在承载能力极限状态下桩顶竖向荷载由桩侧阻力和桩端阻力共同承担，但桩侧阻力分担荷载较大。当桩的长径比不很大，桩端持力层为较坚实的黏性土、粉土和砂类土时，除桩侧阻力外，还有一定的桩端阻力。

（2）横向受荷桩

① 主动桩　桩顶受横向荷载，桩身轴线偏离初始位置，桩身所受土压力因桩主动变位而产生。风力、地震力、车辆制动力等作用下的建筑物桩基属于主动桩。

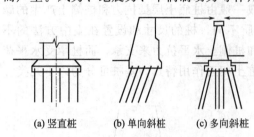

（a）竖直桩　（b）单向斜桩　（c）多向斜桩

图 4.5　竖直桩和斜桩

② 被动桩　沿桩身一定范围内承受侧向压力，桩身轴线被该土压力作用而偏离初始位置。深基坑支挡桩、坡体抗滑桩、堤岸护桩等均属于被动桩。

③ 竖直桩与斜桩　按桩轴线方向可分为竖直桩、单向斜桩和多向斜桩等，如图 4.5 所示。在桩基础中是否需要设置斜桩，斜度如何确定，应根据荷载的具体情况而定。一般结构物基础承受的水平力常较竖向力小得多，且现已广泛采用的大直径钻、挖孔灌注桩具有一定的抗剪强度，因此桩基础常采用竖直桩。拱桥墩台等结构物桩基础往往需设斜桩，以承受上部结构传来的较大水平推力，减小桩身弯矩、剪力和整个基础的侧向位移。

斜桩的桩轴线与竖直线所成倾斜角的正切不宜小于 1/8，否则斜桩施工斜度误差将显著地影响桩的受力情况。目前为了适应拱桥墩（台）推力，有些拱桥墩（台）基础已采用倾斜角大于 45°的斜桩。

4.2.2.2　按施工方法分类

根据施工方法的不同，主要可分为预制桩和灌注桩两大类。

（1）预制桩（沉桩）

预制桩是按设计要求在地面良好条件下制作（长桩可在桩端设置钢板、法兰盘等接桩构造，分节制作），然后运至桩位处，再经锤击、振动、静压或旋入等方式设置就位。预制桩可以是木桩、钢桩或钢筋混凝土桩等，根据沉桩方法的不同又可分为打入桩、振动下沉桩和静力压桩等。

① 打入桩（锤击桩）　打入桩是通过锤击（或以高压射水辅助）将各种预先制好的桩打入地基内达到所需要的深度。这种施工方法适应于桩径较小（一般直径在 0.60m 以下），地基土质为砂性土、塑性土、粉土、细砂以及松散的不含大卵石或漂石的碎卵石类土的情况。

② 振动下沉桩　振动法沉桩是将大功率的振动打桩机安装在桩顶，利用振动力以减少土对桩的阻力，使桩沉入土中。它对于较大桩径，土的抗剪强度受振动时有较大降低的砂土等地基效果更为明显。《公路桥涵地基与基础设计规范》（JTG D63—2007）将打入桩及振动下沉桩均称为沉桩。

③ 静力压桩　在软塑黏性土中也可以用重力将桩压入土中称为静力压桩。这种压桩施工方法免除了锤击的振动影响，是在软土地区，特别是在不允许有强烈振动的条件下桩基础的一种有效施工方法。

预制桩有如下特点。

a. 不易穿透较厚的砂土等硬夹层（除非采用预钻孔、射水等辅助沉桩措施），只能进入砂、砾、硬黏土、强风化岩层等坚实持力层不大的深度。

b. 沉桩方法一般采用锤击，由此产生的振动、噪音污染必须加以考虑。

c. 沉桩过程产生挤土效应，特别是在饱和软黏土地区沉桩可能导致周围建筑物、道路、管线等的损失。

d. 一般说来预制桩的施工质量较稳定。

e. 预制桩打入松散的粉土、砂砾层中，由于桩周和桩端土受到挤密，使桩侧表面法向应力提高，桩侧摩阻力和桩端阻力也相应提高。

f. 由于桩的贯入能力受多种因素制约，因而常常出现因桩打不到设计高程而截桩，造成浪费。

g. 预制桩由于承受运输、起吊、打击应力，需要配置较多钢筋，混凝土强度等级也要相应提高，因此其造价往往高于灌注桩。

（2）灌注桩

灌注桩是直接在所设计桩位处成孔，然后在孔内下放钢筋笼（也有直接插筋或省去钢筋的）再浇灌混凝土而成。其横截面呈圆形，可以做成大直径和扩底桩。保证灌注桩承载力的关键在于桩身的成型及混凝土质量。灌注桩在成孔过程中需采取相应的措施和方法来保证孔壁稳定和提高桩体质量。针对不同类型的地基土可选择适当的钻具设备和施工方法。

① 钻（冲）孔灌注桩　钻（冲）孔灌注桩系指用钻（冲）孔机具在土中钻进，边破碎土体边出土渣而成孔，然后在孔内放入钢筋骨架，灌注混凝土而形成的桩。为了顺利成孔、成桩，需采用泥浆护壁、提高孔内泥浆水位、灌注水下混凝土等相应的施工工艺和方法。钻孔灌注桩的特点是施工设备简单、操作方便，适用于各种砂性土、黏性土，也适应于碎、卵石类土层和岩层。但对淤泥及可能发生流砂或承压水的地基，施工较困难，施工前应做试桩以取得经验。我国已施工的钻孔灌注桩的最大入土深度已达百余米。图4.6为钻孔灌注桩的施工程序。

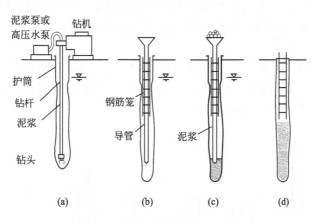

图4.6　钻孔灌注桩的施工程序

(a) 成孔；(b) 下导管和钢筋笼；(c) 浇注水下混凝土；(d) 成桩

② 挖孔灌注桩　依靠人工（用部分机械配合）在地基中挖出桩孔，然后与钻孔桩一样灌注混凝土而成的桩称为挖孔灌注桩。

人工挖空桩的孔径（不含护壁）不得小于0.8m，且不宜大于2.5m；孔深不宜大于30m。当桩净距小于2.5m时，应采用间隔开挖。相邻排桩跳挖的最小施工净距不得小于4.5m。混凝土护壁厚度不应小于100mm，混凝土强度等级不应低于桩身混凝土强度等级，并应振捣密实；护壁应配置直径不小于8mm的构造钢筋，竖向筋应上下搭接或拉接。图4.7为某人工挖空桩示例。

它的特点是不受设备限制，施工简单；适用于地下水位以上的黏性土、粉土、砂土、填

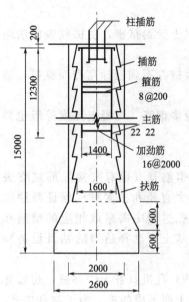

图 4.7 人工挖孔桩示例

土、非密实的碎石类土和强风化岩等。

③ 沉管灌注桩 利用锤击或振动等方法把带有钢筋混凝土桩尖或活瓣式（沉管时桩尖闭合，拔管时活瓣张开以便浇灌混凝土）的钢套管沉入土层中成孔，然后浇灌混凝土，并边灌混凝土边拔套管而形成的灌注桩，其施工程序如图4.8所示。一般可分为单打、复打（浇灌混凝土并拔管后，立即在原位再次沉管及浇灌混凝土）和反插法（灌满混凝土后，先振动再拔管，一般拔 0.5～1.0m，再反插 0.3～0.5m）三种。复打后的桩横截面面积增大，承载力提高，但其造价也相应提高。

该方法适用于黏性土、砂性土、砂土地基。常用桩径的尺寸一般在 0.6m 以下，桩长常在 20m 以内。其优点是设备简单、打桩进度快、成本低，且避免了钻孔灌注桩施工中可能产生的流砂、坍孔的危害和由泥浆护壁所带来的排渣等弊病。但在软、硬土层交界处或软弱土层处易发生缩颈现象，也可能由于邻桩挤压或其他振动作用等各种原因使土体上隆，引起桩身受拉而出现断桩现象；或出现局部夹土、混凝土离析及强度不足等质量事故。

4.2.2.3 按桩的设置效应分类

随着桩的设置方法（打入或钻孔成桩等）不同，桩周土所受的排挤作用也很不同。排挤作用将使土的天然结构、应力状态和性质发生很大变化，从而影响桩的承载力和变形性质。这些影响统称为桩的设置效应。桩按设置效应可分为下列三类。

（1）非挤土桩

如干作业法钻（挖）孔灌注桩、泥浆护壁法钻（挖）孔灌注桩和套管护壁法钻（挖）孔灌注桩等，因设置过程中清除孔中土体，桩周土不受排挤作用，并可能向桩孔内移动，使土的抗剪强度降低，桩侧摩阻力有所减小。

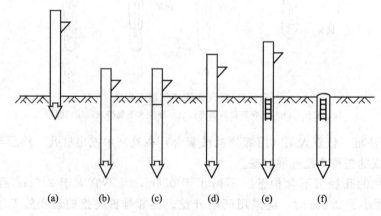

图 4.8 沉管灌注桩的施工程序示意

(a) 打桩机就位；(b) 沉管；

(c) 浇灌混凝土；(d) 边拔管边振动；

(e) 安放钢筋笼，继续浇灌混凝土；(f) 成型

（2）部分挤土桩

如冲孔灌注桩、钻孔挤扩灌注桩、搅拌劲芯桩、预钻孔打入（静压）预制桩、打入（静压）式敞口钢管桩、敞口预应力混凝土空心桩和 H 型钢桩等。在桩的设置过程中对桩周土体稍有排挤作用，但土的强度和变形性质变化不大，一般可用原状土测得的强度指标来估算桩的承载力和沉降量。

（3）挤土桩

如沉管灌注桩、沉管夯（挤）扩灌注桩、打入（静压）预制桩、闭口预应力混凝土空心桩和闭口钢管桩等都要将桩位处的土体大量排挤开，使土的结构严重扰动破坏，对土的强度及变形性质影响较大。因此必须采用原状土扰动后再恢复的强度指标来估算桩的承载力及沉降量。

4.2.2.4　按桩径（桩的设计直径 d）大小分类：

① 小直径桩：$d \leqslant 250\text{mm}$；

② 中等直径桩：$250\text{mm} < d < 800\text{mm}$；

③ 大直径桩：$d \geqslant 800\text{mm}$。

按桩径划分的目的主要是因为桩径的大小对桩的承载性状具有明显影响。如大直径钻（挖、冲）孔桩在成孔过程中，由于孔壁的松弛变形会导致侧阻力降低，其降低效应随桩径的增大而增大。同时，由于成桩过程使桩端土卸载回弹，桩端压缩层厚度随桩径增大而增加，导致桩端阻力随桩径增大而减小，承载力降低。

4.3　桩的内力和位移计算

4.3.1　基本概念

4.3.1.1　单桩的计算模型

上部结构所受的荷载通过承台传递给桩顶，再由桩顶传至地基，就桩基中的单根桩（亦称基桩）而言，桩顶受到竖向力 N，横向力（剪力）Q 和弯矩 M 的作用[见图 4.9（a）]，桩身置于土中。在图 4.9 中，单桩在桩顶 3 个力作用下发生变位，竖向力主要使桩产生竖向位移，而横向力和弯矩主要使桩轴线产生横向位移和转角。由于作用在桩顶上的轴力远小于使桩产生挠曲变形的临界荷载，且土对桩的挠曲作用也有一定的阻止作用，因此，通常略去挠曲作用的影响，而采用叠加原理，即将桩顶 3 个力的作用分解为竖向力情况 [图 4.9（b）]和横向受力情况分别计算 [图 4.9（c）]，然后叠加。因此我们分两种情况

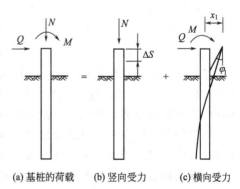

(a) 基桩的荷载　　(b) 竖向受力　　(c) 横向受力

图 4.9　单桩的力学计算图式

来分析单桩的内力和位移，一种是横向荷载作用下基桩的内力和位移；另一种情况是竖向荷载作用下基桩的内力和位移。

4.3.1.2　文克尔地基模型与弹性地基梁

文克尔地基模型是由文克尔（E. Winkler）于 1867 年提出的。该模型假定地基土表面上任一点处的变形 s_i 与该点所受的压力强度 p_i 成正比，而与其他点上的压力无关，即

$$p_i = Cs_i \tag{4.1}$$

式中　C——地基抗力系数，也称地基系数（kN/m^3）。

文克尔地基模型是把地基视为在刚性基座上由一系列侧面无摩擦的土柱组成，并可以用一系列独立的弹簧来模拟（见图 4.10）。其特征是地基仅在荷载作用区域下发生与压力成正比例的变形，在区域外的变形为零。基底反力分布图形与地基表面的竖向位移图形相似。显然当基础的刚度很大，受力后不发生挠曲，则按照文克尔地基的假定，基底反力呈直线分布〔如图 4.10（c）〕。受中心荷载时，则为均匀分布。将设置在文克尔地基上的梁称为弹性地基梁。

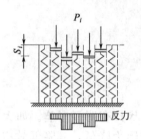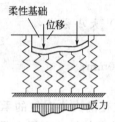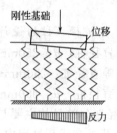

(a) 侧面无摩阻力的土桩弹簧体系　　(b) 柔性基础下的弹簧地基模型　　(c) 刚性基础下的弹簧地基模型

图 4.10　文克尔地基模型示意

4.3.1.3　桩的弹性地基梁解法

关于桩在横向荷载作用下桩身内力与变位的计算，国内外学者曾提出了许多方法。目前最为常用的是弹性地基梁法，即将桩作为弹性地基上的梁，将地基假设为文克尔地基模型，通过求解桩的弹性挠曲微分方程，并结合桩的受力平衡条件，求出桩身的内力和变位。虽然以文克尔假定为基础的弹性地基梁法从理论上不甚严密，但由于基本概念明确，方法较为简单，所得结果一般较安全，故为国内外工程界普遍采用。我国铁路、水利、公路和建筑领域在桩的设计中常用的"m"法、"K"法、"c"法和"常数"法都属于此种方法。

4.3.1.4　土的弹性抗力及地基系数

（1）土的弹性抗力

桩基础在荷载（包括竖向荷载、横向荷载和力矩）作用下要产生位移（包括竖向位移、水平位移和转角）。桩的竖向位移引起桩侧土的摩阻力和桩底土的桩端反力；桩身的水平位移将会挤压桩侧土体，桩侧土必然对桩身产生横向抗力（如图 4.11）以维持桩的平衡。根据文克尔假定，桩身任一点的土抗力和该点的位移成正比，故土的抗力称为土的弹性抗力。这在桩身位移较小的情况下，比如桩身侧移为 1cm 左右及以内时，桩身任意一点处的土抗力与桩身侧移之间可近似考虑为线性关系。而当桩身侧移较大时，土抗力与桩身侧移应近似考虑为非线性关系。

根据文克尔假定，土的弹性抗力与位移成正比，故弹性抗力的大小可表示为

$$\sigma_{zx} = Cx_z \tag{4.2}$$

式中　σ_{zx}——土的横轴向弹性抗力，kN/m^2；

　　　C——地基抗力系数，也称地基系数，kN/m^3；

　　　x_z——深度 z 处桩的横向位移，m。

（2）地基系数

地基系数 C 表示地基土产生单位横向（或竖向）位移时单位面积上土的抗力。可通过各种实验方法获得，如可以对试桩在不同类别土质及不同深度进行实测 x_z 及 σ_{zx} 后反算得到。大量实验表明，地基系数 C 的大小不仅与土的类别及其性质有关，而且也随深度而变化。至于地基系数随深度如何变化，这是长期以来国内外学者争论和研究的课题，至今仍在不断探讨中，目前常用的主要有以下四种方法。

①"m"法　假定地基系数随深度呈成正比例增加［如图 4.11（a）］，即

$$C=mz \tag{4.3}$$

式中　m——地基系数的比例系数（kN/m^4），该方法适用于一般的黏性土和砂土，在我国应用较为普遍。

②"K"法　假定地基系数随深度呈折线增加［如图 4.11（b）］，即在桩身第一挠曲零点以上，地基系数随深度呈凹形抛物线变化；以下保持为常数，即

$$C=K \tag{4.4}$$

③"c"法　假定地基系数随深度呈 1/2 抛物线变化［如图 4.11（c）］，即

$$C=cz^{0.5} \tag{4.5}$$

式中　c——为比例系数，$kN/m^{3.5}$。

④"常数"法（或称张有龄法）

该方法由我国的张有龄于 20 世纪 30 年代提出，该法假定地基系数沿深度为一常数［如图 4.11（d）］，即

$$C=K_0 \tag{4.6}$$

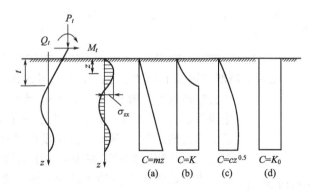

图 4.11　地基系数的分布形式

上述四种方法各自假定的地基系数随深度分布规律不同，其计算结果有所差异。实测资料分析表明，对桩的变位和内力主要影响的为上部土层，故宜根据土质特性来选择恰当的计算方法。对于超固结黏土和地面为硬壳层的情况，可考虑选用"常数"法；对于其他土质一般可选用"m"法或"c"法；当桩径大、容许位移小时宜选用"c"法。由于"k"法误差较大，现较少采用。本书主要介绍《建筑桩基技术规范》（JGJ 94—2008）和《公路桥涵地基与基础设计规范》（JTG 063—2007）中推荐采用的"m"法。

表 4.2　地基系数的比例系数 m 和 m_0

序号	地基土类别	预制桩、钢桩		灌注桩	
		m 和 m_0 /(MN/m⁴)	相应单桩在地面处水平位移/mm	m 和 m_0 /(MN/m⁴)	相应单桩在地面处水平位移/mm
1	淤泥；淤泥质土；饱和湿陷性黄土	2～4.5	10	2.5～6	6～12
2	流塑($I_L>1$)、软塑($0.75<I_L\leqslant1$)状黏性土、$e>0.9$ 粉土、松散粉细砂、松散、稍密填土	4.5～6.0	10	6～14	4～8
3	可塑($0.25<I_L\leqslant0.75$)状黏性土、湿陷性黄土、$e=0.75～0.9$ 粉土、中密填土、稍密细砂	6.0～10	10	14～35	3～6
4	硬塑($0<I_L\leqslant0.25$)、坚硬($I_L\leqslant0$)状黏性土、湿陷性黄土；$e<0.75$ 粉土、中密的中粗砂、密实老填土	10～22	10	35～100	2～5
5	中密、密实的砾砂、碎石类土	—	—	100～300	1.5～3

注：1. 当桩顶水平位移大于表列数值或灌注桩配筋率较高(≥0.65%)时，值应适当降低；当预制桩的水平向位移小于 10mm 时，值可适当提高；

2. 当水平荷载为长期或经常出现的荷载时，应将表 m 值乘以 0.4 降低采用；

3. 当地基为可液化土层时，表列 m 应乘以《建筑桩基技术规范》(JGJ 94—2008)中的土层液化影响折减系数 ψ_l。

	序号	地基土类别	m 和 m_0/ (MN/m⁴)
公路桥梁桩基	1	流塑性黏土 ($I_L>1$)，软塑黏性土 ($0.75<I_L\leqslant1$)，淤泥	3～5
	2	可塑黏性土 ($0.25<I_L\leqslant0.75$)，粉砂，稍密粉土	5～10
	3	硬塑黏性土 ($0<I_L\leqslant0.25$)，细砂，中砂，中密粉土	10～20
	4	坚硬、半坚硬黏性土 ($I_L\leqslant0$)，粗砂，密实粉土	20～30
	5	砂砾，角砾，圆砾，碎石，卵石	30～80
	6	密实卵石夹粗砂，密实漂、卵石	80～120

注：1. 本表用于基础在地面处位移最大值不超过 6mm 的情况，当位移较大时，应适当降低；

2. 当基础侧面设有斜坡或台阶，且其坡度（横：竖）或台阶总宽度与深度之比大于 1：20 时，表中 m 值应减小 50%取用。

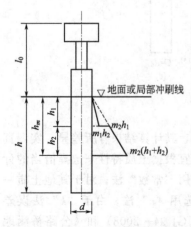

图 4.12　多层土 m 值换算示意图

按 "m" 法计算时，地面或局部冲刷线下深度 z 处的水平地基系数 $C=mz$；深度 h 处的基底竖向地基系数 $C_0=m_0h$ （m_0 为桩基底竖向地基系数的比例系数），当 $h<10$m 时，按 10m 计，即 $C_0=10m_0$。地基土的比例系数 m 和 m_0 值宜根据单桩水平静载试验方法确定。无实测数据时可按表 4.2 中的数值选用。

当基础侧面由多种土层组成时（如图 4.12 所示），对于弹性基础，应求得地面或局部冲刷线下的主要影响深度 $h_m=2(d+1)$ 范围内的 m 值作为计算值，其中 d 为桩径；对于刚性基础，h_m 取桩的入土深度 h。当 h_m 深度范围内存在两层不同土时：

《建筑桩基规范》规定

$$m=\frac{m_1h_1^2+m_2(2h_1+h_2)h_2}{h_m^2} \tag{4.7}$$

《公路桥涵地基与基础规范》规定

$$m=\gamma m_1+(1-\gamma)m_2 \tag{4.8}$$

$$\gamma=\begin{cases}5(h_1/h_m)^2, & h_1/h_m\leqslant 0.2\\ 1-1.25(1-h_1/h_m)^2, & h_1/h_m>0.2\end{cases} \tag{4.9}$$

式中　γ——深度影响系数。

（3）单桩、单排桩与多排桩

计算基桩内力应先根据作用在承台底面的内力 N、H、M 计算出作用在每根桩顶的荷载 P_i、Q_i、M_i 值，然后才能计算各桩在荷载作用下各截面的内力与位移。桩基础按其作用力 H 与基桩的布置方式之间的关系可以分为单桩与单排桩、多排桩两类来计算各桩顶的受力，如图 4.13 所示。

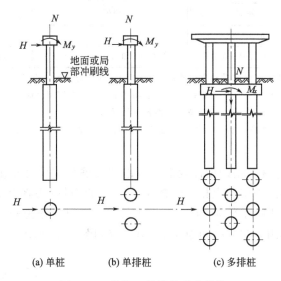

(a) 单桩　　(b) 单排桩　　(c) 多排桩

图 4.13　单桩、单排桩及多排桩

所谓单桩、单排桩是指在与水平外力 H 作用面相垂直的平面上，只有单根或单排桩组成的桩基础［如图 4.13（a）、（b）所示］，对于单根桩来说，上部荷载全部由它承担。对于单排桩若作用于承台底面中心的荷载为 N、H、M_y，当 N 在承台横桥向无偏心时，则可假定它们是均匀分布在各桩上的，即

$$P_i=\frac{N}{n},\ Q_i=\frac{H}{n},\ M_i=\frac{M_y}{n} \tag{4.10}$$

式中　n——桩的根数

当竖向力 N 在承台横桥向有偏心距 e 时（见图 4.14），即 $M_x=Ne$，每根桩上的竖向作用力可按偏心受压计算，即

$$P_i=\frac{N}{n}\pm\frac{M_x\cdot y_i}{\sum y_i^2} \tag{4.11}$$

当按式（4.10）或式（4.11）求得单排桩中每根桩桩顶作用力后，即可按单桩形式计算桩的内力。

多排桩如图 4.13（c）所示，指桩布置在多个与水平外力 H 垂直的平面内的桩基础，多排桩的每根桩桩顶所受荷载，不能简单应用上述公式进行各桩桩顶荷载的分配，须根据桩顶与承台的连接条件（刚接或铰接），按照结构力学方法另行计算（见后述），所以另列一类。

（4）桩的计算宽度

试验研究表明，桩在水平外力作用下，除了桩身宽度范围内桩侧土受挤压外，在桩身宽度以外的一定范围内的土体都受到一定程度的影响（空间受力），且对不同截面形状的桩，土受到的影响范围大小也不同。为了将空间受力简化为平面受力，并综合考虑桩的截面形状及多排桩桩间的相互遮蔽作用，《建筑桩基技术规范》和《公路桥涵地基与基础设计规范》都引入了计算宽度的概念。如表 4.3 所示。

表 4.3　考虑桩侧土的横向抗力时桩的计算宽度 b_1

基础平面形状	矩形	圆形	圆端形
d 或 $D \geqslant 1\text{m}$	$b_1 = b + 1$	$b_1 = 0.9(d+1)$	$b_1 = (1-0.1d/D) \times (D+1)$
d 或 $D < 1\text{m}$	$b_1 = 1.5b + 0.5$	$b_1 = 0.9(1.5d+0.5)$	$b_1 = (1-0.1d/D) \times (1.5D+0.5)$

注：1. b，d 或 D——与水平外力 H 作用方向相垂直的平面上桩的实际宽度（或直径），均以 m 计；

2. 若垂直于水平外力 H 作用方向上有 n_0 根桩时（图 4.15 中 $n_0 = 3$），计算宽度取 $n_0 b_1$，但须满足 $n_0 b_1 \leqslant D'+1$，当 $n_0 b_1 > D'+1$ 时，取 $n_0 b_1 = D'+1$，D' 为边桩外侧边缘的距离（见图 4.15）。

3. 为了不致使计算宽度发生重叠现象，《公路桥涵地基与基础设计规范》规定按上述综合计算得出的计算宽 b_1 不得大于 $2d$。

此外，《公路桥涵地基与基础设计规范》考虑到当桩基有承台连接，在横向外力作用平面内有数排桩时，前后排桩将产生相互遮挡作用，各桩间的受力将会受到影响，因而更进一步提出了各桩间的相互影响系数 k，将表 4.3 中的各式乘以 k 作为桩的计算宽度。相互影响系数与平行于水平力作用方向的桩间净距 L_1 有关（如图 4.15 所示）。

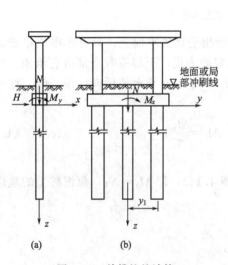

图 4.14　单排桩的计算

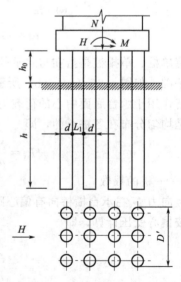

图 4.15　计算 k 值时桩基示意图

对于单排桩或 $L_1 \geqslant 0.6h_1$ 的多排桩

$$k = 1.0 \tag{4.12}$$

对于 $L_1 < 0.6h_1$ 的多排桩：

$$k = b_2 + \frac{1-b_2}{0.6} \cdot \frac{L_1}{h_1} \tag{4.13}$$

式中　b_2——与平行于水平力作用方向的一排桩的桩数有关的系数，图 4.15 中 $n=4$，在桩平面布置中，若平行于水平力作用方向的各排桩的数量不等，且相邻（任何方向）桩间中心距大于或等于 $d+1$，则所验算各桩可取同一个桩间影响系数，其值按数量最多的一排选取。当 $n=1$ 时，$b_2=1.0$；当 $n=2$ 时，$b_2=0.6$；当 $n=3$ 时，$b_2=0.5$；当 $n \geq 4$ 时，$b_2=0.45$。

　　　　h_1——地面或局部冲刷线以下桩的计算埋入深度，可取 $h_1=3(d+1)$，但不得大于地面或局部冲刷线以下桩的入土深度 h（见图 4.15）。

（5）刚性桩与弹性桩

当计算水平抗力 σ_{zx} 时，由于桩长比桩径大得多，这时桩的相对刚度较小，故计算桩的水平内力和位移时，其弹性变形不能忽略，常称为弹性桩；对某些短桩而言，桩的相对刚度较大，计算水平抗力时可忽略桩的弹性变形，而将其视为刚体，故称为刚性桩。工程上通常按下式区别弹性桩和刚性桩（式中 αh 称为换算深度）

弹性桩：　　　　　　　　　　$\alpha h > 2.5$ 　　　　　　　　　　(4.14)

刚性桩：　　　　　　　　　　$\alpha h \leq 2.5$ 　　　　　　　　　　(4.15)

式中　h——桩置于地面或局部冲刷线以下的深度，m；

　　　　α——桩的变形系数，$\alpha = \sqrt[5]{\dfrac{mb_1}{EI}}$，$\mathrm{m}^{-1}$；

　　　　b_1——桩的计算宽度，m；

　　　　m——地基系数的比例系数，即"m"法中的 m，$\mathrm{kN/m^4}$；

　　　　EI——桩身截面抗弯刚度，$\mathrm{kN \cdot m^2}$，对于钢筋混凝土桩，《建筑桩基规范》采用 $EI=0.85E_c I_0$，《公路桥涵地基与基础设计规范》采用 $EI=0.8E_c I$；

　　　　E_c——混凝土材料的受压弹性模量，kPa；

　　　　I_0——桩身换算截面惯性矩；

　　　　I——桩的毛面积惯性矩。

4.3.2　"m"法弹性单排桩基桩内力和位移计算

考虑到桩与土共同承受外荷载的作用，为便于计算，在基本理论中做了如下的假定：

① 土的应力-应变关系符合文克尔假定；

② 将土视作弹性变形介质，其地基系数按"m"法确定；

③ 公式推导时不考虑桩土间的摩擦力和黏聚力；

④ 桩与桩侧土在受力前后始终紧贴在一起；

⑤ 桩作为一弹性构件。

下面讨论单桩在地面或局部冲刷线处受水平外力 Q_0 及弯矩 M_0 作用下桩的内力计算方法。

4.3.2.1　桩的挠曲微分方程的建立及其解

如图 4.16 所示，桩的入土深度为 h，桩的宽度（或直径）为 b，桩的计算宽度为 b_1。桩顶与地面（或局部冲刷线）平齐，且已知桩顶在水平外力 Q_0 及弯矩 M_0 作用下产生横向位移 x_0、转角 φ_0。对桩因 Q_0 及 M_0 作用，在不同深度 z 处产生的 φ_z、M_z、Q_z、x_z 的符号作如下的规定：横向位移 x_z 沿 x 轴正向为正，转角 φ_z 以逆时针为正，弯矩 M_z 以使左侧受拉为正，横向力 Q_z 以沿 x 轴正向为正（如图 4.17）。

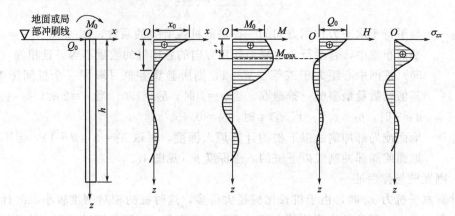

图 4.16 桩身受力图示

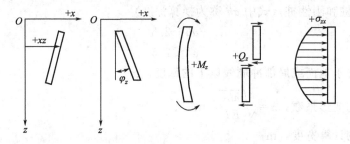

图 4.17 力与位移的符号规定

根据材料力学知识有

$$y'' = -\frac{M}{EI} \tag{4.16}$$

$$\Rightarrow EI\frac{\mathrm{d}^2 x_z}{\mathrm{d}z^2} = -M(x) \Rightarrow EI\frac{\mathrm{d}^4 x_z}{\mathrm{d}z^4} = -\frac{\mathrm{d}^2 M}{\mathrm{d}z^2} = -q \tag{4.17}$$

$$\Rightarrow EI\frac{\mathrm{d}^4 x_z}{\mathrm{d}z^4} = -q = -\sigma_{zx} \cdot b_1 = -mz x_z \cdot b_1 \tag{4.18}$$

$$\Rightarrow \frac{\mathrm{d}^4 x_z}{\mathrm{d}z^4} + \frac{mb_1}{EI}z x_z = 0, \tag{4.19}$$

引入 $\alpha = \sqrt[5]{\dfrac{mb_1}{EI}}$ 则

$$\frac{\mathrm{d}^4 x_z}{\mathrm{d}z^4} + \alpha^5 z x_z = 0 \tag{4.20}$$

式中 EI——桩身抗弯刚度，按式(4.14)、式(4.15)中 EI 的取用方法进行选用；

b_1——桩的计算宽度；

x_z——桩在深度 z 处的横向位移（即桩的挠度）。

利用幂级数展开的方法求解上述四阶微分方程可得桩的轴线挠曲微分方程

$$x_z = x_0 A_1 + \frac{\varphi_0}{\alpha}B_1 + \frac{M_0}{EI\alpha^2}C_1 + \frac{Q_0}{\alpha^3 EI}D_1 \tag{4.21}$$

根据材料力学知识可知

$$\varphi_z = \frac{\mathrm{d}x_z}{\mathrm{d}z} \text{、} M_z = EI \frac{\mathrm{d}^2 x_z}{\mathrm{d}z^2} \text{、} Q_z = EI \frac{\mathrm{d}^3 x_z}{\mathrm{d}z^3} \tag{4.22}$$

对上述 x_z 求导可得桩身任一截面的转角、弯矩和剪力

$$\frac{\varphi_z}{\alpha} = x_0 A_2 + \frac{\varphi_0}{\alpha} B_2 + \frac{M_0}{EI\alpha^2} C_2 + \frac{Q_0}{\alpha^3 EI} D_2 \tag{4.23}$$

$$\frac{M_z}{\alpha^2 EI} = x_0 A_3 + \frac{\varphi_0}{\alpha} B_3 + \frac{M_0}{EI\alpha^2} C_3 + \frac{Q_0}{\alpha^3 EI} D_3 \tag{4.24}$$

$$\frac{Q_z}{\alpha^3 EI} = x_0 A_4 + \frac{\varphi_0}{\alpha} B_4 + \frac{M_0}{EI\alpha^2} C_4 + \frac{Q_0}{\alpha^3 EI} D_4 \tag{4.25}$$

根据 "m" 法对土抗力的基本假定 $\sigma_{zx} = Cx_z = mzx_z$ 可求得桩侧土抗力的计算公式

$$\sigma_{zx} = Cx_z = mzx_z = mz(x_0 A_1 + \frac{\varphi_0}{\alpha} B_1 + \frac{M_0}{EI\alpha^2} C_1 + \frac{Q_0}{\alpha^3 EI} D_1) \tag{4.26}$$

以上各式中 $A_1 \sim D_4$ 为 16 个无量纲的系数，也称作影响函数，可以根据不同的换算深度 $\bar{z} = \alpha z$ 查《公路桥涵地基与基础设计规范》中表 P.0.8 得到。

以上各式中均含有 x_0、φ_0、M_0、Q_0 四个初始边界条件，其中 M_0、Q_0 可由已知的桩顶受力情况得到，而 x_0、φ_0 则需根据桩底的约束情况而定。下面将分两种情况计算摩擦桩和柱桩以及嵌岩桩的 x_0、φ_0。

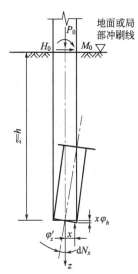

图 4.18 桩底的土抗力情况

(1) 摩擦桩、支承桩 x_0、φ_0 的计算

摩擦桩、支承桩在外荷载作用下，桩底将产生位移 x_h、φ_h。当桩底产生转角位移 φ_h 时，桩底的土抗力情况如图 4.18 所示，与之相应的桩底弯矩为

$$M_h = \int_{A_0} x \mathrm{d}N_X = -\int_{A_0} x \cdot x\varphi_h \cdot C_0 \mathrm{d}A_0 = -\varphi_h C_0 \int_{A_0} x^2 \mathrm{d}A_0$$
$$= -\varphi_h C_0 I_0$$

式中　A_0——桩底面积；

　　　I_0——桩底面积对其形心轴的惯性矩；

　　　C_0——基底土的竖向地基系数，$C_0 = m_0 h$。

这是一个边界条件，另外由于忽略桩与桩底土的摩擦力，所以认为 $Q_h = 0$，这为另一个边界条件。

将 $Q_h = 0$ 和 $M_h = -\varphi_h C_0 I_0$ 带入式(4.24)、式 (4.25) 得

$$M_h = \alpha^2 EI(x_0 A_3 + \frac{\varphi_0}{\alpha} B_3 + \frac{M_0}{EI\alpha^2} C_3 + \frac{Q_0}{\alpha^3 EI} D_3) = -C_0 \varphi_h I_0$$

$$Q_h = \alpha^3 EI(x_0 A_4 + \frac{\varphi_0}{\alpha} B_4 + \frac{M_0}{EI\alpha^2} C_4 + \frac{Q_0}{\alpha^3 EI} D_4) = 0$$

又 $\varphi_h = \alpha(x_0 A_2 + \frac{\varphi_0}{\alpha} B_2 + \frac{M_0}{EI\alpha^2} C_2 + \frac{Q_0}{\alpha^3 EI} D_2)$

解以上联立方程组，并令 $\frac{C_0 I_0}{\alpha EI} = K_h$ 得

$$x_0 = \frac{Q_0}{\alpha^3 EI} A_X^0 + \frac{M_0}{\alpha^2 EI} B_X^0$$

$$\varphi_0 = -\left(\frac{Q_0}{\alpha^2 EI}A_\varphi^0 + \frac{M_0}{\alpha EI}B_\varphi^0\right) \tag{4.27}$$

式中

$$A_x^0 = \frac{(B_3 D_4 - B_4 D_3) + K_h(B_2 D_4 - B_4 D_2)}{(A_3 B_4 - A_4 B_3) + K_h(A_2 B_4 - A_4 B_2)}$$

$$B_x^0 = \frac{(B_3 C_4 - B_4 C_3) + K_h(B_2 C_4 - B_4 C_2)}{(A_3 B_4 - A_4 B_3) + K_h(A_2 B_4 - A_4 B_2)}$$

$$A_\varphi^0 = \frac{(A_3 D_4 - A_4 D_3) + K_h(A_2 D_4 - A_4 D_2)}{(A_3 B_4 - A_4 B_3) + K_h(A_2 B_4 - A_4 B_2)}$$

$$B_\varphi^0 = \frac{(A_3 C_4 - A_4 C_3) + K_h(A_2 C_4 - A_4 C_2)}{(A_3 B_4 - A_4 B_3) + K_h(A_2 B_4 - A_4 B_2)}$$

根据上述公式计算，当摩擦桩 $\alpha h \geq 2.5$ 或柱桩 $\alpha h \geq 3.5$ 时，M_h 几乎为零。且此时 K_h 对 A_x^0、A_φ^0、B_x^0、B_φ^0 的影响极小，可以认为 $K_h = 0$，则式(4.27)可简化为

$$x_0 = \frac{Q_0}{\alpha^3 EI}A_{x_0} + \frac{M_0}{\alpha^2 EI}B_{x_0}$$

$$\varphi_0 = -\left(\frac{Q_0}{\alpha^2 EI}A_{\varphi_0} + \frac{M_0}{\alpha EI}B_{\varphi_0}\right) \tag{4.28}$$

$$A_{x_0} = \frac{(B_3 D_4 - B_4 D_3)}{(A_2 B_1 - A_1 B_2)} \qquad B_{x_0} = \frac{(B_3 C_4 - B_4 C_3)}{(A_2 B_1 - A_1 B_2)}$$

$$A_{\varphi_0} = \frac{(A_3 D_4 - A_4 D_3)}{(A_2 B_1 - A_1 B_2)} \qquad B_{\varphi_0} = \frac{(A_3 C_4 - A_4 C_3)}{(A_2 B_1 - A_1 B_2)}$$

(2) 嵌岩桩 x_0、φ_0 的计算

如果桩底嵌固于未风化岩层内有足够的深度，可根据桩底 x_h、φ_h 等于零这两个边界条件，将式(4.21)、式(4.23)写成

$$x_h = x_0 A_1 + \frac{\varphi_0}{\alpha}B_1 + \frac{M_0}{EI\alpha^2}C_1 + \frac{Q_0}{\alpha^3 EI}D_1 = 0$$

$$\varphi_h = \alpha\left(x_0 A_2 + \frac{\varphi_0}{\alpha}B_2 + \frac{M_0}{EI\alpha^2}C_2 + \frac{Q_0}{\alpha^3 EI}D_2\right) = 0$$

联立解得

$$x_0 = \frac{Q_0}{\alpha^3 EI}A_{x_0}^0 + \frac{M_0}{\alpha^2 EI}B_{x_0}^0$$

$$\varphi_0 = -\left(\frac{Q_0}{\alpha^2 EI}A_{\varphi_0}^0 + \frac{M_0}{\alpha EI}B_{\varphi_0}^0\right) \tag{4.29}$$

式中

$$A_{x_0}^0 = \frac{(B_2 D_1 - B_1 D_2)}{(A_3 B_4 - A_4 B_3)} \qquad B_{x_0}^0 = \frac{(B_2 C_1 - B_1 C_2)}{(A_3 B_4 - A_4 B_3)}$$

$$A_{\varphi_0}^0 = \frac{(A_2 D_1 - A_1 D_2)}{(A_3 B_4 - A_4 B_3)} \qquad B_{\varphi_0}^0 = \frac{(A_2 C_1 - A_1 C_2)}{(A_3 B_4 - A_4 B_3)}$$

$A_{x_0}^0$、$B_{x_0}^0$、$A_{\varphi_0}^0$、$B_{\varphi_0}^0$ 也都是换算深度的函数，可以查《公路桥涵地基与基础设计规范》得到。

大量的计算表明，当 $\alpha h \geq 4.0$ 时，桩身在地面处的位移 x_0、转角 φ_0 与桩底边界条件无关，因此当 $\alpha h \geq 4.0$ 时，嵌岩桩与摩擦桩（或支承桩）计算公式可通用。

求得 x_0、φ_0 后，便可连同已知的 M_0、Q_0 代入式(4.21)、式(4.23)、式(4.24)、式(4.25)、式(4.26)，从而求得桩在地面以下任一深度的内力、位移及桩侧土抗力。

4.3.2.2　计算桩身内力及位移的无量纲法

采用上述方法计算 x_z、φ_z、M_z、Q_z 时较为繁琐，对于桩的支承条件及入土深度符合一定要求时，可采用无量纲法进行计算，即直接由已知的 M_0、Q_0 求解。

（1）对于 $\alpha h \geqslant 2.5$ 的摩擦桩和 $\alpha h \geqslant 3.5$ 的端承桩

将式（4.28）代入式（4.21）得

$$
\begin{aligned}
x_z &= \left(\frac{Q_0}{\alpha^3 EI}A_{x_0}+\frac{M_0}{\alpha^2 EI}B_{x_0}\right)A_1-\frac{B_1}{\alpha}\left(\frac{Q_0}{\alpha^2 EI}A_{\varphi_0}+\frac{M_0}{\alpha EI}B_{\varphi_0}\right)+\frac{M_0}{\alpha^2 EI}C_1+\frac{Q_0}{\alpha^3 EI}D_1 \\
&=\frac{Q_0}{\alpha^3 EI}(A_1 A_{x_0}-B_1 A_{\varphi_0}+D_1)+\frac{M_0}{\alpha^2 EI}(A_1 B_{x_0}-B_1 B_{\varphi_0}+C_1) \\
&=\frac{Q_0}{\alpha^3 EI}A_x+\frac{M_0}{\alpha^2 EI}B_x
\end{aligned}
\tag{4.30}
$$

式中　$A_x=(A_1 A_{x_0}-B_1 A_{\varphi_0}+D_1)$；$B_x=(A_1 B_{x_0}-B_1 B_{\varphi_0}+C_1)$

同理，将式（4.28）分别代入式（4.23）、式（4.24）、式（4.25）再经整理归纳可得

$$
\varphi_z=\frac{Q_0}{\alpha^2 EI}A_\varphi+\frac{M_0}{\alpha EI}B_\varphi
\tag{4.31}
$$

$$
M_z=\frac{Q_0}{\alpha}A_M+M_0 B_M
\tag{4.32}
$$

$$
Q_z=Q_0 A_Q+\alpha M_0 B_Q
\tag{4.33}
$$

（2）对于 $\alpha h \geqslant 2.5$ 的嵌岩桩，根据上述方法可得

$$
x_z=\frac{Q_0}{\alpha^3 EI}A_x^0+\frac{M_0}{\alpha^2 EI}B_x^0
\tag{4.34}
$$

$$
\varphi_z=\frac{Q_0}{\alpha^2 EI}A_\varphi^0+\frac{M_0}{\alpha EI}B_\varphi^0
\tag{4.35}
$$

$$
M_z=\frac{Q_0}{\alpha}A_M^0+M_0 B_M^0
\tag{4.36}
$$

$$
Q_z=Q_0 A_Q^0+\alpha M_0 B_Q^0
\tag{4.37}
$$

式（4.30）～式（4.37）即为桩在地面以下的位移及内力的无量纲计算公式，其中 A_x、B_x、A_φ、B_φ、A_M、B_M、A_Q、B_Q 及 A_x^0、B_x^0、A_φ^0、B_φ^0、A_M^0、B_M^0、A_Q^0、B_Q^0 为无量纲系数，均为换算埋深 αh 和换算桩身 αz 的函数，可查用相关表格得到（附表 1～附表 12）。

当 $\alpha h \geqslant 4.0$ 时，无论桩底支承情况如何，均可用式（4.30）～式（4.33）或式（4.34）～式（4.37）及相应的系数来计算，其计算结果极为接近。

利用上述公式可较迅速地求得桩身各截面的水平位移、转角、弯矩、剪力以及桩侧土抗力。从而就可验算桩身强度、确定配筋量，验算桩侧土抗力及桩上墩台位移等。

4.3.2.3　桩身最大弯矩位置 $Z_{M_{max}}$ 和最大弯矩 M_{max} 的确定

桩身各截面处弯矩 M_z 的计算，主要是检验桩的截面强度和配筋计算。为此要找出弯矩最大的截面所在的位置 $Z_{M_{max}}$ 及相应的最大弯矩 M_{max} 值。一般可用图解法和数解法求解。

（1）图解法

图解法是指通过上述计算公式得到各深度 z 处的弯矩值 M_z 并绘制 $z\text{-}M_z$ 图，从图中即可直观地看到最大弯矩值和所对应的深度，该方法需要计算较多截面的桩身弯矩值，较为繁琐。

（2）数解法

根据材料力学知识，在最大弯矩截面处，其剪力 Q 等于零，因此可以认为 $Q_z=0$ 处的截面即为最大弯矩所在的位置 $Z_{M_{max}}$。

由式(4.33)，令 $Q_z = Q_0 A_Q + \alpha M_0 B_Q = 0$

则
$$\frac{\alpha M_0}{Q_0} = -\frac{A_Q}{B_Q} = C_Q \tag{4.38}$$

式中，C_Q 为与 αz 有关的系数，从式(4.38) 求得 C_Q 值后即可从附表 13 中查得相应的 αz 值，因为 $\alpha = \sqrt[5]{\dfrac{mb_1}{EI}}$ 为已知，所以最大弯矩所在的位置 $z = Z_{M\max}$ 值即可求得。

由式(4.38) 可得
$$Q_0 = \frac{\alpha M_0}{C_Q} \tag{4.39}$$

将式(4.39) 代入式(4.32) 则得
$$M_{\max} = \frac{M_0}{C_Q} A_M + M_0 B_M = M_0 K_M \tag{4.40}$$

式中　$K_M = \dfrac{A_M}{C_Q} + B_M$ 亦为无量纲系数，同样可由附表 13 查取。

4.3.2.4　桩顶位移的计算

如图 4.19 所示为置于非岩石地基中的桩，已知桩露出地面长 l_0，若桩顶为自由端，其上作用了 Q 及 M，顶端的位移可应用叠加法原理计算。

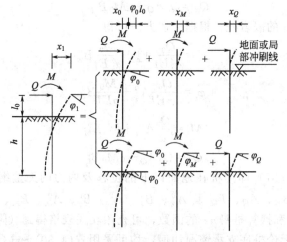

图 4.19　桩顶位移图

设桩顶的水平位移为 x_1，它是由：桩在地面处的水平位移为 x_0、地面处转角 φ_0 引起的桩顶位移 $\varphi_0 l_0$、桩露出地面段作为悬臂梁在桩顶水平力 Q 作用下产生的水平位移 x_Q 以及在 M 作用下产生的水平位移 x_M 组成，即
$$x_1 = x_0 - \varphi_0 l_0 + x_Q + x_M \tag{4.41}$$

桩顶转角 φ_1 则由：地面处的转角 φ_0，桩顶在水平力 Q 作用下引起的转角 φ_Q 及弯矩作用下所引起的转角 φ_M 组成，即
$$\varphi_1 = \varphi_0 + \varphi_Q + \varphi_M \tag{4.42}$$

式(4.41) 和式(4.42) 中的 x_0 及 φ_0 可按计算所得的 $M_0 = Q l_0 + M$ 及 $Q_0 = Q$ 分别代入式(4.30) 及式(4.31)（此时式中无量纲的系数均用 $z = 0$ 时的数值）求得，即
$$x_0 = \frac{Q}{\alpha^3 EI} A_x + \frac{M + Q l_0}{\alpha^2 EI} B_x \tag{4.43}$$

$$\varphi_0 = -\left(\frac{Q}{\alpha^2 EI}A_\varphi + \frac{M+Ql_0}{\alpha EI}B_\varphi\right) \tag{4.44}$$

式(4.41)、式(4.42)中的 x_Q、x_M、φ_Q、φ_M 是把露出段作为下端嵌固、跨度为 l_0 的悬臂梁计算而得，即

$$x_Q = \frac{Ql_0^3}{3EI}; \quad x_M = \frac{Ml_0^2}{2EI}$$

$$\varphi_Q = -\frac{Ql_0^2}{2EI}; \quad \varphi_M = -\frac{Ml_0}{EI} \tag{4.45}$$

由式(4.43)、式(4.44)及式(4.45)算得 x_0、φ_0 及 x_Q、x_M、φ_Q、φ_M 代入式(4.41)、式(4.42)，再经整理便得

$$\left.\begin{array}{l} x_1 = \dfrac{Q}{\alpha^3 EI}A_{x_1} + \dfrac{M}{\alpha^2 EI}B_{x_1} \\[3mm] \varphi_1 = -\left(\dfrac{Q}{\alpha^2 EI}A_{\varphi_1} + \dfrac{M}{\alpha EI}B_{\varphi_1}\right) \end{array}\right\} \tag{4.46}$$

式中，A_{x_1}、B_{x_1}、A_{φ_1}、B_{φ_1} 可查附表 14～16 得到。

对于桩底嵌固于基岩中，桩顶为自由端的桩顶位移计算，只要按式(4.34)、式(4.35)计算出 $z=0$ 时的 x_0、φ_0，即可按上述方法求出桩顶水平位移 x_1 及转角 φ_1，其中 x_Q、x_M、φ_Q、φ_M 仍可按式(4.45)计算。

4.3.2.5　单桩及单排桩桩顶按弹性嵌固的计算

前述的单桩、单排桩露出地面或局部冲刷线以上的桩顶点是假定为自由端，但对一些中小跨径的简支梁或板式桥梁其支座采用平板、橡胶支座或油毛毡垫层时，桩顶就不应作为完全自由端考虑，由于梁或板的弹性约束作用，在受水平力作用时，限制了桩墩盖梁转动，甚至不能产生转动，而仅产生水平位移，形成了所谓弹性嵌固。若采用桩顶弹性嵌固的假定，则可使桩身入土部分的桩身弯矩减少，从而可减少桩身钢筋用量。

4.3.3　多排桩基桩内力与位移计算

如图 4.20 所示的多排桩基础，其承台相对于桩而言，一般视为刚性体，并假定承台与桩头的连接为刚性的，由于各桩与荷载的相对位置不同，桩顶在外荷载作用下其变位也就不同，外荷载分配到桩顶上的 P_i、Q_i、M_i 也不相同，因此 P_i、Q_i、M_i 的值就不能用简单的单排桩计算方法进行计算。此时可将外力作用平面内的桩作为一平面框架，用结构力学中的位移法求解出各桩顶上的 P_i、Q_i、M_i 后，再应用单桩的计算方法来进行桩的承载力与位移验算。由于目前在建筑和公路桥梁中所采用的多为竖直对称多排桩桩，斜桩使用较少，所以

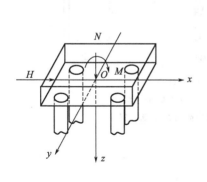

(a) 多排桩基

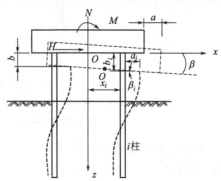

(b) 多排桩基的变位

图 4.20　多排桩基的变位

本书只讲述竖直桩的内力和位移计算。

为了计算群桩在外荷载 N、H、M 作用下各桩桩顶的 P_i、Q_i、M_i 值，先要求得承台的变位，并确定承台变位与桩顶变位之间的关系，然后再由桩顶的变位来求得 P_i、Q_i、M_i 值。

现假设承台为刚体，在外荷载作用下承台的变位可用其底面形心 O 点的水平位移 a、竖向位移 b 和转角 β 来表示，则任意第 i 排桩桩顶的水平位移 a_i、竖向位移 b_i 和转角 β_i 为

$$\left.\begin{array}{c} a_i=a \\ b_i=b+x_i\beta \\ \beta_i=\beta \end{array}\right\} \tag{4.47}$$

式中 x_i——第 i 排桩桩顶的 x 坐标。

如图 4.21 所示，若令：

① 当第 i 根桩桩顶处仅产生单位轴向位移（即 $b_i=1$）时，在桩顶引起的轴向力为 ρ_1；

② 当第 i 根桩桩顶处仅产生单位横轴向位移（即 $a_i=1$）时，在桩顶引起的横轴向力为 ρ_2；

③ 当第 i 根桩桩顶仅产生单位转角（即 $\beta_i=1$）时，在桩顶引起的横轴向力为 ρ_3，根据反力互等定理可知当第 i 根桩桩顶处仅产生单位横轴向位移（即 $a_i=1$）时，在桩顶引起的弯矩也为 ρ_3；

④ 当第 i 根桩桩顶处仅产生单位转角（即 $\beta_i=1$）时，在桩顶引起的弯矩为 ρ_4。

上述四个表示桩顶单位位移所引起的桩顶反力的系数 ρ_1、ρ_2、ρ_3 和 ρ_4 称为桩顶的刚度系数。

在求得各桩的桩顶位移 a_i、b_i 和 β_i 以及刚度系数 ρ_1、ρ_2、ρ_3 和 ρ_4 后，即可根据位移法求得各桩桩顶的 P_i、Q_i、M_i 值，分析时有关变量的正负号规定如下：图 4.21 (d) 所示 N_i、h、M_i 均为正值，水平位移和竖向位移均以沿坐标轴正向为正，转角以顺时针旋转为正，则

$$\left.\begin{array}{l} P_i=\rho_1 b_i=\rho_1(b+x_i\beta) \\ Q_i=\rho_2 a_i-\rho_3\beta_i=\rho_2 a-\rho_3\beta \\ M_i=\rho_4\beta_i-\rho_3 a_i=\rho_4\beta-\rho_3 a \end{array}\right\} \tag{4.48}$$

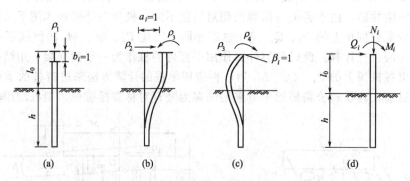

图 4.21 刚度系数的物理意义

(a) 桩顶单位竖向位移；(b) 桩顶单位横向位移；
(c) 桩顶单位转角；(d) 单桩桩顶荷载 N_i、Q_i、M_i

4.3.3.1 单桩的桩顶刚度系数计算

(1) ρ_1 的计算

桩顶受轴力 P 而产生的轴向位移包括：桩身材料的弹性压缩变形 δ_C 及桩底处地基土的沉降 δ_K 两部分。

　　计算桩身弹性压缩变形时应考虑桩侧土摩阻力的影响。对于打入摩擦桩和振动下沉桩，考虑到由于打入和振动会使桩侧土愈往下愈挤密，所以可近似地假设桩侧土的摩阻力随深度成三角形分布 [如图 4.22 (a)]。而钻、挖孔桩沿深度均匀分布 [如图 4.22 (b)]。

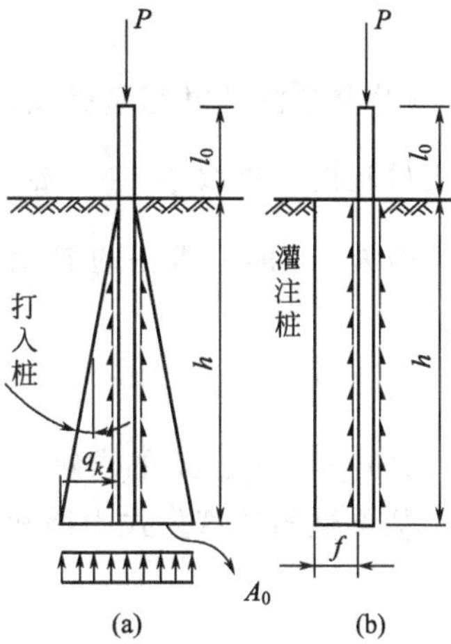

　　忽略桩身自重，根据桩的受力机理知

$$P_s + P_u = P \qquad (4.49)$$

式中　P_s——桩侧摩阻力；

　　　　P_u——桩底阻力。

设 $\dfrac{P_u}{P} = \gamma'$，则

$$P_s = P(1 - \gamma') \qquad (4.50)$$

　　当桩侧摩阻力沿深度方向按三角形分布时，设桩底处的摩阻强度为 q_h，则

$$P_s = \frac{1}{2} q_h h \cdot u \qquad (4.51)$$

$$q_h = \frac{2P_s}{uh} \qquad (4.52)$$

式中　h——桩的埋深；

　　　　u——桩身周长。

　　作用于地面以下 z 处的摩阻强度 q_z 为

$$q_z = q_h \cdot \frac{z}{h} = \frac{2P_s z}{uh^2} \qquad (4.53)$$

　　则深度 z 处桩身截面所受的轴力 P_z 为

$$P_z = P - \frac{1}{2} q_Z z u = P - \frac{P_s z^2}{h^2} = P - \frac{z^2}{h^2} P(1 - \gamma') \qquad (4.54)$$

　　因此桩身的弹性压缩变形 δ_C 为

$$\delta_C = \frac{Pl_0}{EA} + \frac{1}{EA}\int_0^h P_z \,\mathrm{d}z = \frac{Pl_0}{EA} + \frac{P}{EA} \cdot h \cdot \frac{2}{3}\left(1 + \frac{\gamma'}{2}\right)$$

$$= \frac{P}{EA}\left[l_0 + \frac{2}{3}h\left(1 + \frac{\gamma'}{2}\right)\right] = \frac{l_0 + \xi h}{EA} \cdot P \qquad (4.55)$$

式中　ξ——系数，$\xi = \dfrac{2}{3}\left(1 + \dfrac{\gamma'}{2}\right)$，摩阻力均匀分布时 $\xi = \dfrac{1}{2}(1 + \gamma')$；

　　　　A——桩身的横截面积；

　　　　E——桩身混凝土的受压弹性模量。

　　桩底平面处地基沉降 δ_K 的计算：假定外力借助于桩侧土的摩阻力和桩身作用自地面以 $\dfrac{\varphi}{4}$ 角扩散至桩底平面处的面积 A_0 上（φ 为土的内摩擦角），如果此面积大于以相邻桩的底面中心距为直径所得的面积 A'，则取 $A_0 = A'$。因此桩底地基土沉降 δ_K 为

$$\delta_K = \frac{P}{C_0 A_0} \qquad (4.56)$$

式中　C_0——桩底平面的地基土竖向地基系数，$C_0 = m_0 h$（m_0 可参见表 4.2）；

　　因此桩顶的轴向变形 b_i 为

图 4.22　打入桩与灌注桩桩侧摩阻力分布图

$$b_i = \delta_C + \delta_K = \frac{l_0 + \xi h}{EA} \cdot P + \frac{P}{C_0 A_0} \tag{4.57}$$

《公路桥涵地基与基础设计规范》(JTG D63—2007)认为摩擦桩可不考虑 γ',因此对于打入桩和振动桩取 $\xi = \frac{2}{3}$,钻(挖)孔桩采用 $\xi = \frac{1}{2}$,端承桩取 $\xi = 1$。

令 $b_i = 1$ 时,求得的 P 值即为 ρ_1,由此可得

$$\rho_1 = \frac{1}{\dfrac{l_0 + \xi h}{EA} + \dfrac{1}{C_0 A_0}} \tag{4.58}$$

(2) ρ_2、ρ_3、ρ_4 的求解

从单桩的计算公式中得知桩顶的横轴向位移 x_1 及转角 φ_1 为

$$a_i = x_1 = \frac{Q}{\alpha^3 EI} A_{x_1} + \frac{M}{\alpha^2 EI} B_{x_1}$$

$$\beta_i = \varphi_1 = \frac{Q}{\alpha^2 EI} A_{\varphi_1} + \frac{M}{\alpha EI} B_{\varphi_1}$$

联立解此两式得

$$\left. \begin{aligned} Q &= \frac{\alpha^3 EI B_{\varphi_1} a_i - \alpha^2 EI B_{x_1} \beta_i}{A_{x_1} B_{\varphi_1} - A_{\varphi_1} B_{x_1}} \\ M &= \frac{\alpha EI A_{x_1} \beta_i - \alpha^2 EI A_{\varphi_1} a_i}{A_{x_1} B_{\varphi_1} - A_{\varphi_1} B_{x_1}} \end{aligned} \right\} \tag{4.59}$$

根据 ρ_2、ρ_3、ρ_4 的定义和图 4.21 中各参量的方向可知

当 $x_1 = 1$,$\varphi_1 = 0$ 时,则有 $Q = \rho_2$,$M = -\rho_3$;

当 $x_1 = 0$,$\varphi_1 = 1$ 时,则有 $Q = -\rho_3$,$M = \rho_4$;即

$$\rho_2 = Q = \frac{\alpha^3 EI B_{\varphi_1}}{A_{x_1} B_{\varphi_1} - A_{\varphi_1} B_{x_1}} \tag{4.60}$$

$$-\rho_3 = M = \frac{-\alpha^2 EI A_{\varphi_1}}{A_{x_1} B_{\varphi_1} - A_{\varphi_1} B_{x_1}} \tag{4.61}$$

$$\rho_4 = M = \frac{\alpha EI A_{x_1}}{A_{x_1} B_{\varphi_1} - A_{\varphi_1} B_{x_1}} \tag{4.62}$$

若令

$$x_Q = \frac{B_{\varphi_1}}{A_{x_1} B_{\varphi_1} - A_{\varphi_1} B_{x_1}}$$

$$x_M = \frac{A_{\varphi_1}}{A_{x_1} B_{\varphi_1} - A_{\varphi_1} B_{x_1}}$$

$$\varphi_M = \frac{A_{x_1}}{A_{x_1} B_{\varphi_1} - A_{\varphi_1} B_{x_1}}$$

则式(4.60)、式(4.61)、式(4.62)变为

$$\left. \begin{aligned} \rho_2 &= \alpha^3 EI x_Q \\ \rho_3 &= \alpha^2 EI x_M \\ \rho_4 &= \alpha EI \varphi_M \end{aligned} \right\} \tag{4.63}$$

式(4.63)中的 x_Q、x_M、φ_M 均为无量纲的数,均是 $\bar{h} = \alpha h$ 及 $\bar{l}_0 = \alpha l_0$ 的函数,可查附表

17～附表 19 得到。

4.3.3.2　桩顶变位的计算

（1）高承台桩基的桩顶变位计算

对高承台桩基，取承台板为隔离体，其受力分析如图 4.23 所示，由 $\sum F_y = 0$、$\sum F_x = 0$ 和 $\sum M_O = 0$ 可得位移法的典型方程

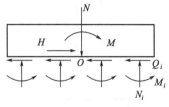

图 4.23　承台受力分析图

$$\begin{cases} a\gamma_{ba} + b\gamma_{bb} + \beta\gamma_{b\beta} - N = 0 \\ a\gamma_{aa} + b\gamma_{ab} + \beta\gamma_{a\beta} - H = 0 \\ a\gamma_{\beta a} + b\gamma_{\beta b} + \beta\gamma_{\beta\beta} - M = 0 \end{cases} \tag{4.64}$$

式中　N, H, M——作用在承台底面坐标原点 O 上的已知外力；

　　　　b, a, β——承台坐标原点 O 的竖向位移、水平位移和转角；

　　　　$\gamma_{ba}, \gamma_{aa}, \gamma_{\beta a}$——当承台产生单位水平位移时（$a = 1$），所有桩顶对承台作用的竖向分力之和、水平分力之和及对原点 O 的力矩之和；

　　　　$\gamma_{bb}, \gamma_{ab}, \gamma_{\beta b}$——当承台产生单位竖向位移时（$b = 1$），所有桩顶对承台作用的竖向分力之和、水平分力之和及对原点 O 的力矩之和；

　　　　$\gamma_{b\beta}, \gamma_{a\beta}, \gamma_{\beta\beta}$——当承台绕坐标原点 O 发生单位转角时（$\beta = 1$），所有桩顶对承台作用的竖向分力之和、水平分力之和及对原点 O 的力矩之和。

上述 9 个系数均为承台所受的力，其正负号的规定与图 4.17 桩受力正负号的规定相反，可以借助桩顶刚度系数 ρ_1、ρ_2、ρ_3 和 ρ_4 来确定。

当承台仅作单位竖向位移时，即 $b = 1$，$a = 0$ 和 $\beta = 0$，则各桩桩顶只产生单位竖向变形，因此在各桩桩顶只引起竖向力 ρ_1［见图 4.24 (a)］。再由图 4.24 (b) 可得

$$\left.\begin{array}{l} \gamma_{bb} = \sum n_i \rho_1 \\ \gamma_{ab} = 0 \\ \gamma_{\beta b} = 0 \end{array}\right\} \tag{4.65}$$

式中　n_i——第 i 排桩的桩数。

当承台仅作单位水平位移时，即 $a = 1$，$b = 0$ 和 $\beta = 0$，则各桩桩顶只产生单位水平位移（在此为竖向基桩，即为横向位移），因之在各桩桩顶必引起剪力 ρ_2 和力矩 $-\rho_3$［如图 4.24 (c)］。再由图 4.24 (d) 可得

$$\left.\begin{array}{l} \gamma_{ba} = 0 \\ \gamma_{aa} = \sum n_i \rho_2 \\ \gamma_{\beta a} = -\sum n_i \rho_3 \end{array}\right\} \tag{4.66}$$

当承台底面仅绕坐标原点 O 转动单位转角时，即 $\beta = 1$，$b = 0$ 和 $a = 0$，则各桩桩顶也均产生单位转角和 $x_i\beta = x_i$（x_i 为第 i 排桩顶的 x 坐标）的竖向位移，因此桩顶单位转角便在桩顶上引起力矩 ρ_4 和剪力 $-\rho_3$，而桩顶竖向位移 x_i 必然会引起竖向力 $x_i\rho_1$［如图 4.24 (e)］，根据图 4.24 (f) 可得

$$\left.\begin{array}{l} \gamma_{b\beta} = \sum n_i x_i \rho_1 = 0 \\ \gamma_{a\beta} = -\sum n_i \rho_3 \\ \gamma_{\beta\beta} = \sum n_i \rho_4 + \sum n_i x_i \rho_1 x_i = \sum n_i \rho_4 + \rho_1 \sum n_i x_i^2 \end{array}\right\} \tag{4.67}$$

将上述求得的 9 个系数代入位移法的典型方程 (4.64) 后可解得承台的水平位移 a、竖

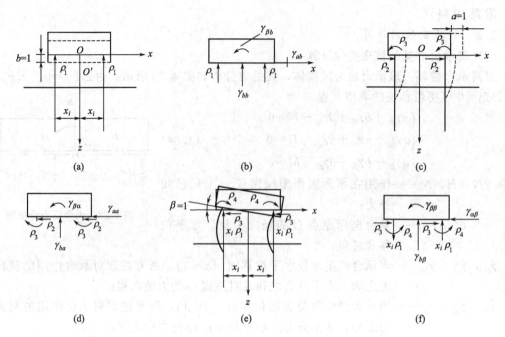

图 4.24 桩顶反力的计算

向位移 b 和转角 β

$$\left.\begin{aligned} b &= \frac{N}{\sum n_i \rho_1} \\ a &= \frac{(\sum n_i \rho_4 + \rho_1 \sum n_i x_i^2)H + (\sum n_i \rho_3)M}{(\sum n_i \rho_2)(\sum n_i \rho_4 + \rho_1 \sum n_i x_i^2) - (\sum n_i \rho_3)^2} \\ \beta &= \frac{(\sum n_i \rho_2)M + (\sum n_i \rho_3)H}{(\sum n_i \rho_2)(\sum n_i \rho_4 + \rho_1 \sum n_i x_i^2) - (\sum n_i \rho_3)^2} \end{aligned}\right\} \tag{4.68}$$

将上述承台变位代入式(4.48)便可计算出各基桩分配到的内力 P_i、Q_i、M_i 值,桩顶任一截面上的内力、位移及桩侧土抗力便可按前述单桩的计算方法求解。

(2) 低承台桩基的桩顶变位及桩顶内力

当承台底面位于地面或局部冲刷线以下时,除考虑桩侧土的横向抗力外,尚可考虑承台侧面土的横向抗力。

分析时假定:①桩侧土的横向抗力以承台底面(即桩顶标高)处开始计算,在该平面处的水平抗力系数为零,以下随深度线性增加;②承台侧面土的横向抗力自承台底面算起,其地基系数及抗力分布示意如图 4.25 所示;③承台底面土对竖向荷载的分担作用及承台移动时的摩阻力均忽略不计;④承台转动时其侧面的水平位移沿高度成线性变化,假定在承台底面处该位移为零。

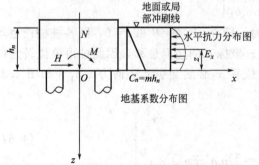

图 4.25 低承台桩基的承台侧面土抗力

承台侧面土的横向抗力的合力 E_x 和对底面产生的力矩 M_{Ex} 可用如下方法计算。

当承台产生水平位移 a 和绕 O 点的转角 β 时,则承台侧面距底面为 z 处的横向位移为

$a+\beta z$。按照前述假定，该处的地基系数 $C=\dfrac{C_n}{h_n}(h_n-z)$，其中 z 应取绝对值来计算，$C_n=mh_n$。所以该处单位面积上的横向抗力为 $C(a+\beta z)$，B_0 为承台计算宽度（若承台为宽度为 Bm 的矩形，则 $B_0=B+1\mathrm{m}$），则 E_x 和 M_{Ex} 为

$$E_x = B_0\int_0^{h_n}(a+\beta z)C\mathrm{d}z = B_0\int_0^{h_n}(a+\beta z)\frac{C_n}{h_n}(h_n-z)\mathrm{d}z = aB_0\frac{C_nh_n}{2}+\beta B_0\frac{C_nh_n^2}{6}$$

(4.69)

$$M_{Ex} = B_0\int_0^{h_n}(a+\beta z)Cz\mathrm{d}z = B_0\int_0^{h_n}(a+\beta z)\frac{C_n}{h_n}(h_n-z)z\mathrm{d}z = aB_0\frac{C_nh_n^2}{6}+\beta B_0\frac{C_nh_n^3}{12}$$

(4.70)

E_x 和 M_{Ex} 与作用在承台上的外力 H、M 方向相反，抵消了一部分水平外力和弯矩，因此式(4.64)改写为

$$\begin{cases} a\gamma_{ba}+b\gamma_{bb}+\beta\gamma_{b\beta}-N=0 \\ a\gamma_{aa}+b\gamma_{ab}+\beta\gamma_{a\beta}-(H-E_x)=0 \\ a\gamma_{\beta a}+b\gamma_{\beta b}+\beta\gamma_{\beta\beta}-(M-M_{Ex})=0 \end{cases}$$

(4.71)

将式(4.69)、式(4.70)代入式(4.71)并化简后可得如下形式

$$\begin{cases} a\gamma_{ba}+b\gamma_{bb}+\beta\gamma_{b\beta}-N=0 \\ a\gamma'_{aa}+b\gamma_{ab}+\beta\gamma'_{a\beta}-(H-E_x)=0 \\ a\gamma'_{\beta a}+b\gamma_{\beta b}+\beta\gamma'_{\beta\beta}-(M-M_{Ex})=0 \end{cases}$$

(4.72)

式中

$$\gamma'_{aa}=\gamma_{aa}+B_0\frac{C_nh_n}{2}$$

$$\gamma'_{a\beta}=\gamma_{a\beta}+B_0\frac{C_nh_n^2}{6}$$

$$\gamma'_{\beta a}=\gamma_{\beta a}+B_0\frac{C_nh_n^2}{6}$$

$$\gamma'_{\beta\beta}=\gamma_{\beta\beta}+B_0\frac{C_nh_n^3}{12}$$

(4.73)

解方程组(4.72)即可求得低承台桩基的承台变位 a、b 和 β，在计算 ρ_1、ρ_2、ρ_3 和 ρ_4 时取 $l_0=0$ 或按 $l_0=0$ 查有关表格。将求得的 a、b 和 β 代入式(4.48)便可计算出各基桩分配到的内力 P_i、Q_i、M_i 值。

（3）低承台桩基的简化计算方法

低承台桩基当水平荷载较小，承台可看成刚性且其埋置深度 h_n 足够大时，在计算各桩分配到的竖向荷载时为简化计算，实用上常假定水平荷载由各基桩直接承担，并忽略承台的位移和转角，认为各基桩只产生竖向位移，这样仅承受由竖向荷载和力矩引起的竖向力。《建筑桩基规范》指出，对于一般建筑物和受水平力（包括力矩和水平剪力）较小的高层建筑群桩基础且其桩径相同时，因侧向位移较小，可忽略基础周围土体的侧向抗力，按下列简化计算方法计算各基桩所受的力。

① 轴心竖向力作用下

$$P_i=\frac{N}{n}$$

(4.74)

② 偏心竖向力作用下　如图4.26所示为有 n 根桩组成的低承台桩基础，每根桩的截面积为 A，作用在承台底面形心 O 上的外荷载为 N、H 和 M，若过承台底做一横切面，可将

各桩顶截面视为一组合截面，桩顶的竖向力可按材料力学公式来计算

$$N_i = A\sigma_i = A\left[\frac{N}{nA} \pm \frac{M_y x_i}{I_y} \pm \frac{M_x y_i}{I_x}\right] \tag{4.75}$$

式（4.74）和式（4.75）中

　　　　n——桩数；

M_y、x_i——外力对形心轴 y 的力矩和第 i 根桩中心到 y 轴的距离；

M_x、y_i——外力对形心轴 x 的力矩和第 i 根桩中心到 x 轴的距离；

I_y、I_x——桩群对其形心轴 y 的惯性矩和桩群对其形心轴 x 的惯性矩，对于圆形基桩组成

的群桩，$I_y = n \cdot \dfrac{\pi d^4}{64} + A\sum x_i^2$，$I_x = n \cdot \dfrac{\pi d^4}{64} + A\sum y_i^2$。

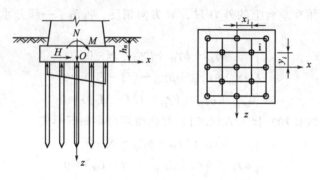

图 4.26　低承台桩基简化计算方法

当桩径不大时，I_y、I_x 表达式中的第一项与第二项相比较小，可忽略不计，则 $I_y = A\sum x_i^2$，$I_x = A\sum y_i^2$，则

$$N_i = A\sigma_i = \frac{N}{n} \pm \frac{M_y x_i}{\sum x_i^2} \pm \frac{M_x y_i}{\sum y_i^2} \tag{4.76}$$

同时各桩顶的水平荷载为

$$Q_i = \frac{H}{n} \tag{4.77}$$

4.4　桩的竖向承载力

　　桩基础是由若干根桩所组成，在设计桩基础时，应从分析单桩入手，确定单桩承载力，然后结合桩基础的结构和构造形式进行基桩受力分析。而单桩工作性能的研究是单桩承载力分析理论的基础。通过桩—土相互作用分析，了解桩—土间的传力途径和单桩承载力的构成及其发展过程以及单桩的破坏机理等，对正确评价单桩承载力设计值具有一定的指导意义。

　　单桩承载力是指单桩在外荷载作用下，不丧失稳定性、不产生过大变形时的承载能力。单桩在竖向荷载作用下到达破坏状态前或出现不适于继续承载的变形时所对应的最大荷载，称为单桩竖向极限承载力。

4.4.1　单桩竖向荷载传递机理和特点

4.4.1.1　桩身轴力和截面位移

　　当轴向荷载逐步施加于单桩桩顶，桩身上部受到压缩而产生相对于土的向下位移，与此同时桩侧表面就会受到土的向上摩阻力。桩顶荷载通过所发挥出来的桩侧摩阻力传递到桩周

土层中去，致使桩身轴力和桩身压缩变形随深度递减。在桩土相对位移等于零处，其摩阻力尚未开始发挥作用而等于零。随着荷载增加，桩身压缩量和位移量增大，桩身下部的摩阻力随之逐步调动起来，桩底土层也因受到压缩而产生桩端阻力。因此，可以认为土对桩的支撑力是由桩侧摩阻力和桩端阻力两部分组成。桩端土层的压缩加大了桩土相对位移，从而使桩身摩阻力进一步发挥到极限值，而桩端极限阻力的发挥则需要比发生桩侧极限摩阻力大得多的位移值，这时总是桩侧摩阻力先充分发挥出来。当桩身摩阻力全部发挥出来达到极限后，若继续增加荷载，其荷载增量将全部由桩端阻力承担。由于桩端持力层的大量压缩和塑性挤出，位移增长速度显著加大，直至桩端阻力达到极限，位移迅速增大而破坏。此时桩所受的荷载就是桩的极限承载力。

图 4.27（a）表示长度为 l 的竖直单桩在桩顶轴向力 $N_0 = P$ 作用下，于桩身任一深度 z 处的一微段，该横截面上所引起的轴力 N_z 将使截面下桩身压缩、桩端下沉 δ_l，致使该截面向下位移了 δ_z。由该微小桩段上力的平衡条件

$$N_z - \tau_z \cdot u_p \cdot \mathrm{d}z - (N_z + \mathrm{d}N_z) = 0 \tag{4.78}$$

式中　u_p——桩的周长。

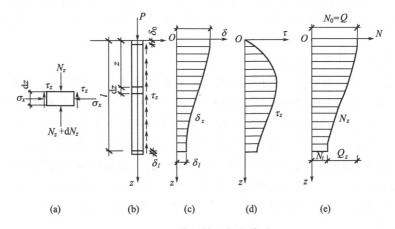

图 4.27　单桩轴向荷载传递

（a）微桩段的作用力；（b）轴向受压的单桩；

（c）截面位移曲线；（d）摩阻力分布曲线；（e）轴力分布曲线

则桩侧摩阻力 τ_z 与桩身轴力 N_z 的关系为

$$\tau_z = -\frac{1}{u_p} \cdot \frac{\mathrm{d}N_z}{\mathrm{d}z} \tag{4.79}$$

τ_z 也就是桩侧单位面积上的荷载传递量。由于桩顶轴力 P 沿桩身向下通过桩侧摩阻力逐步传给桩周土，因此轴力 N_z 就相应地随深度而递减。桩底的轴力 N_l 即桩端总阻力 $P_u = N_l$，而桩侧总摩阻力 $P_s = P - P_u$。

根据桩段 $\mathrm{d}z$ 的桩身压缩变形 δ_z 与桩身轴力 N_z 之间的关系 $\mathrm{d}\delta_z = -N_z \dfrac{\mathrm{d}z}{A_p E_p}$，可得

$$N_z = -A_p E_p \frac{\mathrm{d}\delta_z}{\mathrm{d}z} \tag{4.80}$$

式中　A_p——桩身横截面面积和弹性模量；

　　　E_p——桩身弹性模量。

将式（4.80）代入式（4.79）可得

$$\tau_z = \frac{A_p E_p}{u_p} \cdot \frac{\mathrm{d}^2 \delta_z}{\mathrm{d}z^2} \tag{4.81}$$

式(4.81)是单桩轴向荷载传递的基本微分方程。它表明桩侧摩阻力 τ 是桩截面对桩周土的相对位移 δ 的函数，其大小制约着土对桩侧表面的向上作用的正摩阻力 τ 的发挥程度。

由图 4.27 (a) 可知，任一深度 z 处的桩身轴力 N_z 应为桩顶荷载 $N_0 = P$ 与 z 深度范围内的桩侧总摩阻力之差

$$N_z = P - \int_0^z u_p \tau_z \mathrm{d}z \tag{4.82}$$

桩身截面位移 δ_z 则为桩顶位移 $\delta_0 = s$ 与 z 深度范围内的桩身压缩量之差

$$\delta_z = s - \frac{1}{A_p E_p} \int_0^z N_z \mathrm{d}z \tag{4.83}$$

上述二式中如取 $z = l$，则式(4.82)变为桩底轴力 N_l（即桩端总阻力 P_u）表达式；式(4.83)则变为桩端位移 δ_l（即桩的刚体位移）表达式。

单桩静荷载试验时，除了测定桩顶荷载 P 作用下的桩顶沉降 s 外，如还通过沿桩身若干截面预先埋设的应力或位移量测元件（钢筋应力计、应变片、应变杆等）获得桩身轴力 N_z 分布图，便可利用式(4.79)及式(4.83)作出摩阻力 τ_z 和截面位移 δ_z 分布图 [图 4.27 (d)、(e)] 了。

4.4.1.2　桩侧摩阻力和桩端阻力

由上述可见，单桩轴向荷载的传递过程就是桩侧摩阻力与桩端阻力的发挥过程。桩顶荷载通过发挥出来的侧阻力传递到桩周土层中去，从而使桩身轴力与桩身压缩变形随深度递减 [图 4.27 (e)、(c)]。一般说来，靠近桩身上部土层的侧阻力先于下部土层发挥，侧阻力先于端阻力发挥。这是因为它们二者发挥的程度与桩土间的变形性状有关，各自达到极限值时所需的位移量是不相同的。试验研究表明：桩底阻力的充分发挥需要有较大的位移值，在黏性土中约为桩底直径的 25%，在砂性土中约为 8%～10%；而桩侧阻力只要桩土间有不太大的位移就能得到充分发挥，具体数值目前尚不能有一致意见，但一般认为黏性土约为 4～6mm，砂土约为 6～10mm。

桩侧摩阻力的大小和分布决定了桩身轴力随深度的变化。桩侧极限摩阻力可用类似于土的抗剪强度的库仑公式表达，也即它与桩侧表面的法向应力有关，随深度的变化而不同。砂土中的模型桩试验表明，在桩入土深度为 $(5\sim10)d$ 范围，桩侧摩阻力随深度线性增长，超过此临界深度值以后，侧阻不再随深度增加，接近于均匀分布，此现象称为侧阻的深度效应。而黏土中的挤土桩，侧阻的分布近乎为抛物线，桩身中段处较大，为简化，可近似假设挤土桩的桩侧摩阻力在地面处为零，沿桩入土深度呈线性分布。而对非挤土桩，近似假设桩侧摩阻力沿桩身均匀分布。

与桩侧摩阻力的深度效应相似，当桩端进入持力砂土层和黏性土层时，桩的极限阻力随着进入持力层的深度线性增加，入土深度达到某一深度时，则端阻保持不变。这一深度称为临界深度，它与持力层的密度和上覆荷载有关。持力层密度越大、上覆荷载越小，则临界深度越大。当持力层下存在软弱土层时，桩底距软弱下卧层顶面的距离 t 小于某一值 t_c 时，桩底阻力将随着 t 的减小而下降。t_c 称为桩底硬层临界厚度。持力层土密度越高，桩径越大，则 t_c 越大。

4.4.1.3　单桩在轴向受压荷载作用下的破坏模式

轴向受压荷载作用下，单桩的破坏是由地基土强度破坏或桩身材料强度破坏所引起，而

以地基土强度破坏居多，以下介绍工程实践中常见的几种典型破坏模式（如图 4.28 所示）。

① 屈曲破坏　当桩底支撑在坚硬的地层上，桩侧土为软土层其抗剪强度很低且桩身无约束或侧向抵抗力时，桩在轴向受压荷载作用下，如同一受压杆件呈现纵向挠曲破坏，荷载、沉降关系 $P\text{-}s$ 曲线为"急剧破坏"的陡降型，其沉降量很小，具有明显的破坏荷载［如图 4.28（a）］。桩的承载力取决于桩身的材料强度。

② 整体剪切破坏　当具有足够强度的桩穿越抗剪强度较低的土层，支承在强度较高的土层，且桩的长度不大时，桩在轴向荷载作用下，由于桩底上部土层不能阻止滑动土楔的形成，桩底土体形成滑动面而出现整体剪切破坏［如图 4.28（b）］。在 $P\text{-}s$ 曲线上可见明确的破坏荷载。桩的承载力主要取决于桩底土的支撑力，桩侧摩阻力也起一部分作用。

③ 刺入式破坏　当桩的强度足够大且入土深度较深或桩周土层抗剪强度较均匀时，桩在轴向荷载作用下将出现刺入式破坏［如图 4.28（c）所示］。此时桩顶荷载主要由桩侧摩阻力承受，桩端阻力较小，桩的沉降量较大。一般当桩周土质较软弱时，$P\text{-}s$ 曲线为"渐进破坏"的缓变型，无明显拐点，极限荷载难以判断，桩的承载力主要由上部结构所能容许的极限沉降确定；当桩周土的抗剪强度较高时，$P\text{-}s$ 曲线可能为陡降型，有明显拐点，桩的承载力主要取决于桩周土的强度，一般情况下的钻孔灌注桩多属于此种情况。

4.4.1.4　桩侧负摩阻力

（1）桩侧负摩阻力的产生原因

一般情况下，桩受轴向荷载作用后，桩相对于桩侧土体作向下位移，土对桩产生向上作用的摩阻力，称为正摩阻力［如图 4.29（a）］。但当桩周土体因某种原因发生下沉，其沉降变形大于桩身的沉降变形时，在桩侧表面将出现向下作用的摩阻力，称其为负摩阻力［如图 4.29（b）］。

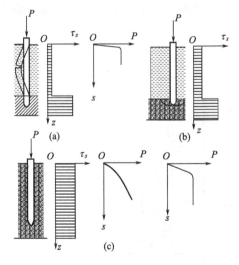

图 4.28　轴向荷载下单桩的破坏模式

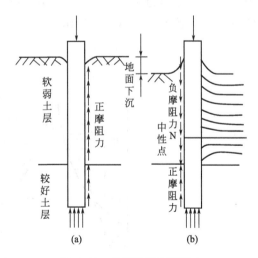

图 4.29　桩侧的正负摩阻力

桩的负摩阻力的发生将使桩侧土的部分重力传递给桩，因此，负摩阻力不但不能成为桩承载力的一部分，反而变成施加在桩上的外荷载，对入土深度相同的桩来说，若有负摩力发生，则桩的外荷载增大，桩的承载力降低，桩基沉降加大，这在确定桩的承载力和桩基设计中应予以注意。

对于桥梁工程特别要注意桥头路堤高填土的桥台桩基础的负摩阻力问题，因路堤高填土是一个很大的地面荷载且位于桥台的一侧，若产生负摩阻力时还会有桥台台背和路堤填土间的摩阻问题以及影响桩基础的不均匀沉降问题。

桩的负摩阻力能否产生，主要是看桩与桩周土的相对位移发展情况。桩的负摩阻力产生的原因如下。

① 桩穿越较厚松散填土、欠固结土或自重湿陷性黄土进入持力层，土层产生自重固结或自重湿陷下沉；

② 桩周存在软弱土层，邻近桩侧地面承受局部较大的长期荷载，或地面大面积堆载（包括填土），造成地面下沉；

③ 由于降低地下水位，桩周土有效应力增大，使土层在自重作用下产生固结下沉；

④ 桩数很多的密集群桩打桩时，使桩周土中产生很大的超孔隙水压力，打桩停止后桩周土的再固结作用引起下沉；

⑤ 在冻土中的桩，因冻土融化产生地面下沉。

从上述可见，当桩穿过软弱高压缩性土层而支承在坚硬持力层上时最易发生桩的负摩阻力问题。

（2）中性点的概念

产生桩身负摩阻力的范围就是桩侧土层相对桩身产生下沉的范围。它与桩侧土层的压缩、桩身弹性压缩变形和桩底下沉有关。桩侧土层的压缩决定于地表作用荷载（或土的自重）和土的压缩性质，并随深度而逐渐减小；而桩在荷载作用下，桩身压缩多处于弹性阶段，其压缩变形基本上随深度呈线性减少，桩身变形曲线如图 4.30（a）中的曲线 c 所示。因此，桩侧下沉量有可能在某一深度与桩身的位移量相等，此处桩侧摩阻力为零，而在此深度以上桩侧土下沉大于桩的位移，桩侧摩阻力为负；在此深度以下，桩身位移大于桩侧土的下沉，桩侧摩阻力为正。正、负摩阻力变换处的位置称为中性点，且在中性点处桩身轴力达到最大值。如图 4.30 中 O_1 点所示。

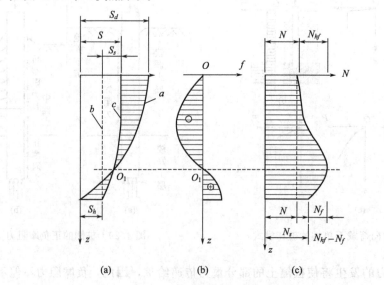

图 4.30 中性点位置及荷载传递

（a）位移曲线；（b）桩侧摩阻力分布曲线；（c）桩身轴力分布曲线

S_d—地面沉降；S—桩的沉降；S_s—桩身压缩；S_h—桩底下沉

N_{hf}—由负摩阻力引起的桩身最大轴力；N_f—总的正摩阻力

中性点深度 l_n 应按桩周土层沉降与桩沉降相等的条件计算确定，也可参照表 4.4 确定。

表 4.4　中性点深度 l_n

持力层性质	黏性土、粉土	中密以上砂	砾石、卵石	基岩
中性点深度比 l_n/l_0	0.5~0.6	0.7~0.8	0.9	1.0

注：1. l_n、l_0 分别为自桩顶算起的中性点深度和桩周软弱土层下限深度；

　　2. 桩穿过自重湿陷性黄土层时，l_n 可按表列值增大 10%（持力层为基岩除外）；

　　3. 当桩周土层固结与桩基固结沉降同时完成时，取 $l_n=0$；

　　4. 当桩周土层计算沉降量小于 20mm 时，l_n 应按表列值乘以 0.4~0.8 折减。

（3）负摩力的计算

目前，国内外对负摩阻力的计算方法研究尚不够完善，计算方法较多，且差异较大，而现场实验则投入大、周期长。因此多根据有关资料按经验公式进行估算。《建筑桩基技术规范》推荐的桩周第 i 层土负摩阻力标准值计算公式如下

$$q_{si}^n = \xi_{ni}\sigma_i' \tag{4.84}$$

当填土、自重湿陷性黄土湿陷、欠固结土层产生固结和地下水降低时

$$\sigma_i' = \sigma_{\gamma i}' \tag{4.85}$$

当地面分布大面积荷载时

$$\sigma_i' = p + \sigma_{\gamma i}' \tag{4.86}$$

$$\sigma_{\gamma i}' = \sum_{e=1}^{i-1} \gamma_e \Delta z_e + \frac{1}{2}\gamma_i \Delta z_i \tag{4.87}$$

式中　q_{si}^n——第 i 层土桩侧负摩阻力标准值；当按式［4.6（a）］计算值大于正摩阻力标准值时，取正摩阻力标准值进行设计；

　　　ξ_{ni}——桩周第 i 层土负摩阻力系数，可按表 4.5 取值；

　　　σ_i'——桩周第 i 层土平均竖向有效应力；

　　　$\sigma_{\gamma i}'$——由土自重引起的桩周第 i 层土平均竖向有效应力；桩群外围桩自地面算起，桩群内部桩自承台底算起；

　　γ_i、γ_e——分别为第 i 计算土层和其上第 e 土层的重度，地下水位以下取浮重度；

Δz_i、Δz_e——第 i 层土、第 e 层土的厚度；

　　　p——地面均布荷载。

表 4.5　负摩阻力系数 ξ_n

土类	ξ_n	土类	ξ_n
饱和软土	0.15~0.25	砂土	0.35~0.50
黏性土、粉土	0.25~0.40	自重湿陷性黄土	0.20~0.35

注：1. 在同一类土中，对于挤土桩，取表中较大值，对于非挤土桩，取表中较小值；

　　2. 填土按其组成取表中同类土的较大值。

4.4.2　单桩竖向承载力的确定

单桩竖向承载力的确定，取决于两方面：其一，桩身的材料强度；其二，地层的支承力。设计时分别按这两方面确定后取其中的小值。如按桩的荷载试验确定，则已兼顾到这两方面。

4.4.2.1　按桩周土的支承能力确定单桩承载力

目前根据桩周土的变形和强度确定单桩竖向承载力的方法较多,主要有单桩静载试验法、经验公式法、静力触探法、动力分析法等。

(1) 单桩静载实验法

垂直静载试验法即在桩顶逐级施加轴向荷载,直至桩达到破坏状态为止,并在试验过程中测量每级荷载下不同时间的桩顶沉降,根据沉降与荷载及时间的关系,分析确定单桩极限承载力。

试桩可在已打好的工程桩中选定,也可专门设置与工程桩相同的试验桩。试桩的施工方法以及试桩的材料和尺寸、入土深度均应与设计桩相同。

① 加载装置　试验加载装置一般采用油压千斤顶,千斤顶的反力装置主要有压力平台反力装置、锚桩横梁反力装置和锚桩压重联合反力装置。

压力平台反力装置是在试桩的上方将荷载平台支承于支墩上,然后将千斤顶置于试桩顶和荷载平台之间,并在荷载平台上堆载重物,重物一般选用钢锭或砂包,有时也在荷载平台上放置水箱,向水箱中充水作为反力荷载。这种方法适用于极限承载力较小的情况。

锚桩横梁反力装置是在试桩周围布置 4～6 根锚桩(抗拔桩),如果采用工程桩作锚桩时,锚桩数量不应少于 4 根,并在加载过程中监测锚桩上拔量(如图 4.31)。

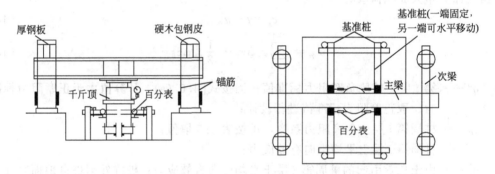

图 4.31　锚桩横梁反力装置

锚桩压重联合反力装置是综合了上述两种方法的一种反力装置。

为避免锚桩、试桩(压重平台支墩边)和基准桩三者之间的相互影响,要求三者之间的中心距离应符合表 4.6 规定。

表 4.6　试桩、锚桩(或压重平台支墩边)和基准桩之间的中心距离

反力装置	试桩中心与锚桩中心 (或压重平台支墩边)	试桩中心与 基准桩中心	基准桩中心与锚桩中心 (或亚种平台支墩边)
锚桩横梁	≥4(3)D 且 >2.0m	≥4(3)D 且 >2.0m	≥4(3)D 且 >2.0m
压重平台	≥4D 且 >2.0m	≥4(3)D 且 >2.0m	≥4D 且 >2.0m
地锚装置	≥4D 且 >2.0m	≥4(3)D 且 >2.0m	≥4D 且 >2.0m

注:1. D 为试桩、锚桩或地锚的设计直径或边宽取其较大者。

2. 如试桩或锚桩为扩底桩或多支盘装饰,试桩与锚桩的中心距不应小于 2 倍扩大端直径。

3. 括号内数值可用于工程桩验收检测时多排桩设计桩中心距离小于 4D 的情况。

4. 软土场地堆在重量加大时,宜增加支墩边与基准桩中心和试桩中心之间的距离,并在实验过程中观测基准桩的竖向位移。

② 试验方法

a. 分级加载：试验时加载应分级进行，每级加载为预估极限荷载的 $1/10\sim1/15$，第一级可按 2 倍分级荷载加载。

b. 沉降观测：每级加载后间隔 5min、10min、15min 各测读一次，以后每隔 15min 测读一次，累计 1h 后每隔 30min 测读一次。

c. 沉降相对稳定标准：每 1h 的沉降不超过 0.1mm，并连续出现 2 次（由 1.5h 内连续 3 次观测值计算），即可认为已达到相对稳定，可以进行下一级加载。

d. 终止加载条件：当出现下列情形之一时，即可终止加载。

（a）某级荷载作用下，桩顶沉降量大于前一级荷载作用下沉降量的 5 倍。

（b）某级荷载作用下，桩顶沉降量大于前一级荷载作用下沉降量的 2 倍，且经 24h 尚未达到相对稳定标准。

（c）已达到设计要求的最大加载量。

（d）当工程桩作锚桩时，锚桩上拔量已达到允许值。

（e）当荷载-沉降曲线呈缓变型时，可加载至桩顶总沉降量 $60\sim80$mm；在特殊情况下，可根据具体要求加载至桩顶累计沉降量超过 80mm。

根据实验结果，便可绘出荷载-沉降（P-s）曲线，以及各级荷载下沉降-时间（s-$\lg t$）曲线（如图 4.32）。

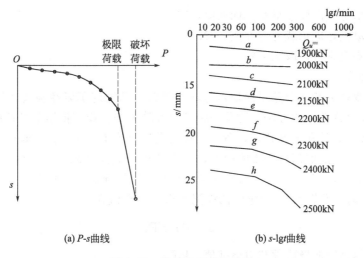

(a) P-s 曲线　　　　　　　(b) s-$\lg t$ 曲线

图 4.32　单桩静载试验曲线

③ 单桩竖向极限承载力 P_j 的确定

根据《建筑基桩检测技术规范》（JGJ 106—2003）单桩竖向极限承载力可按下列方法综合分析确定。

a. 根据沉降随荷载变化的特征确定：对于陡降型 P-s 曲线，取其发生明显陡降的起始点对应的荷载值。

b. 根据沉降随时间变化的特征确定：取 s-$\lg t$ 曲线尾部出现明显向下弯曲的前一级荷载值。

c. 出现需要终止加载的情况时，取前一级荷载值。

d. 对于缓变型 P-s 曲线可根据沉降量确定，宜取 $s=40$mm 对应的荷载值；当桩长大于 40m 时，宜考虑桩身弹性压缩量；对直径大于或等于 800mm 的桩，可取 $s=0.05D$（D 为桩端直径）对应的荷载值。

　　e. 当按上述四款判定桩的竖向抗压承载力未达到极限时，桩的竖向抗压极限承载力应取最大试验荷载值。

　　④ 单桩竖向极限承载力

　　单桩竖向抗压极限承载力统计值的确定应符合下列规定。

　　a. 参加统计的试桩结果，当满足其极差不超过平均值的 30% 时，取其平均值为单桩竖向抗压极限承载力。

　　b. 当极差超过平均值的 30% 时，应分析极差过大的原因，结合工程具体情况综合确定，必要时可增加试桩数量。

　　c. 对桩数为 3 根或 3 根以下的柱下承台，或工程桩抽检数量少于 3 根时，应取低值。

　　⑤ 单桩竖向承载力特征值（或容许值）确定

　　《建筑桩基技术规范》（JGJ 94—2008）考虑到单桩竖向承载力的确定受土强度参数、成桩工艺、计算模式不确定性影响，其可靠度分析仍处于探索阶段，故仍然遵照容许应力法的概念，采用综合安全系数确定单桩竖向承载力。单桩竖向承载力特征值 R_a {《公路桥涵地基与基础设计规范》（JTG D63—2007）中称为容许值 $[R_a]$}按下式确定

$$R_a(\text{或}[R_a]) = \frac{P_{jk}}{K} \tag{4.88}$$

式中　P_{jk}——单桩竖向极限承载力标准值，kN；

　　　　$[R_a]$——单桩竖向承载力容许值，kN；

　　　　K——安全系数，取 $K=2$。

　　（2）经验公式法

　　《建筑桩基规范》和《公路桥涵地基与基础规范》都规定了以经验公式计算单桩竖向承载力特征值（或容许值）的方法，这是一种简化计算方法。规范根据全国各地大量的静载实验资料，经过理论分析和统计整理，考虑了桩的类型及施工方法、桩的长度和桩径、桩周土性参数及桩进入持力层的深度等影响因素，提出了单桩竖向极限承载力标准值的经验公式，现将《建筑桩基规范》和《公路桥涵地基与基础规范》的部分公式介绍如下。

　　①《建筑桩基技术规范》　单桩竖向极限承载力标准值为

$$P_{jk} = P_{sk} + P_{uk} \tag{4.89}$$

式中　P_{jk}——单桩竖向极限承载力标准值，kN；

　　　　P_{sk}——单桩总极限侧阻力标准值，kN；

　　　　P_{uk}——单桩总极限端阻力标准值，kN。

　　为了便于计算，常常假定同一土层中的单位侧摩阻力 q_s 是均匀分布的，于是可得到土的物理指标与承载力参数之间的经验公式。

　　a. 一般预制桩及灌注桩　对于直径 $d<800\text{mm}$ 预制桩和灌注桩，竖向极限承载力标准值 P_{jk} 可按下式计算

$$P_{jk} = u\sum q_{sik}l_i + q_{pk}A_p \tag{4.90}$$

式中　u——桩身周长，m；

　　　　l_i——桩身穿越第 i 土层的厚度，m；

　　　　A_p——桩端面积，m^2；

q_{sik}、q_{pk}——桩周第 i 层土极限侧阻力标准值和桩端持力层极限端阻力标准值，kPa。

根据原位足尺试验结果、当地使用桩的经验及理论分析公式，进行统计分析而得；按不同成桩工艺的经验值按表 4.7 和表 4.8 取值。

表 4.7　桩的极限侧阻力标准值 q_{sik}　　　　　　　单位：kPa

土的名称	土的状态		混凝土预制桩	泥浆护壁钻（冲）孔桩	干作业钻孔桩
填土	—		22～30	20～28	20～28
淤泥	—		14～20	12～18	12～18
淤泥质土	—		22～30	20～28	20～28
黏性土	流塑	$I_L>1$	24～40	21～38	21～38
	软塑	$0.75<I_L\leqslant1$	40～55	38～53	38～53
	可塑	$0.50<I_L\leqslant0.75$	55～70	53～68	53～66
	硬可塑	$0.25<I_L\leqslant0.50$	70～86	68～84	66～82
	硬塑	$0<I_L\leqslant0.25$	86～98	84～96	82～94
	坚硬	$I_L\leqslant0$	98～105	96～102	94～104
红黏土	$0.7<a_w\leqslant1$		13～32	12～30	12～30
	$0.5<a_w\leqslant0.7$		32～74	30～70	30～70
粉土	稍密	$e>0.9$	26～46	24～42	24～42
	中密	$0.75\leqslant e\leqslant0.9$	46～66	42～62	42～62
	密实	$e<0.75$	66～88	62～82	62～82
粉细砂	稍密	$10<N\leqslant15$	24～48	22～46	22～46
	中密	$15<N\leqslant30$	48～66	46～64	46～64
	密实	$N>30$	66～88	64～86	64～86
中砂	中密	$15<N\leqslant30$	54～74	53～72	53～72
	密实	$N>30$	74～95	72～94	72～94
粗砂	中密	$15<N\leqslant30$	74～95	74～95	76～98
	密实	$N>30$	95～116	95～116	98～120
砾砂	稍密	$5<N_{63.5}\leqslant15$	70～110	50～90	60～100
	中密（密实）	$N_{63.5}>15$	116～138	116～130	112～130
圆砾、角砾	中密、密实	$N_{63.5}>10$	160～200	135～150	135～150
碎石、卵石	中密、密实	$N_{63.5}>10$	200～300	140～170	150～170
全风化软质岩	—	$30<N\leqslant50$	100～120	80～100	80～100
全风化硬质岩	—	$30<N\leqslant50$	140～160	120～140	120～150
强风化软质岩	—	$N_{63.5}>10$	160～240	140～200	140～220
强风化硬质岩	—	$N_{63.5}>10$	220～300	160～240	160～260

注：1. 对于尚未完成自重固结的填土和以生活垃圾为主的杂填土，不计算其侧阻力；

2. a_w 为含水比，$a_w=w/w_l$，w 为土的天然含水量，w_l 为土的液限；

3. N 为标准贯入击数；$N_{63.5}$ 为重型圆锥动力触探击数；

4. 全风化、强风化软质岩和全风化、强风化硬质岩系指其母岩分别为 $f_{rk}\leqslant15MPa$、$f_{rk}>30MPa$ 的岩石。

表 4.8　桩的极限端阻力标准值 q_{pk}

单位：kPa

土名称	土的状态	桩型	混凝土预制桩桩长 l/m				泥浆护壁钻(冲)孔桩桩长 l/m				干作业钻孔桩桩长 l/m		
			$l\leq9$	$9<l\leq16$	$16<l\leq30$	$l>30$	$5\leq l\leq10$	$10\leq l\leq15$	$15\leq l<30$	$30\leq l$	$5\leq l<10$	$10\leq l<15$	$15\leq l$
黏性土	软塑	$0.75<I_L\leq1$	210~850	650~1400	1200~1800	1300~1900	150~250	250~300	300~450	300~450	200~400	400~700	700~950
	可塑	$0.50<I_L\leq0.75$	850~1700	1400~2200	1900~2800	2300~3600	350~450	450~600	600~750	750~800	500~700	800~1100	1000~1600
	硬可塑	$0.25<I_L\leq0.50$	1500~2300	2300~3300	2700~3600	3600~4400	800~900	900~1000	1000~1200	1200~1400	850~1100	1500~1700	1700~1900
	硬塑	$0<I_L\leq0.25$	2500~3800	3800~5500	5500~6000	6000~6800	1100~1200	1200~1400	1400~1600	1600~1800	1600~1800	2200~2400	2600~2800
粉土	中密	$0.75<e\leq0.9$	950~1700	1400~2100	1900~2700	2500~3400	300~500	500~650	650~750	750~850	800~1200	1200~1400	1400~1600
	密实	$e<0.75$	1500~2600	2100~3000	2700~3600	3600~4400	650~900	750~950	900~1100	1100~1200	1200~1700	1400~1900	1600~2100
粉砂	稍密	$10<N\leq15$	1000~1600	1500~2300	1900~2700	2100~3000	350~500	450~600	600~700	650~750	500~950	1300~1600	1500~1700
	中密、密实	$N>15$	1400~2200	2100~3000	3000~4500	3800~5500	600~750	750~900	900~1100	1100~1200	900~1000	1700~1900	1700~1900
细砂			2500~4000	3600~5000	4400~6000	5300~7000	650~850	900~1200	1200~1500	1500~1800	1200~1600	2000~2400	2400~2700
中砂	中密、密实	$N>15$	4000~6000	5500~7000	6500~8000	7500~9000	850~1050	1100~1500	1500~1900	1900~2100	1800~2400	2800~3800	3600~4400
粗砂			5700~7500	7500~8500	8500~10000	9500~11000	1500~1800	2100~2400	2400~2600	2600~2800	2900~3600	4000~4600	4600~5200
砾砂		$N>15$	6000~9500		9000~10500		1400~2000		2000~3200		3500~5000		
角砾圆砾	中密、密实	$N_{63.5}>10$	7000~10000		9500~11500		1800~2200		2200~3600		4000~5500		
碎石卵石		$N_{63.5}>10$	8000~11000		10500~13000		2000~3000		3000~4000		4500~6500		
全风化软质岩		$30<N\leq50$	4000~6000				1000~1600				1200~2000		
全风化硬质岩		$30<N\leq50$	5000~8000				1200~2000				1400~2400		
强风化软质岩		$N_{63.5}>10$	6000~9000				1400~2200				1600~2600		
强风化硬质岩		$N_{63.5}>10$	7000~11000				1800~2800				2000~3000		

注：1. 砂土和碎石类土中桩的极限端阻力取值，宜综合考虑土的密实度，桩端进入持力层的深径比 h_b/d，土愈密实，h_b/d 愈大，取值愈高；

2. 预制桩的岩石极限端阻力指桩端支承于中、微风化基岩表面或进入强风化岩、软质岩，软质岩一定深度条件下极限端阻力；

3. 全风化、强风化软质岩和全风化、强风化硬质岩指其母岩分别为 $f_{rk}\leq15MPa$、$f_{rk}>30MPa$ 的岩石。

b. 大直径灌注桩（$d \geqslant 800\text{mm}$）　大直径灌注桩竖向极限承载力计算与中小直径灌注桩竖向极限承载力计算的区别是：大直径灌注桩须考虑其侧阻力的松弛效应和端阻力的尺寸效应。桩底持力层一般都呈渐进破坏，使其具有缓变的 $P\text{-}s$ 曲线，因此其极限端阻力随桩径的增大而减小，尤其以持力层为无黏性土时为甚；至于其极限侧阻力本来与桩径无关，但因大直径桩一般为钻、冲、挖孔灌注桩，在无黏性土中成孔时，孔壁因应力接触而松弛，致使侧阻力的降幅随孔径的增大而增大。大直径灌注桩的竖向极限承载力标准值按下式计算

$$P_{jk} = P_{sk} + P_{uk} = u\sum \psi_{si} q_{sik} l_i + \psi_p q_{pk} A_p \tag{4.91}$$

式中　　q_{sik}——桩侧第 i 层土极限侧阻力标准值，如无当地经验值时，可按表 4.8 取值，对于扩底桩斜面及变截面以上 $2d$ 长度范围不计侧阻力；

　　　　q_{pk}——桩端直径为 800mm 的极限端阻力标准值，对于干作业挖孔（清底干净）可采用深层荷载板试验确定；当不能进行深层荷载板试验时，可按表 4.9 取值；

　　　　ψ_{si}、ψ_p——大直径桩侧阻、端阻尺寸效应系数，按表 4.10 取值；

　　　　u——桩身周长，当人工挖孔桩桩周护壁为振捣密实的混凝土时，桩身周长可按护壁外直径计算。

对于钢管桩、混凝土空心桩、嵌岩桩、后注浆灌注桩以及桩周存在液化土层的单桩竖向极限承载力，可参见《建筑桩基技术规范》的有关条文。

在确定了单桩竖向极限承载力标准值 P_{jk} 后，可参照单桩静载试验的方法即式（4.88）确定单桩的竖向承载力特征值。

表 4.9　干作业挖孔桩（清底干净，$D=800\text{mm}$）**极限端阻力标准值 q_{pk}**　　　　单位：kPa

土名称		状态		
黏性土		$0.25 < I_L \leqslant 0.75$	$0 < I_L \leqslant 0.25$	$I_L \leqslant 0$
		800～1800	1800～2400	2400～3000
粉土		—	$0.75 \leqslant e \leqslant 0.9$	$e < 0.75$
		—	1000～1500	1500～2000
砂土碎石类土		稍密	中密	密实
	粉砂	500～700	800～1100	1200～2000
	细砂	700～1100	1200～1800	2000～2500
	中砂	1000～2000	2200～3200	3500～5000
	粗砂	1200～2200	2500～3500	4000～5500
	砾砂	1400～2400	2600～4000	5000～7000
	圆砾、角砾	1600～3000	3200～5000	6000～9000
	卵石、碎石	2000～3000	3300～5000	7000～11000

注：1. 当桩进入持力层的深度 h_b 分别为：$h_b \leqslant D$，$D < h_b \leqslant 4D$，$h_b > 4D$ 时，q_{pk} 可相应取低、中、高值。

2. 砂土密实度可根据标贯击数判定，$N \leqslant 10$ 为松散，$10 < N \leqslant 15$ 为稍密，$15 < N \leqslant 30$ 为中密，$N > 30$ 为密实。

3. 当桩的长径比 $l/d \leqslant 8$ 时，q_{pk} 宜取较低值。

4. 当对沉降要求不严时，q_{pk} 可取高值。

表 4.10　大直径灌注桩侧阻尺寸效应系数 ψ_{si}、端阻尺寸效应系数 ψ_p

土类型	黏性土、粉土	砂土、碎石类土
ψ_{si}	$(0.8/d)^{1/5}$	$(0.8/d)^{1/3}$
ψ_p	$(0.8/D)^{1/4}$	$(0.8/D)^{1/3}$

注：表中 D 为桩端直径，d 为桩身直径，当为等直径桩时，表中 $D=d$。

②《公路桥涵地基基础设计规范》

摩擦桩单桩轴向受压承载力容许值 $[R_a]$，可按下列公式计算。

a. 钻（挖）孔灌注桩的受压承载力容许值

$$[R_a] = \frac{1}{2}u\sum_{i=1}^{n}q_{ik}l_i + A_p q_r \tag{4.92}$$

$$q_r = m_0\lambda[[f_{a0}] + k_2\gamma_2(h-3)] \tag{4.93}$$

式中　$[R_a]$——单桩轴向受压承载力容许值（kN），桩身自重与置换土重（当自重计入浮力时，置换土重也计入浮力）的差值作为荷载考虑；

　　　　u——桩身周长（m）；[《公路桥涵地基与基础设计规范》（JTG D63—2007）中规定按桩的设计直径计算桩的桩身周长，而通常情况下，施工时选用的钻头直径与桩的设计直径相同，由于施工中钻头的摆动和碰撞，而实际的成孔直径稍大于设计直径，因此，按设计直径计算单桩轴向受压承载力容许值偏于安全]；

　　　　A_p——桩端截面面积（m²），对于扩底桩，取扩底截面面积；

　　　　n——土的层数；

　　　　l_i——承台底面或局部冲刷线以下各土层的厚度（m），扩孔部分不计；

　　　　q_{ik}——与 l_i 对应的各土层与桩侧的摩阻力标准值（kPa），宜采用单桩摩阻力试验确定，当无试验条件时按表4.11选用；

　　　　q_r——桩端处土的承载力容许值（kPa），当持力层为砂土、碎石土时，若计算值超过下列值，宜按下列值采用：粉砂1000kPa；细砂1150kPa；中砂、粗砂、砂砾1450kPa；碎石土2750kPa；

　　　　$[f_{a0}]$——桩端处土的承载力基本容许值（kPa），按表3.16～3.22取值；

　　　　h——桩端的埋置深度（m），对于有冲刷的桩基，埋深由一般冲刷线起算；对无冲刷的桩基，埋深由天然地面线或实际开挖后的地面线起算；h 的计算值不大于40m，当大于40m时，按40m计算；

　　　　k_2——地基承载力随深度的修正系数，根据桩端处持力层土类按表3.23取值；

　　　　γ_2——桩端以上各土层的加权平均重度（kN/m³），若持力层在水位以下且不透水时，不论桩端以上土层的透水性如何，一律取饱和重度；当持力层透水时则水中部分土层取浮重度；

　　　　λ——修正系数，按表4.12选用；

　　　　m_0——清底系数，按表4.13选用。

表 4.11　钻孔桩桩侧土的摩阻力标准值

土类		q_{ik}/kPa
中密炉渣、粉煤灰		40～60
黏性土	流塑 $I_L>1$	20～30
	软塑 $0.75<I_L\leqslant1$	30～50
	可塑、硬塑 $0<I_L\leqslant0.75$	50～80
	坚硬 $I_L\leqslant0$	80～120
粉土	中密	30～55
	密实	55～80

土类		q_{ik}/kPa
粉砂、细砂	中密	35~55
	密实	55~70
中砂	中密	45~60
	密实	60~80
粗砂、砾砂	中密	60~90
	密实	90~140
圆砾、角砾	中密	120~150
	密实	150~180
碎石、卵石	中密	160~220
	密实	220~400
漂石、块石		400~600

注：挖孔桩的摩阻力标准值可参照本表使用。

表 4.12　λ 值

h/d 桩端土情况	4~20	20~25	>25
透水性土	0.70	0.70~0.85	0.85
不透水性土	0.65	0.65~0.72	0.72

注：h 为桩的埋置深度，取值与式(4.93)相同；d 为桩的设计直径。

表 4.13　清底系数 m_0 值

t/d	0.3~0.1
m_0	0.7~1.0

注：1. t、d 为桩端沉渣厚度和桩的直径；

2. $d \leq 1.5m$ 时，$t \leq 300mm$；$d > 1.5m$ 时，$t \leq 500mm$，且 $0.1 < t/d < 0.3$。

b. 沉桩的轴向受压承载力容许值可按下式计算

$$[R_a] = \frac{1}{2} \left(u \sum_{i=1}^{n} \alpha_i l_i q_{ik} + \alpha_r A_p q_{rk} \right) \tag{4.94}$$

式中　l_i——承台底面或局部冲刷线以下各土层的厚度，m；

　　　q_{ik}——与 l_i 对应的各土层桩侧摩阻力标准值（kPa），宜采用单桩摩阻力试验确定或通过静力触探试验测定，当无试验条件时按表 4.14 选用；

　　　q_{rk}——桩端处土的承载力标准值（kPa），宜采用单桩试验确定或通过静力触探试验测定，当无试验条件时按表 4.15 选用；

　　α_i、α_r——分别为振动沉桩对各土层桩侧摩阻力和桩端承载力的影响系数，按表 4.16 采用。

表 4.14　沉桩桩侧土的侧摩阻力标准值 q_{ik}　　　　　　　　单位：kPa

土类	状态	摩阻力标准值 q_{ik}
黏性土	$1.5 \geq I_L \geq 1$	15~30
	$1 > I_L \geq 0.75$	30~45
	$0.75 > I_L \geq 0.5$	45~60
	$0.5 > I_L \geq 0.25$	60~75
	$0.25 > I_L \geq 0$	75~85
	$0 > I_L$	85~95

土类	状态	摩阻力标准值 q_{ik}
粉土	稍密	20～35
	中密	35～65
	密实	65～80
粉、细砂	稍密	20～35
	中密	35～65
	密实	65～80
中砂	中密	55～75
	密实	75～90
粗砂	中密	70～90
	密实	90～105

注：表中土的液性指数 I_L 系按 76g 平衡锥测定的数值。

表 4.15　桩端处土的承载力标准值 q_{rk}　　　　　　单位：kPa

土类	状态	摩阻力标准值 q_r		
黏性土	$I_L \geqslant 1$	1000		
	$1 > I_L \geqslant 0.65$	1600		
	$0.65 > I_L \geqslant 0.35$	2200		
	$0.35 > I_L$	3000		
		桩尖进入持力层的相对深度		
		$1 > h_c/d$	$4 > h_c/d \geqslant 1$	$h_c/d \geqslant 4$
粉土	中密	1700	2000	2300
	密实	2500	3000	3500
粉砂	中密	2500	3000	3500
	密实	5000	6000	7000
细砂	中密	3000	3500	4000
	密实	5500	6500	7500
中、粗砂	中密	3500	4000	4500
	密实	6000	7000	8000
圆砾石	中密	4000	4500	5000
	密实	7000	8000	9000

注：表中 h_c 为桩端进入持力层的深度（不包括桩靴）；d 为桩的直径或边长。

当采用静力触探试验测定时，沉桩承载力容许值计算中的 q_{ik} 和 q_{rk} 取为

$$q_{ik} = \beta_i \overline{q}_i$$
$$q_{rk} = \beta_r \overline{q}_r \tag{4.95}$$

式中　$\overline{q}_i$——桩侧第 i 层土的静力触探测得的局部侧摩阻力的平均值（kPa），当 $\overline{q}_i$ 小于 5kPa 时，采用 5kPa；

　　　$\overline{q}_r$——桩端（不包括桩靴）高程以上和以下各 $4d$（d 为桩的直径或边长）范围内静力触探端阻的平均值（kPa），若桩端高程以上 $4d$ 范围内端阻的平均值大于桩端

高程以下 $4d$ 的端阻平均值时，则取桩端以下 $4d$ 范围内端阻的平均值；

β_i、β_r——分别为桩侧阻力和桩端阻力的综合修正系数，其值按下面判别标准选用相应的计算公式。当土层的 $\overline{q}_r$ 大于 2000kPa，且 $\overline{q}_i/\overline{q}_r \leqslant 0.014$ 时

$$\beta_i = 5.067(\overline{q}_i)^{-0.45}$$

$$\beta_r = 3.975(\overline{q}_r)^{-0.25}$$

如不满足上述 $\overline{q}_r$ 和 $\overline{q}_i/\overline{q}_r$ 条件时

$$\beta_i = 10.045(\overline{q}_i)^{-0.55}$$

$$\beta_r = 12.064(\overline{q}_r)^{-0.35}$$

表 4.16　系数 α_i、α_r 值

系数 α_i、α_r ＼土类 桩径或边长 d/m	黏土	粉质黏土	粉土	砂土
$0.8 \geqslant d$	0.6	0.7	0.9	1.1
$2.0 \geqslant d > 0.8$	0.6	0.7	0.9	1.0
$d > 2.0$	0.5	0.6	0.7	0.9

c. 端承桩单桩轴向受压承载力容许值 $[R_a]$，可按下述公式计算。

表 4.17　系数 c_1、c_2 值

岩石层情况	c_1	c_2
完整、较完整	0.6	0.05
较破碎	0.5	0.04
破碎、极破碎	0.4	0.03

注：1. 当入岩深度小于或等于 0.5m 时，c_1 乘以 0.75 的折减系数，$c_2 = 0$；

2. 对于钻孔桩，系数 c_1、c_2 值应降低 20% 采用；桩端沉渣厚度 t 应满足以下要求：$d \leqslant 1.5$m 时，$t \leqslant 50$mm；$d > 1.5$m 时，$t \leqslant 100$mm；

3. 对于中风化层作为持力层的情况，c_1、c_2 应分别乘以 0.75 的折减系数。

支承在基岩上或嵌入基岩内的钻（挖）孔桩、沉桩的单桩轴向受压承载力容许值 $[R_a]$，可按下式计算

$$[R_a] = c_1 A_p f_{rk} + u\sum_{i=1}^{m} c_{2i}h_i f_{rki} + \frac{1}{2}\zeta_s u\sum_{i=1}^{n} l_i q_{ik} \qquad (4.96)$$

式中　c_1——根据清孔情况、岩石破碎程度等因素而定的端阻发挥系数，按表 4.17 采用；

A_p——桩端截面面积（m²），对于扩底桩，取扩底截面面积；

f_{rk}——桩端岩石饱和单轴抗压强度标准值（kPa），黏土质岩取天然湿度单轴抗压强度标准值，当 f_{rk} 小于 2MPa 时按摩擦桩计算；

f_{rki}——第 i 层的 f_{rk} 值；

c_{2i}——根据清孔情况、岩石破碎程度等因素而定的第 i 层岩层的侧阻发挥系数，按表 4.17 采用；

u——各土层或各岩层部分的桩身周长，m；

h_i——桩嵌入各岩层部分的厚度（m），不包括强风化层和全风化层；

m——岩层的层数，不包括强风化层和全风化层；

ζ_s——覆盖层土的侧阻力发挥系数，根据桩端 f_{rk} 确定：当 2MPa$\leqslant f_{rk}$<15MPa 时，ζ_s=0.8；当 15MPa$\leqslant f_{rk}$<30MPa 时，ζ_s=0.5；当 f_{rk}>30MPa 时，ζ_s=0.2；

l_i——各土层的厚度，m；

q_{ik}——桩侧第 i 层土的侧阻力标准值（kPa），宜采用单桩摩阻力试验值，当无试验条件时，对于钻（挖）孔桩按表 4.11 选用，对于沉桩按表 4.14 选用；

n——土层层数，强风化和全风化岩层按土层考虑。

（3）静力触探法

静力触探法是将圆锥形的金属探头，以静力方式按一定的速度均匀压入土中，根据探头所测得的贯入阻力，确定单桩竖向承载力。静力触探与桩的静载试验虽有很大区别，但与桩打入土中的过程基本相似，探头贯入土中所受到的阻力能够反映土层的强度特点，且设备简单，自动化程度高，应用方便，在国内外已得到广泛应用。但探头的贯入速度和尺寸及组成材料等均与实际的桩有一定差别，不能直接将探头阻力作为单桩承载力，因此需将触探资料与单桩静载试验的资料进行对比，并应用统计分析的方法，经必要的修正和换算，建立表示二者之间关系的经验公式来确定单桩竖向承载力。

目前国内建筑和公路部门已提出了不少根据静力触探资料计算单桩竖向极限承载力的经验公式，以下仅介绍《建筑桩基规范》推荐的根据单桥探头资料和双桥探头资料，确定混凝土预制单桩竖向极限承载力的经验公式。

① 由单桥探头资料确定单桩竖向极限承载力 当单桥探头压入土中时，可测得土层的比贯入阻力 p_s 值，由 p_s 按下式可求得混凝土预制桩单桩的竖向极限承载力标准值。

$$P_{jk}=P_{sk}+P_{uk}=u\sum q_{sik}l_i+\alpha p_{sk}A_p \tag{4.97}$$

当 $p_{sk1}\leqslant p_{sk2}$ 时，$p_{sk}=\frac{1}{2}(p_{sk1}+p_{sk2})$

当 $p_{sk1}>p_{sk2}$ 时，$p_{sk}=p_{sk2}$

式中 u——桩身周长，m；

q_{sik}——用静力触探比贯入阻力值估算的桩周第 i 层土的极限侧阻力（可参见《建筑桩基技术规范》），kPa；

l_i——桩周第 i 层土的厚度，m；

α——桩端阻力修正系数，按表 4.18 取值。

表 4.18 桩端阻力修正系数 α 值

桩长/m	l<15	15$\leqslant l\leqslant$30	30<$l\leqslant$60
α	0.75	0.75~0.90	0.90

注：桩长 15$\leqslant l\leqslant$30m 时，α 值按 l 值直线内插；l 为桩长（不包括桩尖高度）。

表 4.19 系数 C 值

p_{sk}/MPa	20~30	35	>40
系数 C	5/6	2/3	1/2

注：表中数值可采用内插法取值。

p_{sk}——桩端附近的静力触探比贯入阻力标准值（平均值），kPa；

p_{sk1}——桩端全截面以上 8 倍桩径范围内的比贯入阻力平均值，kPa；

p_{sk2}——桩端全截面以下 4 倍桩径范围内的比贯入阻力平均值，入桩端持力层为密实的砂土层，其比贯入阻力平均值超过 20MPa 时，需乘以表 4.19 中的系数 C 予以折减，kPa；

β——折减系数，按表 4.20 选用。

表 4.20 折减系数 β

p_{sk2}/p_{sk1}	≤5	7.5	12.5	≥15
系数 β	1	5/6	2/3	1/2

注：表中数值可采用内插法取值。

② 由双桥探头资料确定单桩竖向极限承载力 对于黏性土、粉土和砂土当根据双桥探头静力触探资料确定混凝土预制桩单桩竖向极限承载力标准值时，测得土层的端阻力 q_c 和侧阻力 f_s 后，可按下式计算

$$Q_{uk} = Q_{sk} + Q_{pk} = u\sum l_i\beta_i f_{si} + \alpha q_c A_p \tag{4.98}$$

式中 f_{si}——第 i 层土的探头平均侧阻力，kPa；

$\quad\quad q_c$——桩端平面上、下探头阻力，取桩端平面以上 4 倍桩径或边长范围内按土层厚度的探头阻力加权平均值，然后再和桩端平面以下 1 倍桩径或边长范围内的探头阻力进行平均，kPa；

$\quad\quad \alpha$——桩端阻力修正系数，对黏性土、粉土取 2/3，饱和砂土取 1/2；

$\quad\quad \beta_i$——第 i 层土桩侧阻力综合修正系数，黏性土、粉土：$\beta_i = 10.04(f_{si})^{-0.55}$；砂土：$\beta_i = 5.05(f_{si})^{-0.45}$。

（4）动力分析法

桩的承载力还可根据打桩过程中土的动态阻力分析来确定，即常说的动测法确定桩的承载力。动测技术在国外应用较早，早期使用的动力打桩公式，就是一种原始的动力分析方法，也是人们最早用来估算桩承载力的一种方法。其基本原理是：打桩时，桩在一定的能量锤击下入土的难易程度能反映土对桩的支承能力的大小。桩在一次锤击下的入土深度 e 叫做贯入度。显然，当其他条件相同时，在硬土中打桩的 e 值要比软土中小；在同一土层中，则越往深处 e 值越小。这表明，贯入度与打桩时土对桩的阻力（动态承载力）之间存在着一定的函数关系，反映这种关系的表达式就通称为动力打桩公式。动力打桩公式的形式很多，其推导都是建立在碰撞理论和能量守恒的原理上。即假定：桩是刚体，把打桩过程看作两个绝对刚体的碰撞过程，并认为锤击能量在撞击的瞬间即刻传到桩底，从而在全桩身上出现贯入阻力；一次锤击所做的功转化为 3 个方面，一部分将桩打入土中一定深度 e，一部分消耗于桩锤的回跳，其余部分则消耗于桩和桩垫材料的非弹性变形等。但近年来国内外已经很少采用动力打桩公式，主要原因是动力打桩公式的基本假定与实际不符，因而往往带来较大的误差。动力打桩公式确定的桩底的极限承载力是动态下的阻力，与桩在工作时的静力性能有很大差别。此外，打桩能量引起的桩内应力是以一种波动的方式向下传播的，具有时间效应。

近二三十年来，随着测试技术和计算技术的发展，国外开展了用波动理论分析打桩时的动力现象的研究。我国自 1978 开始将波动方程法用于近海石油平台桩基工程，取得成功，引起工程界高度重视。波动方程法是将桩视为埋入土中的弹性杆件，当桩受到锤击时，桩顶部首先产生弹性应变，随着时间的推移，此应变以纵波的形式在桩中传播，直至桩底。桩身的弹性变形与沿桩侧表面和桩端的土的变形密切相关，可导出以微分方程形式表达的波动方程。利用数值法求解波动方程，可以得出桩身所受的最大阻力，即极限承载力、桩身单元应力、桩的下沉量等。

4.4.2.2 按桩身材料强度确定单桩竖向承载力

一般说来，桩的竖向承载力往往由土对桩的支承能力控制。但当桩穿过极软弱土层，支承（或嵌固）于岩层或坚硬的土层上时，还应按桩身的材料强度确定单桩竖向承载力，以两者中的最小值来控制单桩竖向承载力。此处只讲述建筑桩基的设计理论和方法，而对于公路

桥梁桩基的设计计算可参见《公路钢筋混凝土及预应力混凝土桥涵设计规范》（JTG D62—2004）。根据《建筑桩基技术规范》，将桩分为轴心受压桩和偏心受压桩进行设计计算。

（1）桩为轴心受压时

在计算轴心受压混凝土桩正截面受压承载力时，可按下式计算

$$N \leqslant \varphi(\psi_c f_c A_{ps} + 0.9 f_y' A_s') \tag{4.99}$$

式中 　N——荷载效应基本组合下的桩顶轴向压力设计值；

φ——桩的纵向压屈稳定系数；一般不考虑压屈影响取 $\varphi = 1.0$，对于高承台基桩、桩身穿越可液化土或不排水抗剪强度小于 10kPa（地基承载力特征值小于 25kPa）的软弱土层的基桩，应考虑压屈影响，稳定系数可参阅表 4.21 取值。

ψ_c——基桩成桩工艺系数，其中混凝土预制桩、预应力混凝土空心桩取 $\psi_c = 0.85$；干作业非挤土灌注桩取 $\psi_c = 0.90$；泥浆护壁和套管护壁非挤土灌注桩、部分挤土灌注桩、挤土灌注桩取 $\psi_c = 0.7 \sim 0.8$；

f_c——混凝土轴心抗压强度设计值；

f_y'——纵向主筋抗压强度设计值；

A_s'——纵向主筋截面面积。

表 4.21　桩身稳定系数 φ

l_c/d	$\leqslant 7$	8.5	10.5	12	14	15.5	17	19	21	22.5	24
l_c/b	$\leqslant 8$	10	12	14	16	18	20	22	24	26	28
φ	1.00	0.98	0.95	0.92	0.87	0.81	0.75	0.70	0.65	0.60	0.56
l_c/d	26	28	29.5	31	33	34.5	36.5	38	40	41.5	43
l_c/b	30	32	34	36	38	40	42	44	46	48	50
φ	0.52	0.48	0.44	0.40	0.36	0.32	0.29	0.26	0.23	0.21	0.19

注：1. l_c——构件（桩身）压屈计算长度（m），参见表 4.22；

2. d——桩的直径；

3. b——矩形截面桩的短边长。

表 4.22　桩身压屈计算长度 l_c

桩顶铰接				桩顶固接			
桩底支于非岩石土中		桩底嵌于岩石内		桩底支于非岩石土中		桩底嵌于岩石内	
$h < \dfrac{4.0}{\alpha}$	$h \geqslant \dfrac{4.0}{\alpha}$	$h < \dfrac{4.0}{\alpha}$	$h \geqslant \dfrac{4.0}{\alpha}$	$h < \dfrac{4.0}{\alpha}$	$h \geqslant \dfrac{4.0}{\alpha}$	$h < \dfrac{4.0}{\alpha}$	$h \geqslant \dfrac{4.0}{\alpha}$
$l_c = 1.0 \times$ $(l_0 + h)$	$l_c = 0.7 \times$ $\left(l_0 + \dfrac{4.0}{\alpha}\right)$	$l_c = 0.7 \times$ $(l_0 + h)$	$l_c = 0.7 \times$ $\left(l_0 + \dfrac{4.0}{\alpha}\right)$	$l_c = 0.7 \times$ $(l_0 + h)$	$l_c = 0.5 \times$ $\left(l_0 + \dfrac{4.0}{\alpha}\right)$	$l_c = 0.5 \times$ $(l_0 + h)$	$l_c = 0.5 \times$ $\left(l_0 + \dfrac{4.0}{\alpha}\right)$

注：1. 表中 $\alpha = \sqrt[5]{\dfrac{mb_o}{EI}}$。

2. l_0 为高承台基桩露出地面的长度，对于低承台桩基，$l_0 = 0$。

3. h 为桩的入土长度，当桩侧有厚度为 d_l 的液化土层时，桩露出地面长度 l_0 和桩的入土长度 h 分别调整为 $l_0' = l_0 + (1 - \psi_l) d_l$，$h' = h - (1 - \psi_l) d_l$，$\psi_l$ 可查阅《建筑桩基技术规范》相关表格。

4. 当存在 $f_{ak} < 25$kPa 的软弱土时，按液化土处理。

（2）桩为偏心受压时

在偏心荷载作用下，桩基中的桩同时受到轴向力 N 和弯矩 M 的作用，属于偏心受压构件，应从稳定性和材料强度两个方面来验算桩身应力，其计算方法可参阅《钢筋混凝土结构设计原理》。在按材料强度验算时，一般不考虑偏心距的增大影响，但对于高承台基桩、桩身穿越可液化土或不排水抗剪强度小于 10kPa（地基承载力特征值小于 25kPa）的软弱土层的基桩，应考虑桩身在弯矩作用平面内的挠曲对偏心距的影响，应将轴向力对截面形心的初始偏心矩 e_i 乘以偏心矩增大系数 η，偏心矩增大系数 η 的具体计算方法可按现行国家标准《混凝土结构设计规范》执行。

4.4.3　群桩基础竖向承载力和沉降的计算

桩基础通常是由若干根桩组成，并在桩顶用承台连接成一个整体的群桩基础，由于基桩间的相互影响及其与承台的共同作用，其工作性状及其承载力与单桩是有区别的，本节主要讲述群桩基础的承载力问题。

4.4.3.1　群桩基础的工作特点

群桩基础在外荷载作用下，不同桩基的承载类型和几何形式有着不同的荷载传递特征，因此不同类型基桩的群桩基础呈现出不同的工作性状与特点。

（1）端承型群桩基础

端承型群桩基础通过承台分配到各基桩桩顶的荷载，绝大部分由桩身直接传递到桩底，由桩底岩层（或坚硬土层）支承。由于桩底持力层为岩层或坚硬土层，桩的贯入变形小，低承台桩的承台底面地基反力与桩侧阻力和桩端阻力相比所占比例很小，可忽略不计。因此承台分担荷载的作用和桩侧摩阻力的扩散作用一般均不予以考虑。

桩底压力分布面积较小，各桩的压力叠加作用也小（只可能发生在持力层深部），群桩基础中各基桩的工作状态近同于独立单桩（图 4.33），可以认为端承型群桩基础的承载力和等于各单桩承载力之和。

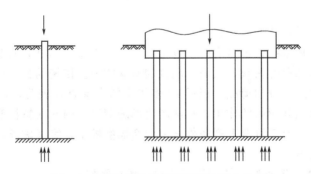

图 4.33　端承型群桩桩底平面的应力分布

（2）摩擦型群桩基础

由摩擦桩组成的群桩基础，在竖向荷载作用下，桩顶荷载主要通过桩侧土的摩阻力传递到桩周和桩端土层中。由于桩侧摩阻力引起的土中附加应力通过桩周土体的扩散作用，使桩底处的压力分布范围要比桩身截面积大得多（如图 4.34），以致群桩中各桩传递到桩底处的应力可能叠加，群桩桩底处地基土受到的压力比单桩大。同时由于群桩基础的尺寸大，荷载传递的影响范围也比单桩深，因此桩底下地基土层产生的压缩变形和群桩基础的沉降都比单桩大。在桩的承载力方面，群桩基础的承载力也绝不是等于各单桩承载力总和的简单关系。桩基础除了上述桩底应力的叠加和扩散影响外，桩群对桩侧土的摩阻力也必然会有影响。总之，摩擦型群桩基础受竖向荷载后，由于承台、桩、土的相互作用使其桩侧阻力、桩端阻力、沉降等性状发生变化而与单桩明显不同，这种群桩不同于单桩的工作性状所产生的效应，称其为群桩效应，它主要表现在对桩基承载力和沉降的影响上。

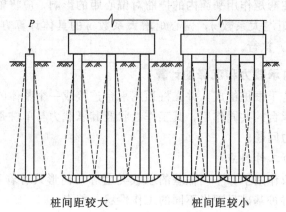

桩间距较大　　　　　桩间距较小

图 4.34　摩擦型群桩基础桩底平面的应力分布

影响群桩基础承载力和沉降的因素很复杂，与土的性质、桩长、桩距、桩数、群桩的平面排列和承台尺寸大小等因素有关。模型试验研究和现场测定结果表明，上述诸因素中，桩距大小的影响是主要的，其次是桩数。同时发现，当桩距较小、土质较坚硬时，在荷载作用下，桩间土与桩群作为一个整体而下沉，桩底下土层受压缩，破坏时呈"整体破坏"，即指桩、土形成整体，破坏状态类似一个实体深基础。而当桩距足够大、土质较软时，桩与土之间产生剪切变形，桩群呈"刺入破坏"。在一般情况下，群桩基础兼有这两种性状。现通常认为当桩数较少（$n<4$ 根）、桩距 S_a 较大（$S_a>6$ 倍桩径）时，可不考虑群桩效应。

（3）承台底面土对荷载的分担作用

对于低桩承台群桩基础，承台底面土有可能会参与工作，与桩共同起作用。由于承台底面土的反力将会分担部分外荷载，从而影响桩的承载能力。传统的方法认为，荷载全部由桩承担，承台下的地基土不分担荷载，但近 20 多年来的大量研究表明，许多建筑物的低桩承台不同程度的起到分担外荷载的作用，承载的比例随着桩群的几何特征和承台下土性的差异而有较大幅度的变化。对于符合下列条件之一的摩擦型桩基，宜考虑承台效应确定其复合基桩的竖向承载力特征值。

① 上部结构整体刚度较好、体型简单的建（构）筑物；

② 对差异沉降适应性较强的排架结构和柔性构筑物；

③ 按变刚度调平原则设计的桩基刚度相对弱化区；

④ 软土地基的减沉复合疏桩基础。

但当承台底为可液化土、湿陷性土、高灵敏度软土、欠固结土、新填土时，沉桩引起超孔隙水压力和土体隆起时，则不考虑承台效应。

4.4.3.2 群桩基础的竖向承载力计算

根据前面的论述可知，对于桩的中心间距 $S_a\leqslant6d$ 的摩擦型群桩基础，由于桩间的应力重叠现象以及承台底面土对外荷载的分担作用，其承载力的确定应考虑群桩效应。以下就

《建筑桩基技术规范》和《公路桥涵地基基础设计规范》推荐的方法分别进行叙述。

(1)《建筑桩基技术规范》

《建筑桩基技术规范》将考虑承台底土阻力的群桩桩基定义为复合桩基。规范指出:对于端承型桩基、根数少于 4 根的摩擦型柱下独立桩基或由于地层土性、使用条件等因素不宜考虑承台效应时,群桩中的基桩竖向承载力特征值取单桩竖向承载力特征值,即

$$R = R_a \tag{4.100}$$

式中 R——群桩中基桩的竖向承载力特征值,kN;

R_a——单桩竖向承载力特征值,kN。

对于需要考虑承台效应的群桩基础,其基桩竖向承载力特征值可按下列公式确定

不考虑地震作用时: $$R = R_a + \eta_c f_{ak} A_c \tag{4.101}$$

考虑地震作用时: $$R = R_a + \frac{\zeta_a}{1.25} \eta_c f_{ak} A_c \tag{4.102}$$

式中 η_c——承台效应系数,可按表 4.23 取值;

f_{ak}——承台下 1/2 承台宽度且不超过 5m 深度范围内各层土的地基承载力特征值按厚度加权的平均值;

A——承台计算域面积。对于柱下独立桩基,A 为承台总面积;对于桩筏基础,A 为柱、墙筏板的 1/2 跨距和悬臂边 2.5 倍筏板厚度所围成的面积;对于桩集中布置于单片墙下的桩筏基础,取墙两边各 1/2 跨距围成的面积,按条形承台计算 η_c;

A_c——计算基桩所对应的承台底净面积,$A_c = (A - nA_{ps})/n$;

A_{ps}——桩身截面面积;

ζ_a——地基抗震承载力调整系数,按现行国家标准《建筑抗震设计规范》GB 50010 采用。

表 4.23 承台效应系数 η_c

B_c/l \ S_a/d	3	4	5	6	>6
≤0.4	0.06~0.08	0.14~0.17	0.22~0.26	0.32~0.38	0.50~0.80
0.4~0.8	0.08~0.10	0.17~0.20	0.26~0.30	0.38~0.44	
>0.8	0.10~0.12	0.20~0.22	0.30~0.34	0.44~0.50	
单排桩条形承台	0.15~0.18	0.25~0.30	0.38~0.45	0.50~0.60	

注:1. 表中 S_a/d 为桩中心距与桩径之比;B_c/l 为承台宽度与桩长之比。当计算基桩为非正方形排列时,$S_a = \sqrt{A/n}$,为承台计算域面积,n 为总桩数。

2. 对于桩布置于墙下的箱、筏承台,η_c 可按单排桩条基取值。

3. 对于单排桩条形承台,当承台宽度小于 $1.5d$ 时,η_c 按非条形承台取值。

4. 对于采用后注浆灌注桩的承台,η_c 宜取低值。

5. 对于饱和黏性土中的挤土桩基、软土地基上的桩基承台,η_c 宜取低值的 0.8 倍。

(2)《公路桥涵地基基础设计规范》

由柱桩组成的群桩基础,群桩承载力等于单桩承载力之和,群桩效应可以忽略不计,不

需要进行群桩承载力验算。即使由摩擦桩组成的群桩基础，当桩距≥6倍桩径时，也是只要验算单桩的承载力就可以了。但当不满足规范条件要求时，除了验算单桩承载力外，还需要验算桩底持力层的承载力。持力层下有软弱土层时，还应验算软弱下卧层的承载力。

对于9根桩及9根桩以上的多排摩擦群桩在桩端平面内桩距小于6倍桩径时（如图4.35），将桩基础视为相当于 $cdea$ 范围内的实体基础，认为桩侧外力以 $\varphi/4$ 角向下扩散，可按下式验算桩底平面处土层的承载力。

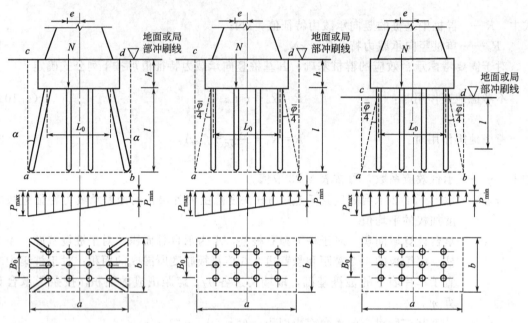

图4.35 群桩作为整体基础计算示意图

① 当轴心受压时

$$p=\bar{\gamma}l+\lambda h-\frac{BL\gamma h}{A}+\frac{N}{A}\leqslant[f_a]\tag{4.103}$$

② 当偏心受压时，除满足式(4.103)外，还应满足下列条件

$$p_{\max}=\bar{\gamma}l+\lambda h-\frac{BL\gamma h}{A}+\frac{N}{A}\left(1+\frac{eA}{W}\right)\leqslant\gamma_R[f_a]\tag{4.104}$$

$$A=a\times b\tag{4.105}$$

当桩的斜度 $\alpha\leqslant\dfrac{\bar{\varphi}}{4}$ 时

$$a=L_0+d+2l\tan\frac{\bar{\varphi}}{4}\tag{4.106}$$

$$b=B_0+d+2l\tan\frac{\bar{\varphi}}{4}\tag{4.107}$$

$$\bar{\varphi}=\frac{\varphi_1 l_1+\varphi_2 l_2+\cdots+\varphi_n l_n}{l}\tag{4.108}$$

当桩的斜度 $\alpha>\dfrac{\bar{\varphi}}{4}$ 时

$$a = L_0 + d + 2l\tan\alpha \qquad (4.109)$$

$$b = B_0 + d + 2l\tan\alpha \qquad (4.110)$$

式中 p、p_{max}——桩端平面处的最大压应力，kPa；

    $\bar{\gamma}$——承台底面包括桩的重力在内至桩端平面土的平均重度，kN/m³；

    l——桩的深度，m；

    γ——承台底面以上土的重度，kN/m³；

  L、B——承台的长度、宽度，m；

    N——作用于承台底面合力的竖向分力，kN；

    A——假想的实体基础在桩端平面处的计算面积，即 $a \times b$（见图 4.35），m²；

  a、b——假想的实体基础在桩端平面处的计算长度和宽度，m；

L_0、B_0——外围桩中心围成矩形轮廓的长度、宽度，m；

    D——桩的直径，m；

    W——假想的实体基础在桩端平面处的截面抵抗矩，m³；

    E——作用于承台底面合力的竖向分力对桩端平面处计算面积形心轴的偏心距，m；

    $\bar{\varphi}$——基桩所穿过土层的平均土内摩擦角；

  $\varphi_i l_i$——各层土的内摩擦角与相应土层厚度的乘积；

  $[f_a]$——修正后桩端平面处土的承载力容许值，应经过埋深 $h+l$ 修正；

    h——承台的高度（m），对图 4.35 所示的高承台桩基，$h=0$，埋置深度即为 l；

    γ_R——抗力系数。

4.4.3.3 桩基础的沉降计算

（1）《建筑桩基规范》对桩基础沉降的计算

① 桩中心距不大于 6 倍桩径的桩基础　对于桩中心距不大于 6 倍桩径的桩基，其最终沉降量计算可采用等效作用分层总和法。等效作用面位于桩端平面，等效作用面积为桩承台投影面积，等效作用附加压力近似取承台底平均附加压力。等效作用面以下的应力分布采用各向同性均质直线变形体理论。计算模式如图 4.36 所示，桩基任一点最终沉降量可用角点法按下式计算

$$s = \psi \cdot \psi_e \cdot s'$$

$$= \psi \cdot \psi_e \cdot \sum_{j=1}^{m} p_{0j} \sum_{i=1}^{n} \frac{z_{ij}\,\bar{\alpha}_{ij} - z_{(i-1)j}\,\bar{\alpha}_{(i-1)j}}{E_{si}}$$

$$(4.111)$$

式中 s——桩基最终沉降量，mm；

      s'——采用布辛奈斯克解，按实体深基础分层总和法计算出的桩基沉降量，mm；

      ψ——桩基沉降计算经验系数，当无当地可靠经验时可按桩基规范确定；

      ψ_e——桩基等效沉降系数，可按桩基

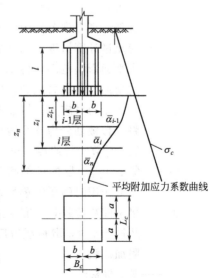

图 4.36 桩基沉降计算示意图

规范确定；

m——角点法计算点对应的矩形荷载分块数；

p_{0j}——第 j 块矩形底面在荷载效应准永久组合下的附加压力，kPa；

n——桩基沉降计算深度范围内所划分的土层数；

E_{si}——等效作用面以下第 i 层土的压缩模量，（MPa），采用地基土在自重压力至自重压力加附加压力作用时的压缩模量；

z_{ij}、$z_{(i-1)j}$——桩端平面第 j 块荷载作用面至第 i 层土、第 i-1 层土底面的距离，m；

$\bar{\alpha}_{ij}$、$\bar{\alpha}_{(i-1)j}$——桩端平面第 j 块荷载计算点至第 i 层土、第 i-1 层土底面深度范围内平均附加应力系数，可按桩基规范确定。

② 单桩、单排桩、疏桩基础

a. 承台底地基土不分担荷载的桩基。桩端平面以下地基中由基桩引起的附加应力，按考虑桩径影响的明德林解（附录 F）计算确定。将沉降计算点水平面影响范围内各基桩对应力计算点产生的附加应力叠加，采用单向压缩分层总和法计算土层的沉降，并计入桩身压缩 s_e。桩基的最终沉降量可按下列公式计算

$$s = \psi \sum_{i=1}^{n} \frac{\sigma_{zi}}{E_{si}} \Delta z_i + s_e \tag{4.112}$$

$$\sigma_{zi} = \sum_{j=1}^{m} \frac{Q_j}{l_j^2} [\alpha_j I_{p,ij} + (1-\alpha_j) I_{s,ij}] \tag{4.113}$$

$$s_e = \xi_e \frac{Q_j l_j}{E_c A_{ps}} \tag{4.114}$$

b. 承台底地基土分担荷载的复合桩基。将承台底土压力对地基中某点产生的附加应力按布辛奈斯克解计算，与基桩产生的附加应力叠加，其最终沉降量可按下列公式计算

$$s = \psi \sum_{i=1}^{n} \frac{\sigma_{zi} + \sigma_{zci}}{E_{si}} \Delta z_i + s_e \tag{4.115}$$

$$\sigma_{zci} = \sum_{k=1}^{u} \alpha_{ki} \cdot p_{ck} \tag{4.116}$$

式中 m——以沉降计算点为圆心，0.6 倍桩长为半径的水平面影响范围内的基桩数；

n——沉降计算深度范围内土层的计算分层数；分层数应结合土层性质，分层厚度不应超过计算深度的 0.3 倍；

σ_{zi}——水平面影响范围内各基桩对应力计算点桩端平面以下第 i 层土 1/2 厚度处产生的附加竖向应力之和；应力计算点应取与沉降计算点最近的桩中心点；

σ_{zci}——承台压力对应力计算点桩端平面以下第 i 计算土层 1/2 厚度处产生的应力；可将承台板划分为 u 个矩形块，可按本规范附录 D 采用角点法计算；

Δz_i——第 i 计算土层厚度，m；

E_{si}——第 i 计算土层的压缩模量（MPa），采用土的自重压力至土的自重压力加附加压力作用时的压缩模量；

Q_j——第 j 桩在荷载效应准永久组合作用下，桩顶的附加荷载（kN）；当地下室埋深超过 5m 时，取荷载效应准永久组合作用下的总荷载为考虑回弹再压缩的等代附加荷载；

l_j——第 j 桩桩长，m；

A_{ps}——桩身截面面积；

α_j——第 j 桩总桩端阻力与桩顶荷载之比，近似取极限总端阻力与单桩极限承载力之比；

$I_{p,ij}$, $I_{s,ij}$——分别为第 j 桩的桩端阻力和桩侧阻力对计算轴线第 i 计算土层 1/2 厚度处的应力影响系数，可按《桩基技术规范》附录 F 确定；

E_c——桩身混凝土的弹性模量；

$p_{c,k}$——第 k 块承台底均布压力，可按 $p_{c,k} = \eta_{c,k} \cdot f_{ak}$ 取值，其中 $\eta_{c,k}$ 为第 k 块承台底板的承台效应系数，可按表 4.23 确定；f_{ak} 为承台底地基承载力特征值；

α_{ki}——第 k 块承台底角点处，桩端平面以下第 i 计算土层 1/2 厚度处的附加应力系数，可按《桩基技术规范》附录 D 确定；

s_e——计算桩身压缩；

ξ_e——桩身压缩系数。端承型桩，取 $\xi_e = 1.0$；摩擦型桩，当 $l/d \leqslant 30$ 时，取 $\xi_e = 2/3$；$l/d \geqslant 50$ 时，取 $\xi_e = 1/2$；介于两者之间可线性插值；

ψ——沉降计算经验系数，无当地经验时，可取 1.0。

对于单桩、单排桩、疏桩复合桩基础的最终沉降计算深度 Z，可按应力比法确定，即 Z_n 处由桩引起的附加应力 σ_z、由承台土压力引起的附加应力 σ_{zc} 与土的自重应力 σ_c 应符合下式要求

$$\sigma_z + \sigma_{zc} = 0.2\sigma_c \qquad (4.117)$$

（2）《公路桥涵地基与基础设计规范》对桩基础沉降的计算

《公路桥涵地基与基础设计规范》（JTG D63—2007）规定对端承型群桩基础或桩端平面内桩的中心距大于桩径（或边长）的 6 倍的摩擦型群桩基础，桩基的总沉降量可取单桩的沉降量。对于桩中心间距小于 6 倍桩径的摩擦型群桩基础，或桩端持力层下存在软弱土层，或遇有重要的对基础沉降有特殊要求的建筑物时，不但要验算单桩的沉降量，还应考虑群桩效应，对群桩桩基进行沉降量验算。其验算方法按照等效分层总合法计算地基的压缩沉降量，并应考虑桩身的压缩量。

$$s = \psi_s s_0 = \psi_s \sum_{i=1}^{n} \frac{p_0}{E_{si}} (z_i \bar{\alpha}_i - z_{i-1} \bar{\alpha}_{i-1})$$
$$p_0 = p - \gamma h \qquad (4.118)$$

式中　s——地基最终沉降量，mm；

s_0——按分层总和法计算的地基沉降量，mm；

ψ_s——沉降计算经验系数，根据地区沉降观测资料及经验确定，缺少沉降观测资料及经验数据时，可按表 4.24 选用；

p_0——对应于荷载长期效应组合时的基础底面处的附加应力，kPa；

γ——桩尖以上土的平均重度，kN/m³；

h——桩尖至地面（或一般冲刷线）的距离，m。

其余符号详见《公路桥涵地基与基础设计规范》。

表 4.24　沉降计算经验系数 ψ_s

基底附加应力　　　$\bar{E}_s$/MPa	2.5	4.0	7.0	15.0	20.0
$p_0 \geqslant [f_{a0}]$	1.4	1.3	1.0	0.4	0.2
$p_0 \leqslant 0.75 [f_{a0}]$	1.1	1.0	0.7	0.4	0.2

4.5　桩的水平承载力

桩的水平承载力指桩在水平力和弯矩作用下，能够保持桩自身和桩周土体的强度与稳定性，并且桩顶的水平位移不超过建筑物正常使用范围时所能承受的最大荷载。桩在水平力和弯矩作用下的工作情况较轴向受力时要复杂些，作用于桩基上的水平荷载类型主要有风荷载、汽车制动力、挡土结构上的土压力、拱脚结构上的拱脚推力、水平地震作用等。

4.5.1　水平荷载作用下，桩的破坏机理和特点

桩在水平荷载作用下，桩身产生横向位移或挠曲，并与桩侧土协调变形。桩身对土产生侧向压应力，同时桩侧土反作用于桩，产生侧向土抗力。桩土共同作用，互相影响。

为了确定桩的水平承载力，应对桩在水平荷载作用下的工作性状和破坏机理作一分析。通常有下列两种情况。

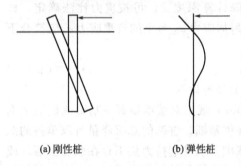

(a) 刚性桩　　　　　　　(b) 弹性桩

图 4.37　桩在水平力作用下变形示意图

第一种情况，当桩径较大，入土深度较小或周围土层较松软，即桩的刚度远大于土层刚度，桩的相对刚度较大时，受水平力作用时桩身挠曲变形不明显，如同刚体一样围绕桩轴某一点转动［如图 4.37（a）］。如果不断增大水平荷载，则可能由于桩侧土强度不够而失稳，使桩丧失承载的能力或破坏。因此，基桩的水平承载力容许值可能由桩侧土的强度及稳定性决定。

第二种情况，当桩径较小，入土深度较大或周围土层较坚实，即桩的相对刚度较小时，由于桩侧土有足够大的抗力，桩身发生挠曲变形，其侧向位移随着入土深度增大而逐渐减小，以至达到一定深度后，几乎不受荷载影响。形成一端嵌固的地基梁，桩的变形呈图 4.37（b）所示的波状曲线。如果不断增大水平荷载，可使桩身在较大弯矩处发生断裂或使桩发生过大的侧向位移超过了桩或结构物的容许变形值。因此，基桩的水平承载力容许值将由桩身材料的抗剪强度或侧向变形条件决定。

以上是桩顶自由的情况，当桩顶受约束而呈嵌固条件时，桩的内力和位移情况以及桩的水平承载力仍可由上述两种条件确定。

4.5.2　单桩水平承载力特征值（容许值）的确定方法

《建筑桩基技术规范》规定单桩的水平承载力特征值的确定应符合下列规定。

① 对于受水平荷载较大的设计等级为甲级、乙级的建筑桩基，单桩水平承载力特征值应通过单桩水平静载试验确定。

② 对于钢筋混凝土预制桩、钢桩、桩身正截面配筋率不小于 0.65％的灌注桩，可根据静载试验结果取地面处水平位移为 10mm（对于水平位移敏感的建筑物取水平位移 6mm）所对应的荷载的 75％为单桩水平承载力特征值。

③ 对于桩身配筋率小于 0.65％的灌注桩，可取单桩水平静载试验临界荷载的 75％为单桩水平承载力特征值。

④ 当缺少单桩水平静载试验资料时，可按下列公式估算桩身配筋率小于 0.65％的灌注桩的单桩水平承载力特征值

$$R_{ha}=\frac{0.75\alpha\gamma_m f_t W_0}{\nu_M}(1.25+22\rho_g)\left(1\pm\frac{\zeta_N\cdot N}{\gamma_m f_t A_n}\right) \tag{4.119}$$

式中　α——桩的水平变形系数；

　　R_{ha}——单桩水平承载力特征值，"$\pm$"号根据桩顶竖向力性质确定，压力取"$+$"，拉力取"$-$"；

　　γ_m——桩截面模量塑性系数，圆形截面 $\gamma_m=2$，矩形截面 $\gamma_m=1.75$；

　　f_t——桩身混凝土抗拉强度设计值；

　　W_0——桩身换算截面受拉边缘的截面模量，圆形截面为

$$W_0=\frac{\pi d}{32}[d^2+2(\alpha_E-1)\rho_g d_0^2]，方形截面为：W_0=\frac{b}{6}[b^2+2(\alpha_E-1)\rho_g b_0^2]$$

式中　d——桩直径，d_0 为扣除保护层厚度的桩直径；b 为方形截面边长，b_0 为扣除保护层厚度的桩截面宽度；α_E 为钢筋弹性模量与混凝土弹性模量的比值；

　　ν_M——桩身最大弯矩系数，按表 4.25 取值，当单桩基础和单排桩基纵向轴线与水平力方向相垂直时，按桩顶铰接考虑；

　　ρ_g——桩身配筋率；

　　A_n——桩身换算截面积，圆形截面为 $A_n=\frac{\pi d^2}{4}[1+(\alpha_E-1)\rho_g]$；方形截面为 $A_n=b^2[1+(\alpha_E-1)\rho_g]$；

　　ζ_N——桩顶竖向力影响系数，竖向压力取 0.5；竖向拉力取 1.0；

　　N——在荷载效应标准组合下桩顶的竖向力，kN。

表 4.25　桩顶（身）最大弯矩系数 ν_M 和桩顶水平位移系数 ν_x

桩顶约束情况	桩的换算埋深/(αh)	ν_M	ν_x
铰接、自由	4.0	0.768	2.441
	3.5	0.750	2.502
	3.0	0.703	2.727
	2.8	0.675	2.905
	2.6	0.639	3.163
	2.4	0.601	3.526
固接	4.0	0.926	0.940
	3.5	0.934	0.970
	3.0	0.967	1.028
	2.8	0.990	1.055
	2.6	1.018	1.079
	2.4	1.045	1.095

注：1. 铰接（自由）的 ν_M 系桩身的最大弯矩系数，固接的 ν_M 系桩顶的最大弯矩系数。

2. 当 $\alpha h>4$ 时取 $\alpha h=4$。

⑤ 对于混凝土护壁的挖孔桩，计算单桩水平承载力时，其设计桩径取护壁内直径。

⑥ 当桩的水平承载力由水平位移控制，且缺少单桩水平静载试验资料时，可按下式估算预制桩、钢桩、桩身配筋率不小于 0.65% 的灌注桩单桩水平承载力特征值

$$R_{ha}=0.75\frac{\alpha^3 EI}{\nu_x}x_{0a} \tag{4.120}$$

式中　EI——桩身抗弯刚度，对于钢筋混凝土桩，$EI=0.85E_c I_0$；其中 I_0 为桩身换算截面惯性矩：圆形截面为 $I_0=W_0 d_0/2$；矩形截面为 $I_0=W_0 b_0/2$；

x_{0a} —— 桩顶允许水平位移；

ν_x —— 桩顶水平位移系数，按表 4.25 取值，取值方法同 ν_M。

⑦ 对于群桩基础（不含水平力垂直于单排桩基纵向轴线和力矩较大的情况）的基桩水平承载力特征值应考虑由承台、桩群、土相互作用产生的群桩效应，其水平承载力容许值 R_h 可按下述公式确定

$$R_h = \eta_h R_{ha} \tag{4.121}$$

式中 η_h —— 群桩效应综合系数，可按《建筑桩基规范》确定。

4.5.3 水平静载试验

桩的水平静载试验是确定桩的水平承载力的较可靠的方法，也是常用的研究分析试验方法。试验是在现场进行，所确定的单桩水平承载力和地基土的水平抗力系数最符合实际情况。如果预先已在桩身埋有量测元件，则可测定出桩身应力变化，并由此求得桩身弯矩分布。

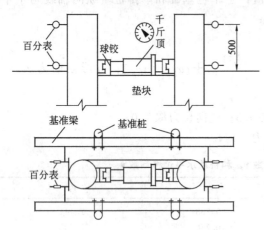

图 4.38 桩水平静载试验装置
示意图（尺寸单位：mm）

（1）试验装置

试验装置如图 4.38 所示，包括加荷系统和位移观测系统。加荷系统采用水平千斤顶同时对两根桩进行加荷，其施力点位置宜放在实际受力点位置；位移观测系统采用基准支架安装百分表或电感位移计。固定百分表或位移计的基准桩宜设在试桩侧面靠位移的反方向，与试桩的净距不小于 1 倍试桩直径。

（2）加荷方式

对于承受反复水平荷载（风荷载、地震作用、制动力和波浪冲击力等循环性荷载）的桩基，宜采用单向多循环加卸载方式，这种加载方式比较常用。测试方法为：取预估横向极限荷载的 $1/10 \sim 1/15$ 作为每级荷载的加载增量，每级荷载施加后保持 4min，测读水平位移，然后卸载至零，待 2min 后测读残余水平位移，至此完成一个加载循环，每级荷载均按以上过程反复 5 次，即完成该级水平荷载试验，开始下一级加载，直到桩达到极限荷载或设计要求为止。

对承受长期作用水平荷载的桩基，宜采用慢速维持荷载法。荷载分级与单向多循环加卸载方式相同，每级荷载施加后维持其恒定值，并按 5min、10min、15min、30min、45min、60min 测读水平位移，直至每小时的水平位移增量小于 0.1mm，开始加下一级荷载，这样连续加至极限荷载。

（3）终止加载的条件

当出现下列情况之一时，认为桩已破坏，可终止加载。

① 桩身已断裂；

② 桩顶水平位移超过 $30 \sim 40$mm（软土取 40mm）。

（4）单桩水平临界荷载和极限荷载的确定

① 绘制试验曲线   根据不同的实验方法，可绘制有关实验成果曲线。对于循环加载法，一般绘制"水平力-时间-位移"（H_0-T-U_0）曲线（见图 4.39）。慢速维持荷载法常绘制水平

力-位移梯度（H_0-$\Delta U_0/\Delta H_0$）曲线（见图 4.40）。

② 水平临界荷载 H_{cr} 的确定 单桩水平临界荷载 H_{cr} 指桩受拉区混凝土开裂退出工作前的荷载，可按下列方法确定。

a. 取 H_0-T-U_0 曲线突变点的前一级荷载为 H_{cr}（见图 4.39）；

b. 取 H_0-$\Delta U_0/\Delta H_0$ 曲线第一直线段的终点对应的荷载为 H_{cr}（见图 4.40）。

③ 单桩水平极限荷载 H_u 的确定 单桩水平极限荷载指桩身材料破坏或产生结构所能承受的最大变形前的最大荷载，可按下列方法综合确定。

a. 取 H_0-T-U_0 曲线明显陡降的前一级荷载（见图 4.39）；

b. 取 H_0-$\Delta U_0/\Delta H_0$ 曲线第二直线段的终点对应的荷载（见图 4.40）。

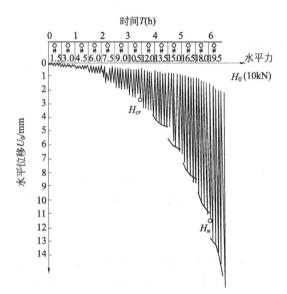

图 4.39 荷载-时间-位移（H_0-T-U_0）曲线

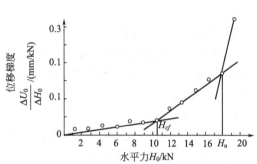

图 4.40 水平力-位移梯度曲线

4.6 承台设计

除单桩基础外，单排桩和群桩基础均需要设置承台。承台应有足够的强度和刚度，以便把上部结构的荷载传递给各个桩，并将各单桩连接成整体。

承台的设计主要包括确定承台的平面和剖面形状、承台的厚度、承台的配筋以及承台的强度验算。本书按照《建筑桩基技术规范》和《公路桥涵地基与基础设计规范》分别进行讲述。

4.6.1 《建筑桩基技术规范》对承台设计的要求

4.6.1.1 承台的平面和剖面形状

承台的平面形状如图 4.41 所示，它一般是由上部结构和桩的数量及布桩形式决定的。如果是墙下桩基，承台就可做成条形承台；如果是柱下桩基，承台可采用独立矩形或三角形承台。承台剖面形状可选用板式、锥式或台阶式。

对于柱下独立桩基承台，为满足桩与承台的嵌固及斜截面承载力的要求，要求承台最小宽度不应小于 500mm，桩中心至承台边缘的距离不宜小于桩的直径或边长，边缘挑出部分不应小于 150mm，对于墙下条形承台梁，考虑到墙体与承台梁共同工作可增强承台梁的整体刚度，其边缘挑出部分不应小于 75mm。

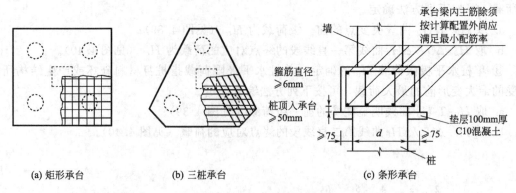

图 4.41　承台内的钢筋布置

　　为满足承台的基本刚度、桩与承台的连接构造等，要求柱下独立桩基承台的最小厚度不应小于 300mm，高层建筑平板式筏形基础承台最小厚度不应小于 400mm，多层建筑墙下布桩的筏形承台的最小厚度不应小于 200mm。

4.6.1.2　承台的构造要求

　　（1）混凝土强度等级

　　承台混凝土强度等级应满足结构混凝土耐久性的要求，对设计使用年限为 50 年的承台，a 类环境时不应低于 C25，b 类环境时不应低于 C30。有抗渗要求时，混凝土的抗渗等级应符合有关规定的要求。

　　（2）配筋

　　柱下独立桩基承台纵向受力钢筋应通长配置 [见图 4.41（a）]，对四桩以上（含四桩）承台宜按双向均匀布置，对三桩的三角形承台应按三向板带均匀布置，为提高承台中部的抗裂性能，最里面的三根钢筋围成的三角形应在柱截面范围内 [见图 4.41（b）]。纵向钢筋锚固长度自边桩内侧（当为圆桩时，应将其直径乘以 0.8 等效为方桩）算起，不应小于 $35d_g$（d_g 为钢筋直径）；当不满足时应将纵向钢筋向上弯折，此时水平段的长度不应小于 $25d_g$，弯折段长度不应小于 $10d_g$。承台纵向受力钢筋的直径不应小于 12mm，间距不应大于200mm。最小配筋率不应小于 0.15％。

　　条形承台梁的纵向主筋直径不应小于 12mm，架立筋直径不应小于 10mm，箍筋直径不应小于 6mm。承台梁端部纵向受力钢筋的锚固长度及构造应与柱下多桩承台的规定相同。

　　筏形承台板或箱形承台板在计算中当仅考虑局部弯矩作用时，考虑到整体弯曲的影响，在纵横两个方向的下层钢筋配筋率不宜小于 0.15％；上层钢筋应按计算配筋率全部连通。当筏板的厚度大于 2000mm 时，宜在板厚中间部位设置直径不小于 12mm、间距不大于300mm 的双向钢筋网。

　　（3）混凝土保护层厚度

　　承台底面钢筋的混凝土保护层厚度，当有混凝土垫层时，不应小于 50mm，无垫层时不应小于 70mm；此外尚不应小于桩头嵌入承台内的长度。

　　（4）桩与承台的连接构造

　　桩与承台的连接构造应符合下列规定：桩嵌入承台内的长度对中等直径桩不宜小于50mm；对大直径桩不宜小于 100mm；混凝土桩的桩顶纵向主筋应锚入承台内，其锚入长度不宜小于 35 倍纵向主筋直径；对于大直径灌注桩，当采用一柱一桩时可设置承台或将桩与柱直接连接。

4.6.1.3　承台桩顶处的局部受压验算

桩顶作用于承台混凝土的压力，如不考虑桩身与承台混凝土间的黏结力，局部承压时可按下式计算

$$P_l \leqslant 1.35\beta_c\beta f_c A_1 \tag{4.122}$$

式中　P_l——承台内一根基桩承受的最大压力设计值；

　　　β_c——混凝土强度影响系数，当混凝土强度不大于 C50 时取 1.0，大于 C80 时取 0.8；

　　　β——局部承压强度提高系数，具体计算方法参见《混凝土结构设计规范》（GB 50010—2010）；

　　　f_c——混凝土轴心抗压强度设计值；

　　　A_1——承台内基桩桩顶横截面面积。

4.6.1.4　承台的冲切承载力验算

（1）柱或墩台向下冲切承台

柱或墩台向下冲切承台所形成的冲切破坏锥体为自柱（或墩台）边或承台变阶处至相应桩顶边缘连线所构成的锥体，锥体斜面与承台底面之夹角应≥45°（见图 4.42），其冲切承载力可按下式计算

$$F_l \leqslant 2\left[\beta_{0x}(b_c+a_{0y})+\beta_{0y}(h_c+a_{0x})\right]\beta_{hp}f_t h_0 \tag{4.123}$$

$$F_l = F - \sum Q_i \tag{4.124}$$

$$\beta_{0x} = \frac{0.84}{\lambda_{0x}+0.2} \tag{4.125}$$

$$\beta_{0y} = \frac{0.84}{\lambda_{0y}+0.2} \tag{4.126}$$

式中　F_l——不计承台及其上土重，在荷载效应基本组合下作用于冲切破坏锥体上的冲切力设计值；

　　　F——不计承台及其上土重，在荷载效应基本组合作用下柱（墙）底的竖向荷载设计值；

　　$\sum Q_i$——不计承台及其上土重，在荷载效应基本组合下冲切破坏锥体内各基桩或复合基桩的反力设计值之和。

　　　β_0——柱（墙）冲切系数；

　　　λ——冲跨比，$\lambda_{0x}=a_{0x}/h_0$，$\lambda_{0y}=a_{0y}/h_0$，a_{0x}、a_{0y} 为柱（墙）边或承台变阶处到桩边水平距离（见图 4.42）；当 $\lambda<0.25$ 时，取 $\lambda=0.25$；当 $\lambda>1.0$ 时，取 $\lambda=1.0$；

　　　h_0——承台冲切破坏锥体的有效高度；

　h_c、b_c——分别为 x、y 方向的柱截面的边长；

　　　β_{hp}——承台受冲切承载力截面高度影响系数，当 $h\leqslant800\text{mm}$ 时，β_{hp} 取 1.0，$h\geqslant2000\text{mm}$ 时，β_{hp} 取 0.9，其间按线性内插法取值；

　　　f_t——承台混凝土抗拉强度设计值。

对于柱下矩形独立阶型承台受上阶冲切的承载力验算方法同上，计算时 h_c、b_c 应分别

取 x、y 方向承台上阶边长（见图 4.42 中的 h_1、b_1）；a_{0x}、a_{0y} 分别取 x、y 方向承台上阶边至最近桩边的水平距离（见图 4.42 中的 a_{1x}、a_{1y}）。

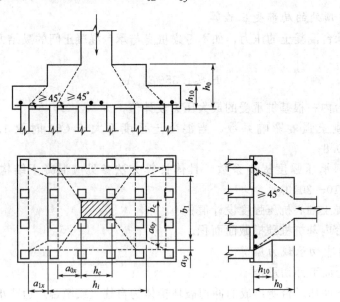

图 4.42　柱下承台的冲切验算

对于柱下两桩承台不需进行冲切承载力验算，宜按深受弯构件计算受弯、受剪承载力。

（2）角桩对承台的冲切验算

对位于柱（墙）冲切破坏锥体以外的基桩，还应考虑角桩对承台的冲切作用，并按下列规定进行基桩冲切验算。

① 四桩以上（含四桩）承台受角桩冲切的承载力可按下列公式计算

$$N_l \leqslant [\beta_{1x}(c_2 + a_{1y}/2) + \beta_{1y}(c_1 + a_{1x}/2)]\beta_{hp}f_t h_0 \tag{4.127}$$

$$\beta_{1x} = \frac{0.56}{\lambda_{1x} + 0.2} \tag{4.128}$$

$$\beta_{1y} = \frac{0.56}{\lambda_{1y} + 0.2} \tag{4.129}$$

式中　　N_l——不计承台及其上土重，在荷载效应基本组合作用下角桩（含复合基桩）反力设计值；

　　　β_{1x}、β_{1y}——角桩冲切系数；

　　　λ_{1x}、λ_{1y}——角桩冲跨比，$\lambda_{1x} = a_{1x}/h_0$，$\lambda_{1y} = a_{1y}/h_0$，其值均应满足 $0.25 \sim 1.0$ 的要求；

　　　a_{1x}、a_{1y}——从承台底角桩顶内边缘引 45°冲切线与承台顶面相交点至角桩内边缘的水平距离；当柱（墙）边或承台变阶处位于该 45°线以内时，则取由柱（墙）边或承台变阶处与桩内边缘连线为冲切锥体的锥线（见图 4.43）；

　　　h_0——承台外边缘的有效高度。

② 对于三桩三角形承台可按下列公式计算受角桩冲切的承载力（见图 4.44）

$$底部角桩 \quad N_l \leqslant \beta_{11}(2c_1 + a_{11})\beta_{hp}\tan\frac{\theta_1}{2}f_t h_0 \tag{4.130}$$

$$\beta_{11} = \frac{0.56}{\lambda_{11} + 0.2} \tag{4.131}$$

顶部角桩
$$N_l \leqslant \beta_{12}(2c_2 + a_{12})\beta_{hp}\tan\frac{\theta_2}{2}f_t h_0 \tag{4.132}$$

$$\beta_{12} = \frac{0.56}{\lambda_{12} + 0.2} \tag{4.133}$$

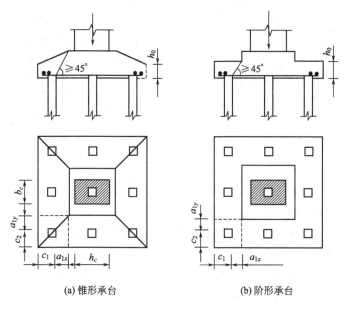

(a) 锥形承台　　　　　　　　　　(b) 阶形承台

图 4.43　四桩以上承台的角桩冲切验算

式中　λ_{11}、λ_{12}——角桩冲跨比，$\lambda_{11} = a_{11}/h_0$，$\lambda_{12} = a_{12}/h_0$，其值均应满足 0.25~1.0 的要求；

　　　a_{11}、a_{12}——从承台底角桩顶内边缘引 45°冲切线与承台顶面相交点至角桩内边缘的水平距离；当柱（墙）边或承台变阶处位于该 45°线以内时，则取由柱（墙）边或承台变阶处与桩内边缘连线为冲切锥体的锥线；

　　　c_1、c_2——角桩边缘到相邻承台虚拟角点的距离；

　　　θ_1、θ_2——三角形承台的底角和顶角。

③ 对于箱形、筏形承台，可按下列公式计算承台受内部基桩的冲切承载力（见图 4.45）

　　a. 基桩对筏形承台的冲切承载力验算可按下式计算
$$N_l \leqslant 2.8(b_p + h_0)\beta_{hp}f_t h_0 \tag{4.134}$$

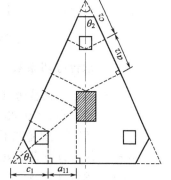

图 4.44　三桩三角形承台角桩冲切计算示意

　　b. 群桩对筏形承台的冲切承载力验算可按下式计算
$$\sum N_{li} \leqslant 2[\beta_{0x}(b_y + a_{0y}) + \beta_{0y}(b_x + a_{0x})]\beta_{hp}f_t h_0 \tag{4.135}$$

式中　β_{0x}、β_{0y}——由公式（4.125）、式（4.126）求得，其中 $\lambda_{0x} = a_{0x}/h_0$，$\lambda_{0y} = a_{0y}/h_0$，$\lambda_{0x}$、$\lambda_{0y}$ 均应满足 $0.25 \leqslant \lambda_{0x}$、$\lambda_{0y} \leqslant 1.0$ 的要求；

　　　N_l、$\sum N_{li}$——不计承台和其上土重，在荷载效应基本组合下，基桩或复合基桩的净反力设计值、冲切锥体内各基桩或复合基桩反力设计值之和。

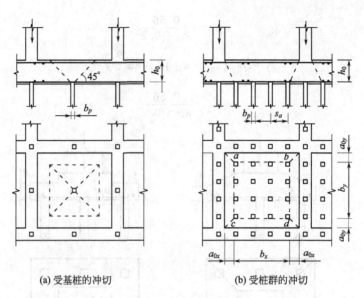

(a) 受基桩的冲切　　　　　　　　　　(b) 受桩群的冲切

图 4.45　基桩对筏形承台的冲切和墙对筏形承台的冲切计算示意

4.6.1.5　承台斜截面的抗剪切验算

（1）剪切破坏面为通过柱（墙）边和桩边连线形成的斜截面（图 4.46）

对于柱下矩形承台，验算承台斜截面的抗剪承载力时，应分别对柱的纵向和横向（x、y 向）两个方向进行计算；对于柱（墙）边外有多排桩形成多个剪切斜截面时，对每一个斜截面均要进行抗剪承载力验算。其剪切承载力应满足下式要求

$$V \leqslant \beta_{hs} \alpha f_t b_0 h_0 \tag{4.136}$$

式中　V——不计承台及其上土自重，在荷载效应基本组合下，斜截面的最大剪力设计值，可取抗剪计算截面一侧的桩顶净反力设计值总和；在图 4.46 中，截面 I—I 为 2 根桩的净反力之和，截面 II—II 为 3 根桩的净反力之和；

　　　　β_{hs}——承台受剪切承载力截面高度影响系数；$\beta_{hs} = \left(\dfrac{800}{h_0}\right)^{1/4}$ 当 $h_0 < 800\text{mm}$ 时取 $h_0 = 800\text{mm}$；当 $h_0 > 2000\text{mm}$ 时，取 $h_0 = 2000\text{mm}$；

　　　　α——承台剪切系数，$\alpha = \dfrac{1.75}{\lambda + 1}$，其中 λ 为计算的剪跨比，$\lambda_x = a_x/h_0$，$\lambda_y = a_y/h_0$，a_x，a_y 为柱边（墙边）或承台变阶处至 y、x 方向计算一排桩的桩边的水平距离，当 $\lambda < 0.25$ 时，取 $\lambda = 0.25$，当 $\lambda > 3$ 时，取 $\lambda = 3$；

　　　　f_t——混凝土轴心抗拉强度设计值，kPa；

　　　　b_0——承台计算截面处的计算宽度，m；

　　　　h_0——承台计算截面处的有效高度。

（2）剖面为阶梯形或锥形的柱下独立矩形承台

对于剖面为阶梯形或锥形的柱下独立矩形承台，仍按式(4.136)分别对柱边纵横两个方向的斜截面进行抗剪承载力验算，但其截面有效高度和计算宽度应按下述规定来确定。

①　对于阶梯形承台应分别在变阶处（A_1—A_1，B_1—B_1）及柱边处（A_2—A_2，B_2—B_2）进行斜截面抗剪承载力验算［见图 4.47（a）］。

计算变阶处截面 A_1—A_1，B_1—B_1 的斜截面抗剪承载力时，其截面有效高度均为 h_{10}，截面计算宽度分别为 b_{y1}、b_{x1}。

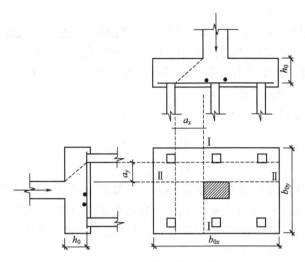

图 4.46　承台斜截面受剪计算示意

计算柱边截面 $A_2—A_2$，$B_2—B_2$ 的斜截面抗剪承载力时，其截面有效高度均为 $h_{10}+h_{20}$，截面计算宽度分别如下

对 $A_2—A_2$：
$$b_{y0}=\frac{b_{y1} \cdot h_{10}+b_{y2} \cdot h_{20}}{h_{10}+h_{20}} \tag{4.137}$$

对 $B_2—B_2$：
$$b_{x0}=\frac{b_{x1} \cdot h_{10}+b_{x2} \cdot h_{20}}{h_{10}+h_{20}} \tag{4.138}$$

② 对于锥形承台应对 $A—A$、$B—B$ 两个截面进行抗剪承载力验算［如图 4.47(b)］，截面有效高度均为 h_0，计算宽度分别如下

对 $A—A$
$$b_{y0}=\left[1-0.5\frac{h_{20}}{h_0}\left(1-\frac{b_{y2}}{b_{y1}}\right)\right]b_{y1} \tag{4.139}$$

对 $B—B$
$$b_{x0}=\left[1-0.5\frac{h_{20}}{h_0}\left(1-\frac{b_{x2}}{b_{x1}}\right)\right]b_{x1} \tag{4.140}$$

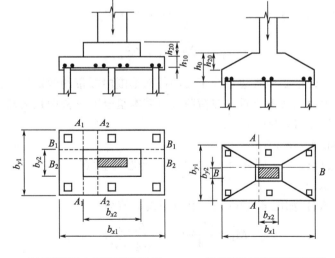

(a) 阶梯形承台斜截面抗剪验算　　　　(b) 锥形承台斜截面抗剪验算

图 4.47　矩形独立承台斜截面抗剪承载力验算示意图

4.6.1.6　承台的抗弯计算

承台在柱荷载作用下发生弯曲变形，当承台厚度较小而配筋量又较少时，为防止承台发生弯曲破坏，在承台底部应配置足够数量的钢筋，受弯承载力和配筋可按《混凝土结构设计规范》GB 50010—2010 中梁进行计算。而承台正截面弯矩设计值可按下列规定来确定。

（1）两桩条形承台和多桩矩形承台

弯矩计算截面取在柱边和承台高度变化处（见图 4.48）

$$M_x = \sum N_i y_i \tag{4.141}$$

$$M_y = \sum N_i x_i \tag{4.142}$$

式中　M_x、M_y——分别为绕 X 轴和绕 Y 轴方向计算截面处的弯矩设计值，kN·m；

　　　　x_i、y_i——垂直 Y 轴和 X 轴方向自桩轴线到相应计算截面的距离，m；

　　　　N_i——不计承台及其上土重，在荷载效应基本组合下的第 i 基桩或复合基桩竖向反力设计值，kN。

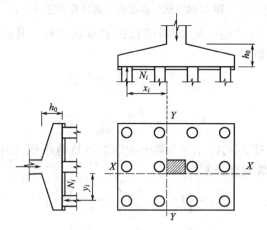

图 4.48　柱下独立矩形承台弯矩计算图

（2）等边三桩承台

对于等边三桩承台［如图 4.49（a）］，其弯矩设计值为

$$M = \frac{N_{max}}{3}\left(s_a - \frac{\sqrt{3}}{4}c\right) \tag{4.143}$$

式中　M——通过承台形心至各边边缘正交的截面范围内板带的弯矩设计值，kN·m；

　　　　N_{max}——不计承台及其上土重，在荷载效应基本组合下三桩中最大基桩或复合基桩竖向反力设计值，N；

　　　　s_a——桩中心距，m；

　　　　c——方柱边长，m，圆柱时 $c = 0.8d$（d 为圆柱直径）。

（3）等腰三桩承台

对于等腰三桩承台［如图 4.49(b)］，其弯矩设计值为

$$M_1 = \frac{N_{max}}{3}\left(s_a - \frac{0.75}{\sqrt{4-\alpha^2}}c_1\right) \tag{4.144}$$

$$M_2 = \frac{N_{max}}{3}\left(\alpha s_a - \frac{0.75}{\sqrt{4-\alpha^2}}c_2\right) \tag{4.145}$$

式中　M_1、M_2——分别为通过承台形心至两腰边缘和底边边缘正交截面的弯矩设计值，kN·m；

　　　　　s_a——长向桩中心距，m；

　　　　　α——短向桩中心距与长向桩中心距之比，当 α 小于 0.5 时，应按变截面的二桩承台设计；

　　　　c_1、c_2——分别为垂直于、平行于承台底边的柱截面边长，m。

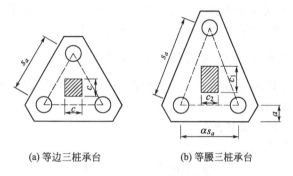

(a) 等边三桩承台　　　　　　(b) 等腰三桩承台

图 4.49　三桩承台弯矩计算图

4.6.2　《公路桥涵地基与基础设计规范》对承台设计的要求

4.6.2.1　承台的平面和剖面形状

承台的平面形状一般采用条形承台或矩形承台，且要求对于直径（或边长）不大于 1.0m 的桩，边桩（或角桩）外侧与承台边缘的距离不应小于 250mm；对于直径大于 1.0m 的桩，不应小于 0.3 倍桩径（或边长），且不小于 500mm。承台剖面形状一般采用矩形截面，承台的厚度一般可取 1.0~2.0 倍桩径且不小于 1.5m。

4.6.2.2　承台的构造要求

混凝土强度等级不应低于 C25，保护层厚度不应小于表 4.26 所列数值。

表 4.26　承台受力主筋最小混凝土保护层厚度　　　　　　　单位：mm

序号	构件类别	环境条件		
		I	II	III、IV
1	底面有垫层或侧面有模板	40	50	60
2	底面无垫层或侧面无模板	60	75	85

4.6.2.3　承台桩顶处的局部受压验算

公路桥涵桩基承台局部承压承载力按下式进行验算

$$\gamma_0 F_{ld} \leqslant 1.3\eta_s \beta f_{cd} A_{ln} \tag{4.146}$$

式中　γ_0——结构重要性系数；

　　　F_{ld}——承台内一根基桩承受的最大压力设计值；

　　　η_s——混凝土局部承压修正系数，当混凝土强度不大于 C50 时取 1.0，大于 C80 时取 0.76，中间按直线插入取值；

　　　β——混凝土局部承压强度提高系数，具体计算方法参见《公路钢筋混凝土及预应力混凝土桥涵设计规范》；

　　　f_{cd}——混凝土轴心抗压强度设计值；

A_{ln}——承台内基桩桩顶横截面面积。

如果验算不符合上述要求，应在承台内桩的顶面以上设置 1~2 层钢筋网，钢筋网的边长应大于 2.5 倍桩径，钢筋直径不小于 12mm，网孔为 100mm×100mm。

4.6.2.4　承台的冲切承载力验算

(1) 柱或墩台向下冲切承台

柱或墩台向下冲切承台的破坏锥体应采用自柱或墩台边缘至相应桩顶边缘连线构成的锥体 [如图 4.50 (a)]，锥体斜面与水平面的夹角不应小于 45°，当小于 45°时，取用 45°。

柱或墩台向下冲切承台的冲切承载力按下列规定计算

$$\gamma_0 F_{ld} \leqslant 0.6 f_{td} h_0 [2\alpha_{px}(b_y + a_y) + 2\alpha_{py}(b_x + a_x)] \tag{4.147}$$

式中　F_{ld}——作用于冲切破坏棱体上的冲切力设计值，可取柱或墩台的竖向力设计值减去锥体范围内桩的反力设计值；

γ_0——桥梁结构的重要性系数；

b_x、b_y——柱或墩台作用面积的边长 [见图 4.50 (a)]；

a_x、a_y——冲跨、冲切破坏锥体侧面顶边与底边间的水平距离，即柱或墩台边缘到桩边缘的水平距离，其值不应大于 h_0 [见图 4.50 (a)]；

λ_x、λ_y——冲跨比，$\lambda_x = a_x/h_0$，$\lambda_y = a_y/h_0$，λ_x、λ_y 不应小于 0.2，若小于 0.2，则取为 0.2；

α_{px}、α_{py}——分别与冲跨比 λ_x、λ_y 对应的冲切承载力系数；

f_{td}——混凝土轴心抗拉强度设计值。

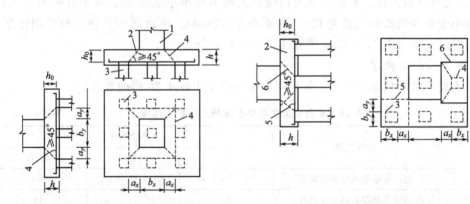

(a) 柱、墩台下冲切破坏锥体
1—柱、墩台；2—承台；3—桩；4—破坏锥体

(b) 角桩和边桩上冲切破坏锥体
1—柱、墩台；2—承台；3—角桩；4—边桩；
5—角桩上破坏锥体；6—边桩上破坏锥体

图 4.50　承台冲切破坏锥体

(2) 角桩和边桩向上冲切承台

对于柱或墩台向下的冲切破坏锥体以外的角桩和边桩，对承台有向上的冲切作用，冲切破坏锥体如图 4.50 (b) 所示，其冲切承载力可按下列规定计算。

① 角桩

$$\gamma_0 F_{ld} \leqslant 0.6 f_{td} h_0 \left[\alpha'_{px}\left(b_y + \frac{a_y}{2}\right) + \alpha'_{py}\left(b_x + \frac{a_x}{2}\right)\right] \tag{4.148}$$

$$\alpha'_{px} = \frac{0.8}{\lambda_x + 0.2} \tag{4.149}$$

$$\alpha'_{py} = \frac{0.8}{\lambda_y + 0.2} \tag{4.150}$$

式中　F_{ld}——角桩竖向力设计值；

　　b_x、b_y——承台边缘至桩内边缘的水平距离 [如图 4.50 (b)]；

　　a_x、a_y——冲跨、桩边缘至相应柱或墩台边缘的水平距离，其值不应大于 h_0，若大于 h_0
　　　　　　　则取 h_0 [见图 4.50 (b)]。

　　其他符号同式(4.147)。

　　② 边桩　当 $b_p + 2h_0 \leqslant b$ 时 [见图 4.50 (b)]

$$\gamma_0 F_{ld} \leqslant 0.6 f_{td} h_0 [\alpha'_{px}(b_p + h_0) + 0.667(2b_x + a_x)] \tag{4.151}$$

式中　F_{ld}——边桩竖向力设计值；

　　b_p——方桩的边长 [如图 4.50 (b)]。

　　其他符号同上式。

　　按式(4.147)、式(4.148)、式(4.151) 三式计算时，圆形截面可换算为边长等于 0.8 倍
圆桩直径的方桩进行计算。

4.6.2.5　承台抗弯承载力验算

（1）外排桩中心距墩台身边缘大于承台高度

当承台下面外排桩中心距墩台身边缘大于承台高度时，其正截面（垂直于 x 轴和 y 轴
的竖向截面）抗弯承载力可作为悬臂梁按《公路钢筋混凝土及预应力混凝土桥涵设计规范》
（JTG D62—2004）中的"梁式体系"进行计算。

　　① 承台截面计算宽度

　　a. 当桩中心距不大于 3 倍桩边长或桩直径时，取承台全宽；

　　b. 当桩中心距大于 3 倍桩边长或桩直径时

$$b_s = 2a + 3D(n-1) \tag{4.152}$$

式中　b_s——承台截面计算宽度；

　　a——平行于计算宽度的边桩中心距承台边缘距离；

　　D——桩边长或桩直径；

　　n——平行于计算截面的桩的根数。

　　② 承台计算截面弯矩设计值计算（见图 4.51）

$$M_{xcd} = \sum N_{id} y_{ci}$$

$$M_{ycd} = \sum N_{id} x_{ci}$$

式中　M_{xcd}、M_{ycd}——计算截面外侧各排桩竖向力产生的绕 x 轴和 y 轴在计算截面处的弯
　　　　　　　　　矩组合设计值；

　　　　　N_{id}——计算截面外侧第 i 排桩的竖向力设计值，取该排桩根数乘以该排桩中
　　　　　　　　　最大单桩竖向力设计值；

　　　x_{ci}、y_{ci}——垂直于 y 轴和 x 轴方向，自第 i 排桩中心线至计算截面的距离。

　　在确定承台的计算截面弯矩后，可根据钢筋混凝土矩形截面受弯构件按极限状态设计法
进行承台纵桥向及横桥向配筋计算或验算截面抗弯强度。

　　（2）外排桩中心距墩台身边缘小于或等于承台高度

当外排桩中心距墩台身边缘小于或等于承台高度时，承台短悬臂可按"撑杆—系杆"体

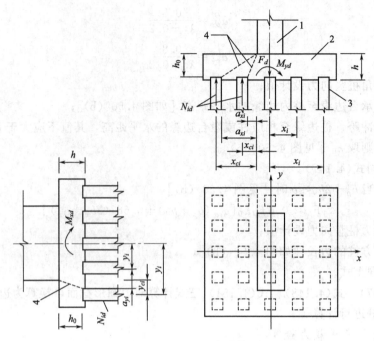

图 4.51 桩基承台计算

1—墩身；2—承台；3—桩；4—剪切破坏斜截面

系计算撑杆的抗压承载力和系杆的抗拉承载力（见图 4.52）。

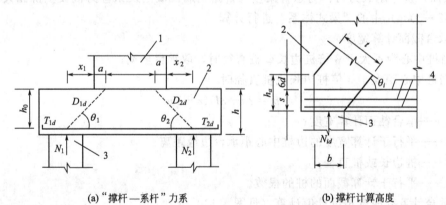

(a)"撑杆—系杆"力系   (b) 撑杆计算高度

图 4.52 承台按"撑杆—系杆体系"计算

1—墩身；2—承台；3—桩；4—系杆钢筋

① 撑杆抗压承载力可按下式计算

$$\gamma_0 D_{id} \leqslant t b_s f_{cd,s} \tag{4.153}$$

$$f_{cd,s} = \frac{f_{cu,k}}{1.43 + 304\varepsilon_1} \leqslant 0.48 f_{cu,k} \tag{4.154}$$

$$\varepsilon_1 = \left(\frac{T_{id}}{A_s E_s} + 0.002\right)\cot^2\theta_i \tag{4.155}$$

$$t = b\sin\theta_i + h_a\cos\theta_i \tag{4.156}$$

$$h_a = s + 6d \tag{4.157}$$

式中　D_{id}——撑杆压力设计值，包括 $D_{1d}=N_{1d}/\sin\theta_1$，$D_{2d}=N_{2d}/\sin\theta_2$，其中 N_{1d} 和 N_{2d} 分别为承台悬臂下面"1"排桩和"2"排桩内该排桩的根数乘以该排桩中最大单桩竖向力设计值，按式(4.153)计算撑杆抗压承载力时，式中 D_{id} 取 D_{1d} 和 D_{2d} 中较大值；

$\quad f_{cd,s}$——撑杆混凝土轴心抗压强度设计值；

$\quad\quad t$——撑杆计算高度；

$\quad\quad b_s$——撑杆计算宽度，按有关正截面抗弯承载力计算时对计算宽度的规定；

$\quad\quad b$——桩的支撑宽度，方形截面桩取截面边长，圆形截面桩取直径的 0.8 倍；

$\quad f_{cu,k}$——边长为 150mm 的混凝土立方体抗压强度标准值；

$\quad\quad T_{id}$——与撑杆相应的系杆拉力设计值，包括 $T_{1d}=N_{1d}/\tan\theta_1$，$T_{2d}=N_{2d}/\tan\theta_2$；

$\quad\quad A_s$——在撑杆计算宽度 b_s 范围内系杆钢筋截面面积；

$\quad\quad s$——系杆钢筋的顶层钢筋中心至承台底的距离；

$\quad\quad d$——系杆钢筋直径，当采用不同直径的钢筋时，d 取加权平均值；

$\quad\quad \theta_i$——撑杆压力线与系杆拉力线的夹角，包括 $\theta_1=\tan^{-1}\dfrac{h_0}{a+x_1}$，$\theta_2=\tan^{-1}\dfrac{h_0}{a+x_2}$，其中 h_0 为承台有效高度；a 为撑杆压力线在承台顶面的作用点至墩台边缘的距离，取 $a=0.15h_0$；x_1 和 x_2 为桩中心至墩台边缘的距离。

② 系杆抗拉承载力可按下式计算

$$\gamma_0 T_{id} \leqslant f_{sd} A_s \tag{4.158}$$

式中　T_{id}——系杆拉力设计值，取 T_{1d} 与 T_{2d} 中的较大者；

$\quad\quad f_{sd}$——系杆钢筋抗拉强度设计值；

$\quad\quad A_s$——在撑杆计算宽度 b_s 范围内系杆钢筋截面面积。

4.6.2.6　承台斜截面抗剪承载力验算

承台应有足够的厚度，防止沿墩身底面边缘的剪切破坏斜截面处产生剪切破坏。承台的斜截面抗剪承载力计算应符合下式规定

$$\gamma_0 V_d \leqslant \frac{0.9\times10^{-4}(2+0.6P)\sqrt{f_{cu,k}}}{m} b_s h_0 \tag{4.159}$$

式中　V_d——由承台悬臂下面桩的竖向力设计值产生的计算斜截面以外各排桩最大剪力设计值（kN）的总和；每排桩的竖向力设计值，取其中一根最大值乘以该排桩的根数；

$\quad f_{cu,k}$——边长为 150mm 的混凝土立方体抗压强度标准值，MPa；

$\quad\quad P$——斜截面内纵向受拉钢筋的配筋百分率，$P=100\rho$，$\rho=A_s/(bh_0)$，当 $P>2.5$ 时，取 $P=2.5$，其中 A_s 为承台截面计算宽度内纵向受拉钢筋截面面积；

$\quad\quad m$——剪跨比，$m=a_{xi}/h_0$ 或 $m=a_{yi}/h_0$，当 $m<0.5$ 时，取 $m=0.5$，其中 a_{xi} 和 a_{yi} 分别为沿 x 轴和 y 轴墩台边缘至计算斜截面外侧第 i 排桩边缘的距离；当为圆形截面桩时，可换算为边长等于 0.8 倍圆桩直径的方形截面桩；

$\quad\quad b_s$——承台计算宽度，mm；

$\quad\quad h_0$——承台有效高度，mm。

当承台的同方向可作出多个斜截面破坏面时，应分别对每个斜截面进行抗剪承载力验算。

4.7　桩基础的设计与计算

与其他类型的基础设计一样，桩基础的设计也必须要保证基础的强度与稳定性以及地基的承载力和变形满足正常的使用要求。因桩基的功用及所受荷载的不同，各行业的桩基础设计方法略有差异，现以建筑结构桩基础和公路桥梁桩基础设计为例，分别叙述如下。

4.7.1　建筑结构桩基础设计

4.7.1.1　收集设计资料

设计桩基础时，首先应通过调查研究，充分掌握设计资料，包括上部结构形式、荷载、地质勘察资料、材料来源及施工技术设备等情况，并了解当地使用桩基的经验以供设计参考。

4.7.1.2　选择持力层，确定桩的长度、类型、断面尺寸

① 根据地质勘察报告中的地质剖面情况，选择桩端持力层确定桩长时，应尽可能使桩支承在承载力相对较高的坚实土层之上。为提高桩的承载力和减小沉降，桩端全断面必须进入持力层一定深度，对于黏性土、粉土不宜小于 $2d$（d 为桩径），砂土不宜小于 $1.5d$，碎石类土不宜小于 $1d$。当存在软弱下卧层时，桩端以下硬持力层厚度不宜小于 $3d$。

② 根据地质条件、施工技术及设备和材料供应情况，考虑采用预制桩或灌注桩等形式，确定桩的受力方式为端承桩或摩擦桩。

③ 根据荷载、水文及地质资料等情况确定承台底面标高。建筑结构的承台底面标高的确定原则与浅基础相同，一般工业与民用建筑物的桩基础考虑到环境因素宜采用低承台桩基。

④ 依据生产工艺和施工工艺确定桩的断面尺寸。

4.7.1.3　确定单桩竖向承载力特征值

根据 4.4 节的内容确定单桩的竖向承载力特征值。

4.7.1.4　确定桩数及平面布置

（1）桩数的确定方法

可以根据单桩竖向承载力特征值和上部结构荷载情况，由下列公式确定。

① 中心荷载作用时

$$n = \frac{F+G}{R_a} \tag{4.160}$$

式中　F——上部结构传至地面标高±0.00 处的荷载，kN；

　　　G——承台及以上填土的重量，kN；

　　　R_a——单桩竖向承载力特征值，kN。

② 偏心荷载作用时

$$n = \mu \frac{F+G}{R_a} \tag{4.161}$$

式中　μ——经验系数，对于建筑工程桩基础，$\mu=1.1\sim1.2$。

这样确定的桩数是初步的，还要根据桩的平面布置经过单桩受力验算后才能最终确定所需的桩数。

（2）桩的平面布置

桩的排列可采用梅花式或行列式（见图 4.53）。《建筑桩基规范》考虑到土性和成桩工艺

的影响，桩距太小会影响到桩侧阻力的发挥，并且还会给沉桩造成困难，因而规定基桩的最小中心距应满足表 4.27 的规定。

由初步确定的桩数、桩距及桩的布置方式，即可确定承台的平面尺寸，做出桩基的初步设计。

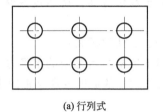
(a) 行列式

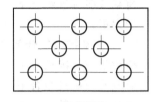
(b) 梅花式

图 4.53 桩的平面布置

表 4.27 基桩的最小中心距

土类与成桩工艺		排数不少于 3 排且桩数 不少于 9 根的摩擦型桩桩基	其他情况
非挤土灌注桩		3.0d	3.0d
部分挤土桩		3.5d	3.0d
挤土桩	非饱和土	4.0d	3.5d
	饱和黏性土	4.5d	4.0d
钻、挖孔扩底桩		2D 或 $D+2.0$m(当 $D>2$m)	1.5D 或 $D+1.5$m(当 $D>2$m)
沉管夯扩、 钻孔挤扩桩	非饱和土	2.2D 且 4.0d	2.0D 且 3.5d
	饱和黏性土	2.5D 且 4.5d	2.2D 且 4.0d

注：1. d 为圆桩直径或方桩边长，D 为扩大端设计直径。

2. 当纵横向桩距不相等时，其最小中心距应满足"其他情况"一栏的规定。

3. 当为端承型桩时，非挤土灌注桩的"其他情况"一栏可减小至 2.5d。

4.7.1.5 桩基础的内力计算

对于受横向荷载较小的工业与民用建筑物的低承台桩基础，一般将桩视为受压杆件，一般按低承台桩的简化计算方法确定基桩的内力及变位。

（1）竖向力

轴心竖向力

$$N_k = \frac{F_k + G_k}{n} \tag{4.162}$$

偏心竖向力

$$N_{ik} = \frac{F_k + G_k}{n} \pm \frac{M_{xk} y_{i\max}}{\sum y_j^2} \pm \frac{M_{yk} x_{i\max}}{\sum x_j^2} \tag{4.163}$$

（2）水平力

$$H_{ik} = \frac{H_k}{n} \tag{4.164}$$

式中　　　F_k ——荷载效应标准组合下，作用于承台顶面的竖向力；

G_k——桩基承台和承台上土自重标准值,对稳定的地下水位以下部分应扣除水的浮力;

N_k——荷载效应标准组合轴心竖向力作用下,基桩或复合基桩的平均竖向力;

N_{ik}——荷载效应标准组合偏心竖向力作用下,第 i 基桩或复合基桩的竖向力;

M_{xk}、M_{yk}——荷载效应标准组合下,作用于承台底面,绕通过桩群形心的 x、y 主轴的力矩;

x_i、x_j、y_i、y_j——第 i、j 基桩或复合基桩至 y、x 轴的距离;

H_k——荷载效应标准组合下,作用于桩基承台底面的水平力;

H_{ik}——荷载效应标准组合下,作用于第 i 基桩或复合基桩的水平力;

n——桩基中的桩数。

4.7.1.6 桩基础的承载力验算

(1) 基桩竖向承载力验算

对于建筑结构的桩基础,作用在各基桩上的荷载效应标准组合下的竖向力平均值 N_k 和最大值 $N_{k\max}$ 应满足下式要求

$$\left.\begin{array}{l} N_k \leqslant R \\ N_{k\max} \leqslant 1.2R \end{array}\right\} \tag{4.165}$$

式中 R——基桩或复合基桩竖向承载力特征值,kN

(2) 基桩水平承载力验算

受水平荷载的一般建筑物和水平荷载较小的高大建筑物单桩基础和群桩中基桩应满足下式要求

$$H_{ik} \leqslant R_h \tag{4.166}$$

式中 H_{ik}——在荷载效应标准组合下,作用于基桩 i 桩顶处的水平力;

R_h——单桩基础或群桩中基桩的水平承载力特征值,对于单桩基础,可取单桩的水平承载力特征值 R_{ha}。

已有的工程经验表明,当水平力与竖向力的合力与竖直方向的夹角小于 5°时,基桩的水平承载力不难满足要求,因此可不进行水平承载力的验算。

(3) 群桩的承载力及沉降验算

对于桩距小于 6 倍桩径的摩擦型群桩基础,由于具有群桩效应,需验算群桩基础的地基承载力,必要时还需验算群桩基础的沉降量。

4.7.1.7 桩身结构的设计

桩身结构设计须考虑整个施工阶段和使用阶段期间的各种最不利受力状态。

(1) 钢筋混凝土预制桩

桩的截面常采用方形,因其生产、制作、运输和堆放均比较方便。方桩的边长一般为 200~500mm,每节桩长 8~12m。

混凝土强度等级不得低于 C30,用锤击法沉桩时,最小配筋率不宜小于 0.8%,静压法沉桩时最小配筋率不宜小于 0.6%。主筋直径不宜小于 14mm,打入桩桩顶以下 (4~5)d 范围内箍筋应加密,并设置钢筋网片。

桩在起吊、运输及至打桩机的吊立过程中,桩所承受的荷载仅为自重。可以将桩作为受弯构件计算。对于长度不大的桩,水平起吊时一般采用两个支点,起吊点一般按照桩身正负弯矩相等的原则选取,一般吊点位于距桩端 0.207l 处。在打桩架龙门处吊立时,只能采用单点起吊,吊点的位置距桩顶 0.293l(见图 4.54)。

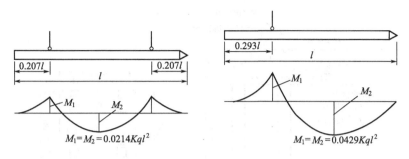

图 4.54　预制桩的吊点位置和桩身弯矩图

运输时支点宜放在吊点下，如受运输设备限制时，应按运输过程中桩的实际支点位置计算桩身内力。

（2）钢筋混凝土灌注桩

① 混凝土　混凝土强度等级不得低于 C25，混凝土预制桩尖不得低于 C30。钢筋混凝土灌注桩主筋的混凝土保护层厚度不应小于 35mm，水下灌注混凝土不应小于 50mm。

② 配筋

a. 配筋率　当桩身直径为 300～2000mm 时，正截面配筋率可取 0.20％～0.65％（小桩径取高值）；对受荷载特别大的桩、抗拔桩和嵌岩端承桩应根据计算确定配筋率，并不小于上述规定值。对于受水平荷载的桩，主筋不应小于 $8\phi12$，抗压桩和抗拔桩，其主筋不应少于 $6\phi10$；对于受水平荷载的桩，其主筋不应少于 $8\phi12$；纵向主筋应沿桩身周边均匀布置，其净距不应小于 60mm。

b. 配筋长度　端承桩和坡地岸边的基桩应沿桩身等截面或变截面通长配筋；摩擦桩配筋长度不应小于 2/3 桩长，受水平荷载时，配筋长度不应小于 $4.0/\alpha$（α 为桩的水平变形系数）。

c. 箍筋　箍筋应采用螺旋式，直径不小于 6mm，间距宜为 200～300mm。受水平荷载较大、承受水平地震作用以及考虑主筋作用计算，桩身受压承载力时，桩顶以下 $5d$ 范围内箍筋应加密，间距不应大于 100mm。当桩身位于液化土层范围内时箍筋应加密；当考虑箍筋的受力作用时，箍筋配置应符合现行国家标准《混凝土结构设计规范》的有关规定。当钢筋笼长度超过 4m 时，应每隔 2m 左右设一道直径不小于 12mm 的焊接加劲箍筋。

4.7.1.8　承台设计和计算

承台可按 4.6.1 节的内容进行设计。

【例题 4.1】　低承台桩基础设计（依据《建筑桩基技术规范》）

某建筑柱下桩基础如图 4.55 所示，柱截面尺寸为 1000mm×1000mm；在荷载效应基本组合作用下，地面处的竖向荷载 $F=6050\text{kN}$，弯矩 $M=320\text{kN·m}$，水平力 $H=450\text{kN}$，承台底面埋深 1.6m。现拟采用截面为 550mm×550mm 的预制钢筋混凝土方桩，建筑场地土层分布及图形资料如图 4.55 所示。试设计该桩基础。

【解】　1. 确定桩长、桩数及平面布置

（1）确定桩长

已知桩为截面 550mm×550mm 的预制钢筋混凝土方桩，选择桩端持力层为密实粉砂层，桩端进入持力层 2.5m＞1.5d＝0.825m，则桩长 $l=8+3+2.5=13.5\text{m}$。

（2）确定单桩竖向极限承载力标准值 P_{jk}

对于钢筋混凝土预制桩，根据《建筑桩基技术规范》所提供的经验公式（式 4.90）估算

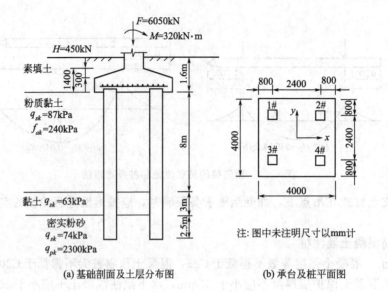

(a) 基础剖面及土层分布图   (b) 承台及桩平面图

图 4.55 例 4.1 设计资料

$$P_{jk} = u \sum q_{sik} l_i + q_{pk} A_p$$

其中 桩身截面周长 $u = 4 \times 0.55 = 2.2\text{m}$

桩端面积 $A_p = 0.55^2 = 0.3025\text{m}^2$

则 $P_{jk} = 2.2 \times (87 \times 8 + 63 \times 3 + 74 \times 2.5) + 2300 \times 0.3025$

$= 2354.0 + 695.75$

$= 3049.8\text{kN}$

(3) 确定基桩竖向承载力特征值 R_a 和桩数 n 及平面布置形式

暂不考虑群桩效应，估算单桩承载力特征值，由公式（4.88）可得

$$R_a = 3049.8/2 = 1524.9\text{kN}$$

由于上部结构传递至地面处的竖向荷载 $F = 6050\text{kN}$，因此

$$n = \frac{6050}{1524.9} = 3.97 \quad （根）$$

可近似取 $n = 4$，应考虑群桩效应，桩的布桩形式采用行列式排列，桩距取 $S_a = 2.4\text{m}$，承台底面尺寸为 $4\text{m} \times 4\text{m}$，选用 C20 混凝土。则基桩竖向承载力特征值 R_a 可由公式（4.101）计算确定，即

$$R = R_a + \eta_c f_{ak} A_c$$

其中：$R_a = 1524.9\text{kN}$，$f_{ak} = 240\text{kPa}$，$A_c = (A - nA_p)/n = (4 \times 4 - 4 \times 0.3025)/4 = 3.70\text{m}^2$

又因为 $\dfrac{B_c}{l} = \dfrac{4}{13} = 0.308$，$\dfrac{S_a}{d} = \dfrac{2.4}{0.55} = 4.36$，查表 4.23 可得承台效应系数（按表中所列范围的中间值进行线性内插）为 $\eta_c = 0.222$，由于预制桩为挤土桩，上述承台效应系数应乘以 0.8 的折减系数，则 $\eta_c = 0.222 \times 0.8 = 0.178$；

则 $R = 1524.9 + 0.178 \times 240 \times 3.7 = 1683.0\text{kN}$

2. 桩基的承载能力验算

(1) 桩基中各基桩竖向承载力验算

承台的体积为：$4.0 \times 4.0 \times 1.1 + \dfrac{0.3 \times [(1 \times 1) + \sqrt{(1 \times 1) \times (4 \times 4)} + (4 \times 4)]}{3} = 19.7 \mathrm{m}^3$

承台的自重为：$19.7 \times 25 = 492.5 \mathrm{kN}$

承台上土体体积为：$4 \times 4 \times 0.5 - \dfrac{0.3 \times [(1 \times 1) + \sqrt{(1 \times 1) \times (4 \times 4)} + (4 \times 4)]}{3} = 5.9 \mathrm{m}^3$

承台上土体自重为：$5.9 \times 16 = 94.4 \mathrm{kN}$

基桩所受的平均竖向作用力为

$$N = \frac{F+G}{n} = \frac{6050 + 492.5 + 94.4}{4} = 1659.2 \mathrm{kN} < 1683.0 \mathrm{kN}$$

由式(4.163)知桩基中最大桩顶竖向荷载为

$2\sharp$、$4\sharp$：桩 $N_{\max} = \dfrac{F+G}{n} + \dfrac{M_y x_{\max}}{\sum x_i^2}$

$$= 1659.2 + \frac{(320 + 450 \times 1.6) \times 1.2}{4 \times 1.2^2} = 1659.2 + 216.7$$

$$= 1875.9 \mathrm{kN} < 1.2R = 2019.6 \mathrm{kN}$$

桩基中最小桩顶竖向荷载为

$1\sharp$、$3\sharp$基桩：　$N_{\max} = \dfrac{F+G}{n} - \dfrac{M_y x_{\max}}{\sum x_i^2}$

$$= 1659.2 - \frac{(320 + 450 \times 1.6) \times 1.2}{4 \times 1.2^2} = 1659.2 - 216.7$$

$$= 1442.5 \mathrm{kN} > 0$$

复合基桩竖向承载力满足要求。

(2) 桩基中各基桩水平承载力验算

各基桩所受的水平力为：$H_i = \dfrac{H}{n} = \dfrac{450}{4} = 112.5 \mathrm{kN}$

竖向力和水平力的合力与竖直方向的夹角为：$\alpha = \arctan \dfrac{112.5}{1549.58} = 4.2° < 5°$

可不验算水平方向的承载力。

3. 承台结构的计算

(1) 承台抗冲切验算

取承台厚度为 1.4m，近似取承台底面钢筋保护层厚度为 100mm，则承台冲切破坏锥体的有效高度 $h_0 = 1.3 \mathrm{m}$，如图 4.56 所示。

① 柱对承台的冲切验算　对于柱下矩形独立承台受柱冲切的承载力可按式(4.123)进行验算。

$$F_l \leqslant 2[\beta_{0x}(b_c + a_{0y}) + \beta_{0y}(h_c + a_{0x})] \beta_{hp} f_t h_0$$

其中柱边离最近桩边的距离：$a_{0x} = a_{0y} = 0.8 - 0.55/2 = 0.425 \mathrm{m}$

柱截面的边长：$h_c = b_c = 1.0 \mathrm{m}$

冲跨比：$\lambda_{0x} = \lambda_{0y} = a_0 / h_0 = 0.425/1.3 = 0.327$（取 $a_0 = a_{0x} = a_{0y} = 0.425 \mathrm{m}$）

柱（墙）冲切系数：$\beta_{0x} = \beta_{0y} = \dfrac{0.84}{\lambda_0 + 0.2} = \dfrac{0.84}{0.327 + 0.2} = 1.594$

承台选用 C20 混凝土，$f_t = 1100 \mathrm{kPa}$

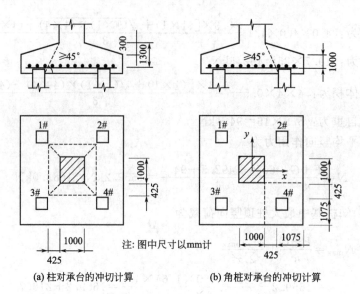

(a) 柱对承台的冲切计算   (b) 角桩对承台的冲切计算

图 4.56　柱下独立矩形承台冲切验算

由于当 $h \leqslant 800$mm 时，$\beta_{hp} = 1.0$，$h \geqslant 2000$mm 时，$\beta_{hp} = 0.9$，其间按线性内插法取值，因此当 $h = 1400$ 时，$\beta_{hp} = 0.95$

$$2[\beta_{0x}(b_c + a_{0y}) + \beta_{0y}(h_c + a_{0x})]\beta_{hp}f_t h_0$$
$$= 2 \times [1.594 \times (1.0 + 0.425) + 1.594 \times (1.0 + 0.425)] \times 0.95 \times 1100 \times 1.3$$
$$= 12343.1\text{kN}$$

$$F_l = F - \sum Q_i = 6050 - 0 = 6050\text{kN} < 12343.1\text{kN}$$

因此 承台受柱冲切承载力满足要求。

② 角桩对承台的冲切验算　角桩对承台的冲切验算可按式(4.127)进行，即

$$N_l \leqslant [\beta_{1x}(c_2 + a_{1y}/2) + \beta_{1y}(c_1 + a_{1x}/2)]\beta_{hp}f_t h_0$$

其中角桩内边缘至承台外边缘的距离：$c_1 = c_2 = 0.8 + 0.55/2 = 1.075$m

角桩外边缘至承台外边缘的距离：$a_{1x} = a_{1y} = 0.8 - 0.55/2 = 0.425$m

承台外边缘的有效高度：$h_0 = 1.3 - 0.3 = 1.0$m

冲跨比：$\lambda_{1x} = \lambda_{1y} = a_1/h_0 = 0.425/1.0 = 0.425$(此处取 $a_1 = a_{1x} = a_{1y} = 0.425$m)

角桩冲切系数：$\beta_{1x} = \beta_{1y} = \dfrac{0.56}{\lambda_1 + 0.2} = \dfrac{0.56}{0.425 + 0.2} = 0.896$

$$[\beta_{1x}(c_2 + a_{1y}/2) + \beta_{1y}(c_1 + a_{1x}/2)]\beta_{hp}f_t h_0$$
$$= [0.896 \times (1.075 + 0.425/2) + 0.896 \times (1.075 + 0.425/2)] \times 0.95 \times 1100 \times 1.0$$
$$= 2411.0\text{kN}$$

不计承台及其上土重，在荷载效应基本组合作用下角桩反力设计最大值为

$$N_{l\max} = \frac{F}{n} + \frac{M_y x_{\max}}{\sum x_i^2} = \frac{6050}{4} + \frac{(320 + 450 \times 1.6) \times 1.2}{4 \times 1.2^2}$$
$$= 1512.5 + 216.7 = 1729.2\text{kN} < 2411.0\text{kN}$$

因此承台受角桩冲切承载力满足要求。

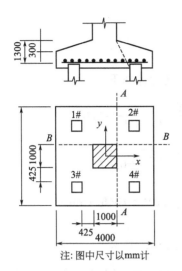
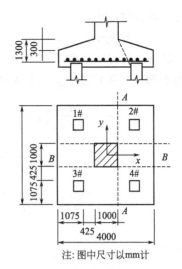

图 4.57　例 4.1 柱下独立矩形承台抗剪计算　　　图 4.58　例 4.1 柱下独立矩形承台抗弯计算

（2）承台受剪承载力验算

因为 2♯、4♯ 两根基桩所受竖向力均为 4 根基桩中的最大值，所以图 4.57 中 A—A 截面为抗剪承载力的危险截面。承台受剪承载力可根据式（4.136）进行验算，即

$$V \leqslant \beta_{hs} \alpha f_t b_0 h_0$$

其中承台计算截面处的有效高度：$h_0 = 1.3\text{m}$

柱边至桩边的水平距离：$a_x = a_y = 0.8 - 0.55/2 = 0.425\text{m}$

计算截面的剪跨比：$\lambda_x = \lambda_y = a/h_0 = 0.425/1.3 = 0.327$（此处取 $a = a_x = a_y = 0.425$）

承台剪切系数：$\alpha = \dfrac{1.75}{\lambda+1} = \dfrac{1.75}{0.327+1} = 1.319$

受剪切承载力截面高度影响系数：$\beta_{hs} = \left(\dfrac{800}{h_0}\right)^{1/4} = \left(\dfrac{800}{1300}\right)^{1/4} = 0.886$

截面的计算宽度：$b_{x0} = b_{y0} = \left[1 - 0.5\dfrac{h_{20}}{h_0}\left(1 - \dfrac{b_2}{b_1}\right)\right]b_1$

$$= \left[1 - 0.5 \times \frac{0.3}{1.3} \times \left(1 - \frac{1}{4}\right)\right] \times 4 = 3.654\text{m}$$

则：$\beta_{hs}\alpha f_t b_0 h_0 = 0.886 \times 1.319 \times 1100 \times 3.654 \times 1.3 = 6106.4\text{kN}$

A—A 截面处的剪力值为：$V = 2 \times N_{max} = 2 \times 1875.9 = 3751.8\text{kN} < 6106.4\text{kN}$
因此承台受剪承载力满足要求。

（3）承台受弯计算

不计承台及其上土重，各基桩的竖向承载力分别为

1♯、3♯基桩　　$N_1 = N_3 = N_{min} = 1512.5 - 216.7 = 1295.8\text{kN}$

2♯、4♯基桩　　$N_2 = N_4 = N_{max} = 1512.5 + 216.7 = 1729.2\text{kN}$

因此 x、y 方向的危险截面应分别如图 4.58 中的 B—B 截面和 A—A 截面，其弯矩值分别为

$$M_{A-A} = 1729.2 \times 0.7 \times 2 = 2420.9\text{kN} \cdot \text{m}$$
$$M_{B-B} = 1295.8 \times 0.7 + 1729.2 \times 0.7 = 2117.5\text{kN} \cdot \text{m}$$

承台有效计算高度： $h_0 = 1.3m$

承台有效计算宽度： $b_0 = 3.654m$

C20 混凝土的抗压强度： $f_c = 9.6MPa$

选用 HPB300 级钢筋，$f_y = 270MPa$，则 x 方向的配筋计算如下

$$\alpha_s = \frac{M_{A-A}}{\alpha_1 f_c b_0 h_0^2} = \frac{2420.9 \times 10^3}{1.0 \times 9.6 \times 10^6 \times 3.654 \times 1.3^2} = 0.041$$

$$\gamma_s = \frac{1 + \sqrt{1 - 2\alpha_s}}{2} = \frac{1 + \sqrt{1 - 2 \times 0.041}}{2} = 0.979$$

$$A_s = \frac{M_{A-A}}{f_y \gamma_s h_0} = \frac{2420.9 \times 10^3}{270 \times 10^6 \times 0.979 \times 1.3} \times 10^6 = 7045.1mm^2$$

配筋率 $\rho = \frac{7045.1}{3654 \times 1300} = 0.148\% < \rho_{min} = 0.15\%$

所以按最小配筋率进行配筋，$A_s = 0.15\% \times 3654 \times 1300 = 7125.3mm^2$

所以沿 x 方向选用 $23\phi20$ HPB300 级钢筋，钢筋间距为 160mm，则实用钢筋面积为

$$A_s = 7222mm^2 > 7045.1mm^2$$

由于 y 方向的弯矩小于 x 方向的弯矩，所以仍按最小配筋率配筋。所以沿 y 方向选用 $23\phi20$ HPB300 级钢筋，钢筋间距为 160mm，则实用钢筋面积为

$$A_s = 7222mm^2 > 7125.3mm^2$$

4. 桩身结构设计及计算

桩身材料选用 C30 混凝土，$f_c = 14.3MPa$，钢筋选用 HPB300，$f_y = 270MPa$，保护层厚度取为 35mm。

桩长 $l = 13.5m < 20m$，按单点起吊计算，动力系数采用 1.3，桩身混凝土重度 $\gamma = 26.0kN/m^3$，沿桩身轴线均匀分布的自重荷载为

$$q = \gamma A_p = 26 \times 0.3025 = 7.87kN/m$$

桩身最大弯矩 $M_{max} = 0.0429Kql^2 = 0.0429 \times 1.3 \times 7.87 \times 13.5^2 = 80.0kN \cdot m$

桩截面有效高度 $h_0 = 550 - 35 = 515mm$

$$\alpha_s = \frac{M}{\alpha_1 f_c b_0 h_0^2} = \frac{80 \times 10^3}{1.0 \times 14.3 \times 10^6 \times 0.55 \times 0.515^2} = 0.038$$

$$\gamma_s = \frac{1 + \sqrt{1 - 2\alpha_s}}{2} = \frac{1 + \sqrt{1 - 2 \times 0.038}}{2} = 0.981$$

$$A_s = \frac{M}{f_y \gamma_s h_0} = \frac{80 \times 10^3}{300 \times 10^6 \times 0.981 \times 1.3} \times 10^6 = 527.8mm^2$$

验算最小配筋率： $\rho = \frac{527.8}{550 \times 550} \times 100\% = 0.174\% < 0.8\%$

应按构造配筋， $A_s = 0.8\% \times 550 \times 550 = 2420mm^2$

选用 $5\phi25$ HPB300 主筋，钢筋间距 100mm，则实用钢筋面积为：$A_s = 2453.1mm^2$。

4.7.2　公路桥梁桩基础设计

4.7.2.1　收集设计资料

与建筑桩基础类似，在桩基础设计之前，也需要收集必要的资料，包括上部结构形式及使用要求，荷载的性质与大小、地质和水文资料以及材料供应和施工条件等。

4.7.2.2　桩基础类型的选择

（1）承台底面高程的确定

承台底面的高程应根据桩的受力情况，桩的刚度和地形、地质、水文、施工等条件确定。承台低稳定性较好，但在水中施工难度较大适用于季节性、冲刷小的河流或无水流的桥梁基础。对于常年有流水，冲刷较深，或水位较高，施工排水困难，在受力条件允许时，应尽可能采用高桩承台。承台如在水中或有流冰的河道，承台底面也应适当放低，以保证基桩不会直接受到撞击。当作用在桩基础上的水平力和弯矩较大，或桩侧土质较差时，为减小桩身所受的内力，可适当降低承台底面高程。《公路桥涵地基与基础设计规范》规定桩基础承台底面标高应符合下列要求。

① 冻胀土地区，承台底面在土中时，其埋置深度应在冻结线以下不小于 0.25m；

② 有流冰的河流，承台底面标高应在最低冰层底面以下不小于 0.25m；

③ 当有流筏、其他漂流物或船舶撞击时，承台底面标高应保证不受直接撞击；

（2）端承桩桩基和摩擦桩桩基的考虑

端承桩和摩擦桩的选择主要根据地质和受力情况确定。端承桩基础承载力大，沉降量小，较为安全可靠，因此当基岩埋深较浅时，应考虑采用端承桩基。若岩层埋置较深或受施工条件的限制不宜采用端承桩，则可采用摩擦桩，但在同一桩基础中不宜同时采用端承桩和摩擦桩，也不宜采用不同材料、不同直径和长度相差过大的桩，以避免桩基产生不均匀沉降或丧失稳性。

（3）桩型与施工方法的考虑

桩型与施工方法的选择应按照基础工程的方案，根据地质情况、上部结构要求、桩的使用功能和施工技术设备等条件来确定。

4.7.2.3　桩径、桩长的拟定及桩数的确定

桩径、桩长和桩数的确定，应综合考虑荷载的大小、土层性质与桩周土阻力状况、桩基类型与结构特点、桩的长径比以及施工设备与技术条件等因素后确定，并且这三者是相互制约的，在设计时应根据具体情况而定。

（1）桩径的拟定

桩的类型选定后，桩的横截面（桩径）可根据各类桩的特点与常用尺寸选择确定。钻孔灌注桩的直径根据钻头直径确定，一般不小于 0.8m；挖孔灌注桩的直径或最小边宽度不宜小于 1.2m

（2）桩长的拟定

确定桩长的关键在于选择桩端持力层，因为桩端持力层对于桩的承载力和沉降有着重要影响。一般可先根据地质条件和桩的类型确定，对于端承桩，应选择浅层范围内的坚实岩层或坚硬土层作为桩端持力层，如果施工条件容许的深度内没有坚硬土层，应尽可能选择压缩性较低、强度较高的土层作为持力层，要避免使桩坐落在软土层上或离软弱下卧层的距离太近。

对于摩擦桩，桩长、桩径和桩数的确定是相互关联的，可以通过试算比较，选择较合理

的桩长，一般不应小于 4m。

(3) 桩数的确定

桩数可根据承台底面以上的竖向荷载和单桩竖向承载力容许值按下式估算

$$n > \mu \frac{N}{[R_a]}$$
(4.167)

式中 n——桩的根数；

N——作用在承台底面上的荷载，kN；

$[R_a]$——单桩竖向承载力容许值，kN；

μ——考虑偏心荷载时各桩受力不均而适当增加桩数的经验系数，可取 $\mu=1.1\sim1.2$，中心受压时取 $\mu=1.0$。

桩数的确定还与承台尺寸、桩长及桩间距相关联，应综合考虑。

4.7.2.4 桩的平面布置

桩的排列常采用行列式或梅花式，在相同的承台面积下，行列式施工比较方便，梅花式可以排列相对较多的基桩，基桩的布置一般应遵循下列原则。

① 应尽量使桩群的形心和上部结构传递的竖向荷载作用点重合或接近，减小承台的偏心，保证各个基桩桩顶所受荷载和沉降相同；

② 各个基桩应尽可能按最小中心距布桩，以减小承台面积；

③ 尽量将基桩布置在离承台形心较远处，采用外密内疏的布置方式，以承担较大的偏心荷载。

基桩的中心距应满足下列要求。

采用锤击、静压沉桩方式的摩擦桩，桩端处的中心距不应小于 $3d$（d 为桩径或边长），对于软土地基应适当增大，振动沉入砂土内的摩擦桩，桩端处的中心距不应小于 $4d$。上述两种桩在承台底面处的桩距不应小于 $1.5d$。钻挖孔端承灌注桩桩中心距不应小于 $2d$。钻挖孔扩底灌注桩中心距不应小于 1.5 倍扩底直径或扩底直径加 1.0m，取较大者。

4.7.2.5 承台的设计

承台可参照 4.6.2 节进行设计

4.7.2.6 桩基础的内力及变位计算

桩基础的内力及变位计算可参照 4.3 节。

4.7.2.7 桩基础的验算

根据上述原则所拟定的桩基础设计方案应进行验算，即对桩基础的强度、变形和稳定性进行必要的验算，以验证所拟订的方案是否合理，一般需要验算的内容包括以下几个方面。

(1) 单桩竖向承载力验算

单桩的竖向承载力可按下式进行验算

$$P_{max} + G \leqslant [R_a]$$
(4.168)

式中 P_{max}——作用于桩顶的最大轴向力，kN；

G——桩身自重，kN；

$[R_a]$——单桩竖向容许承载力，应取按土的阻力和材料强度算得的结果的较小值，kN。

(2) 单桩横向承载力验算

当有水平静载试验资料时，可以直接验算桩的水平承载力容许值是否满足地面处水平力的要求。当无水平静载试验资料时，均应验算桩身截面强度。

（3）单桩水平位移及墩台顶水平位移验算

在荷载作用下，墩台顶水平位移值的大小，除了与墩台本身材料受力变形有关外，还取决于桩顶的水平位移及转角，因此墩台顶水平位移验算包含了对单桩水平位移的验算。墩台顶的水平位移 Δ 可以按下式计算

$$\Delta = a_0 + \beta_0 l + \Delta_0 \tag{4.169}$$

式中　a_0——承台底面中心处的水平位移；

　　　β_0——承台底面中心处的转角；

　　　l——墩台顶至承台底的距离；

　　　Δ_0——由承台底至墩台顶间的弹性挠曲所引起的墩台顶部的水平位移。

（4）群桩基础承载力

当摩擦型群桩基础的基桩中心距小于 6 倍桩径时，需验算群桩基础的地基承载力，包括桩底持力层承载力验算、软弱下卧层的强度验算；必要时还需验算群桩的沉降量。

【**例题 4.2**】　单排桩基础设计［依据《公路桥涵地基与基础设计规范》（JTG D63—2007）］

某桥梁采用双柱式桥墩，摩擦式钻孔灌注桩基础如图 4.59 所示，详细设计资料如下。

1. 地质与水文资料

地基土为密实细砂加砾石，地基土水平向抗力系数的比例系数 $m = 10000 \text{kN/m}^4$；桩侧摩阻力标准值 $q_k = 70 \text{kPa}$，内摩擦角 $\varphi = 40°$，黏聚力 $c = 0$，地基土承载力基本容许值 $[f_{a0}] = 400 \text{kPa}$，土重度 $\gamma' = 11.80 \text{kN/m}^3$。

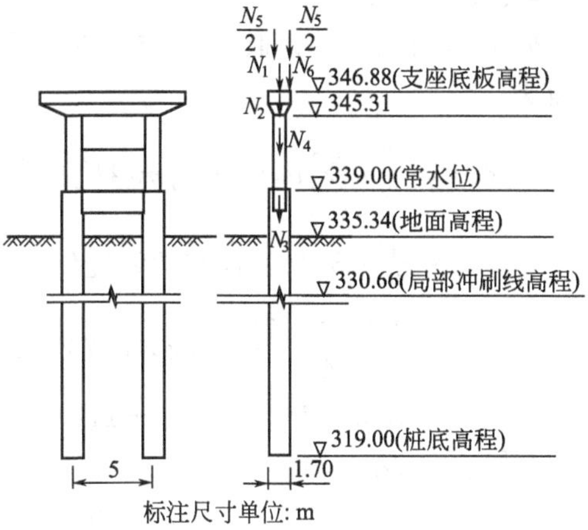

2. 上部结构、基桩、桥墩尺寸与材料

上部为 30m 预应力混凝土梁，桥面宽 7.0m+2×1.5m（人行道），桥墩直径为 1.5m，基桩的直径为 1.7m。墩柱直径为 1.50m，桩直径拟采用 1.7m，桩身混凝土采用 C20。橡胶支座中心至盖梁轴承线的水平距离为 0.3m。

图 4.59　单排桩基础设计

3. 荷载情况

桥墩为单排双柱式，设计荷载为公路-Ⅱ级。人群荷载 3kN/m^2，上部结构传至每一根墩柱的荷载分别如下。

两跨主梁自重 $N_1 = 1376.0 \text{kN}$，盖梁自重为 $N_2 = 256.5 \text{kN}$，系梁自重为 $N_3 = 76.4 \text{kN}$，一根墩柱的自重为 $N_4 = 279.0 \text{kN}$，两跨汽车荷载引起的墩顶反力为 $N_5 = 800.6 \text{kN}$（已计入冲击系数的影响），一跨汽车荷载引起的墩顶反力为 $N_6 = 400.3 \text{kN}$（已计入冲击系数的影响），且汽车荷载已按偏心压力法考虑横向分布的分配影响，制动力 $H = 30.0 \text{kN}$（已按墩台及支座刚度进行分配）。盖梁处受到的纵向风力 $W_1 = 3.0 \text{kN}$，作用点距桩顶的距离为 7.06m，墩身部分受到的纵向风力 $W_2 = 2.7 \text{kN}$，作用点距桩顶的距离为 3.15m，桩基础采用冲抓锥钻孔灌注桩基础。

【**解**】　1. 荷载的计算

局部冲刷线以上桩的自重为每延米 $q = \dfrac{\pi \times 1.7^2}{4} \times (25-10) = 34.0 \text{kN/m}$（已扣除浮力）

局部冲刷线以下桩身自重与置换土重每延米的差值为

$$q' = \frac{\pi \times 1.7^2}{4} \times (25 - 10 - 11.8) = 7.3 \text{kN/m}$$

两跨人群荷载反力为　　$N_7 = \frac{1.5 \times 30 \times 2}{2} \times 3.0 \times 2 = 270 \text{kN}$

一跨人群荷载反力为　　$N_8 = \frac{1.5 \times 30 \times 2}{2} \times 3.0 = 135 \text{kN}$

N_6 在顺桥向引起的弯矩　$M = 400.3 \times 0.3 = 120.1 \text{kN} \cdot \text{m}$

N_8 在顺桥向引起的弯矩　$M = 135.0 \times 0.3 = 40.5 \text{kN} \cdot \text{m}$

2. 桩长的计算

根据《公路桥涵地基与基础设计规范》（JTG D63—2007），地基进行竖向承载力验算时，传至基底的作用效应按正常使用极限状态的短期效应组合采用，且可变作用的频遇值系数均取 1.0。当两跨活载时，桩底所承受的竖向荷载最大，设桩长为 l，则桩底所受的竖向荷载为

$$N_h = 1.0 \times \{N_1 + N_2 + N_3 + N_4 + (339.00 - 330.66) \times q + [l - (339.00 - 330.66)] \times q'\} +$$
$$1.0 \times N_5 + 1.0 \times N_7$$
$$= 1.0 \times \{1376.0 + 256.5 + 76.4 + 279.0 + (339.00 - 330.66) \times 34.0 +$$
$$[l - (339.00 - 330.66)] \times 7.3\} + 1.0 \times 800.6 + 1.0 \times 270$$
$$= 3281.2 + 7.3l$$

假定 $4 \leqslant l/d \leqslant 20$，取 $\lambda = 0.7$，清底系数取 $m_0 = 0.8$，$k_2 = 4.0$，单桩轴向受压承载力容许值为

$$[R_a] = \frac{1}{2} u \sum_{i=1}^{n} q_{ik} l_i + A_p m_0 \lambda \{[f_{a0}] + k_2 \gamma_2 (h - 3)\}$$
$$= \frac{1}{2} \times 3.14 \times 1.7 \times 70 \times [l - (339 - 330.66)] +$$
$$\frac{3.14 \times 1.7^2}{4} \times 0.8 \times 0.7 \times \{400 + 4.0 \times 11.8 \times \langle[l - (339.00 - 335.4)] - 3\rangle\}$$
$$= 186.83l - 1558.16 + 112.41 + 59.96l = 246.8l - 1445.8$$

令 $[R_a] \geqslant N_h$，则

$$246.8l - 1445.8 \geqslant 3281.2 + 7.3l$$
$$\Rightarrow l \geqslant 19.7 \text{m}$$

取 $l = 20$m，局部冲刷下以下桩的深度为 $h = 20 - (339 - 330.66) = 11.66$m，桩底高程为 319.00m，则

$$[R_a] = 246.8l - 1445.8 = 246.8 \times 20 - 1445.8 = 3490.2 \text{kN}$$
$$N_h = 3281.2 + 7.3l = 3281.2 + 7.3 \times 20 = 3427.2 \text{kN}$$

$[R_a] > N_h$，所以桩的轴向受压承载力满足要求。

3. 桩的内力计算

(1) 确定桩的计算宽度

$$b_1 = k k_f (d + 1) = 1.0 \times 0.9 \times (1.7 + 1) = 2.43 \text{m}$$

(2) 计算桩的变形系数

桩身采用 C20 混凝土，其受压弹性模量 $E_c = 2.55 \times 10^7 \text{MPa}$

桩的截面抗弯惯性矩　$I = \frac{\pi d^4}{64} = \frac{3.14 \times 1.7^2}{64} = 0.4098 \text{m}^4$

$$\alpha = \sqrt[5]{\frac{m b_1}{EI}} = \sqrt[5]{\frac{m b_1}{0.8 E_c I}} = \sqrt[5]{\frac{10000 \times 2.43}{0.8 \times 2.55 \times 10^7 \times 0.4098}} = 0.311 (\text{m}^{-1})$$

桩的换算深度 $\bar{h}=\alpha h=0.311\times11.66=3.626>2.5$，所以按弹性桩计算。

（3）计算墩柱顶外力 P_i、Q_i、M_i 及局部冲刷线处桩上外力 P_0、Q_0、M_0

由于本部分的计算主要考虑桩身截面的受弯情况，墩柱顶的活载按一跨计算时墩柱是偏心受压，能够得到更大的桩身弯矩，所以墩柱顶的外力计算按一跨活载进行。

根据《公路桥涵地基与基础设计规范》（JTG D63—2007），按承载能力极限状态要求，结构构件自身承载力应采用作用效应基本组合验算。

$$P_i=1.2\times(1376.0+256.5)+1.4\times400.3+0.8\times1.4\times135=2670.6\text{kN}$$

墩顶水平力只考虑制动力时

$$Q'_i=0.8\times1.4\times30.0=33.6\text{kN}$$

当考虑制动力和风荷载时

$$Q''_i=0.7\times(1.4\times30.0+1.1\times3.0)=31.7\text{kN}$$

由于 $Q'_i>Q''_i$，所以进行荷载组合时只考虑制动力的影响。即 $Q_i=Q'_i=33.6\text{kN}$

风荷载引起的墩柱顶的弯矩为

$$M'=2.7\times[(345.31-339)-3.15]-3.0\times[7.06-(345.31-339)]=6.282\text{kN}\cdot\text{m}$$

若考虑风荷载的影响，则墩顶弯矩为

$$M'_i=1.4\times400.3\times0.3+0.6\times[1.4\times30.0\times(346.88-345.31)+1.4\times135\times0.3+1.1\times6.282]$$
$$=245.5\text{kN}\cdot\text{m}$$

若不考虑风荷载的影响，则墩顶弯矩为

$$M''_i=1.4\times400.3\times0.3+0.7\times[1.4\times30.0\times(346.88-345.31)+1.4\times135\times0.3]$$
$$=254.0\text{kN}\cdot\text{m}$$

由于 $M''_i>M'_i$，所以进行荷载组合时不考虑风荷载，即 $M_i=M''_i=254.0\text{kN}\cdot\text{m}$。

即：　　　　　　$P_i=2670.6\text{kN}$，　$Q_i=33.6\text{kN}$，　$M_i=254.0\text{kN}\cdot\text{m}$

局部冲刷线处桩上的外力为

$$P_0=2670.6+1.2\times\{76.4+279.0+[34.0\times(339-330.66)]\}=3437.4\text{kN}$$

若考虑风荷载的影响，则

$$Q'_0=0.7\times[1.4\times30.0+1.1\times(3.0+2.7)]=33.8\text{kN}$$

若不考虑风荷载的影响，则 $Q''_0=0.8\times1.4\times30.0=33.6\text{kN}$

由于 $Q'_0>Q''_0$，所以取 $Q_0=Q'_0=33.8\text{kN}$

除汽车荷载外，如果只考虑制动力，则

$$M'_0=1.4\times400.3\times0.3+0.8\times1.4\times30.0\times(346.88-330.66)=713.1\text{kN}\cdot\text{m}$$

除汽车荷载外，如果只考虑制动力和风荷载，则

$$M''_0=1.4\times400.3\times0.3+0.7\times$$
$$\{1.4\times30.0\times(346.88-330.66)+1.1\times$$
$$[3.0\times(7.06+339-330.66)+2.7\times(3.15+339-330.66)]\}$$
$$=704.5\text{kN}\cdot\text{m}$$

如果全部考虑汽车荷载、制动力、风荷载和人群荷载，则

$$M'''_0=1.4\times400.3\times0.3+0.6\times\{1.4\times30.0\times(346.88-330.66)+$$
$$1.1\times[3.0\times(7.06+339-330.66)+2.7\times(3.15+339-330.66)]+$$
$$1.4\times135\times0.3\}=661.9\text{kN}\cdot\text{m}$$

由于 $M'_0>M''_0>M'''_0$，所以取 $M_0=M'_0=713.1\text{kN}\cdot\text{m}$

即 $\qquad P_0 = 3437.4\text{kN}, \quad Q_0 = 33.8\text{kN}, \quad M_0 = 713.1\text{kN} \cdot \text{m}$

表 4.28 M_z 计算列表

$\bar{z} = \alpha z$	z	A_M	B_M	M_z
0.0	0.00	0.00000	1.00000	713.1
0.2	0.64	0.19691	0.99805	733.1
0.4	1.29	0.37693	0.98603	744.1
0.6	1.93	0.52790	0.95813	740.6
0.8	2.57	0.64221	0.91215	720.3
1.0	3.22	0.71667	0.84884	683.2
1.2	3.86	0.75125	0.77077	631.3
1.4	4.50	0.74891	0.68182	567.6
1.6	5.14	0.71447	0.58646	495.9
1.8	5.79	0.65403	0.48911	419.9
2.0	6.43	0.57437	0.39401	343.4
2.2	7.07	0.48240	0.30477	269.8
2.4	7.72	0.38488	0.22432	201.8
2.6	8.36	0.28802	0.15476	141.7
2.8	9.00	0.19790	0.09756	91.1
3.0	9.65	0.11997	0.05369	51.3
3.5	11.25	0.01281	0.00344	3.8

(4) 局部冲刷线以下深度 z 处桩截面的弯矩 M_z 及桩身最大弯矩 $M_{\max}$ 计算

① 计算 M_z

$$M_z = \frac{Q_0}{\alpha} A_M + M_0 B_M = \frac{33.8}{0.311} A_M + 713.1 B_M = 108.7 A_M + 713.1 B_M$$

无量纲系数 A_M、B_M 可由附表 3 和附表 7 分别查得，M_z 的计算列表如表 4.28 所示。

② 计算 $M_{\max}$ 及最大弯矩位置

$$C_Q = \frac{\alpha M_0}{Q_0} = \frac{0.311 \times 713.1}{33.8} = 6.561$$

由 $C_Q = 6.561$ 和 $\bar{h} = 3.626$ 查附表 13 可得

$$\bar{z}_{M_{\max}} = 0.465, \quad z_{M_{\max}} = \bar{z}_{M_{\max}}/\alpha = 0.465/0.311 = 1.5\text{m}$$

由 $\bar{z}_{M_{\max}} = 0.465$ 和 $\bar{h} = 3.626$ 查附表 13 可得：$K_M = 1.048$（先对 $\bar{h}$ 进行线性内插，再对 $\bar{z}$ 进行线性内插）

$$M_{\max} = K_M M_0 = 1.048 \times 713.1 = 747.3\text{kN} \cdot \text{m}$$

(5) 桩身配筋计算及桩身材料截面强度验算

由上述计算可知，最大弯矩发生在局部冲刷线以下 1.5m 处，该处的弯矩为 $M_{\max} = 747.3\text{kN} \cdot \text{m}$，该处的桩身轴向力为

$$N_j = P_0 + 1.2 \times (7.3 \times 1.5 - \frac{1}{2} u q_k z)$$

$$= 3437.4 + 1.2 \times (7.3 \times 1.5 - \frac{1}{2} \times 3.14 \times 1.7 \times 70 \times 1.5) = 3114.2\text{kN}$$

① 纵向钢筋面积 桩内纵向钢筋按最小配筋率 $\rho_{\min}$ 配置，则

$$A_g = \frac{\pi \times 1.7^2}{4} \times 0.5\% \times 10^6 = 11343.3\text{mm}^2$$

选用 24ϕ25 的 HRB335 级钢筋，实际配筋面积为

$$A_g = \frac{\pi \times 25^2}{4} \times 24 = 11775.0 \text{mm}^2$$

混凝土选用 C20，保护层厚度取为 60mm，则钢筋间距为

$$\frac{3.14 \times \left(1700 - 2\left(60 + \frac{24}{2}\right)\right)}{24} - 24 = 179.6 \text{mm},$$

满足《公路桥涵地基与基础设计规范》规定的钢筋净距不小于 80mm 且不大于 350mm 的规定。

② 计算偏心距增大系数 η　由于 $h = 11.66\text{m} < \frac{4.0}{\alpha} = \frac{4.0}{0.311} = 12.9\text{m}$

所以桩的计算长度　　　$l_p = l_0 + h = 8.34 + 11.66 = 20\text{m}$

长细比　　　　$\frac{l_p}{i} = \frac{l_0 + h}{\sqrt{I/A}} = \frac{20}{\sqrt{0.4098/2.2687}} = 47.1 > 17.5$

所以偏心距增大系数　　　$\eta = 1 + \frac{1}{1400 e_0/h_0}\left(\frac{l_p}{h}\right)^2 \zeta_1 \zeta_2$

其中　　　　$e_0 = \frac{M_{\max}}{N_j} = \frac{747.3}{3114.2} = 0.240\text{m}$

$$h_0 = r + r_s = \frac{1.7}{2} + \left(\frac{1.7}{2} - 0.06 - \frac{0.025}{2}\right) = 1.628\text{m}$$

$$h = 2r = 1.7\text{m}$$

$$\zeta_1 = 0.2 + 2.7\frac{e_0}{h_0} = 0.2 + 2.7 \times \frac{0.240}{1.628} = 0.598$$

$$\zeta_2 = 1.15 - 0.01\frac{l_p}{h} = 1.15 - 0.01 \times \frac{20.0}{1.7} = 1.03 > 1.0，\text{取 } \zeta_2 = 1.0$$

所以　　　　$\eta = 1 + \frac{1}{1400 \times 0.240/1.628}\left(\frac{20}{1.7}\right)^2 \times 0.598 \times 1.0 = 1.401$

③ 计算截面实际偏心距 ηe_0

$$\eta e_0 = 1.401 \times 0.240 = 0.336\text{m}$$

④ 确定承载力计算系数　根据《公路钢筋混凝土及预应力混凝土桥涵设计规范》（JTG D62—2004）求轴向力偏心距：　$e_0' = \frac{Bf_{cd} + D\rho g f_{sd}'}{Af_{cd} + C\rho f_{sd}'}r$

其中 $r = 0.85$，$\rho = 0.005$，$g = r_s/r = 0.7775/0.85 = 0.915$，则

$$e_0' = \frac{11.5B + 0.005 \times 0.915 \times 280D}{11.5A + 0.005 \times 280C} \times 0.85 = \frac{11.5B + 1.281D}{11.5A + 1.4C} \times 0.85$$

以下进行试算，反推相对受压区高度 ξ 的值，计算列表如表 4.29 所示。

表 4.29　反推 ξ 计算列表

ξ	A	B	C	D	e_0'	e_0	e_0'/e_0
0.70	1.8102	0.6523	1.1294	1.4402	0.355	0.336	1.06
0.71	1.8420	0.6483	1.1876	1.4045	0.344	0.336	1.02
0.72	1.8736	0.6437	1.2440	1.3697	0.334	0.336	0.99
0.73	1.9052	0.6386	1.2987	1.3358	0.324	0.336	0.97

由上述计算可知，当 $\xi = 0.72$ 时，$e'_0 = 0.334\text{m}$，与实际的偏心距 $e_0 = 0.336\text{m}$ 的误差为 $\dfrac{0.336 - 0.334}{0.336} \times 2\% = 0.6\% < 2.0\%$，因此可以取 $\xi = 0.72$ 时对应的 A、B、C、D 作为计算值。

⑤ 截面承载力复核

$$N_u = Ar^2 f_{cd} + C\rho r^2 f'_{sd} = 1.8736 \times 850^2 \times 9.2 + 1.2440 \times 0.005 \times 850^2 \times 280$$

$$= 13712.1\text{kN} > N_j = 3114.2\text{kN}$$

$$M_u = Br^3 f_{cd} + D\rho g r^3 f'_{sd}$$

$$= 0.6437 \times 850^3 \times 9.2 + 1.3697 \times 0.005 \times 0.915 \times 850^3 \times 280$$

$$= 4714.4\text{kN} \cdot \text{m} > M_{max} = 747.3\text{kN} \cdot \text{m}$$

满足要求。

⑥ 裂缝宽度验算 按正常使用极限状态的作用短期效应组合，局部冲刷线处的内力计算如下（冲击系数按 1.3 取值）

$$P_{短0} = 1376.0 + 256.5 + 76.4 + 279.0 + 34.0 \times (339 - 330.66) +$$

$$0.7 \times 400.3/1.3 + 1.0 \times 135 = 2622.0\text{kN}$$

$$Q_{短0} = 1.0 \times 30.0 + 0.75 \times (3.0 + 2.7) = 34.3\text{kN}$$

$$M_{短0} = 0.7 \times 400.3 \times 0.3/1.3 + 1.0 \times 30.0 \times (346.88 - 330.66) +$$

$$0.75 \times [3.0 \times (7.06 + 339 - 330.66) + 2.7 \times$$

$$(3.15 + 339 - 330.66)] + 1.0 \times 135 \times 0.3$$

$$= 649.7\text{kN} \cdot \text{m}$$

$$C_Q = \frac{\alpha M_0}{Q_0} = \frac{0.311 \times 649.7}{34.3} = 5.891$$

由 $C_Q = 5.891$ 和 $\bar{h} = 3.626$ 查附表 13（先对 $\bar{h}$ 进行线性内插，再对 $\bar{z}$ 进行线性内插）可得 $\bar{z}_{M_{max}} = 0.486$，$z_{M_{max}} = \bar{z}_{M_{max}}/\alpha = 0.486/0.311 = 1.56\text{m}$

由 $\bar{z}_{M_{max}} = 0.486$ 和 $\bar{h} = 3.626$ 查附表 13 可得：$K_M = 1.054$（先对 $\bar{h}$ 进行线性内插，再对 $\bar{z}$ 进行线性内插）

$$M_{短max} = K_M M_0 = 1.054 \times 649.7 = 684.8\text{kN} \cdot \text{m}$$

最大弯矩所对应的桩基轴向力为

$$N_{短j} = P_{短0} + 7.3 \times 1.56 - \frac{1}{2} u q_k z$$

$$= 2622.0 + 7.3 \times 1.56 - \frac{1}{2} \times 3.14 \times 1.7 \times 70 \times 1.56 = 2341.9\text{kN}$$

桩基截面最外缘钢筋应力 $\sigma_{ss} = \left[59.42 \dfrac{N_s}{\pi r^2 f_{cu,k}} (2.80 \dfrac{\eta_s e_0}{r} - 1.0) - 1.65 \right] \cdot \rho^{-\frac{2}{3}}$

其中按短期效应组合下计算的桩身轴力 $N_s = N_{短j} = 2341.9\text{kN}$

使用阶段的偏心距增大系数 $\eta_s = 1 + \dfrac{1}{1400 e_0/h_0} \left(\dfrac{l_0}{h} \right)^2 \zeta_1 \zeta_2$，由于 $\dfrac{l_p}{h} = \dfrac{20}{1.7} = 11.76 < 14$，所以取 $\eta_s = 1.0$

其中

$$e_0 = \frac{M_{短max}}{N_{短j}} = \frac{684.8}{2341.9} = 0.292\text{m}$$

$$h_0 = r + r_s = 1.628\text{m}$$

$$h = 2r = 1.7\text{m}$$

因此

$$\sigma_{ss}=\left[59.42\times\frac{2341.9\times10^3}{3.14\times850^2\times25}\times\left(2.80\times\frac{1.0\times0.292\times10^3}{850}-1.0\right)-1.65\right]\cdot0.005^{-\frac{2}{3}}$$

$$=-59.6\text{MPa}<24\text{MPa}$$

根据《公路钢筋混凝土及预应力混凝土桥涵设计规范》(JTG D62—2004)6.4.5 条,可以不必验算裂缝宽度。

【例题 4.3】 多排桩基础设计[依据《公路桥涵地基与基础设计规范》(JTG D63—2007)]

如图 4.60 所示为双排式钢筋混凝土钻孔灌注桩桥墩基础。

(1)地质及水文资料

河床土质为卵石,粒径 50～60mm 约占 60%,20～30mm 约占 30%,石质坚硬,孔隙大部分由砂密室填充,卵石层深度达 58.6m。

地基土水平向抗力系数的比例系数 $m=120000\text{kN/m}^4$ (密实卵石);

地基土承载力基本允许值$[f_{a0}]=1000\text{kPa}$;

桩侧摩阻力标准值 $q_k=400\text{kPa}$;

土的重度 $\gamma=20.0\text{kN/m}^3$ (未计浮力);

土内摩擦角 $\varphi=40°$。

地面(河床)高程 69.54m;一般冲刷线高程 63.54m;局部冲刷线高程 60.85m;承台底高程 67.54m;常水位高程 69.80m。

(2)荷载

上部为等跨 30m 的钢筋混凝土预应力梁桥,荷载为纵向控制设计,作用于混凝土桥墩承台底面中心纵桥向的荷载如下。

恒载加一孔活载[桩截面进行强度验算时,作用效应组合采用承载能力极限状态的基本组合,其分项系数及组合系数参照《公路桥涵设计通用规范》(JTG D60—2004)]

$$\sum N=8591.40\text{kN};\sum H=358.60\text{kN};\sum M=5334.50\text{kN}\cdot\text{m}$$

恒载加两孔活载(桩进行轴向受压承载力验算时,作用效应组合采用正常使用状态的短期效应组合,且可变作用的频遇值系数均取 1.0):$\sum N=9598.00\text{kN}$

(3)桩基础采用高桩承台式摩擦桩,根据施工条件,桩拟采用直径 $d=1.0\text{m}$,以冲抓锥施工桩群布置经初步设计拟采用 6 根灌注桩,其排列如图 4.60 所示,为对称竖直双排桩基础。

【解】 1. 桩的计算宽度 b_1

$$b_1=k\cdot k_f\cdot(d+1)$$

已知:$k_f=0.9$, $d=1m$, $L_1=1.5m$, $h_1=3(d+1)=6m$, $n=2$, $b_2=0.6$。

$$k=b_2+\frac{1-b_2}{0.6}\cdot\frac{L_1}{h_1}=0.6+\frac{1-0.6}{0.6}\times\frac{1.5}{3\times(1+1)}=0.767$$

所以　　　　　　　　　　　　　　$b_1=1.38m$

2. 桩的变形系数 α

$$\alpha=\sqrt[5]{\frac{mb_1}{EI}}$$

其中,$m=120000\text{kN/m}^4$,混凝土选 C20,其 $E_c=2.55\times10^7\text{kN/m}^2$,$I=\frac{\pi d^4}{64}=0.0491\text{m}^4$,$EI=0.8E_cI=1.0016\times10^6\text{kN}\cdot\text{m}^2$

所以　　　　　　　　　　$\alpha=\sqrt[5]{\frac{120000\times1.38}{1.0016\times10^6}}=0.698\text{m}^{-1}$

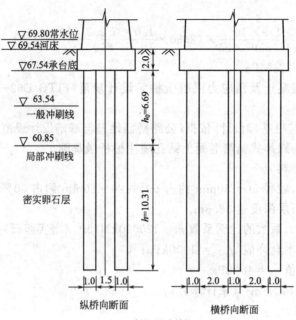

图 4.60 多排桩基础设计

桩在局部冲刷线以下深度 $h=10.31\text{m}$，其计算长度则为

$\overline{h}=\alpha h=0.698\times10.31=7.20>2.5$，故按弹性桩计算。

3. 桩顶刚度系数 ρ_1、ρ_2、ρ_3、ρ_4

$$\rho_1=\cfrac{1}{\cfrac{l_0+\xi h}{EA}+\cfrac{1}{C_0A_0}}$$

其中，$l_0=6.69\text{m}$，$h=10.31\text{m}$，$\xi=\dfrac{1}{2}$，$A=\dfrac{\pi d^2}{4}=0.785\text{m}^2$

$$C_0=m_0h=120000\times10.31=1.237\times10^6\,\text{kN/m}^3$$

$$A_0=\begin{cases}\pi\left(\dfrac{d}{2}+h\tan\dfrac{\overline{\varphi}}{4}\right)^2=\pi\left(\dfrac{1}{2}+10.31\times\tan\dfrac{40°}{4}\right)^2=16.88\text{m}^2\\[3mm]\dfrac{\pi}{4}S^2=\dfrac{\pi}{4}\times2.5^2=4.91\text{m}^2\end{cases}$$

故取 $A_0=4.91\text{m}^2$

所以

$$\rho_1=\cfrac{1}{\cfrac{l_0+\xi h}{EA}+\cfrac{1}{C_0A_0}}=\cfrac{1}{\cfrac{6.69+\dfrac{1}{2}\times10.31}{0.8\times2.55\times10^7\times0.785}+\cfrac{1}{1.237\times10^6\times4.91}}=1.11\times10^6=1.108EI$$

已知：$\overline{h}=\alpha h=0.698\times10.31=7.20>4$。$\overline{l}_0=\alpha l_0=0.698\times6.69=4.67$，查附表 17、附表 18、附表 19 得：$x_Q=0.04360$，$x_M=0.14047$，$\varphi_M=0.60846$。由式（4.63）得

$$\rho_2=\alpha^3EIx_Q=0.0148EI$$
$$\rho_3=\alpha^2EIx_M=0.0684EI$$
$$\rho_4=\alpha EI\varphi_M=0.425EI$$

4. 计算承台底面原点 O 处位移 a、b、β

由式(4.68) 得

$$b=\frac{N}{\sum n\rho_1}=\frac{8591.40}{6\times1.108EI}=\frac{1292.33}{EI}$$

$$a=\frac{(\sum n_i\rho_4+\rho_1\sum n_ix_i^2)H+(\sum n_i\rho_3)M}{(\sum n_i\rho_2)(\sum n_i\rho_4+\rho_1\sum n_ix_i^2)-(\sum n_i\rho_3)^2}$$

$$\sum n_i\rho_4+\rho_1\sum n_ix_i^2=6\times0.425EI+1.108EI\times6\times1.25^2=12.94EI$$

$$\sum n_i\rho_3=6\times0.0684EI=0.4104EI$$

$$\sum n_i\rho_2=6\times0.01484EI=0.0888EI$$

$$(\sum n_i\rho_3)^2=0.1684(EI)^2$$

故　$a=\dfrac{6964.17}{EI}$

$$\beta=\frac{(\sum n_i\rho_2)M+(\sum n_i\rho_3)H}{(\sum n_i\rho_2)(\sum n_i\rho_4+\rho_1\sum n_ix_i^2)-(\sum n_i\rho_3)^2}=\frac{633.11}{EI}$$

5. 计算作用在每根桩顶上作用力 P_i、Q_i、M_i

按式(4.48) 计算

竖向力：

$$P_i=\rho_1b_i=\rho_1(b+x_i\beta)=1.108EI\left(\frac{1292.33}{EI}\pm1.25\times\frac{633.11}{EI}\right)=\begin{cases}2308.76\text{kN}\\555.04\text{kN}\end{cases}$$

水平力：

$$Q_i=\rho_2a_i-\rho_3\beta_i=\rho_2a-\rho_3\beta=0.0148EI\times\frac{6964.17}{EI}-0.0684EI\times\frac{633.11}{EI}=59.76\text{kN}$$

弯矩：

$$M_i=\rho_4\beta_i-\rho_3a_i=\rho_4\beta-\rho_3a=0.425EI\times\frac{633.11}{EI}-0.0684EI\times\frac{6964.17}{EI}=-207.28\text{kN}\cdot\text{m}$$

校核：

$$nQ_i=6\times59.76=358.56\text{kN}\approx\sum H=358.60\text{kN}$$

$$\sum_{i=1}^{n}x_iP_i+nM_i=3\times(2308.76-555.04)\times1.25+6\times(-207.28)=5332.77\text{kN}\cdot\text{m}$$

$$\approx\sum M=5334.50\text{kN}\cdot\text{m}$$

$$\sum_{i=1}^{n}nP_i=3\times(2308.76+555.04)=8591.4\text{kN}=8591.40\text{kN}$$

6. 计算局部冲刷线处桩身弯矩 M_0、水平力 Q_0 及轴向力 P_0

$$M_0=M_i+Q_il_0=-207.28+59.76\times6.69=192.51\text{kN}\cdot\text{m}$$

$$Q_0=59.76\text{kN}$$

$$P_0=2308.76+0.785\times6.69\times15=2387.53\text{kN}$$

求得 M_0、Q_0 及 P_0 后就可按单桩进行计算和验算，然后进行群桩基础承载力和沉降（需要时）验算。

4.8　桩基础质量检验

为确保桩基工程质量，应对桩基进行必要的检测，验证能否满足设计要求，保证桩基的正常使用。桩基工程为地下隐蔽工程，建成后在某些方面难以检测。为控制和检验桩基质量，施工一开始就应按工序严格监测，推行全面的质量管理，每道工序均应检验，及时发现和解决问题，并认真做好施工和检测记录，以备最后综合对桩基质量作出评价。

桩的类型和施工方法不同，所需检验的内容和侧重点也有不同，但桩基质量检验通常均涉及下述三方面内容。

(1) 桩的几何受力条件检验

桩的几何受力条件主要是指有关桩位的平面布置、桩身倾斜度、桩顶和桩底高程等，要求这些指标在容许误差的范围之内。例如桩的中心位置误差不宜超过 50mm，桩身的倾斜度应不大于 1/100 等，以确保桩在符合设计要求的受力条件下工作。

(2) 桩身质量检验

桩身质量检验是指对桩的尺寸、构造及其完整性进行检测，验证桩的制作或成桩的质量。

(3) 桩身强度与单桩承载力检验

桩的承载力取决于桩身强度和地基强度。桩身强度检验除了保证上述桩的完整性外，还要检测桩身混凝土的抗压强度，预留试块的抗压强度应不低于设计强度，对于水下混凝土应高出 20%。钻孔桩在凿平桩头后应抽查桩头混凝土质量，检验抗压强度。对于大桥的钻孔桩有必要时尚应抽查，钻取桩身混凝土芯样检验其抗压强度。

4.8.1 桩身质量检验

4.8.1.1 预制桩

预制桩制作时应对桩的钢筋骨架、尺寸量度、混凝土强度等级和浇筑方面进行检测，验证是否符合选用的桩标准图或设计图的要求。检测的项目有主筋间距、箍筋间距、吊环位置与露出桩表面的高度、桩顶钢筋网片位置、桩尖中心线、桩的横截面尺寸和桩长、桩顶平整度及其与桩轴线的垂直度、钢筋保护层厚度等。关于钢筋骨架和桩外形尺度在制作时的允许偏差可参阅《建筑桩基技术规范》中所作的规定。

对混凝土质量应检查其原材料质量与计量、配合比和坍落度、桩身混凝土试块强度及成桩后表面有否产生蜂窝麻面及收缩裂缝的情况。一般桩顶与桩尖不容许有蜂窝和损伤，表面蜂窝面积不应超过桩表面积的 0.5%，收缩裂缝宽度不应大于 0.2mm。长桩分节施工时需检验接桩质量，接头平面尺寸不允许超出桩的平面尺寸，注意检查电焊质量。

4.8.1.2 钻孔灌注桩

钻孔灌注桩的尺寸取决于钻孔的大小、桩身质量与施工工艺，因此桩身质量检验应对钻孔、成孔与清孔、钢筋笼制作与安放、水下混凝土配制与灌注三个主要过程进行质量监测与检查。

检验孔径应不小于设计桩径；成孔是否有扩孔、颈缩现象。

孔深应比设计深度稍深：摩擦桩不小于设计规定，柱桩比设计深度深至少 5cm。

钻孔过程中泥浆各项指标应满足：相对密度 $1.06\sim1.20$；黏度 $19\sim25s$；失水率 $\leqslant18mL/30min$；泥皮厚 $\leqslant2.0mm$；含砂率 $\leqslant4\%$。

清孔后的泥浆各项指标应满足：相对密度 $1.06\sim1.1$；黏度 $18\sim22s$；失水率 $\leqslant10mL/30min$；泥皮厚 $\leqslant1.0mm$；含砂率 $\leqslant0.5\%$。

孔内沉淀土厚度 t 应不大于设计规定。对于摩擦桩，当设计无要求时，对直径 $\leqslant1.5m$ 的桩，$t\leqslant30cm$；对桩径 $>1.5m$ 或桩长 $>40m$ 或土质较差的桩，$t\leqslant50cm$，且 $0.1<t/d<0.3$。

钢筋笼顶面与底面高程与设计规定值误差应在 $\pm50mm$ 范围内。

成孔后的钻孔灌注桩桩身结构完整性检验方法很多，常用的有以下几种方法。

（1）低应变动测法

① 反射波法　它是用力锤敲击桩顶，给桩一定的能量，使桩中产生应力波，检测和分析应力波在桩体中的传播历程，便可分析出基桩的完整性。

② 水电效应法　在桩顶安装一高约1m的水泥圆筒，筒内充水，在水中安放电极和水听器，电极高压放电，瞬时释放大电流产生声学效应，给桩顶一冲击能量，由水听器接收桩—土体系的响应信号，对信号进行频谱分析，根据频谱曲线所含有的桩基质量信息，判断桩的质量和承载力。

③ 机械阻抗法　它是把桩—土体系看成一线性不变振动系统，在桩头施加一激励力，就可在桩头同时观测到系统的振动响应信号，如位移、速度、加速度等，并可获得速度导纳曲线（导纳即响应与激励之比）。分析导纳曲线，即可判定桩身混凝土的完整性，确定缺陷类型。

④ 动力参数法　该方法是通过简便地敲击桩头，激起桩—土体系的竖向自由振动，按实测的频率及桩头振动初速度或单独按实测频率，根据质量弹簧振动理论推算出单桩动刚度，再进行适当的动静对比修正，换算成单桩的竖向承载力。

⑤ 声波透射法　它是将置于被测桩的声测管中的发射换能器发出的电信号，经转换、接收、放大处理后存储，并把它显示在显示器上加以观察、判读，即可作出被测桩混凝土的质量判定。

对灌注桩的桩身质量判定，可分为以下四类。

优质桩：动测波形规则衰减，无异常杂波，桩身完好，达到设计桩长，波速正常，混凝土强度等级高于设计要求。

合格桩：动测波形有小畸变，桩底反射清晰，桩身有小畸变，如轻微缩径、混凝土局部轻度离析等，对单桩承载力没有影响。桩身混凝土波速正常，达到混凝土设计强度等级。

严重缺陷桩：动测波形出现较明显的不规则反射，对应桩身缺陷如裂纹、混凝土离析、缩径1/3桩截面以上，桩身混凝土波速偏低，达不到设计强度等级，对单桩承载力有一定的影响。该类桩要求设计单位复核单桩承载力后提出是否处理的意见。

不合格桩：动测波形严重畸变，对应桩身缺陷如裂缝、混凝土严重离析、夹泥、严重缩径、断裂等。这类桩一般不能使用，需进行工程处理。

工程上还习惯于将上述四种判定类别按Ⅰ类桩、Ⅱ类桩、Ⅲ类桩、Ⅳ类桩划分。但不管怎样划分，其划分标准基本上是一致的。

（2）钻芯检验法

钻芯验桩就是利用专用钻机，从混凝土结构中钻取芯样以检测混凝土强度的方法。它是大直径基桩工程质量检测的一种手段，是一种既简便又直观的必不可少的验桩方法，它具有以下特点。

① 可检查基桩混凝土胶结、密实程度及其实际强度，发现断桩、夹泥及混凝土稀释层等不良状况，检查桩身混凝土灌注质量；

② 可测出桩底沉渣厚度并检验桩长，同时直观认定桩端持力层岩性；

③ 用钻芯桩孔对出现断桩、夹泥或稀释层等缺陷桩进行压浆补强处理。

由于具有以上特点，钻芯验桩法广泛应用于大直径基桩质量检测工作中，它特别适用于大直径大荷载端承桩的质量检测。对于长径比比较大的摩擦桩，则易因孔斜使钻具中途穿出桩外而受限制。

4.8.2　桩身强度与单桩承载力检验

桩的承载力取决于桩身强度和地基强度。桩身强度检验除了保证上述桩的完整性外，还要检测桩身混凝土的抗压强度，预留试块的抗压强度应不低于设计强度，对于水下混凝土应高出 20％。钻孔桩在凿平桩头后应抽查桩头混凝土质量，检验抗压强度。对于大桥的钻孔桩有必要时尚应抽查，钻取桩身混凝土芯样检验其抗压强度。

单桩承载力的检测，在施工过程中，对于打入桩惯用最终贯入度和桩底高程进行控制，而钻孔灌注桩还缺少在施工过程中监测承载力的直接手段。成桩可做单桩承载力的检验，常采用单桩静载试验或高应变动力试验确定单桩承载力。单桩静载试验包括垂直静载试验和水平静载试验两项。

（1）垂直静载试验法

① 在桩顶逐级施加轴向荷载，直至桩达到破坏状态为止，并在试验过程中查明桩的沉降情况，测定各土层的桩侧摩阻力和桩底反力，测量并记录每级荷载下不同时间的桩顶沉降，根据沉降与荷载及时间的关系，分析确定单桩的竖向承载力。

② 即桩承载力自平衡测试法，在桩身指定位置安放荷载箱，荷载箱内布置大吨位千斤顶，通过测试直观地反映荷载箱上下两段各自的承载力。将荷载箱上段的侧摩阻力经处理后与下段桩端阻力和桩侧阻力相加，即为桩的极限承载力。

（2）水平静载试验

在桩顶施加水平荷载（单向多循环加卸载法或慢速连续法），直至桩达到破坏标准为止。测量并记录每级荷载下不同时间的桩顶水平位移，根据水平位移与水平荷载及时间的关系，分析确定单桩的水平承载力。

通过桩的静载试验，可验证基桩的设计参数并检查选用的钻孔施工工艺是否合理和完善，以便对设计文件规定的桩长、桩径和承载能力进行复合，对钻孔施工工艺和机具进行改善和调整。一些新工艺一般都是通过荷载试验的检验鉴定才能获得推广应用。对特大桥和地质复杂的钻孔灌注桩必须进行桩的承载力试验。

国内外工程实践证明，用静力检验法测试单桩竖向承载力，尽管检验仪器、设备笨重、造价高、劳动强度大、试验时间长，但迄今为止还是其他任何动力检验法无法替代的基桩承载力检测方法，其试验结果的可靠性也是毋庸置疑的。而对于动力检验法确定单桩竖向承载力，是近几十年来国内外发展起来的新的测试手段，目前仍处于发展和继续完善阶段。大桥与重要工程、地质条件复杂或成桩质量可靠性较低的桩基工程，均需做单桩承载力的检验。

4.9　其他深基础简介

深基础的种类很多，除了前面讲述的桩基础之外，还有沉井基础、沉箱基础、桩箱、桩筏基础、墩基础和地下连续墙等。建造深基础需要采用特殊的施工方法，以最经济有效地解决深开挖边坡问题。

4.9.1　沉井基础

沉井一般是用钢筋混凝土或砖石等材料制成的井筒状构筑物（见图 4.61），它先在地面上制作成形，然后用适当的方法在井筒内把土挖出，筒身靠自重而逐渐下沉。当筒身大部分已沉入土中后，再接筑另一段井筒，接长筒身，再继续挖土下沉，一直到井底到达设计标高为止。然后将井底封塞，再用土、石或混凝土将筒内空间填实，使整个筒体成为一个建筑物基础。如果需要利用井筒内的空间作为地下结构使用，则只要密封井底，做成空心沉井，在顶部浇注钢筋混凝土盖板，即可建造上部结构。

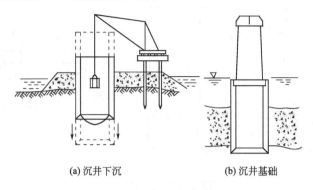

(a) 沉井下沉　　　　　　　　　　　(b) 沉井基础

图 4.61　沉井基础示意图

（1）沉井基础的适用条件

沉井基础在工程上应用比较广泛，主要适用于地基深层土的承载力大而上部土层比较松软、易于开挖的地层；或由于建筑物使用上的要求，需要把基础埋入地面下深处的情况，主要用作以下几种结构物。

① 重型结构物基础　沉井常用于平面尺寸紧凑的重型结构物如烟囱、重型设备的基础；

② 江河上的结构物　沉井的井筒不仅可以挡土，也可挡水，因此也适用于江河上的结构物；

③ 取水结构物　当地面下不深处有含水的卵石层，常用沉井作为取水的水泵站。有时沉井装好抽水滤管并封底后，利用井筒内的空间，作为水泵房；

④ 地下工程　包括地下厂房、地下仓库、地下油库、地下车道和车站及矿用竖井等。；

⑤ 邻近建筑物的深基础　在原有建筑物邻近进行新建深基础工程基槽开挖时，将危及原有建筑物浅基础的稳定性，采用沉井，则可防止原有浅基础的滑动；

⑥ 房屋纠倾工作井　近年来，在房屋纠倾方法中，行之有效的冲土法或掏土法需在房屋沉降小的一侧做一排工作井，工人在井内向房屋地基中冲土或掏土。这种工作沉井既作为挡土护壁，保护工人的安全，又可用作房屋地基土外流的临时贮泥坑。

（2）沉井基础的特点

① 沉井本身既作为基础的组成部分，在下沉过程中又起着挡土和挡水的临时围护结构作用，无需再另设坑壁支撑或板桩墙等，既节省了材料又简化了施工。

② 沉井基础施工占地面积小，施工简便，对邻近建筑物影响小，沉井内部空间还可得到充分利用。

（3）沉井的构造

沉井的构造包括：刃脚、井筒（壁）、封底、隔墙、井孔、射水管组和探测管、凹槽、封底混凝土、顶盖和环墙等（见图 4.62）。

① 刃脚　沉井外壁下端的尖利部分叫刃脚。刃脚位于沉井的最下端，形如刀刃，在沉井下沉过程中起切土下沉的作用，它是受力最集中的部分，必须有足够的强度，以免挠曲与受损。

② 井筒（壁）　沉井的井筒为沉井的主体。在沉井下沉过程中，井筒是挡土挡水的围壁，应有足够的强度，承受四周的土压力和水压力。同时井筒又需要有足够的自重，以克服井筒外壁与土的摩阻力和刃脚踏面底部土的阻力，使沉井能在自重作用下下沉。井筒内部的

空间，要满足施工要求。

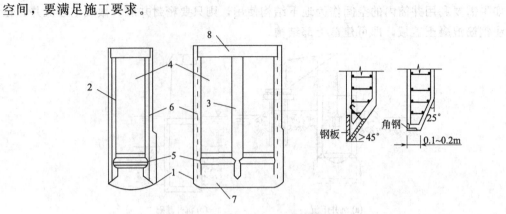

图 4.62　沉井的构造

1—刃脚；2—井筒（壁）；3—隔墙；4—井孔；5—凹槽；
6—射水管和探测管；7—封底混凝土；8—顶盖

③ 隔墙　隔墙又称为内壁，其作用是加强沉井的刚度，缩小外壁跨度，减少外壁的挠曲应力。同时隔墙又把沉井分成若干个取土井，便于掌握挖土位置以控制下沉的方向。

④ 射水管和探测管　当沉井下沉较深，并估计到土的阻力较大，下沉有困难时，则可在沉井壁中预先埋设射水管，管口设在刃脚下端和井壁外侧。射水管宜均匀布置在井壁四周，这样可通过射水管的水压大小和水量多少来调整沉井的下沉方向。

⑤ 凹槽　为使封底混凝土嵌入井壁，形成整体，使封底混凝土底面的反力更好地传递给井壁而设立凹槽。井孔用混凝土或土填实的，可不设凹槽。

⑥ 封底混凝土与顶盖　当沉井下沉至设计标高后，需用混凝土封底，以阻止地下水和地基土进入井筒。封底混凝土的厚度按受力条件计算确定。

4.9.2　沉箱基础

修筑深基础的另一种施工方法是沉箱。沉井如果在下沉前井底先封闭，则称为沉箱。沉箱犹如一个有盖无底的箱子，其平面尺寸与基础尺寸相同，顶盖上面装有特制的井管和气闸，工人在箱内挖土，使沉箱在自重作用下沉入土中。当工作室进入水下时，可通过气闸和气管打入压缩空气，把工作室内的水排出，工人仍能在里面工作，故又叫压气沉箱。在室内不断挖土的同时在箱顶上不停地砌筑圬工，直到下沉到设计标高，然后用混凝土填死工作室，并撤去气闸和井管，建成基础。因此沉箱和沉井一样，其结构本身也是基础的一部分。

（1）沉箱基础的适用条件

当沉井的下沉深度要求达到地下水位下较深时（例如 15m 以上），难以采用降低地下水位的办法进行井内开挖，而采用水下机械开挖又不易做到均匀以保证井身竖直下沉，在这种情况下就常采用沉箱。

（2）沉箱基础的特点

沉箱基础具有以下特点。

① 在下沉过程中能处理任何障碍物。

② 可以直接鉴定和处理基底，不用水下混凝土封守。但因人体至多只能承受四个大气压，为安全计，沉箱的最大下沉深度是在水下 35m，使用范围受到限制。

③ 沉箱作业需要许多复杂的施工设备，如气闸、压缩空气机站等，其施工组织比较复杂，进度较慢，故造价较高。

（3）沉箱的构造

① 沉箱基础的截面形式　钢筋混凝土沉箱可以做成实心，也可做成空心。当沉箱自地面或人工岛面下沉，并且面积较小时，可采用实心钢筋混凝土沉箱，如图 4.63（a）所示。当沉箱面积较大时，则应采用空心沉箱，如图 4.63（b）和图 4.63（c）所示，其目的是减少沉箱自重，以免在制造和撤垫木时产生过大沉降和下沉初始速度过快而难以控制方向。

② 沉箱基础的主要组成部分　沉箱基础主要由工作室、顶盖、刃脚、箱顶圬工、升降孔和箱顶的各种管路等组成。

a. 工作室　工作室是指由其顶盖和刃脚所围成的工作空间，其四周和顶面均应密封不漏气。室内最小高度为 2.2m，如要装设水力机械，其顶面应提高 0.3m。

b. 顶盖　顶盖即工作室的顶板，下沉期要承受高压空气向上的压力，后期则承受箱顶上圬工的荷载，因此它应具有一定的厚度，其厚度 h 与沉箱的宽度 B 有关（如图 4.63 所示）。

c. 刃脚　沉箱刃脚的作用是为了切入土层，同时也作为工作室的外墙。它不仅要防止水和土进入室内，也要防止室内高压空气的外逸。由于刃脚受力很大，应做得非常坚固。

d. 箱顶圬工　箱顶圬工也是沉箱的主

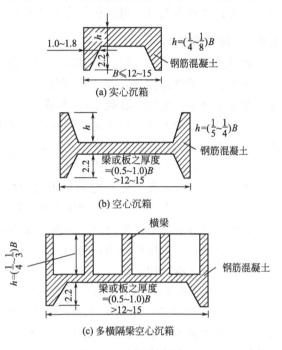

图 4.63　沉箱剖面形式

要组成部分。在下沉过程中，不断砌筑箱顶填土，起到压重作用。

e. 升降孔　在沉箱顶盖和箱顶圬工中，必须留出垂直孔道，以便在其中安装连通工作室和气闸的井管，使人、器材及室内弃土能由此上下通过，并经过气闸出入大气中。如为人工挖土的沉箱，则升降孔的数量按工作室的面积，大致以每 $90\sim100\mathrm{m}^2$ 有一个升降孔为宜，而孔的位置应位于相应面积的形心上。

f. 箱顶上的管路　箱顶上的管路有电线管、水管、进气管、排气管、风管、悬锤管和备用管等，它们是工作室内所需的空气、动力、通信和照明等一切来源的必经管道。悬锤管是用来置放悬锤的，以检查沉箱的下沉方向是否垂直。

4.9.3　桩箱、桩筏基础

若高层建筑的地基土质软弱，仅用箱形（或筏形）基础无法满足地基承载力的要求，则必须在箱形（或筏形）基础底板下做承重桩基础。这类箱基（或筏基）加桩基的基础，简称桩箱（或桩筏）基础，具有桩基础和箱基础（或筏基础）两种基础的功能，是一种复合式基础。

（1）桩箱、桩筏基础的适用条件

当高层或重型建筑物的荷载较大，地基为较厚的黏土层，地基的强度或变形条件不能满足设计要求或者可能产生较大的沉降量时，可采用摩擦群桩与箱基（或筏基）共同作用，承受建筑荷载。桩基础主要承担竖向荷载，一般按摩擦桩考虑。桩与箱基底板（或筏板）的嵌固连结，应符合桩与承台连结的要求。

（2）桩箱、桩筏基础的布桩方式

桩箱与桩筏基础是由桩与箱基或筏基共同承受上部结构荷载的基础形式，上部结构荷载的一部分通过桩传递到更深处的土体，另一部分由箱基或筏基底板下的土体承受。桩箱（桩筏）基础的布桩方式如图 4.65 所示，可分为：均匀布桩，在箱基的纵、横墙下布桩，根据基底压力图疏密不均布桩以及按复合地基的要求布桩等。

4.9.4 地下连续墙

地下连续墙就是用专用的挖槽孔设备，顺序沿着拟修建深基础或地下结构物的周边位置，采用泥浆护壁的方法，在土中开挖一条一定宽度、长度和深度的深槽，然后安放钢筋笼，浇注混凝土（或水下混凝土），形成一个单元的墙段，各单元墙段之间以各种特制的接头互相连结，逐步形成一道就地灌注的连续的地下钢筋混凝土墙。它用作基坑开挖时防渗、挡土，对邻近建筑物基础的支护或直接成为承受垂直荷载的基础的一部分。

（1）地下连续墙的主要形式

地下连续墙按槽孔形式可分为壁板式和桩排式。按墙体材料分为钢筋混凝土、素混凝土、塑性混凝土（由黏土、水泥和级配砂石所合成的一种低强度混凝土）、黏土等数种。按施工方法又可分为现浇与预制及二者组合成墙等。按构造形式分为分离壁式、整体壁式、单独壁式和重壁式。按用途分为临时挡土墙、防渗墙、用作多边形基础的墙体。

（2）地下连续墙的特点

与其他深基础相比地下连续墙具有以下特点。

① 作为深基坑支护结构刚度大，对邻近建筑物和地面交通影响小。施工时无噪声，无振动，尤其在城市密集建筑群中修建深基础时，为防止对邻近建筑物安全稳定的影响，地下连续墙更显示出它的优越性。

② 适用范围广。由于其整体性、防水性和耐久性好，又有较大的强度和刚度，故可用作地下主体结构的一部分，或单独作为地下结构的外墙。既可作为防渗结构、挡土墙及隔震墙等，亦可作为承重的深基础。

③ 能适应各种地质条件，可穿过软土层、砂卵石层和进入风化岩层。施工深度国内已超过 80m，国外已超过 100m。不受高地下水位的影响，无需采取降水措施，可避免降水对邻近建筑的影响。

④ 地下连续墙施工方法是一种机械化的快速施工方法，工效高、成本低、安全可靠，且在地面工作，劳动条件得到改善。开挖基坑无需放坡，土方量小；无需设置井点降低地下水位；浇筑混凝土无需支模和养护，因而可使成本降低。

⑤ 地下连续墙的缺点是施工工序多，技术要求高，施工技术比较复杂，施工质量要求高，若施工管理不善，则效率低下，质量达不到要求。如果施工掌握不当，容易因竖直度达不到要求无法形成封闭的围墙，或槽壁坍塌，墙体厚薄不均等施工事故，造成浪费。

思考题与习题

4.1 简述桩基础的适用场合及设计原则。

4.2 试分别根据桩的承载性状和桩的设置效应对桩进行分类。

4.3 简述单桩在竖向荷载下的工作性能以及其破坏性状。

4.4 什么叫负摩阻力、中性点？如何确定中性点的位置及负摩阻力的大小？

4.5　何谓单桩竖向承载力特征值?

4.6　何谓群桩效应? 如何验算桩基竖向承载力?

4.7　单桩水平承载力与哪些因素有关? 设计时如何确定?

4.8　在工程实践中如何选择桩的直径、桩长以及桩的类型?

4.9　如何确定承台的平面尺寸及厚度? 设计时应做哪些验算?

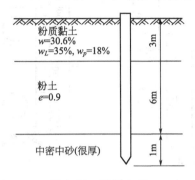

图 4.64　习题 4.10

4.10　某工程桩基采用预制混凝土桩,桩截面尺寸为 350mm×350mm,桩长 10m,各土层分布情况如图 4.64 所示,试确定该基桩的竖向承载力标准值和基桩的竖向承载力特征值(不考虑承台效应)。

4.11　某工程一群桩基础中桩的布置及承台尺寸如图 4.65 所示,其中桩采用 $d=$ 500mm 的钢筋混凝土预制桩,桩长 12m,承台埋深 1.2m。土层分布第一层为 3m 厚的杂填土,第二层为 4m 厚的可塑状黏土,其下为很厚的中密中砂层。上部结构传至承台的轴心荷载标准值为 $F=5400$kN,弯矩 $M=1200$kN·m,试验算该桩基础是否满足设计要求。

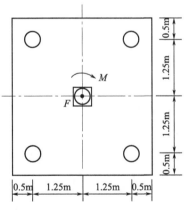

图 4.65　习题 4.11

4.12　某场地土层分布情况为:第一层杂填土,厚 1.0m;第二层为淤泥,软塑状态,厚 6.5m;第三层为粉质黏土,$I_L=0.25$,厚度较大。现需设计一框架内柱的预制桩基础。柱底在地面处的竖向荷载为 $F=1700$kN,弯矩为 180kN·m,水平荷载 $H=100$kN,拟定预制桩基础的截面尺寸为 350mm×350mm。试设计该桩基础。

4.13　某公路桥台为多排钻孔灌注桩基础,承台及桩尺寸如图 4.66 所示。以荷载组合 I 控制桩基础设计,纵桥向作用于承台底面中心处的设计荷载为:$N=6400$kN,$H=1365$kN,$M=714$ kN·m。桥台处无冲刷。地基土为砂性土,土的内摩擦角 $\varphi=36°$;土的重度 $\gamma=$

$19kN/m^3$；极限摩阻力 $\tau = 45kN/m^2$，地基系数的比例系数 $m = 8200kN/m^4$；桩底土容许承载力 $[\sigma_0] = 250kN/m^2$；计算参数取 $\lambda = 0.7$，$m_0 = 0.6$，$k_2 = 4.0$。试确定桩长并进行配筋设计。

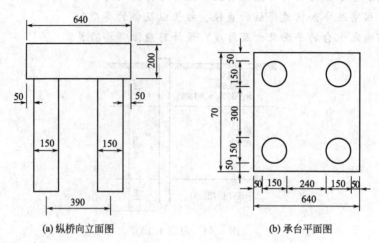

图 4.66　习题 4.13（尺寸单位：cm）

第5章 地基处理

5.1 概述

地基处理 (Ground Treatment) 也称地基加固 (Ground Improvement)，是提高地基承载力，改善其变形性能或渗透性能而采取的技术措施，处理后称人工地基。我国土地辽阔、幅员广大，从沿海到内地，从山区到平原，分布着多种多样的地基土，其抗剪强度、压缩性以及透水性等因土的种类不同而可能有很大差异。自然地理环境不同、土质各异、地基条件区域性强，因而地基处理这门学科非常复杂。随着国民经济的高速发展，不仅需要选择在地基条件良好的场地从事建设，而且有时也不得不在地质条件不良的地基上进行工程建设。另外，科学技术的日新月异也使结构物的荷载日益增大，对变形要求越来越严，因而原来一般可被评价为良好的地基，也可能在某种特定条件下非进行地基处理不可。因此，地基处理的重要地位也日益明显，已成为制约工程建设的主要因素，如何选择一种既满足工程要求，又节约投资的设计、施工和验算方法，已经刻不容缓地呈现在广大的工程技术人员面前。

5.1.1 地基处理的对象及其基本特性

地基处理的对象主要是软弱地基 (Soft Foundation) 和特殊土地基 (Special Ground)。

5.1.1.1 软弱地基

软弱地基系指主要由淤泥、淤泥质土、冲填土、杂填土或其他高压缩性土层构成的地基。

（1）软土

淤泥 (Muck) 及淤泥质土 (Mucky Soil) 总称为软土。这类土的共同特征主要是：由细粒土组成，且天然含水量大 ($w \geqslant w_l$)，孔隙比大 ($e > 1.0$)，压缩性高 ($\alpha_{1-2} > 0.5 \mathrm{MPa}^{-1}$)，强度低 ($c_u < 30 \mathrm{kPa}$)，灵敏度高，具有明显的流变性，渗透系数小，且含有有机质。一般情况下，天然孔隙比 $e > 1.5$ 时为淤泥，$1.0 < e < 1.5$ 为淤泥质土。在外荷载作用下，软土地基承载力低，地基变形大，不均匀变形也大，且变形稳定历时较长，在比较厚的软土层上，建筑物基础的沉降往往持续数年甚至数十年之久。软土广布在我国东南沿海、内陆平原和山区，如上海、杭州、温州、福州、广州、宁波、天津和厦门等沿海地区以及武汉和昆明等内陆地区。

（2）冲填土

冲填土 (Hydraulic Fill) 是人为用水力冲填方式而沉积的土，也称吹填土。近年来多用于沿海滩涂开发及河漫滩造地。西北地区常见的水坠坝（也称冲填坝）即是冲填土堆筑的坝。冲填土形成的地基可视为天然地基的一种，它的工程性质主要取决于冲填土的性质。冲填土地基一般具有如下重要特点。

① 颗粒沉积分选性明显，在入泥口附近，粗颗粒较先沉积，远离入泥口处，所沉积的颗粒变细；同时在深度方向上存在明显的层理。

② 冲填土的含水量较高，一般大于液限，呈流动状态。停止冲填后，表面自然蒸发后

常呈龟裂状，含水量明显降低，但下部冲填土当排水条件较差时仍呈流动状态，冲填土颗粒愈细，这种现象愈明显。

③ 冲填土地基早期强度很低，压缩性较高，这是因冲填土处于欠固结状态。冲填土地基随静置时间的增长逐渐达到正常固结状态。其工程性质取决于颗粒组成、均匀性、排水固结条件以及冲填后静置时间。

冲填土有别于其他素土回填，它具有一定的规律性。其工程性质与冲填土料、冲填方法、冲填过程及冲填完成后的排水固结条件、冲填区的原始地貌和冲填龄期等因素有关。

（3）杂填土

杂填土（Miscellaneous Fill）是人们的生活和生产活动所形成的建筑垃圾、生活垃圾和工业废料等无规则堆填物。不同类型的垃圾、不同时间堆放的垃圾土很难用统一的强度指标、压缩指标、渗透性指标等加以描述。杂填土的主要特点是无规划堆积、成分复杂、性质各异、结构松散、厚薄不均、规律性差。主要工程特性是强度低、压缩性高和均匀性差，即使在同一场地也表现为压缩性和强度的明显差异，极易造成不均匀沉降，通常都需要进行地基处理。

（4）其他高压缩性土

饱和松散粉细砂及部分粉土，在机械振动、地震等动力荷载的重复作用下，有可能会产生液化或震陷变形。另外，在基坑开挖时，也可能会产生流砂或管涌。所以，对于这类地基土，往往需要进行地基处理。

5.1.1.2 特殊土地基

特殊土是指具有特殊工程性质的土类，主要有湿陷性黄土、膨胀土、红黏土、冻土及盐渍土，这些土由于形成的自然地理环境、气候条件、地质成因等因素不同，具有很强的区域性，故亦称作区域性特殊土。因此，由这些土构成的地基称为特殊土地基。

（1）湿陷性黄土

凡天然黄土在上覆土层自重应力作用下，或者在自重应力和附加应力共同作用下，因浸水后土的结构破坏而发生显著附加下沉的土称为湿陷性黄土（Collapsible Loess）。我国湿陷性黄土广泛分布在甘肃、陕西、黑龙江、吉林、辽宁、内蒙古、山东、河北、河南、山西、宁夏、青海和新疆等地（这里所说的黄土泛指黄土和黄土状土。湿陷性黄土又分为自重湿陷性和非自重湿陷性黄土，也有的老黄土不具湿陷性）。由于黄土的浸水湿陷而引起建（构）筑物的不均匀沉降是造成黄土地区工程事故的主要原因。设计时首先要判断其是否具有湿陷性，再考虑如何进行地基处理。常见的湿陷性黄土地基处理方法见表 5.1。

表 5.1 湿陷性黄土地基常用的处理方法

处理方法		适用范围	一般可处理（或穿透）基底下的湿陷土层厚度/m
垫层法		地下水位以上，局部或整片处理	1～3
夯实法	强夯	$S_r \leqslant 60\%$ 的湿陷性黄土，局部或整片处理	3～6
	重锤夯实		1～2
挤密法		地下水位以上，局部或整片处理	5～15
桩基法		基础荷载大，有可靠的持力层	≤30
预浸水法		Ⅲ、Ⅳ级自重湿陷性黄土场地，6m 以上，尚应采用垫层等方法处理	可消除地面 6m 以下全部土层的湿陷性
单液硅化法或碱液加固法		一般用于加固地下水位以上的既有建筑物地基	一般≤10m，单液硅化加固的最大深度可达 20m

（2）膨胀土

膨胀土（Expansive Soil）指的是具有较大的吸水后显著膨胀、失水后显著收缩特性的高液限黏土。膨胀土的矿物成分主要是亲水性黏土矿物，为一种高塑性黏土，一般承载力较高，具有吸水膨胀、失水收缩和反复胀缩变形、浸水承载力衰减、干缩裂隙发育等特性，性质极不稳定。常使建筑物产生不均匀的竖向或水平的胀缩变形，造成位移、开裂、倾斜甚至破坏，且往往成群出现，尤以低层平房严重，危害性很大。我国膨胀土分布在广西、云南、湖北、河南、安徽、四川、河北、山东、陕西、江苏、贵州和广东等省（自治区）。利用膨胀土作为建筑物地基时，必须进行地基处理。

（3）红黏土

红黏土（Red Clay）是指石灰岩和白云岩等碳酸盐类岩石在亚热带温湿气候条件下，经风化作用所形成的褐红色黏性土。通常红黏土是较好的地基土，但由于下卧岩层面起伏变化以及基岩的溶沟、溶槽等部位常常存在软弱土层，致使地基土层厚度及强度分布不均匀，此时容易引起地基的不均匀变形。

（4）冻土

冻土（Frozen Soil）是指气候在负温条件下，其中含有冰的各种土。冻土又分为季节冻土（Seasonal Frozen Ground）和多年冻土（Permafrost）。季节冻土是指该冻土在冬季冻结、夏季全部融化的（岩）土。多年冻土，又称永久冻土，指的是持续三年或三年以上冻结不融的土层，其表层土体冬冻夏融，称季节融化层。季节性冻土在我国东北、华北和西北广大地区均有分布，因其周期性的冻结和融化，因而对地基的不均匀沉降和地基的稳定性影响较大。例如，冻土区地基因冻胀而隆起，可能导致基础被抬起、开裂及变形，而融化又使地基沉降，再加上建筑物下面各处地基土冻融程度不均匀，往往造成建筑物的严重破坏。

（5）盐渍土

盐渍土（Saline Soil）是指易溶盐含量超过 0.3％ 的土。盐渍土中的盐遇水溶解后，物理和力学性质均会发生变化，强度降低。盐渍土地基浸水后，因盐溶解而产生地基溶陷。某些盐渍土（如含 Na_2SO_4 的土）在温度或湿度变化时，会发生体积膨胀。盐渍土中的盐还会导致地下设施腐蚀。我国盐渍土主要分布在西北干旱地区的新疆、青海、甘肃、宁夏、内蒙古等地势低的盆地和中原地区，在华北平原、松辽平原、大同盆地以及青藏高原的一些湖盆洼地中也有分布，在滨海地区也有存在。

5.1.2　地基处理目的

地基处理的目的就是采取适当的措施改善地基条件，主要包括以下几个方面。

（1）改善剪切特性

地基的剪切破坏以及在土压力作用下的稳定性，取决于地基土的抗剪强度。因此，为了防止剪切破坏以及减轻土压力，需要采取一定措施以增加地基土的抗剪强度。

（2）改善压缩特性

主要是采用一定措施以提高地基土的压缩模量，藉以减少地基土的沉降。另外，防止侧向流动（塑性流动）产生的剪切变形，也是改善剪切特性的目的之一。

（3）改善透水特性

由于地下水的运动会引起地基出现一些问题，为此，需要采取一定措施使地基土变成不透水层或减轻其水压力。

（4）改善动力特性

地震时饱和松散粉细砂（包括一部分轻亚黏土）将会产生液化。因此，需要采取一定措施防止地基土液化，并改善其振动特性以提高地基的抗震特性。

（5）改善特殊土的不良地基特性

主要是指消除或减少特殊土的湿陷性、膨胀性和冻胀性等不良地基特性。

对任一工程来讲，处理目的可能是单一的，也可能需同时在几个方面达到一定要求。

5.1.3　地基处理设计前的工作内容

对建造在软弱地基上的工程进行设计以前，必须首先进行相关调查研究，主要内容如下。

（1）上部结构条件

建造物的体型、刚度、结构受力体系、建筑材料和使用要求；荷载大小、分布和种类；基础类型、布置和埋深；基底压力、天然地基承载力、地基稳定安全系数和变形容许值等。

（2）地基条件

建筑物场地所处的地形及地质成因、地基成层情况；软弱土层厚度、不均匀性和分布范围；持力层位置的状况；地下水情况及地基土的物理和力学性质等。各种软弱地基的性状各不相同，现场地质条件随着场地的不同也是多变的，即使是同一种土质条件，也可能有多种地基处理方案。

如果根据软弱土层厚度确定地基处理方案，当软弱土层较薄时，可采用简单的浅层加固办法，如换土垫层法；当软弱土层较厚时，则可以按被加固土的特性和地下水的高低而采用排水固结法、挤密桩法、振冲法或强夯法。如遇砂性土地基，若主要考虑解决砂土的液化问题，一般可采用强夯法、振冲法、挤密桩法或灌浆法。如遇淤泥质土地基，由于其透水性差，一般应采用竖向排水井和堆载预压法、真空预压法、土工聚合物等；而面对采用各种深层密实法处理淤泥质土地基时要慎重对待。

（3）环境影响

在地基处理施工中应该考虑场地环境的影响。如采用强夯法和砂桩挤密法等施工时，振动和噪声会对邻近建筑物和居民产生影响和干扰；采用堆载预压法时，将会有大量的土方运进输出，既要有堆放场地，又不能妨碍交通；采用真空预压法或降水预压法时，往往会使邻近建筑物的地基产生附加沉降；采用石灰桩或灌浆法时，有时会污染周围环境。总之，施工时对场地的环境影响也不是绝对的，应慎重对待，妥善处理。

（4）施工条件

① 用地条件。如果施工时占地较多，则对工程施工较为方便，但有时却会影响经济造价。

② 工期。从施工角度来讲，工期不宜太紧，这样可以有条件地选择缓慢加荷的堆载预压法等方法，且施工期间的地基稳定性会增大。但有时工程要求缩短工期，早日完工投入使用，这样就限制了某些地基处理方法的采用。

③ 工程用料。尽可能就地取材，如当地产砂，就应该考虑采用砂垫层或挤密砂桩等方法的可能性；如有石料供应，就应考虑碎石垫层和碎石桩等方法。

④ 其他条件。如当地某些地基处理的施工机械的有无、施工的难易程度、施工管理质量控制、管理水平和工程造价等因素也是采用何种地基处理方法的关键因素。

5.1.4　地基处理方案的选择

地基处理方法的选择和确定要根据下面的步骤进行。

① 搜集建筑物场地详细的岩土工程地质、水文地质及地基基础的设计资料。

② 根据建筑物结构类型、荷载大小和使用要求，结合地形地貌、地层结构、岩土条件、地下水特征、周围环境和相邻建筑物等因素，初步确定几种可供考虑的地基处理方法（包括选择两种或多种地基处理措施组成的综合处理方案）。而且，在选择地基处理方法时，应该同时考虑上部结构、基础和地基的共同作用，也可选用加强结构措施（如设置圈梁和沉降缝等）和处理地基相结合的方案。

③ 在因地制宜的前提下，对初步选定的各种地基处理方法分别从处理效果、材料来源及消耗、机具、施工进度和环境影响等方面进行认真的技术经济分析和对比，根据安全可靠、施工方便、经济合理等原则选择最佳的地基处理方法。

④ 对已选定的地基处理方案，应按建筑物重要性和场地复杂程度以及该种地基处理方法在本地区使用的成熟程度，在有代表性的场地上进行相应的现场试验和试验性施工，并进行必要的测试以检验设计参数和处理效果。如达不到设计要求时，应查找原因并采取措施或修改设计。

地基处理方法设计顺序可参考图 5.1。

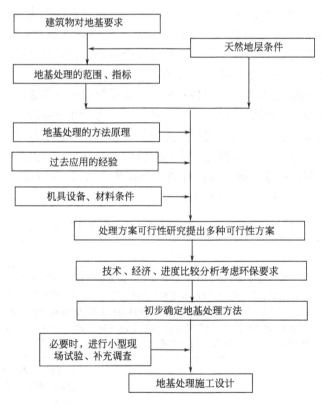

图 5.1　地基处理方法设计顺序

5.1.5　地基处理工程的施工管理

应引起注意的是，有时虽然采用了较好的地基处理方法，但由于施工管理不善，如施工时对黏性土结构的扰动，或由于机械行走路线的不合理，使地基加固产生不均匀等情况，也就丧失了采用良好处理方法的优越性。在施工中对处理方法的各个环节的质量标准要求应该严格掌握，如换土垫层法、填土压实时最大干重度和最优含水量的要求；

堆载预压的填土速率和边桩位移的控制,碎石桩的填料量、密实电流和留振时间的控制等。

地基处理的施工要尽量提早安排,因为地基加固后的强度提高往往需要一定时间,也就是说,大部分地基处理方法的加固效果并不是施工结束后马上就能全部发挥出来,还需要在施工完成后经过一段时间才能逐步达到加固地基的效果。随着时间的延长,地基强度还会逐渐增长,变形模量也会提高。可以通过调整施工速度,确保地基的稳定性和安全度。

一般在地基处理施工前、施工中和施工后,都要对被加固的软弱地基进行现场测试的勘探工作(如静力触探、旁压试验等原位测试和其他工作),以便及时了解地基土加固效果,修正原来的加固设计,调整施工进度;有时为了获得某些施工参数,多数必须于施工前在现场进行地基处理的原位测试试验;有时在地基加固前,为了保证对邻近建筑物的安全,还要对邻近建筑物或地下设施进行沉降和裂缝等监测。

5.1.6　常见的地基处理方法

建筑地基是泛指承受其上建筑工程作用力的地基,可以是土质地基或岩质地基。原有土层能够满足设计要求,可以直接用作建筑物地基时,这种地基称之为天然土质地基;原有土层不能满足设计要求,需要加固处理后才能作建筑物地基,这种地基统称人工处理土质地基。土质地基加固处理方法分为两大类,一种是复合地基(桩)处理技术,主要采用各种材料桩体进行加固地基;另一种是非桩处理技术,主要采用换土垫层、预压、强夯、灌浆等加固处理。地基处理方法的分类依据可有多种多样,如按时间可分为临时处理和永久处理;按处理深度可分为浅层处理和深层处理;按处理对象可分为砂性土处理和黏性土处理、饱和土处理和非饱和土处理;按地基作用机理可分为置换、夯实、挤密、排水、胶结、加筋和冷热等处理方法。其中最本质的分类依据是根据加固机理进行分类,其具体分类、加固机理及适用范围见表5.2;常用的地基处理方法的优点、局限性见表5.3;各种地基处理方法的土质适用情况、最大有效处理深度和加固效果见表5.4。

表 5.2　常用地基处理方法的分类、原理及适用范围

分类	处理方法	原理及作用	适用范围
换土垫层法	机械碾压法	挖除浅层软弱土或不良土,按回填的材料可分为砂(石)垫层、碎石垫层、粉煤灰垫层、干渣垫层、土(灰土、二灰)垫层等,分层碾压或夯实。可提高持力层的承载力,减小沉降量,消除或部分消除土的湿陷性和胀缩性,防止土的冻胀作用及改善土的抗液化性	常用于基坑面积宽大、开挖土方量较大的回填土方工程,适用于处理浅层非饱和软弱地基、湿陷性黄土地基、膨胀土地基、季节性冻土地基、素填土和杂填土地基
	重锤夯实法		适用于地下水位以上稍湿的黏性土、砂土、湿陷性黄土、杂填土以及分层填土地基
	平板振动法		适用于处理非饱和无黏性土或黏粒含量少和透水性好的杂填土地基
	强夯挤淤法	采用边强夯、边填碎石、边挤淤的方法,在地基中形成碎石墩体。可提高地基承载力和减小沉降	适用于厚度较小的淤泥和淤泥质土地基,应通过现场试验才能确定其适用性
	爆破法	由于振动而使土体产生液化和变形,从而达到较大密实度,用以提高地基承载力和减小沉降	适用于饱和且净砂,非饱和但经常灌水饱和的砂、粉土和湿陷性黄土

续表

分类	处理方法	原理及作用	适用范围
深层密实法	强夯法	利用强大的夯击能,迫使深层土液化和动力固结,使土体密实,用以提高地基承载力,减小沉降,消除土的湿陷性、胀缩性和液化性。强夯置换是将厚度小于 8m 的软弱土层,边夯边填碎石,形成深度为 3~6m,直径为 2m 左右的碎石柱体,与周围土体形成复合地基	适用于碎石土、砂土、素填土、杂填土、低饱和度的粉土和黏性土、湿陷性黄土。强夯置换适用于软弱土
	碎石、砂石桩挤密法　土、灰土、二灰挤密法　石灰桩挤密法	利用挤密或振动使深层土密实,并在振动或挤密过程中,回填砂、砾石、碎石、土、灰土、二灰土或石灰等,形成桩体并与桩间土一起组成复合地基,从而提高地基承载力,减小沉降,消除或部分消除土的湿陷性或液化性	砂(砂石)桩挤密法、振冲法、碎石桩法,一般适用于杂填土和松散砂土,对于软土地基经试验证明加固有效时方可使用。土桩、灰土桩、二灰土桩挤密法一般适用于地下水位以上深度为 5~10m 的湿陷性黄土和人工填土。石灰桩适用于软弱黏性土和杂填土
排水固结法	堆载预压法　真空预压法　降水预压法　电渗排水法	通过布置垂直排水井,改善地基的排水条件及采取加压、抽气、抽水和电渗等措施,以加速地基土的固结和强度增长,提高地基土的稳定性,并使沉降提前完成	适用于处理厚度较大的饱和软土和冲积土地基,但对于厚度较大的泥炭层要慎重对待
加筋法	加筋土、土锚、土钉、锚定板		加筋土适用于人工填土的路堤和挡墙结构。土锚、土钉、锚定板适用于土坡稳定
	土工合成材料	在人工填土的路堤或挡墙内铺设土工合成材料、钢带、钢条、尼龙绳或玻璃纤维作为拉筋,或在软弱土层上设置树根桩或碎石桩等,使这种人工复合土体可承受抗拉、抗压、抗剪和抗弯作用,用以提高地基承载力,减小沉降和增加地基稳定性	适用于砂土、黏性土和软土
	树根桩		适用于各类土,可用于稳定土坡支挡结构,或用于对经试验证明施工有效时方可采用
	砂桩、砂石桩、碎石桩		适用于黏性土、疏松砂性土、人工填土。对于软土,经试验证明施工有效时方可采用
热学法	热加固法	热加固法是通过渗入压缩的热空气和燃烧物,并依靠热传导,而将细颗粒土加热到适当温度(在 100℃ 以上),则土的强度就会增加,压缩性随之降低	适用于非饱和黏性土、粉土和湿陷性黄土
	冻结法	采用液态氮或二氧化碳膨胀的方法,或采用普通的机械制冷设备与一个封闭式液压系统相连接,而使冷却液在内流动,从而使软而湿的土进行冻结,以提高土的强度和降低土的压缩性	适用于各类土,特别在软土地质条件,开挖深度大于 7~8m 以及对低于地下水位的情况是一种普遍而有效的施工措施

续表

分类	处理方法	原理及作用	适用范围
胶结法	注浆法（或灌浆法）	通过注入水泥浆液或化学浆液的措施，使土粒胶结，用以提高地基承载力，减小沉降，增加稳定性，防止渗漏	适用于处理岩基、砂土、粉土、淤泥质黏土、粉质黏土、黏土和一般人工填土层，也可加固暗浜和用于托换工程中
	高压喷射注浆法	将带有特殊喷嘴的注浆管，通过钻孔置入到处理土层的预定深度，然后将浆液（常用水泥浆）以高压冲切土体。在喷射浆液的同时，以一定的速度旋转提升，即形成水泥土圆柱体；若喷嘴提升而不旋转，则形成墙状固结体。加固后可用以提高地基承载力，减小沉降，防止砂土液化、管涌和基坑隆起，建成防渗帷幕	适用于处理淤泥、淤泥质黏土、黏性土、粉土、黄土、砂土、人工填土等地基。当土中含有较多的大粒径块石、坚硬黏性土、大量植物根系或有过多的有机质时，应根据现场试验结果确定其适用程度。对既有建筑物可进行托换工程
	水泥土搅拌法	水泥土搅拌法施工时分湿法和干法。湿法是利用深层搅拌机，将水泥浆和地基土在原位拌和；干法是利用喷粉机，将水泥粉或石灰粉与地基土在原位拌和。可提高地基承载力，减少沉降，增加稳定性和防止渗漏、建成防水帷幕	适用于处理淤泥、淤泥质黏土、粉土和含水量较高，且地基承载力标准值不大于120kPa的黏性土地基。当用于处理泥炭土或地下水具有侵蚀性时，宜通过试验确定其适用性

表5.3 常用地基处理方法的优点、局限性

分类	处理方法	优点及局限性
换土垫层法	机械碾压法、重锤夯实法、平板振动法	简易可行，但仅限于浅层处理，一般不大于3m，对湿陷性黄土地基不大于5m。如遇地下水，对于重要工程，需有附加降低地下水位的措施
深层密实法	强夯法	施工速度快，施工质量容易保证，经处理后土性质较为均匀，造价经济，适用于处理大面积场地。施工时对周围有很大振动和噪音，不宜在闹市区施工，需要有一套强夯设备（重锤、起重机）
	挤密法（碎石、砂石桩挤密法）（土、灰土、二灰桩挤密法）（石灰桩挤密法）	施工速度快，施工质量容易保证、经处理后土性质较为均匀，造价经济，适用于处理大面积场地。经振冲处理后地基较为均匀
排水固结法	堆载预压法 真空预压法 降水预压法 电渗排水法	需要有预压的时间和荷载条件及土石方搬运机械。对于真空预压，预压压力达80kPa不够时，可同时加上土石方堆载，真空泵需长时间抽气，耗电较大。降水预压法无需堆载，效果取决于降低水位的深度，需长时间抽水，耗电较大
胶结法	高压喷射注浆法	施工时水泥浆冒出地面流失量较大，对流失的水泥浆应设法予以利用
	水泥土搅拌法	经济效益显著，目前已成为我国软土地基上建造6~7层建筑物最为经济的处理方法之一。不能用于含石块的杂填土

表 5.4　各种地基处理方法的主要适用范围和加固效果

按处理深浅分类	序号	处理方法	适用情况						加固效果				常用有效处理深度/m
			淤泥质土	人工填土	黏性土		无黏性土	湿陷性黄土	降低压缩性	提高抗剪性	形成不透水性	改善动力特性	
					饱和	非饱和							
浅层加固	1	换土垫层法	○	○	○	○		○	○	○		○	3~5
	2	机械碾压法		○		○	○	○	○	○			3
	3	平板振动法		○		○	○		○	○			1.5
	4	重锤夯实法		○		○	○		○	○			1.5
	5	土工聚合物法	○		○				○	○			
深层加固	6	强夯法		○		○	○	○	○	○		○	30
	7	砂桩挤密法	慎重	○	○	○	○		○	○		○	20
	8	振动水冲法	慎重	○	○	○	○		○	○		○	18
	9	灰土（土、二灰）桩挤密法		○		○		○	○	○			20
	10	石灰桩挤密法	○		○	○			○	○			20
	11	砂井（袋装砂井、塑料排水带）堆载预压法	○		○				○	○			15
	12	真空预压法	○		○				○	○			15
	13	降水预压法	○		○				○	○			30
	14	电渗排水法	○		○				○	○			20
	15	水泥灌浆法			○	○	○		○	○	○	○	20
	16	硅化法			○	○	○	○	○	○	○		20
	17	电动硅化法	○		○				○	○	○		
	18	高压喷射注浆法	○	○	○	○	○		○	○	○		30
	19	深层搅拌法	○		○				○	○	○		20
	20	粉体喷射搅拌法	○		○				○	○	○		15
	21	热加固法				○		○	○	○			15
	22	冻结法	○	○	○	○		○	○	○	○		

5.1.7　处理后地基的要求

经处理后的地基，当按地基承载力确定基础底面积及埋深而需要对现行《建筑地基处理技术规范》（JGJ 79—2012）确定的地基承载力特征值进行修正时，应符合下列规定。

① 大面积压实填土地基，基础宽度的地基承载力修正系数应取零；基础埋深的地基承载力修正系数，对于压实系数大于 0.95、黏粒含量 $\rho_c \geqslant 10\%$ 的粉土，可取 1.5，对于密度大于 2.1t/m³ 的级配砂石可取 2.0。

② 其他处理地基，基础宽度的地基承载力修正系数应取零，基础埋深的地基承载力修正系数应取 1.0。

处理后的地基应满足建筑物地基承载力、变形和稳定性要求，地基处理的设计尚应符合下列规定。

① 经处理后的地基，当在受力层范围内仍存在软弱下卧层时，应进行软弱下卧层地基承载力验算。

② 按地基变形设计或应作变形验算且需进行地基处理的建筑物或构筑物，应对处理后的地基进行变形验算。

③ 对建造在处理后的地基上受较大水平荷载或位于斜坡上的建筑物及构筑物，应进行地基稳定性验算。

处理后地基的承载力验算，应同时满足轴心荷载作用和偏心荷载作用的要求。

处理后地基的稳定性分析可采用圆弧滑动法，其稳定安全系数不应小于 1.30。散体加固材料的抗剪强度指标，可按加固体处理的密实度通过试验确定；胶结材料的抗剪强度指标，可按桩体断裂后滑动面材料的摩擦性能确定。

刚度差异较大的整体大面积基础的地基处理，宜考虑上部结构、基础和地基共同作用进行地基承载力和变形验算。

处理后的地基应进行地基承载力和变形评价、处理范围和有效加固深度内地基均匀性评价以及复合地基增强体的成桩质量和承载力评价。

采用多种地基处理方法综合使用的地基处理工程验收检验时，应采用大尺寸承压板进行载荷试验，其安全系数不小于 2.0。

地基处理所用的材料，应根据场地类别符合有关标准对耐久性设计与使用的要求。

地基处理施工中应有专人负责质量控制和监测，并做好施工记录；当出现异常情况时，必须及时会同有关部门妥善解决。施工结束后应按国家有关规定进行观察质量检验和验收。

5.2 换填法

当软弱土层或不均匀土层地基的承载力和变形满足不了建筑物的要求，而软弱土层（不均匀土层）的厚度又不很大时，将基础底面以下处理范围内的土层部分或全部挖去，然后分层换填强度较大的砂（碎石、素土、灰土、高炉干渣、粉煤灰）或其他性能稳定、无侵蚀性等材料，并压（夯、振）实至要求的密实度为止，这种地基处理的方法称为换填法（Replacement Method），也叫换填垫层法。换土垫层与原土相比，具有承载力高、刚度大、变形小等优点。换填法是浅层软弱土地基及不均匀地基的处理方法，处理深度可达 2～3m，可有效地处理荷载不大的建筑物地基问题。在饱和软土上换填砂垫层时，砂垫层具有提高地基承载力、减小沉降量、防止冻胀和加速软土排水固结的作用。

换填法处理地基时，根据垫层材料不同，可分为砂垫层、砂石垫层、碎石垫层、素土垫层、灰土垫层、粉煤灰垫层及干渣垫层等。虽然不同材料的垫层，其应力分布稍有差异，但是从试验结果分析其承载力还是比较接近的；通过观测资料得知，不同材料的垫层其特性基本相似，故可将各种材料的垫层设计都近似地按砂垫层的计算方法进行计算。但对于湿陷性黄土、膨胀土、季节性冻土等某些特殊土采用换填法处理时，因其主要目的是为了消除或部分消除地基土的湿陷性、胀缩性和冻胀性，所以在设计时需考虑解决的关键也应有所不同。

本法的优点是：可就地取材，施工方便，不需特殊的机械设备，既能缩短工期，又能降低造价，因此，得到较为普遍的应用。

5.2.1　换填法的适用范围

换填法适用于淤泥、淤泥质土、湿陷性黄土、素填土、杂填土地基及暗沟、暗塘等浅层软弱地基及不均匀地基的处理，其具体适用范围见表 5.5。但在用于消除黄土湿陷性时，尚应符合国家现行标准《湿陷性黄土地区建筑规范》（GB 50025—2004）中的有关规定。在采用大面积填土作为建筑地基时，应符合现行国家标准《建筑地基基础设计规范》（GB 50007—2011）的有关规定。

表 5.5　垫层的分类及适用范围

换土种类		适用范围
砂石（砂砾、碎卵石）垫层		适用于一般饱和、非饱和的软弱土和水下黄土地基处理；不宜用于湿陷性黄土地基，也不适宜用于大面积堆载、密集基础和动力基础的软土地基处理；可有条件地用于膨胀土地基；砂垫层不宜用于有地下水且流速快、流量大的地基处理；不宜采用粉细砂作垫层
土垫层	素土垫层	适用于中小型工程及大面积回填、湿陷性黄土地基的处理
	灰土垫层	适用于中小型工程，尤其适用于湿陷性黄土地基的处理，也可用于膨胀土地基处理
粉煤灰垫层		用于厂房、机场、港区陆域和堆场等大、中、小型工程的大面积填筑，粉煤灰垫层在地下水位以下时，其强度降低幅度在 30％左右
矿渣垫层		用于中小型建筑工程，尤其适用于地坪、堆场等工程大面积的地基处理和场地平整，铁路、道路地基等；但不得用于受酸性或碱性废水影响的地基处理

注：对于承受振动荷载的地基，不应选择换填垫层法进行处理。

换填时应根据建筑体型、结构特点、荷载性质和地质条件，并结合施工机械设备与当地材料来源等综合分析，进行换填垫层的设计，选择换填材料和夯压施工方法。

5.2.2　加固机理

（1）置换作用

将基底以下软弱土全部或部分挖出，换填为较密实材料，可提高地基承载力，增强地基稳定。

（2）应力扩散作用

基础底面下一定厚度垫层的应力扩散作用，可减小垫层下天然土层所受的压力和附加压力，从而减小基础沉降量，并使下卧层满足承载力的要求。

（3）加速固结作用

用透水性大的材料作垫层时，软土中的水分可部分通过它排除，在建筑物施工过程中，可加速软土的固结，减小建筑物建成后的工后沉降。

（4）防止冻胀、消除湿陷性及胀缩性

由于垫层材料是不冻胀材料，采用换土垫层对基础底面以下可冻胀土层全部或部分置换后，可防止土的冻胀作用。选用合适的垫层材料，可以消除湿陷性黄土的湿陷性和膨胀土的胀缩作用。

（5）均匀地基反力与沉降作用

对石芽出露的山区地基，将石芽间软弱土层挖出，换填压缩性低的土料，并在石芽以上也设置垫层；或对于建筑物范围内局部存在松填土、暗沟、暗塘、古井、古墓或拆除旧基础后的坑穴，可进行局部换填，保证基础底面范围内土层压缩性和反力趋于均匀。

因此，换填的目的就是：提高地基承载力；减少地基沉降；加速软弱土的排水固结作用；调整不均匀地基的刚度；消除或部分消除特殊土的特殊性等。

5.2.3　垫层设计

5.2.3.1　垫层材料要求

（1）砂石

宜选用碎石、卵石、角砾、圆砾、砾砂、粗砂、中砂或石屑，并应级配良好，不含植物残体、垃圾等杂质。当使用粉细砂或石粉时，应掺入不少于总重 30％的碎石或卵石。最大粒径不宜大于 50mm。对湿陷性黄土或膨胀土地基，不得选用砂石等透水性材料。

（2）粉质黏土

土料中有机质含量不得超过 5％，且不得含有冻土或膨胀土。当含有碎石时，其粒径不宜大于 50mm。用于湿陷性黄土地基或膨胀土地基的粉质黏土垫层，土料中不得夹有砖、瓦和石块（黏土、粉土难以压实，应避免采用）。

（3）灰土

体积配合比宜为 2∶8 或 3∶7。石灰宜选用新鲜的消石灰，其最大粒径不得大于 5mm。土料宜用粉质黏土及塑性指数大于 4 的粉土，不得使用块状黏土和砂质粉土，且不得含有松软杂质，并应过筛，其颗粒不得大于 15mm。

（4）粉煤灰

选用的粉煤灰应满足相关标准对腐蚀性和放射性的要求。粉煤灰垫层上宜覆土 0.3～0.5m。粉煤灰垫层中采用掺加剂时，应通过试验确定其性能及适用条件。粉煤灰垫层中的金属构件、管网宜采取适当防腐措施。大量填筑粉煤灰时，应经场地地下水和土壤环境的不良影响评价合格后，方可使用。

（5）矿渣

垫层使用的矿渣是指高炉重矿渣，可分为分级矿渣、混合矿渣及原状矿渣。矿渣垫层主要用于堆场、道路和地坪，也可用于小型建筑、构筑物地基。选用矿渣的松散重度不小于 11kN/m³，有机质及含泥总量不超过 5％。设计、施工前必须对选用的矿渣进行试验，在确认其性能稳定并符合腐蚀性和放射性安全规定后方可使用。易受酸、碱影响的基础或地下管网不得采用矿渣垫层。大量填筑矿渣时，应经场地地下水和土壤环境的不良影响评价合格后，方可使用。

（6）其他工业废渣

在有可靠试验结果或成功工程经验时，可采用质地坚硬、性能稳定、透水性强、无腐蚀性和无放射性危害的其他工业废渣材料，但应经过现场试验证明其经济技术效果良好且施工措施完善后方可使用。

（7）土工合成材料

由分层铺设的土工合成材料与地基土构成加筋垫层。土工合成材料加筋垫层所选用土工合成材料的品种与性能及填料，应根据工程特性和地基土质条件，按照现行国家标准《土工合成材料应用技术规范》GB 50290 的要求，通过设计计算并进行现场试验后确定。土工合成材料应采用抗拉强度较高、耐久性好、抗腐蚀的土工带、土工格栅、土工格室、土工垫或土工织物等土工合成材料。垫层填料宜用碎石、角砾、砾砂、粗砂、中砂等材料，且不宜含氯化钙、碳酸钠、硫化物等化学物质。当工程要求垫层具有排水功能时，垫层材料应具有良好的透水性。在软土地基上使用加筋垫层时，应保证建筑稳定并满足允许变形的要求。

5.2.3.2　垫层的设计

垫层的设计主要是确定以下四个参数：垫层的厚度、垫层的宽度、承载力和沉降。垫层设计的主要内容是确定断面的合理厚度和宽度。对于垫层，既要求有足够的厚度来置换可能被剪切破坏的软弱土层，又要有足够的宽度以防止垫层向两侧挤出。对于排水垫层来说，除要求有一定的厚度和密度满足上述要求外，还要求形成一个排水面，促进软弱土层的固结，提高其强度，以满足上部荷载的要求。

（1）垫层厚度的确定

垫层的厚度（图 5.2）一般根据垫层底面处土的自重应力与附加应力之和不大于同一标高处软弱土层的容许承载力，其表达式为

$$p_z + p_{cz} \leqslant f_{az} \tag{5.1}$$

式中　p_z——相应于作用的标准组合时，垫层底面处的附加应力设计值，kPa；

　　　p_{cz}——垫层底面处（软弱下卧层顶面处）土的自重压力值，kPa；

　　　f_{az}——经深度修正后垫层底面处土层的地基承载力特征值，kPa。

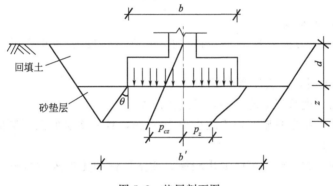

图 5.2　垫层剖面图

垫层底面处的附加压力常按压力扩散角的方法进行简化计算

条形基础

$$p_z = \frac{b(p_k - p_c)}{b + 2z\tan\theta} \tag{5.2}$$

矩形基础

$$p_z = \frac{bl(p_k - p_c)}{(b + 2z\tan\theta)(l + 2z\tan\theta)} \tag{5.3}$$

式中　b——矩形基础或条形基础底面的宽度，m；

　　　l——矩形基础底面的长度，m；

　　　p_k——相应于作用的标准组合时，基础底面处的平均压力值，kPa；

　　　p_c——基础底面处土的自重压力值，kPa；

　　　z——基础底面下垫层的厚度，m；

　　　θ——垫层（材料）的压力扩散角，（°），宜通过试验确定，当无试验资料时可按表 5.6 取值。

具体计算时，一般是先初步拟定一垫层厚度，再用上式验算，直到满足要求为止。在工程实践中，一般取厚度 $z = 1 \sim 2$m（约为 $0.5 \sim 1.0$ 倍基础宽度），垫层厚度一般不宜大于3m，也不宜小于 0.5m。厚度太小时作用不大，厚度太大时（如在 3m 以上）施工不便，最好根据计算及参考当地经验来选择垫层的厚度。

表 5.6　垫层的压力扩散角 θ　　　　　　单位：(°)

z/b 换填材料	中砂、粗砂、砾砂、圆砾、角砾、卵石、碎石、矿渣	黏性土和粉土	灰土
0.25	20	6	28
≥0.50	30	23	

注：1. 当 $z/b<0.25$，除灰土仍取 $\theta=28°$ 外，其余材料均取 $\theta=0°$，必要时宜由试验确定。

2. 当 $0.25<z/b<0.5$ 时，θ 值可内插求得。

3. 土工合成材料加筋垫层其压力扩散角宜由现场静载荷试验确定。

（2）垫层的底面尺寸的确定

垫层的底面宽度应以满足基础底面应力扩散和防止垫层向两侧挤出为原则进行设计。关于宽度计算，目前还缺乏可靠的方法。一般可按下式计算或根据当地经验确定

$$b' \geqslant b+2z\tan\theta \tag{5.4}$$

式中　b'——垫层底面宽度，m；

　　　θ——垫层的压力扩散角（°），可按表 5.6 取值；当 $z/b<0.25$ 时，仍按 $z/b=0.25$ 取值。

在确定垫层宽度时，尚应注意到以下几点。

① 整片垫层的宽度可根据施工的要求适当加宽。

② 垫层顶面每边超出基础底边不应小于 300mm，且从垫层底面两侧向上，按当地开挖基坑经验的要求放坡。

③ 当基础荷载较大，或对沉降要求较高，或垫层侧边土的承载力较差时，垫层的宽度应适当加大。

④ 当基础为筏基、箱基时，若垫层厚度小于 0.25 倍基础宽度，垫层宽度的计算仍应考虑压力扩散角的要求。

（3）垫层承载力的确定

垫层的压实标准可按表 5.7 选用。矿渣垫层的压实系数可根据满足承载力设计要求的试验结果，按最后两遍压实的压陷差确定。

表 5.7　各种垫层的压实标准

施工方法	换填材料类别	压实系数 λ_c
碾压 振密 或夯实	碎石、卵石	≥0.97
	砂夹石（其中碎石、卵石占全重的 30%～50%）	
	土夹石（其中碎石、卵石占全重的 30%～50%）	
	中砂、粗砂、砾砂、角砾、圆砾、石屑	
	粉质黏土	≥0.97
	灰土	≥0.95
	粉煤灰	≥0.95

注：1. 压实系数 λ_c 为垫层的控制干密度 ρ_d 与最大干密度 $\rho_{d\max}$ 的比值；土的最大干密度宜采用击实试验确定；碎石或卵石的最大干密度可取 $2.0\sim2.2t/m^3$。

2. 表中压实系数 λ_c 系使用轻型击实试验测定土的最大干密度 $\rho_{d\max}$ 时给出的压实控制标准，采用重型击实试验时，对粉质黏土、灰土、粉煤灰及其他材料压实标准应为压实系数 $\lambda_c\geqslant0.94$。

经换填处理后的地基，由于理论计算方法尚不完善，垫层的承载力宜通过现场静荷载试验确定。

5.2.3.3　地基变形计算

对于重要的建筑或垫层下存在软弱下卧层的建筑，还应进行地基变形计算。垫层地基的沉降分两部分，一是垫层自身的沉降，二是软弱下卧层的沉降，建筑物基础沉降等于垫层自身的变形量 s_1 与下卧土层的变形量 s_2 之和。即

$$s = s_1 + s_2 \tag{5.5}$$

式中　s——基础的沉降量，cm；

$\quad\quad s_1$——垫层自身变形量，cm；

$\quad\quad s_2$——压缩层厚度范围内（自垫层底面算起）的各土层压缩变形量之和，cm。

由于垫层材料模量远大于下卧层模量，所以在一般情况下，软弱下卧层的沉降量占整个沉降量的大部分。

垫层自身的变形量 s_1 可按下式进行计算

$$s_1 = \left(\frac{p_0 + \alpha p_0}{2} z \right) / E_s \tag{5.6}$$

式中　p_0——基础底面附加压力，kPa；

$\quad\quad z$——垫层厚度，cm；

$\quad\quad E_s$——垫层压缩模量（MPa），宜通过静载荷试验或当地经验确定，当无试验资料时，可参照表 5.8 选用；α 为压力扩散系数，可按下式计算

条形基础　　　　　　　$$\alpha = \frac{b}{b + 2z\tan\theta} \tag{5.7}$$

矩形基础　　　　　　　$$\alpha = \frac{bl}{(b + 2z\tan\theta)(l + 2z\tan\theta)} \tag{5.8}$$

表 5.8　各种垫层的模量表　　　　　　　　　　　　单位：MPa

垫层材料	压缩模量 E_s	变形模量 E_0	垫层材料	压缩模量 E_s	变形模量 E_0
粉煤灰	8～20		碎石、卵石	30～50	
砂	20～30		矿渣		35～70

注：压实矿渣的 E_0/E_s 可按 1.5～3.0 取用。

下卧层的变形量 s_2 可按现行国家标准《建筑地基基础设计规范》（GB 50007—2011）的有关规定计算，其最终变形量可按下式计算

$$s_2 = \Psi_s s' = \Psi_s \sum_{i=1}^{n} \frac{P_z}{E_{si}} (z\bar{a}_i - z_{i-1}\bar{a}_{i-1}) \tag{5.9}$$

式中　Ψ_s——沉降计算经验系数；

$\quad\quad s'$——按分层总和法计算的地基变形量；

$\quad\quad P_z$——垫层底面处的附加应力，kPa；

$\bar{a}_i, \bar{a}_{i-1}$——垫层底面分别至第 i 层土和第 $i-1$ 层土底面范围内平均附加应力系数；

z_i, z_{i-1}——垫层底面的计算点分别至第 i 层土和第 $i-1$ 层土底面的距离；

$\quad\quad E_{si}$——垫层底面下第 i 层土的压缩模量，MPa。

对于垫层下存在软弱下卧层的建筑，在进行地基变形计算时应考虑邻近建筑物基础荷载对软弱下卧层顶面应力叠加的影响。当超出原地面标高的垫层或换填材料的重度高于天然土

层重度时，宜及时换填，并应考虑其附加荷载的不利影响。

当垫层厚度、宽度及压实标准满足《建筑地基处理技术规范》(JGJ 79—2012) 要求的条件下，垫层地基的变形可仅考虑其下卧层的变形。对地基沉降有严格限制的建筑，应计算垫层自身的变形。

5.2.3.4 加筋土垫层

加筋土垫层所选用的土工合成材料尚应进行材料强度验算

$$T_p \leqslant T_a \qquad (5.10)$$

式中 T_a——土工合成材料在允许延伸率下的抗拉强度，kN/m；

T_p——相应于作用的标准组合时，单位宽度的土工合成材料的最大拉力，kN/m。

加筋土垫层的加筋体设置应符合下列规定。

① 一层加筋时，可设置在垫层的中部；

② 多层加筋时，首层筋材距垫层顶面的距离宜取 30%垫层厚度，筋材层间距宜取 30%～50%的垫层厚度，且不应小于 200mm；

③ 加筋线密度宜为 0.15～0.35。无经验时，单层加筋宜取高值，多层加筋宜取低值。垫层的边缘应有足够的锚固长度。

5.2.4 换土垫层施工

(1) 换填法处理地基前的准备工作

① 查明地层土性质及不良地质现象；查明沟、塘、洞等分布范围和深度；查明填土的成分、范围、厚度、均匀性、填筑年限和方法等；

② 查明地下水的埋藏条件、类型、埋深等；

③ 查明地下管线、防空洞及地下障碍物的分布范围和走向；

④ 查明换填土的来源、种类、规格、价格等。

(2) 垫层施工应根据不同的换填材料选择施工机械

垫层所采用的换填材料不同，垫层的施工方法和施工机械也有所不同。粉质黏土、灰土宜采用平碾、振动碾或羊足碾，中小型工程也可采用蛙式夯、柴油夯；砂石等宜用振动碾；粉煤灰宜采用平碾、振动碾、平板振动器、蛙式夯；矿渣宜采用平板振动器或平碾，也可采用振动碾。

(3) 施工方法、分层厚度每层压实遍数

垫层的施工方法：分层铺填厚度，每层压实遍数等宜通过试验确定，在无试验资料或经验时可按表 5.9 取值。除接触下卧软土层的垫层底部应根据施工机械设备及下卧层土质条件确定厚度外，一般情况下，垫层的分层铺填厚度可取 200～300mm。为保证分层压实质量，应控制机械碾压速度。

表 5.9 垫层的每层铺填厚度及压实遍数

施工设备	每层铺填厚度/mm	每层压实遍数
平碾(8～12t)	200～300	6～8
羊足碾(5～16t)	200～350	8～16
振动碾(8～15t)	500～1200	6～8
冲击碾压(冲击势能 15～25kJ)	600～1500	20～40

(4) 含水量的控制

为获得最佳夯实效果，宜采用垫层材料的最优含水量 w_{op} 作为施工控制含水量。对于粉质黏土和灰土垫层，含水量宜控制在最优含水量 w_{op} ±2％的范围内；当使用振动碾压时，可适当放宽至 $w_{op}-6％\sim w_{op}+2％$ 范围内。对于砂石料垫层，当使用平板振动器时，含水量可取 15％～20％；当使用平碾或蛙式夯时，含水量可取 8％～12％；使用插入式振动器时，砂石料则宜饱和。粉煤灰垫层的施工含水量宜控制在 w_{op} ±4％的范围内，最优含水量可通过击实试验确定，也可按当地经验取用。

（5）土工合成材料

土工合成材料施工，应符合下列要求。

① 下铺地基土层顶面应平整；

② 土工合成材料铺设顺序应先纵向后横向，且应把土工合成材料张拉平整、绷紧，严禁有皱折；

③ 土工合成材料的连接宜采用搭接法、缝接法或胶结法，接缝强度不应低于原材料抗拉强度，端部应采用有效方法固定，防止筋材拉出；

④ 应避免土工合成材料暴晒或裸露，阳光暴晒时间不应大于 8h。

（6）其他

当垫层底部存在古井、古墓、洞穴、旧基础、暗塘时，应根据建筑物对不均匀沉降的控制要求予以处理，并经检验合格后，方可铺填垫层。

基坑开挖时应避免坑底土层受扰动，可保留 180～220mm 厚的土层暂不挖去，待铺填垫层前再由人工挖至设计标高。严禁扰动垫层下的软弱土层，应防止软弱垫层被践踏、受冻或受水浸泡。在碎石或卵石垫层底部宜设置厚度为 150～300mm 的砂垫层或铺一层土工织物，并应防止基坑边坡塌土混入垫层中。

换填垫层施工时，应采取基坑排水措施。除砂垫层宜采用水撼法施工外，其余垫层施工均不得在浸水条件下进行。工程需要时应采取降低地下水位的措施。

垫层底面宜设在同一标高上。如深度不同，坑底土层应挖成阶梯或斜坡搭接，并按先深后浅的顺序进行垫层施工，搭接处应夯压密实。

粉质黏土、灰土垫层及粉煤灰垫层施工，应符合下列规定。

① 粉质黏土及灰土垫层分段施工时，不得在柱基、墙角及承重窗间墙下接缝；

② 垫层上下两层的缝距不得小于 500mm，且接缝处应夯压密实；

③ 灰土拌合均匀后，应当日铺填夯压；灰土夯压密实后，3d 内不得受水浸泡；

④ 粉煤灰垫层铺填后，宜当日压实，每层验收后应及时铺填上层或封层，并应禁止车辆碾压通行；

⑤ 垫层施工竣工验收合格后，应及时进行基础施工与基坑回填。

5.2.5　垫层质量检验

垫层施工过程中和施工完成以后，应进行垫层的施工质量检验和工程质量验收，以验证垫层设计的合理性和施工质量。必须首先通过现场试验，在达到设计要求压实系数的垫层试验区内，利用贯入试验测得标准的贯入深度或击数，然后再以此作为控制施工压实系数的标准，进行施工质量检验。

5.2.5.1　检验方法

换填垫层的施工质量检验必须分层进行，并应在每层的压实系数符合设计要求后铺填上层土。

对粉质黏土、灰土、粉煤灰和砂石垫层的施工质量检验可用环刀法、贯入仪、静力触探、轻型动力触探或标准贯入试验检验；对砂石、矿渣垫层可用重型动力触探检验，并均应通过现场试验以设计压实系数所对应的贯入度为标准检验垫层的施工质量。压实系数也可采用环刀法、灌砂法、灌水法或其他方法检验。

（1）环刀取样法

在夯（压、振）实后的垫层中用容积不小于 200cm³ 的环刀取样，测定其干土重度，以不小于该换填料在中密状态时的干土重度数值为合格（例如：中砂在中密状态时的干土重度一般为 15.5～16.0kN/m³，而对粗砂可适当提高）。

对砂石或碎石垫层的质量检验，可以在垫层中设置纯砂检查点，在同样施工条件下，按上述方法检验，或用灌砂法进行检查。

（2）贯入测定法

检验时应先将垫层表面的填料刮去 30mm 左右，并用贯入仪、钢筋或钢叉等以贯入度大小来检查垫层的质量，以不大于通过试验所确定的贯入度为合格。

钢筋贯入测定法是用直径为 20mm、长 125cm 的平头钢筋，举起并离开垫层层面 0.7m 处自由下落，插入深度根据该垫层的控制干土重度确定。

钢叉贯入测定法是采用水撼法使用的钢叉，将钢叉举离垫层层面 0.5m 处自由落下。同样，插入深度应该根据此垫层的控制干土重度确定。

另外，尚需对砂、碎石垫层填筑工程竣工质量进行验收。常用的验收方法有：①静载荷试验；②标准贯入试验；③轻便触探试验；④动测法；⑤静力触探试验。

5.2.5.2　注意要点

采用环刀法检验垫层的施工质量时，取样点应位于每层厚度的 2/3 深度处。检验点数量，条形基础下垫层每 10～20m 不应少于 1 个点，独立柱基、单个基础下垫层不应少于 1 个点，其他基础下垫层每 50～100m² 不应少于 1 个检验点。对基槽每个独立柱基不应少于 1 个点。采用标准贯入试验或动力触探法检验垫层的施工质量时，每分层检验点的间距不应大于 4m。

竣工验收采用载荷试验检验垫层承载力，且每个单体工程不宜少于 3 点；对于大型工程则应按单体工程的数量或工程的面积确定检验点数。

加筋垫层中土工合成材料的检验应符合下列要求。

① 土工合成材料质量应符合设计要求，外观无损、无老化、无污染；

② 土工合成材料应可张拉、无皱折、紧贴下承层，锚固端应锚固牢靠；

③ 上下层土工合成材料搭接缝应交替错开，搭接强度应满足设计要求。

【例题 5.1】　某商品房住宅楼，上部结构为 3 层砖混结构，承重墙下采用钢筋混凝土条形基础，基础宽度 $b=1.2$m，埋深 $d=1.2$m，上部结构作用于基础的荷载为 108kN/m。根据现场勘探揭露，该场地有一条暗浜穿过，暗浜深度为 2.5m，建筑物基础大部分落在暗浜中，地下水位埋深为 0.8m，各土层物理力学性质见表 5.10。

表 5.10　各土层物理力学性质

层序	土层名称	层厚/m	含水量/%	重度/(kN/m³)	密度	孔隙比	塑性指数	液性指数	直剪/固结快剪		$E_{s_{1-2}}$/MPa	地基承载力/kPa
									c/kPa	φ/(°)		
①	浜填土	2.50		18.5								
②	淤泥质粉质黏土	6.30	40.9	18.0	2.73	1.142	15.7	1.17	11.0	11.2	2.12	65

层序	土层名称	层厚/m	含水量/%	重度/(kN/m³)	密度	孔隙比	塑性指数	液性指数	直剪/固结快剪 c/kPa	直剪/固结快剪 φ/(°)	$E_{s_{1-2}}$/MPa	地基承载力/kPa
③	淤泥质黏土	8.60	48.5	17.3	2.75	1.370	21.1	1.28	10.0	8.9	1.92	60
④	粉质黏土	未穿	33.8	18.7	2.73	0.948	14.1	0.94	15.0	14.3	4.40	90

【解】　(1) 地基处理方案选择

由于建筑物基础大部分落在暗浜区域，因此必须对暗浜进行处理。若打钢筋混凝土短桩，费用较大；若采用水泥搅拌桩，由于暗浜中有机质含量高，因此处理效果可能不好；若采用基础梁跨越，则因暗浜宽度太大而不可能；而采用砂垫层处理，置换暗浜填土，则既可满足建筑物对地基承载力的要求，又可达到改善排水途径及控制软弱下卧层压力的目的。因此，对各种地基处理方案进行技术经济比较，决定采用砂垫层方案。

(2) 设计计算

① 确定砂垫层厚度　对于砂垫层厚度的确定，可先假设一个垫层的厚度，然后再根据下卧土层的地基承载力，按式(5.1)进行验算，若不符合要求，则改变厚度，重新再验算，直至满足要求为止。本工程由于暗浜深度为 2.5m，而基础埋深为 1.2，因此，砂垫层厚度先设定为 $z=1.3$m，其干密度要求大于 1.6t/m³。

a. 基础底面的平均压力 p

$$p=\frac{F+G}{A}=\frac{F+\gamma_G bd}{b}=\frac{108}{1.2}+20\times0.8+(20-9.8)\times0.4=110.1\text{kPa}$$

式中　γ_G——基础及回填土的平均重度（地下水位以下应扣浮力），可取 20kN/m³。

b. 基础底面处土的自重压力 p_c

$$p_c=18.5\times0.8+(18.5-9.8)\times0.4=18.3\text{kPa}$$

c. 垫层底面处土的自重压力 p_{cz}

$$p_{cz}=18.5\times0.8+(18.5-9.8)\times1.7=29.6\text{kPa}$$

d. 计算垫层底面处的附加压力 p_z　对于条形基础，垫层底面处的附加压力 p_z 按式(5.2)压力扩散角的方法进行计算，其中垫层的压力扩散角 θ 可按表 5.6 采用，由于 $z/b=1.3/1.2=1.08>0.5$，查表可得 $\theta=30°$。

$$p_z=\frac{b(p_k-p_c)}{b+2z\tan\theta}=\frac{1.2\times(110.1-18.3)}{1.2+2\times1.3\times\tan30°}=40.8\text{kPa}$$

e. 下卧层地基承载力设计值 f_{az}　由表 5.10 可得砂垫层底面处淤泥质粉质黏土的地基承载力标准值 $f_k=65$kPa，再经深度修正可得下卧层地基承载力设计值为

$$f_{az}=f_k+\eta_d r_m(d+z-0.5)$$
$$=65+1.0\times\frac{18.5\times0.8+(18.5-9.8)\times1.7}{2.5}\times(1.2+1.3-0.5)$$
$$=88.7\text{kPa}$$

f. 下卧层承载力验算 砂垫层的厚度应满足作用在垫层底面处土的自重压力与附加压力之和不大于下卧层地基承载力的要求，按式(5.1)验算，即

$$p_z + p_{cz} = 40.8 + 29.6 = 70.4 \text{kPa} \leqslant f_{az} = 88.7 \text{kPa}$$

满足设计要求，故砂垫层厚度确定为 1.3m。

② 确定砂垫层宽度 垫层的宽度按式(5.4)压力扩散角的方法进行确定，即

$$b' = b + 2z\tan\theta = 1.2 + 2 \times 1.3\tan30° = 2.7 \text{m}$$

取垫层宽度为 2.7m。

③ 沉降计算 换土垫层后的建筑物地基沉降由垫层自身的变形量和下卧土层的变形量两部分所构成。其中垫层自身的变形量，可按式(5.6)进行计算，即

$$s_1 = \left(\frac{p_0 + \alpha p_0}{2} z\right) / E_s$$

其中，对于条形基础，压力扩散系数 α 可按式(5.7)计算，为

$$\alpha = \frac{b}{b + 2z\tan\theta} = \frac{1.2}{1.2 + 2 \times 1.3 \times \tan30°} = 0.444$$

砂垫层压缩模量 E_s 取 20MPa，则砂垫层自身的变形量 s_1 为

$$\begin{aligned}
s_1 &= \left(\frac{p_0 + \alpha p_0}{2} z\right) / E_s \\
&= \frac{(110.1 - 18.3) + 0.444 \times (110.1 - 18.3)}{2 \times 20 \times 10^3} \times 1.3 \times 10^3 \\
&= 4.31 \text{mm}
\end{aligned}$$

下卧土层的变形量 s_2 可按式(5.9)的分层总和法计算，即

$$s_2 = \Psi_s \sum_{i=1}^{n} \frac{P_z}{E_{si}} (z_i \bar{a}_i - z_i \bar{a}_{i-1})$$

沉降变形量算至下卧软土层底部，即第四层淤泥质黏土层底部，具体计算结果见表 5.11。

表 5.11 下卧土层变形 s_2 的计算结果

土层 i	自垫层底面往下算的深度 z/m	E_{si}/MPa	Ψ	$\dfrac{z_i \bar{a}_i - z_i \bar{a}_{i-1}}{E_{si}}$	ΔS_i/mm	$\Sigma \Delta S_i$/mm
1	6.30	2.12	1.1	1.667	74.77	74.77
2	14.9	1.92	1.1	1.315	59.01	133.78

总沉降量为

$$s = s_1 + s_2 = 4.31 + 133.78 = 138.09 < [s] = 200 \text{mm}$$

满足要求。

④ 绘制砂垫层剖面图（略）。

5.3 排水固结法

我国沿海地区和内陆湖泊和河流谷地分布着大量软弱黏性土。这种土的特点是含水量大、孔隙比大、压缩性高、强度低、透水性差，且很多情况下埋藏较深。在软土地基上直接建造建筑物或进行填土时，地基将由于固结和剪切变形会产生很大的沉降和差异沉降，而且

沉降的延续时间长，因此有可能影响建筑物的正常使用。另外，由于其强度低，地基承载力和稳定性往往不能满足工程要求而产生地基土破坏。所以这类软土地基通常需要采取加固处理，排水固结法就是处理软黏土地基的有效方法之一。

排水固结法亦称预压法（Preloading Method），是对天然地基，或先在地基中设置砂井（袋装砂井或塑料排水带）等竖向排水体，然后利用建筑物本身重量分级逐渐加载，或在建筑物建造前对场地先行加载预压，使土体中的孔隙水排出，逐渐固结（Consolidation），地基发生沉降，同时强度逐渐提高的方法。该法常用于解决软黏土地基的沉降和稳定问题，可使地基的沉降在加载预压期间基本完成或大部分完成，使建筑物在使用期间不致产生过大的沉降和差异沉降。同时，可增加地基土的抗剪强度，从而提高地基的承载力和稳定性。

排水固结法是由排水系统和加压系统两个主要部分组成（图 5.3）。加压系统，是为地基提供必要的固结压力而设置的，它使地基土层因产生附加压力而发生排水固结。排水系统主要用于改变地基原有的天然排水系统的边界条件，增加孔隙水排出路径，缩短排水距离，从而加速地基土的排水固结进程。如果没有加压系统，排水固结就没有动力，不能形成超静水压力，即使有良好的排水系统，孔隙水仍然难以排出，也就谈不上土层的固结。反之，若没有排水系统，土层排水途径少，排水距离长，即使有加压系统，孔隙水排出速度仍然慢，预压期间难以完成设计要求的固结沉降量，地基强度也就难以及时提高，进一步的加载也就无法顺利进行。因此，加压和排水系统是相互配合、相互影响的。当软土层较薄，或土的渗透性较好而施工期允许较长时，可仅在地面铺设一定厚度的砂垫层，然后加载，土层中的孔隙水沿竖向流入砂垫层而排出。当工程遇到透水性很差的深厚软土层时，可在地基中设置砂井等竖向排水体，地面连以排水砂垫层，构成排水系统。

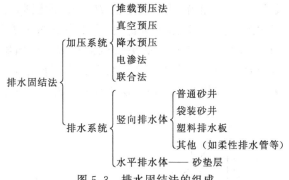

图 5.3　排水固结法的组成

排水固结法适用于处理淤泥、淤泥质土及冲填土等饱和黏性土地基。对沉降要求较高的建筑物如机场跑道等，常采用超载预压法处理地基，待预压期间的沉降达到设计要求后，移去预压荷载再建造建筑物。对于砂类土和粉土以及软土层厚度不大或软土层含较多薄粉砂夹层，且固结速率能满足工期要求时，可直接用堆载预压法（可不设置排水竖井）；对深厚软黏土地基，应设置塑料排水带或砂井等排水竖井。真空预压法（Vacuum Method）适用于处理以黏性土为主的软弱地基。当存在粉土、砂土等透水、透气层时，加固区周边应采取确保膜下真空压力满足设计要求的密封措施。对塑性指数大于 25 且含水量大于 85％ 的淤泥，应通过现场试验确定其适用性。加固土层上覆盖有厚度大于 5m 以上的回填土或承载力较高的黏性土层时，不宜采用真空预压处理。

降低地下水位法适用于砂性土地基，也适用于软黏土层上存在砂性土的情况。降低地下水位法、真空预压法和电渗法由于不增加剪应力，地基不会产生剪切破坏，所以适用于很软弱的黏土地基。

对主要应用排水固结法来加速地基土抗剪强度的增长、缩短工期的工程,如路基、土坝等,则可利用本身的重量分级逐渐施加,使地基土的强度提高以适应上部荷载的增加,最后达到设计荷载。排水固结法可和其他地基处理方法结合起来使用,作为综合处理地基的手段。如天津新港曾进行了真空预压(使地基土强度提高)再设置碎石桩形成复合地基的试验,取得良好效果。又如美国跨越金山湾南端的 Dumbarton 桥东侧引道路堤场地,路堤下淤泥的抗剪强度小于 5kPa,其固结时间将需要 30～40 年,为了支撑路堤和加速所预计的 2m 沉降量,采用如下方案:①采用土工聚合物以分布路堤荷载和减小不均匀沉降;②使用轻质填料以减轻荷载;③采用竖向排水体使固结时缩短到一年以内;④设置土工聚合物滤网以防排水层发生污染等。

5.3.1　加固原理

在饱和软土地基中施加荷载后,孔隙水被缓慢排出,孔隙体积随之逐渐减小,地基发生固结变形。同时,随着超静水压力逐渐消散,有效应力逐渐提高,地基土强度就逐渐增长。如图 5.4 所示,当土样的天然固结压力为 σ_0 时,其孔隙比为 e_0,在 $e \sim \sigma_c'$ 坐标上其相应的点为 a 点,当压力增加 $\Delta\sigma'$,固结终了时为 c 点,孔隙比减小 Δe,曲线 abc 称为压缩曲线。与此同时,抗剪强度与固结压力成比例的由 a 点提高到 c 点。所以,土体在受压固结时,一方面孔隙比减小产生压缩,另一方面抗剪强度也得到提高。如从 c 点卸除压力 $\Delta\sigma'$,则土样发生膨胀,图中 cef 为卸荷膨胀曲线。如从 f 点再加压 $\Delta\sigma'$,土样发生压缩,沿虚线变化到 c',其相应的强度线如图 5.4 中所示。从再压缩曲线 fgc',可清楚地看出,固结压力同样从 σ_0' 增加 $\Delta\sigma'$,而孔隙减小值为 $\Delta e'$,$\Delta e'$ 比 Δe 小得多。这说明,如在建筑物场地先加一个和上部建筑物相同的压力进行预压,使土层固结(相当于压缩曲线上从 a 点变化到 c 点),然后卸除荷载(相当于膨胀曲线上从 c 点变化到 f 点)再建造建筑物(相当于在压缩曲线上从 f 点变化到 c' 点),这样,建筑物新引起的沉降即可大大减小。如果预压荷载大于建筑物荷载,即所谓超载预压,则效果更好。因为经过超载预压,当土层的固结压力大于使用荷载下的固结压力时,原来的正常固结黏土层将处于超固结状态,而使土层在使用荷载下的变形大为减小。

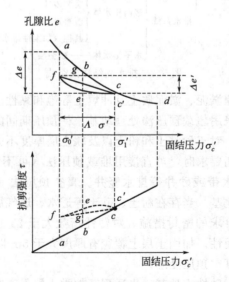

图 5.4　排水固结法加固地基的原理

如果地基内某点的总应力为 σ，有效应力为 σ'，孔隙水压力为 u，则三者的关系为

$$\sigma' = \sigma - u \tag{5.11}$$

此时的固结度 U 表示为

$$U = \sigma'/(\sigma + u) \tag{5.12}$$

则加荷后土的固结过程表示为

$$t=0 \text{ 时}, \quad u=\sigma, \sigma'=0, U=0 \tag{5.13}$$

$$0<t<\infty \text{ 时}, \quad u+\sigma'=\sigma, 0<U<1 \tag{5.14}$$

$$t=\infty \text{ 时}, \quad u=0, \sigma'=\sigma, U=1(\text{固结完成}) \tag{5.15}$$

用填土等外加荷载对地基进行预压，是通过增加总应力 σ，并使孔隙水压力 u 消散来增加有效应力 σ' 的方法。降低地下水位及电渗排水则是在总应力不变的情况下，通过减小孔隙水压力来增加有效应力的方法。真空预压是通过对覆盖在地面的密封膜下抽真空而导致膜内外形成气压差，使黏土层产生固结压力。地基土层的排水固结效果与其排水边界有关。根据太沙基一维固结理论 $[t=(T_v/C_v)\times H^2]$ 可知，黏性土达到一定固结度所需时间与其最大排水距离的平方成正比。随土层厚度增大，固结所需时间迅速增加。设置竖向排水体来增加排水路径、缩短排水距离是加速地基排水固结行之有效的方法，如图 5.5 所示。软土层越厚，一维固结所需的时间越长。如果淤泥质土层厚度大于 $10\sim20\mathrm{m}$，要达到较大的固结度 $U>80\%$，所需的时间要几年至十几年之久。为了加速固结，最有效的方法是在天然地基中设置竖向排水体，如图 5.5（b）所示。所以砂井（袋装砂井或塑料排水带）的作用就是增加排水条件，缩短排水距离，加速地基土的固结、抗剪强度的增长和沉降的发展。为此，缩短了预压工程的预压期，在短期内达到较好的固结效果，使沉降提前完成；加速地基土的强度增长，使地基承载力提高的速率始终大于施工荷载增长的速率，以保证地基的稳定性，这一点无论从理论和实践上都得到了证实。

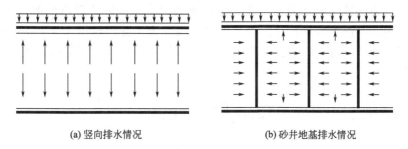

(a) 竖向排水情况　　　　　　　　　(b) 砂井地基排水情况

图 5.5　排水固结法原理

排水固结法的应用条件，除了要有砂井（袋装砂井或塑料排水带）的施工机械和材料外，还必须有：① 预压荷载；② 预压时间；③ 使用的土类条件。预压荷载是个关键问题，因为施加预压荷载后才能引起地基土的排水固结。然而施加一个与建筑物相等的荷载，这并非轻而易举的事，少则几千吨，多则数十万吨，许多工程因无条件施加预压荷载而不宜采用砂井处理地基，这时就必须采用真空预压法、降水预压法或电渗排水等等。堆载预压是在地基中形成超静水压力的条件下排水固结，称为正压固结；真空预压和降水预压是在负超静压力下排水固结，称为负压固结，其加固原理是类似的。

5.3.2　地基固结度计算

固结度计算是排水固结法设计中的一个重要内容。通过固结度计算，可推算出地基强度的增长，从而确定适应地基强度增长的加荷计划。如果已知各级荷载下不同时间的固结度，

就可推算出各个时间的沉降量。固结度与砂井布置、排水边界条件、固结时间和地基固结系数等有关，计算之前，首先要确定这些参数。

5.3.2.1　瞬间加荷条件下地基固结度的计算

在地面堆载作用下，随着地基土孔隙水排出，土体产生固结和强度增长。土层的固结过程就是超静水压力消散和有效应力增长的过程。在总应力 σ 不变的情况下，超静水压力 u 的减小，使有效应力 σ' 增大。为估算出固结产生的沉降占总沉降的百分比，需要计算地基的固结度。一般以 K. 太沙基（Terzaghi，1925 年）提出的一维固结理论为基础计算固结度。

（1）竖向平均固结度计算

$$\overline{U_z}=1-\frac{8}{\pi^2}e^{-\frac{\pi^2 T_v}{4}} \tag{5.16}$$

式中　T_v——竖向排水固结时间因子，$T_v=\dfrac{C_v}{H^2}t$；

　　　　t——固结时间，s；

　　　　H——土层竖向排水距离（cm），单面排水时为土层厚度，双面排水为土层厚度的一半；

　　　　C_v——土的竖向固结系数（cm^2/s），$C_v=k_v(1+e)/\alpha\cdot r_w$；

　　　　k_v——土层竖向渗透系数，cm/s；

　　　　e——渗透固结前土的孔隙比；

　　　　r_w——水的重度，kN/cm^3；

　　　　α——土的压缩系数，kPa^{-1}。

（2）径向平均固结度计算

砂井平面布置多采用正三角形（或梅花形）或正方形（图 5.6）。假设在大面积荷载作用下每根砂井均为一独立排水系统。正三角形排列时，每一砂井影响范围为一正六边形图 5.6（a）中虚线；而正方形布置时，砂井影响范围亦为正方形如图 5.6（b）中的虚线。为简化计算，每一砂井影响范围均作一个等面积（等效）图看待。则等效圆直径 d_e 与砂井间距 l 之间关系如下。

① 正三角形排列　　　$d_e=\sqrt{\dfrac{2\sqrt{3}}{\pi}}l=1.05l$ 　　　　　　　　（5.17）

② 正方形排列　　　　$d_e=\sqrt{\dfrac{4}{\pi}}l=1.13l$ 　　　　　　　　（5.18）

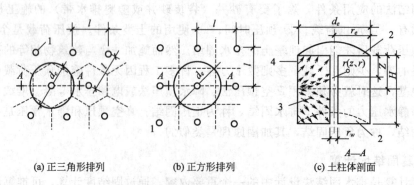

(a) 正三角形排列　　　　　(b) 正方形排列　　　　　(c) 土柱体剖面

图 5.6　砂井平面布置及影响范围土柱体剖面

图 5.6（c）为一个影响圆范围的剖面图，考虑在直径为 d_e、高度为 H 的圆柱体土层中插入直径为 d_w 的砂井，假定砂井地基表面荷载均匀分布，且附加应力的分布不随深度变化；不考虑固结过程中固结系数变化和砂井施工中涂抹作用的影响，且只考虑径向排水效果，则有径向平均度计算公式

$$\overline{U_r}=1-e^{-\frac{8T_h}{F}} \tag{5.19}$$

式中　T_h——径向固结的时间因子，$T_h=\dfrac{C_h t}{d_e^2}$；

　　　C_h——土的径向固结系数（cm²/s），$C_h=k_h(1+e)/(\alpha \cdot r_w)$；

　　　k_h——土的径向渗透系数，cm/s；

　　　r_w——水的重度，kN/cm³；

　　　α——土的压缩系数，kPa⁻¹；

　　　F——与 n 有关的系数，$F=\dfrac{n^2}{n^2-1}\ln n-\dfrac{3n^2-1}{4n^2}$；

　　　n——井径比，$n=d_e/d_w$；

　　　d_e——每个砂井有效影响范围的直径，cm；

　　　d_w——砂井直径，cm。

（3）总平均固结度计算

$$\overline{U_{rz}}=1-(1-\overline{U_r})(1-\overline{U_z}) \tag{5.20}$$

土层的平均固结度普遍表达式为

$$\overline{U}=1-\alpha e^{-\beta} \tag{5.21}$$

表 5.12 列出了不同条件下的 α、β 值及固结度的计算公式。

表 5.12　不同条件下的 α、β 值及固结度计算公式

序号	条件	平均固结度计算公式	α	β	备注
1	竖向排水固结（$\overline{U_z}>30\%$）	$\overline{U_z}=1-\dfrac{8}{\pi^2}e^{-\frac{\pi^2 C_v}{4H^2}t}$	$\dfrac{8}{\pi^2}$	$\dfrac{\pi^2 C_v}{4H^2}$	Terzaghi 解
2	向内径向排水固结（理想井）	$\overline{U_r}=1-e^{-\frac{8C_h}{F(n)d_e^2}t}$	1	$\dfrac{8}{F(n)}\dfrac{C_h}{d_e^2}$	Barron 解
3	竖向和向内径向排水固结（砂井地基平均固结度）	$\overline{U_{rz}}=1-\dfrac{8}{\pi^2}e^{-\left(\frac{8C_h}{F(n)d_e^2}+\frac{\pi^2 C_v}{4H^2}\right)t}$ $=1-(1-\overline{U_r})(1-\overline{U_z})$	$\alpha=\dfrac{8}{\pi^2}$	$\dfrac{8C_h}{F(n)d_e^2}+\dfrac{\pi^2 C_v}{4H^2}$	$F=\dfrac{n^2}{n^2-1}\ln(n)-\dfrac{3n^2-1}{4n^2}$ $n=d_e/d_w$
4	砂井未贯穿受压土层的平均固结度	$\overline{U}=1-\dfrac{8Q}{\pi^2}e^{-\frac{8C_h}{F(n)d_e^2}t}$	$\dfrac{8Q}{\pi^2}$	$\dfrac{8C_h}{F(n)d_e^2}$	$Q=\dfrac{H_1}{H_2+H_2}$ H_1——砂井长度； H_2——砂井以下压缩层厚度
5	径向排水固结	$\overline{U_r}=1-0.692e^{-\frac{5.78C_h}{R^2}t}$	0.692	$\dfrac{5.78C_h}{R^2}$	R——土柱体半径

5.3.2.2　地基固结度计算通式

在上述固结度计算中，假设荷载是一次骤然施加的，而实际上常见的是荷载是分级逐渐施加的，以保证地基的稳定性。因而，根据上述理论方法求得的固结度与时间的关系或沉降与时间的关系都必须加以修正。对于逐级加载条件下的地基固结度计算，这里主要介绍改进的高木俊介法。该法根据 Barron 理论，对高木俊介法做了改进，考虑了竖向排水条件，把径向和竖向排水两者联合起来，考虑变速加载情况，得到在一级或多级等速加荷条件下，当

固结时间为 t 时，对应于累加荷载 $\sum \Delta p$（即总荷载）的地基平均固结度可按下式计算

$$\overline{U}_t = \sum_{i=1}^{n} \frac{q_n'}{\sum \Delta p}\left[(T_n - T_{n-1}) - \frac{\alpha}{\beta}e^{-\beta t}(e^{\beta T_n} - e^{\beta T_{n-1}})\right] \qquad (5.22)$$

式中　$\overline{U}_t$——t 时间地基的平均固结度，%；

$\sum \Delta p$——与一级或多级等速加载历时 t 相对应的累加荷载，kPa；

q_n'——第 n 级荷载的平均加荷速率（kPa/d），$q_n' = \Delta p_n / (T_n - T_{n-1})$；

T_{n-1}, T_n——分别为第 n 级荷载加载的起点和终点时间（从零点起算）（d），当计算第 n 级荷载加载过程中某实际 t 的平均固结度时，则 T_n 改为 t；

α、β——参数，根据地基土的排水条件确定（见表 5.12，对竖井地基，表中所列 β 为不考虑涂抹和井阻影响的参数值）。

　　式（5.22）理论上是精确解，无需先计算骤然加载条件下的地基固结度，再根据分级加载条件进行修正，而是将两者合二为一，直接计算出修正后的平均固结度，且对各种排水固结方法和条件均适用，可应用与考虑井阻及涂抹作用的径向平均固结度计算，只需选择不同条件下的 α、β 参数即可计算。对长径比大、井料渗透系数又较小的袋装砂井或塑料排水带，应考虑井阻作用。当采用挤土的方式施工时，尚应考虑土的涂抹和扰动影响后，按上式计算的砂井地基平均固结度应乘以折减系数，其值通常可取 0.80~0.95。砂径长径比越大，井料渗透系数越小以及施工产生的涂抹和扰动影响越大时，折减系数取值应越小；反之，折减系数取值可适当增大。

5.3.2.3　考虑井阻作用的固结度计算

　　当排水竖井采用挤土方式施工时，由于井壁涂抹及对周围土的扰动而使土的渗透系数降低，因而影响土层的固结速率，此即为涂抹影响。涂抹对土层固结速率的影响大小取决于涂抹区直径 d_s 以及涂抹区土的水平方向渗透系数 k_s 与天然土层水平方向渗透系数 k_h 的比值。当竖井纵向通水量与天然土层水平方向渗透系数比值较小、且长度又较长时，砂料对渗流产生的阻力也会影响土层的固结速率，因此尚应考虑井阻影响。

　　瞬时加载条件下，考虑涂抹和井阻影响，竖井地基径向排水平均固结度可按下式计算

$$\overline{U}_r = 1 - e^{-\frac{8C_h}{Fd_e^2}t} \qquad (5.23)$$

$$F = F_n + F_s + F_r \qquad (5.24)$$

$$F_n = \ln n - \frac{3}{4} \quad (n \geqslant 15) \qquad (5.25)$$

$$F_s = \left(\frac{k_h}{k_s} - 1\right)\ln s \qquad (5.26)$$

$$F_r = \frac{\pi^2 L^2 k_h}{4 q_w} \qquad (5.27)$$

式中　$\overline{U}_r$——固结时间 t 时竖井地基径向排水平均固结度；

F_n——与 n 有关的参数，当井径比 $n < 15$ 时，可按式（5.19）计算；

F_s——考虑涂抹影响的参数；

k_h——天然土层水平方向的渗透系数，cm/s；

k_s——涂抹区的水平方向的渗透系数（cm/s），可取 $k_s = (1/5~1/3)k_h$；

s——涂抹区直径 d_s 与竖井直径 d_w 的比值，可取 $s = 2.0~3.0$，对中等灵敏黏性土取低值，对高灵敏黏性土取高值；

F——考虑井阻影响的参数；

L——竖井深度，cm；

q_w——竖井纵向通水量（cm^3/s），为单位水力梯度下单位时间的排水量。

在一级或多级等速加荷条件下，考虑涂抹和井阻影响时竖井穿透受压土层地基之平均固结度可按式（5.22）计算，其中 $\alpha = \dfrac{8}{\pi^2}$，$\beta = \dfrac{8C_h}{Fd_e^2} + \dfrac{\pi^2 C_v}{4H^2}$。

对砂井，其纵向通水量可按下式计算

$$q_w = k_w \pi d_w^2 / 4 \tag{5.28}$$

式中　k_w——砂料渗透系数，cm/s。

对排水竖井未穿透受压土层的情况，竖井范围内土层的平均固结度和竖井底面以下受压土层的平均固结度以及通过预压完成的变形量均应满足设计要求。

5.3.3　地基土抗剪强度增长的预估计算

在预压荷载作用下，随着排水固结的过程，地基土的抗剪强度就随着时间而增长，而且剪应力在某种条件（剪切蠕动）下，还可能导致强度的衰减。因此，适当的控制加荷速率，使由于固结而增长的地基强度与剪应力的增长相适应，则地基稳定。反之，如果加荷速率控制不当，使地基中剪应力的增长超过了由于固结而引起的强度增长，地基就会发生局部剪切破坏，甚至地基产生整体破坏而滑动。

地基中某一点在某一时刻 t 的抗剪强度 τ_{ft} 可用表示为

$$\tau_{ft} = \tau_{f0} + \Delta\tau_{fc} - \Delta\tau_{fs} \tag{5.29}$$

式中　τ_{f0}——地基中某点天然抗剪强度；

$\Delta\tau_{fc}$——由于排水固结而增长的抗剪强度增量；

$\Delta\tau_{fs}$——由于剪切蠕动而引起的抗剪强度衰减量。

由于剪切蠕动所引起强度衰减部分 $\Delta\tau_{fs}$ 目前尚难提出合适的计算方法，故式（5.29）改写为

$$\tau_{ft} = \eta\,(\tau_{f0} + \Delta\tau_{fc}) \tag{5.30}$$

式中　η——强度衰减综合折减系数经验值，可取 0.75～0.9，剪应力大取低值；反之，则取高值，如判定地基土没有强度衰减可能性，则 $\eta = 1.0$。

根据总应力法，对正常固结饱和软黏土，其强度变化为

$$\tau_f = \sigma_c' \tan\varphi_{cu} \tag{5.31}$$

式中　σ_c'——土体剪切前的有效固结压力，$\sigma_c' = \sigma_c U$，U 为固结度，σ_c 为总应力；

φ_{cu}——由固结不排水剪切试验测定的内摩擦角，也可根据天然地基十字板剪切试验值与测定点土自重应力的比值决定。

因而，由于固结而增长的强度可按下式计算

$$\Delta\tau_{fc} = \Delta\sigma_c' \tan\varphi_{cu} = \Delta\sigma_z U_t \tan\varphi_{cu} \tag{5.32}$$

则地基中某一点在某一时刻 t 的抗剪强度 τ_{ft} 可表示为

$$\tau_{ft} = \eta\,(\tau_{f0} + \Delta\sigma_z U_t \tan\varphi_{cu} \Delta\tau_{fc}) \tag{5.33}$$

式中　τ_{ft}——预压荷载作用下，历时 t 对应的地基土抗剪强度，kPa；

$\Delta\sigma_z$——预压荷载引起的该店附加竖向应力，kPa；

U_t——该点土的固结度，为简便期间，可用平均固结度代替。

5.3.4　设计计算

排水固结法的设计，实质上就是进行排水系统和加压系统的设计，使地基在受压过程中

排水固结、强度增加，以满足逐渐加荷条件下地基稳定性的要求，并加速地基的固结沉降，缩短预压时间；确定竖向排水体的直径、间距、深度和排列方式；确定预压荷载的大小和预压时间，要求做到：① 加固期限尽量短；② 固结沉降要快；③ 充分增加强度；④ 注意安全。

设计之前应进行详细的勘探和土工试验以取得必要的设计资料。

① 土层分布及成因。通过钻探了解土层的分布，查明土层在水平和竖直方向的变化；通过必要的钻孔连续取样及试验，确定土的种类与成层情况；查明透水层位置、地下水类型及水源补给情况。

② 土工试验。通过试验得到的固结压力与孔隙比的关系曲线，得到土的先期固结压力及渗透系数；不同固结压力下土的竖向及水平向固结系数（包括一部分重塑土的固结系数）。

③ 土的抗剪强度指标及不排水强度沿深度的变化。

④ 砂井及砂垫层所用砂料的颗粒分布、渗透系数。

⑤ 塑料排水带在不同侧压力和弯曲条件下的通水量。

5.3.4.1　堆载预压法设计计算

堆载预压法设计计算内容主要包括：①初步确定砂井布置方案；②初步拟定加荷计划，即每级加载增量、范围及加载延续时间；③计算每级荷载作用下，地基的固结度、强度增长量；④验算每一级荷载下地基土的抗滑稳定性；⑤验算地基沉降量是否满足要求。

若上述验算不满足要求，则需调整加荷计划。

（1）排水竖井布置

排水竖井布置包括竖井直径、间距、深度、排列方式、范围、砂料选择和砂垫层厚度等。通常竖井直径、间距、深度的选择应满足在预压过程中，在不太长的时间内，地基能达到所要求的固结度。

① 直径和间距　排水竖井分普通砂井、袋装砂井和塑料排水带。"细而密"比"粗而稀"效果好。直径越小，越经济，但要防止颈缩。普通砂井直径一般为 $300\sim500$mm，袋装砂井直径为 $70\sim120$mm。塑料排水板的当量换算直径可按下式计算

$$d_p = \frac{2(b+\delta)}{\pi} \qquad (5.34)$$

式中　d_p——塑料排水板的当量换算直径，mm；

　　　b——塑料排水袋宽度，mm；

　　　δ——塑料排水袋厚度，mm。

排水竖井的间距可根据地基土的固结特性和预定时间内所要求达到的固结度确定。设计时，普通砂井的间距为直径的 $6\sim8$ 倍，袋装砂井或塑料排水带井距一般为砂井直径的 $15\sim22$ 倍。

② 平面布置　排水竖井的平面布置多采用正方形和正三角形（或梅花形），以正三角形排列较为紧凑和有效。正方形和正三角形布置时，等效圆直径 d_e 与砂井间距 l 之间关系分别为：$d_e=1.13l$，$d_e=1.05l$。排水竖井的布置范围一般比建筑物基础范围稍大些，扩大的范围可由基础的轮廓线向外增大约 $2\sim4$m。

③ 深度　排水竖井主要根据土层的分布、地基中附加应力大小、施工期限和施工条件以及建筑物对地基稳定性、变形要求等因素确定。

a. 当软土层不厚、底部有透水层时，竖井宜穿透软土层，但不应进入下卧透水层。

b. 当深厚的软土层间有砂层或砂透镜体时，竖井应尽可能打至砂层或砂透镜体（而采

用真空预压时应尽量避免排水体与砂层相连接，以免影响真空效果）。

c. 对于无砂层的深厚地基则可根据其稳定性及建筑物在地基中造成的附加应力与自重应力之比值确定（一般为 0.1～0.2）。

d. 按稳定性控制的工程，竖井的深度至少应超过最危险滑移面 2m。

e. 按变形控制的工程，竖井长度应根据在限定的预压时间内需完成的变形量确定，且宜穿透主要受压土层。

④ 砂料　排水竖井的砂宜用中粗砂，洁净，不含草根杂物，黏粒含量不应大于 3%。砂料中可混有少量粒径小于 50mm 的砾石，渗透系数一般应大于 10^{-2} cm/s。

⑤ 地表排水砂垫层设计（水平排水体设计）　排水竖井顶部的砂垫层采用中粗砂，可使竖井排水有良好的通道，将水排到工程场地以外。厚度不应小于 500mm，水下施工时为 1m；黏粒含量不应大于 3%，砂料中可混有少量粒径小于 50mm 的砾石；砂垫层的干密度应大于 0.5t/m^3，渗透系数应大于 10^{-2} cm/s。砂垫层的宽度应大于堆载宽度或建筑物的底宽，并伸出砂井区外边线 2 倍砂井直径。在砂料贫乏地区，可采用连通砂井的纵横砂沟代替整片砂垫层。在预压区边缘应设置排水沟，在预压区内宜设置与砂垫层相连的排水盲沟，排水盲沟的间距不宜大于 20m。堆载预压处理地基设计的平均固结度不宜低于 90%，且应在现场监测的变形速率明显变缓时方可卸载。

（2）预压荷载计算

由于软黏土地基抗剪强度较低，无论直接建造建筑物还是进行堆载预压往往都不可能快速加载，而必须分级逐渐加荷，待前期荷载下地基强度增加到足以加下一级荷载时方可加下一级荷载。其计算步骤是，首先用简便的方法确定一个初步的加荷计划，然后校核这一加荷计划下地基的稳定性和沉降，具体步骤如下。

① 利用地基的天然地基土抗剪强度计算第一级容许施加的荷载。一般可根据斯开普顿极限荷载的半径经验公式作为初步估算

$$p_1 = \frac{5c_u}{K}\left(1+0.2\frac{B}{A}\right)\left(1+0.2\frac{D}{B}\right)+\gamma D \tag{5.35}$$

式中　K——安全系数，建议采用 1.1～1.5；

c_u——天然地基土的不排水抗剪强度（kPa），由无侧限、三轴不排水剪切试验或原位十字板剪切试验测定；

D——基础埋置深度，m；

$A、B$——分别为基础的长边和短边，m；

γ——基底标高以上土的重度，kN/m^3。

对饱和软黏土也可采用下列公式计算

$$p_1 = \frac{5.14c_u}{K}+\gamma D \tag{5.36}$$

对于堤坝地基或条形基础，可根据 FeIIenius 公式估算

$$p_1 = \frac{5.52c_u}{K} \tag{5.37}$$

② 计算第一级荷载下地基强度增长值，在 p_1 荷载作用下，经过一段时间预压地基强度会提高，提高以后的地基强度为 c_{u1} 其为

$$c_{u1} = \eta(c_u + \Delta c_u') \tag{5.38}$$

式中　$\Delta c_u'$——p_1 作用下地基因固结而增长的强度。它与土层的固结度有关，一般可先假定

一固结度，然后求出强度增量 $\Delta c'_u$；

η——考虑剪切蠕动的强度折减系数，可取 $0.75\sim0.9$；

c_u——天然地基土的不排水抗剪强度，kPa。

③ 计算 p_1 作用下达到所确定固结度所需要的时间。达到某一固结度所需要的时间可根据固结度与时间的关系求得。这一步计算的目的在于确定第一级荷载停歇时间，亦即第二级荷载开始施加的时间。

④ 根据第二步所得到的地基强度 c_{u1} 计算第二级所能施加的荷载

$$p_2=\frac{5.52c_{u1}}{K} \tag{5.39}$$

同样，求出在 p_2 作用下地基固结度达到要求时的强度以及所需要的时间，然后计算第三级所能施加的荷载，依次可计算出以后各级荷载和停歇时间。这样，初步的加荷计划也就确定下来了。

⑤ 按以上步骤确定的加荷计划进行每一级荷载下地基的稳定性验算。如稳定性不满足要求，则调整加荷计划。

⑥ 计算预压荷载下地基的最终沉降量和预压期间的沉降量，这一项计算的目的在于确定预压荷载卸除的时间。

（3）变形计算

预压荷载下地基最终竖向变形量的计算可取附加应力与土自重应力的比值为 0.1 的深度作为压缩层的计算深度，可按下式计算

$$s_f=\xi\sum_{i=1}^{n}\frac{e_{0i}-e_{1i}}{1+e_{0i}}h_i \tag{5.40}$$

式中 s_f——最终竖向变形量，m；

e_{0i}——第 i 层土中自重应力所对应的孔隙比，由室内固结试验 e-p 曲线查得；

e_{1i}——第 i 层土中自重应力与附加应力之和所对应的孔隙比，由室内固结试验 e-p 曲线查得；

h_i——第 i 层土的厚度，m；

ξ——经验系数，可按地区经验确定。无经验时对正常固结饱和软黏土地基可取 $\xi=1.1\sim1.4$；荷载较大或者地基软弱层厚度大时应取较大值。

5.3.4.2 真空预压法设计要点

真空预压法是在需要加固的软土地基表面先铺设砂垫层，然后埋设竖向排水体，竖向排水体常采用袋装砂井或塑料排水带。再用不透气的封闭膜使其与大气隔绝，将薄膜四周埋入土中，通过砂垫层埋设的吸水管道，用真空装置进行抽气，使其形成真空，使土中水排出，增加地基的有效应力。当抽真空时，先后在地表砂垫层及竖向排水体内逐步形成负压，使土体内部与竖向排水体、垫层之间形成压差。在此压差作用下，土体中的孔隙水不断由排水管道排出，使土体固结。

设计内容除排水系统外，主要包括：密封内的真空度，加固土层要求达到的平均固结度，竖向排水体的尺寸，加固后的沉降和工艺设计等。

（1）膜内真空度

真空预压效果和封闭膜内所达到的真空度大小关系极大。真空预压的膜下真空度应稳定地保持在 86.7kPa（650mmHg）以上，且应均匀分布。

（2）加固区内要求达到平均固结度

排水竖井深度范围内土层的平均固结度应大于 90%。

（3）竖向排水体

一般采用袋装砂井或塑料排水带。真空预压处理地基时，必须设置竖向排水体，由于砂井（袋装砂井或塑料排水带）能将真空度从砂垫层中传至土体，并将土体中的水抽至砂垫层然后排出。若不设置竖井等就起不到上述的作用和加固目的。竖向排水体的设计参照堆载预压法的竖井设计。

（4）预压面积及分块大小

真空预压区边缘应大于建筑物基础轮廓线，每边增加量不得小于 3m。真空预压地基加固面积较大时，宜采取分区加固，每块预压面积应尽可能大且呈正方形，分区面积宜为 $20000 \sim 40000 m^2$。

真空预压地基加固可根据加固面积的大小、形状和土层结构特点，按每套设备可加固地基 $1000 \sim 1500 m^2$ 确定设备数量。真空预压的膜下真空度应符合设计要求，且预压时间不宜低于 90d。

（5）变形计算

真空预压地基最终竖向变形量可按公式(5.40) 进行计算。ξ 可按当地区经验确定，无经验时可取 $\xi = 1.1 \sim 1.3$。

真空预压固结度和地基强度增长的计算可按前面所述计算公式进行计算。需要注意的是：当建筑物的荷载超过真空预压的压力，且建筑物对地基变形有严格要求时，可采用真空—堆载联合预压法，其总压力宜超过建筑物的荷载；对于表层存在良好的透气层或在处理范围内有充足水源补给的透水层时，应采取有效措施隔断透气层或透水层。

5.3.5　排水固结法施工方法

运用排水固结法原理的各种地基处理方法，其施工主要内容可归纳为三个主要方面。

① 铺设排水砂垫层；

② 设置竖向排水体；

③ 施加固结压力。

5.3.5.1　水平排水砂垫层施工

排水砂垫层的作用是使在预压过程中，从土体进入垫层的渗流水迅速排出，使土体固结能正常进行，因而垫层的质量将直接关系到加固效果和预压时间的长短。

（1）垫层材料

垫层材料应采取渗水好的砂料，其渗透系数一般应大于 $10^{-2} cm/s$，同时能起到一定的反滤作用。通常采用级配良好的中粗砂，黏粒含量不应大于 3%，砂料中可含有少量粒径不大于 50mm 的砾石。砂垫层的干密度应大于 $1.5t/m^3$。也可采用连通砂井的砂沟来代替整片砂垫层。

（2）垫层厚度

排水垫层的厚度首先要满足从土层渗入垫层的渗流水能及时的排出，另一方面应起到持力层的作用。砂垫层厚度不应小于 500mm。对新吹填不久的或无硬壳层的软黏土及水下施工的特殊条件，应采用较厚的砂垫层或混合料排水垫层。

（3）垫层施工

① 若地基承载力较好，采用机械分堆摊铺法，即先堆成若干砂堆，然后用推土机或人工摊平。

② 当硬壳层承载力不足时，可采用顺序推进铺筑法。

③ 若地基表面非常软，先要改善地基表面的持力条件，可先在地基表面铺设筋网层，再铺砂垫层。

④ 尽管对超软地基表面采取了加强措施，但持力条件仍然很差，一般轻型机械上不去，在这种情况下，通常采用人工或轻便机械顺序推进铺设。

应当指出，无论采用何种方法施工，在排水垫层的施工过程中都应避免过渡扰动软土表面，以免造成砂土混合，影响垫层的排水效果。此外，在铺设砂层前，应清除干净砂井表面的淤泥或其他杂物，以利于砂井排水。

5.3.5.2 竖向排水体施工

竖向排水体有用 300～500mm 直径的普通砂井；70～120mm 直径的袋装砂井；100mm 宽的塑料排水带。

（1）砂井施工

砂井施工要求：保证砂井连续和密实，并且不出现颈缩现象；尽量减少对周围土的扰动；砂井的长度、直径和间距应满足设计要求。

砂井施工一般先在地基中成孔，再在孔内灌砂形成砂井。普通砂井是常用的施工方法，其缺点是：套管成孔法在打设套管时必将扰动其周围土，使透水性减弱（即涂抹作用）；射水成孔法对含水量高的软土地基施工质量难以保证，砂井中容易混入较多的泥砂；螺旋钻成孔法在含水量高的软土地中也难做到孔壁直立，施工过程中需要排除废土，而处理废土需要人力、场地和时间，因此它的适用范围也受到一定的限制。应当指出，对含水量很高的软土，应用砂井容易产生缩颈、断颈或错位现象（图 5.7）。普通砂井即使在施工时能形成完整的砂井，但当地面荷载较大时，软土层便产生侧向变形，也可能是砂井错位。

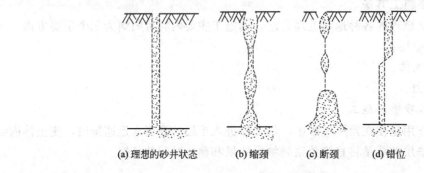

(a) 理想的砂井状态　　(b) 缩颈　　(c) 断颈　　(d) 错位

图 5.7　砂井可能产生的质量事故

砂井的灌砂量，应按砂在中密状态时的干重度和井管外径所形成的体积计算，其实际灌砂量按质量控制要求，不得小于计算值的 95％。为了避免砂井断颈或缩颈现象，可用灌砂的密实度来控制灌砂量。灌砂时可适当灌水，以利于密实。砂井位置的允许偏差为该井的直径，垂直度的允许偏差为±1.5％。灌入砂袋的砂宜用干砂，并应灌制密实。

（2）袋装砂井施工

袋装砂井是普通砂井的改良和发展。普通砂井已有 80 余年的使用历史，而袋装砂井在20 世纪 60 年代末期才开始使用，目前国外已广泛使用，国内也在广泛使用。

为了提高施工效率，减轻设备重量，国内外均开发了专用于袋装砂井施工的专用设备，基本形式为导管式振动打设机。国内几种典型设备有履带臂架式、步履臂驾式、轨道门架式、吊机导架式等。

砂袋材料必须具有透水、透气、足够的强度、韧性和柔性，并且在水中能起耐腐蚀和滤网作用。聚丙烯或聚乙烯编织袋，是比较理想的砂袋材料。

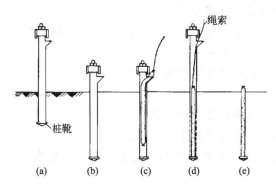

图 5.8　袋装砂井施工过程

(a) 打入成孔套管；(b) 套管到达规定标高；
(c) 断颈放下砂袋；(d) 拔套管；
(e) 袋装砂井施工完毕

袋装砂井的直径一般采用 70～120mm，间距 1.5～2.0m，井径比 n 为 15～22。灌入砂袋的砂宜用干砂，并应灌制密实。砂袋长度应较砂井孔长度长 50cm，使其放入井孔内后能露出地面，以便埋入排水砂垫层中。袋装砂井施工时，所用钢管的内径宜略大于砂井直径，以减小施工过程中对地基土的扰动。另外，拔管后带上砂袋的长度不宜超过 500mm。

袋装砂井的施工过程见图 5.8。

(3) 塑料排水带施工

塑料排水带的施工方法和原理与袋装砂井大致相同。塑料排水带是用专门插板机将其插入地基中，然后在地基表面加载预压（或采用真空预压），土中水沿塑料带的通道溢出，从而使地基土得到加固的方法。

塑料排水带是由纸板排水发展和演变而来的。塑料排水带弥补了纸板排水在饱水强度、耐久性和透水性等方面的不足。其特点是单孔过水断面大，排水通畅、质量轻、强度高、耐久性好，是一种较理想的竖向排水体。它他由芯板和滤膜组成。芯板是由聚丙烯和聚乙烯塑料加工而成的两面有间隔沟槽的板体。土层中的固结渗流水通过滤膜渗入到滤槽内，并通过沟槽从排水垫层中排出。塑料排水带的性能指标应符合设计要求，并应在现场妥善保管，防止阳光照射、破损或污染。破损或污染的塑料排水带不得在工程中使用。塑料排水带需接长时，应采用滤膜内芯带平搭接的方法，搭接长度宜大于 200mm。塑料排水带施工所用套管应保证插入地基中的带子不扭曲。

塑料带排水井和砂井的设计，其不同点在于井径比 n 值不一样，一般砂井排水 $n=6\sim8$，而塑料排水带排水 $n=15\sim22$。由于两者 n 值相差很大，所以一般的砂井排水法设计计算图表对塑料排水带的设计往往不适用，需用公式单独计算。

塑料排水带和袋装砂井施工时：① 宜配置深度检测设备；② 埋入砂垫层中的长度不应小于 500mm；③ 平面井距偏差不应大于井径，垂直度允许偏差应为 ±1.5%，深度应满足设计要求。

5.3.5.3　堆载预压

堆载预压加载过程中，应满足地基承载力和稳定控制要求，并应进行竖向变形、水平位移及孔隙水压力的监测，堆载预压加载速率应满足下列要求。

① 竖井地基最大竖向变形量不应超过 15mm/d；

② 天然地基最大竖向变形量不应超过 10mm/d；

③ 堆载预压边缘处水平位移不应超过 5mm/d；

④ 根据上述观测资料综合分析、判断地基的承载力和稳定性。

5.3.5.4　真空预压

真空预压的抽气设备宜采用射流真空泵，真空泵空抽吸力不应低于 95kPa。真空泵的设置应根据地基预压面积、形状、真空泵效率和工程经验确定，每块预压区设置的真空泵不应少于两台。

真空管路设置应符合下列规定。

① 真空管路的连接应密封，真空管路中应设置止回阀和截门；

② 水平向分布滤水管可采用条状、梳齿状及羽毛状等形式，滤水管布置宜形成回路；

③ 滤水管应设在砂垫层中，上覆砂层厚度宜为 100～200mm；

④ 滤水管可采用钢管或者塑料管，应外包尼龙纱或土工织物等滤水材料。

密封膜应符合下列规定。

① 密封膜应采用抗老化性能好、韧性好、抗穿刺性能强的不透气材料；

② 密封膜热合时，宜采用双热合缝的平搭接，搭接宽度应大于 15mm；

③ 密封膜宜铺设三层，膜周边可采用挖沟埋膜、平铺并用黏土覆盖压边、围堰沟内及膜上覆水等方法进行密封。

地基土渗透性强时，应设置黏土密封墙。黏土密封墙宜采用双排搅拌桩，搅拌桩直径不宜小于 700mm；当搅拌桩深度小于 15m 时，搭接宽度不宜小于 200mm；当搅拌桩深度大于 15m 时，搭接宽度不宜小于 300mm；搅拌桩成桩搅拌应均匀，黏土密封墙的渗透系数应满足设计要求。

5.3.6 质量检验

对塑料排水带，应测定其纵向通水量、复合体抗拉强度、滤膜抗拉强度、滤膜渗透系数和等效孔径等性能指标现场随机抽样测试。对不同来源的砂井和砂垫层砂料，应做颗粒分析和渗透性试验。对预压工程，应进行地基竖向变形、侧向位移和孔隙水压力等项目的监测。真空预压处理地基除应进行地基变形和孔隙水压力观测外，尚应量测膜下真空度、地下水位及砂井不同厚度的真空度，真空度应满足设计要求。

在预压期间应及时整理变形与时间、孔隙水压力与时间等关系曲线，推算地基的最终固结变形量，不同时间的固结度和相应的变形量，以分析处理效果并为确定卸载时间提供依据。对于以抗滑稳定性控制的重要工程，应在预压区内选择有代表性的地点预留孔位，在加载不同阶段进行不同深度的十字板抗剪强度试验和取土样进行室内试验，以检验地基的抗滑稳定性，并检验地基的处理效果。加固前的地基土检测，应在打设塑料排水带之前进行。

预压地基竣工验收时应对排水竖井处理深度范围地基土的内和竖井底面以下受压土层进行检验，经预压所完成的竖向变形和平均固结度应满足设计要求。同时，应对预压的地基土进行原位十字板剪切试验和室内土工试验。

原位试验可采用十字板剪切试验或静力触探，检验深度不应小于设计处理深度。原位试验和室内土工试验，应在卸载 3～5d 后进行。检验数量按没处理分区不少于 6 点进行检测，对于堆载斜坡处应增加检验数量。必要时，尚应进行现场载荷试验，试验数量按每个分区不应少于 3 点进行检测。

【例题 5.2】 设有一饱和软黏土层，厚度为 12m，其下卧层为不透水层，现在此软黏土层中设置砂井贯穿至不透水层，砂井的直径 $d_w = 0.3$m，梅花形布置，间距 $l = 1.5$m，$C_v = C_h = 1.0 \times 10^{-3}$ cm^2/s，试求在一次加荷后，砂井地基历时 90d 的平均固结度。

【解】 竖向平均固结度

$$\overline{U_z} = 1 - \frac{8}{\pi^2} e^{-\frac{\pi^2 C_v}{4H^2}t} = 1 - \frac{8}{\pi^2} e^{\left(-\frac{\pi^2 \times 1.0 \times 10^{-3} \times 90 \times 86400}{4 \times 1200^2}\right)} = 20\%$$

径向平均固结度

$$d_e = 1.05l = (1.05 \times 150)\text{cm} = 157.5\text{cm}, n = d_e/d_w = 157.5/30 = 5.25$$

$$F = \frac{n^2}{n^2-1}\ln(n) - \frac{3n^2-1}{4n^2} = \frac{5.25^2}{5.25^2-1}\ln(5.25) - \frac{3 \times 5.25^2-1}{4 \times 5.25^2} = 0.979$$

$$\overline{U_r} = 1 - \text{e}^{-\frac{8}{F(n)}\frac{C_h}{d_e^2}t} = 1 - \text{e}^{\left(-\frac{8 \times 1.0 \times 10^{-3} \times 90 \times 86400}{0.979 \times 157.2^2}\right)} = 92.3\%$$

砂井历时 90d 的平均固结度

$$\overline{U_{rz}} = 1 - (1-\overline{U_r})(1-\overline{U_z}) = 1 - (1-0.2)(1-0.923) = 93.8\%$$

5.4　深层水泥搅拌法

水泥土搅拌法（Cement Deep Mixing Method），又称为深层搅拌法，是利用水泥（石灰）等材料作为固化剂，通过深层搅拌机在地基深部就地将软土和固化剂（浆体或粉体）强制拌和，利用固化剂和软土发生一系列物理、化学反应，使之凝结成具有整体性、水稳性和较高强度的水泥加固体，与天然地基形成复合地基。根据固化剂掺入状态的不同，它可分为浆液搅拌和粉体喷射搅拌两种。前者是用浆液和地基土搅拌（湿法），后者是用粉体或石灰和地基土搅拌（干法）。

水泥土搅拌法适用于处理正常固结的淤泥与淤泥质土、粉土（稍密、中密）、饱和黄土、素填土、黏性土（软塑、可塑）、粉细砂（松散、中密）、中粗砂（松散、中密）等地基。不适用于含大孤石或障碍物较多且不易清除的杂填土、欠固结的淤泥和淤泥质土、硬塑及坚硬的黏性土、密实的砂类土以及地下水渗流影响成桩质量的土层。当地基土的天然含水量小于30%（黄土含水量小于 25%）时不宜采用干法。冬期施工时，应注意负温对处理效果的影响。一般认为用水泥作加固料，对含有高岭石、多水高岭石、蒙脱石等黏土矿物的软土加固效果较好；而对含有伊利石、氯化物和水铝石英等矿物的黏性土以及有机质含量高、pH 值较低的黏性土加固效果较差。因此，水泥土搅拌桩用于处理泥炭土、有机质土、pH 值小于4 的酸性土、塑性指数大于 25 的黏土或在腐蚀性环境中以及无工程经验的地区使用时，必须通过现场和室内试验确定其适用性。

石灰固化剂一般适用于黏土颗粒含量大于 20%，粉粒及黏粒含量之和大于 35%，黏土的塑性指数大于 10，液性指数大于 0.7，土的 pH 值为 4～8，有机质含量小于 11%，土的天然含水量大于 30%的偏酸性的土质加固。

水泥土搅拌法加固软土的独特优点如下。

① 最大限度地利用了原土。

② 搅拌时施工，对原有建筑物影响很小。

③ 根据地基土的不同性质和工程要求，可以合理选择固化剂的类型及其配方，设计灵活。

④ 搅拌时无振动、无污染、无噪音，可在市区内和密集建筑群中施工。

⑤ 加固后土体的重度基本不变，不会产生附加沉降。

⑥ 与钢筋混凝土桩基相比，降低成本的幅度较大。

⑦ 可根据上部结构的需要，灵活地采用柱状、壁状、格栅状和块状等加固形式。

5.4.1　加固机理

（1）水泥的水解和水化反应

水泥遇水后，其颗粒表面的矿物很快与水发生水解和水化反应，生成氢氧化钙、含水硅酸钙、含水铝酸钙及含水铁酸钙等化合物。其中前二种化合物溶于水，使水泥颗粒表面暴露出来，再与水作用，逐渐使溶液达到饱和，新生成物便以胶体析出，悬浮于溶液形成凝胶体。

（2）离子交换和团粒化作用

黏土与水结合即表现胶体特征，如土中含量最多的二氧化硅与水形成硅酸胶体，其表面带有 Na^+ 或 K^+，和水泥水化生成的氢氧化钙中的 Ca^{2+} 进行当量吸附交换，使较小的土颗粒形成较大的土团粒；由于其产生了很大的比表面能，可使较大的土粒进一步联合，形成水泥土团粒结构，并封闭各土团的空隙，形成坚固的联结，从而使土体强度提高。

（3）硬凝反应

随着水泥水化反应的深入，溶液中析出大量的 Ca^{2+}，当其数量超过离子交换需要量后，则在碱性环境中，与组成黏土矿物的二氧化硅和三氧化二铝的一部分或大部分进行化学反应，逐渐生成了不溶于水的稳定结晶化合物，其在水中和空气中逐渐硬化，增大了水泥土的强度。

（4）碳酸化作用

水泥水化物中游离的氢氧化钙能吸收水中和空气中的二氧化碳，发生碳酸化反应：生成不溶于水的碳酸钙，能使水泥土的强度增长，但速度较慢，幅度较小。

水泥和软土搅拌越充分，混合越均匀，则水泥土强度的离散性越小，宏观的总体强度也越高。

5.4.2 水泥土的物理力学性质

（1）重度

水泥土的容重与天然土的容重相近，但水泥土的相对密度比天然土的相对密度稍大。水泥土的重度仅比天然软土重度增加 $0.5\% \sim 3.0\%$，也不会产生较大的附加沉降。

（2）相对密度

由于水泥的相对密度为 3.1，比一般软土的相对密度（$2.65 \sim 2.75$）为大，故水泥土的相对密度比天然软土的相对密度稍大。水泥土相对密度比天然软土的相对密度增加 $0.7\% \sim 2.5\%$。

（3）含水量

水泥土的含水量一般比原状土降低 $0.5 \sim 7\%$。

（4）抗渗性

渗透系数 k 一般在 $1 \times 10^{-7} \sim 1 \times 10^{-8}$ cm/s。

（5）抗拉强度

水泥土的抗拉强度随抗压强度的增长而提高。一般情况下，抗拉强度在（$0.15 \sim 0.25$）q_u 之间。

（6）抗剪强度

当水泥土无侧限抗压强度 $q_u = 0.5 \sim 4$MPa 时，其黏聚力 c 在 $100 \sim 1000$kPa 之间，其摩擦角 φ 在 $20° \sim 30°$ 之间。

（7）变形特性

当 $q_u = 0.5 \sim 4.0$MPa 时，其 50d 后的变形模量相当于（$120 \sim 150$）q_u。

（8）无侧限抗压强度

一般来说，水泥土的无侧限抗压强度 q_u 在 $0.3 \sim 4.0$MPa 之间，比天然软土强度提高数十倍到数百倍。水泥土的抗压强度除了与被加固土的性质有关外，还受许多因素影响，如水泥掺入比、水泥标号、龄期、含水量、有机质含量、外掺剂、养护条件等。

水泥土的强度随着水泥掺入比的增加而增大，当水泥掺入比 $\alpha_w < 5\%$ 时，由于水泥与土的反应过弱，水泥土固化程度低，强度离散性也较大，故在水泥土搅拌法的实际施工中，选用的水泥掺入比必须大于 5%。水泥标号愈大，强度增长愈大，水泥标号提高 $100^\#$，水泥土的强度约增大 $(50 \sim 90)\%$；如要求达到相同强度，水泥标号提高 $100^\#$，可降低水泥掺入比 $(2 \sim 3)\%$，因此在实际应用中尽量采用高标号水泥。水泥土的强度随着龄期的增长而提高，一般在龄期超过 28d 后仍有明显增长，根据试验结果的回归分析，得到在其他条件相同时，不同龄期的水泥土无侧限抗压强度间关系大致呈线性关系。水泥土的无侧限抗压强度随着土样含水量的降低而增大，当土的含水量从 157% 降低至 47% 时，无侧限抗压强度则从 260kPa 增加到 2320kPa。一般情况下，土样含水量每降低 10%，则强度可增加 $(10 \sim 50)\%$。有机质含量少的水泥土强度比有机质含量高的水泥土强度大得多。由于有机质使土体具有较大的水溶性和塑性，较大的膨胀性和低渗透性，并使土具有酸性，这些因素都阻碍水泥水化反应的进行。因此，有机质含量高的软土，单纯用水泥加固的效果较差。

不同的外掺剂对水泥土强度有着不同的影响。如木质素磺酸钙对水泥土强度的增长影响不大，主要起减水作用。石膏、三乙醇胺对水泥土强度有增强作用，而其增强效果对不同土样和不同水泥掺入比又有所不同，所以选择合适的外掺剂可提高水泥土强度和节约水泥用量。掺加粉煤灰的水泥土，其强度一般都比不掺粉煤灰的有所增长。不同水泥掺入比的水泥土，当掺入与水泥等量的粉煤灰后，强度均比不掺粉煤灰的提高 10%，故在加固软土时掺入粉煤灰，不仅可消耗工业废料，还可稍微提高水泥土的强度。

养护方法对水泥土的强度影响主要表现在养护环境的湿度和温度。国内外试验资料均说明，养护方法对短龄期水泥土强度的影响很大，随着时间的增长，不同养护方法下的水泥土无侧限抗压强度趋于一致，说明养护方法对水泥土后期强度的影响较小。

5.4.3　设计计算

（1）固化剂和掺入比的确定

固化剂宜选用强度等级为 32.5 级及以上的普通硅酸盐水泥。增强体的水泥掺量不应小于 12%，块状加固时水泥掺量不应小于加固天然土质量的 $7\% \sim 12\%$ 外；湿法水泥浆水灰比可取 $0.5 \sim 0.6$。外掺剂可根据工程需要和土质条件选用具有早强、缓凝、减水以及节省水泥等作用的材料，但应避免污染环境。

（2）桩长和桩径的确定

竖向承载搅拌桩的长度应根据上部结构对承载力和变形的要求确定，并宜穿透软弱土层到达承载力相对较高的土层；为提高抗滑稳定性而设置的搅拌桩，其桩长应超过危险滑弧以下不少于 2.0m。湿法的加固深度不宜大于 20m；干法不宜大于 15m。水泥土搅拌桩的桩径不应小于 500mm。

（3）布桩形式

布桩方式主要取决于基础的形式和底面尺寸。桩在基础平面内可以布置成方形、等边三角形、梅花形等形式，不同的布桩方式，对桩的置换作用是无影响的，但对桩间土的挤密作用有差异。一般根据工程地质特点和上部结构要求可采用柱状、壁状、格栅状、块状以及长短桩相结合等不同加固形式。

① 柱状　每隔一定距离打设一根水泥土桩，形成柱状加固形式，适用于单层工业厂房

独立柱基础和多层房屋条形基础下的地基加固，它可充分发挥桩身强度与桩周侧阻力。

②壁状 将相邻桩体部分重叠搭接成为壁状加固形式，适用于深基坑开挖时的边坡加固以及建筑物长高比大、刚度小、对不均匀沉降比较敏感的多层房屋条形基础下的地基加固。

③格栅状 纵横两个方向的相邻桩体搭接而形成的加固形式，适用于对上部结构单位面积荷载大和对不均匀沉降要求控制严格的建（构）筑物的地基加固。

④长短桩相结合 当地质条件复杂，同一建筑物坐落在两类不同性质的地基土上时，可用 3m 左右的短桩将相邻长桩连成壁状或格栅状，借以调整和减小不均匀沉降量。

水泥土桩的强度和刚度是介于柔性桩（砂桩、碎石桩等）和刚性桩（钢管桩、混凝土桩等）间的一种半刚性桩，它所形成的桩体在无侧限情况下可保持直立，在轴向力作用下又有一定的压缩性，但其承载性能又与刚性桩相似，因此在设计时可仅在上部结构基础范围内布桩，不必像柔性桩一样需在基础外设置护桩。独立基础下的桩数不宜少于 4 根。

(4) 单桩竖向承载力特征值计算

复合地基中的单桩承载力宜通过现场单桩载荷试验确定，也可通过计算确定。对于在复合地基中所形成的加固桩柱体，目前大多所采用的是散体材料（砂、碎石等）构成的柔性桩或胶结材料（石灰土、水泥土等）构成的半刚性桩两种形式，由于两种形式桩体的破坏模式不同，因此，其单桩承载力的计算方法也不同。

半刚性桩的破坏是以碎裂破坏和刺入破坏为主要破坏形式，因而其单桩承载力特征值 R_a 应分别按桩体材料强度和土对桩的支承力计算，并取其中较小值，即

$$R_a = \eta f_{cu} A_p \tag{5.41}$$
$$R_a = U_p \sum q_{si} l_i + \alpha A_p q_p \tag{5.42}$$

式中 R_a——单桩竖向承载力特征值，kPa；

f_{cu}——与搅拌桩桩身水泥土配比相同的室内试块（边长为 70.7mm 的立方体），在标准养护条件下 90d 龄期的无侧限抗压强度平均值，kPa；

η——桩身强度折减系数，干法可取 0.20～0.25，湿法可取 0.25；

A_p——桩的平均截面积，m^2；

U_p——桩的平均周长，m；

l_i——桩周第 i 层土的厚度，m；

q_{si}——桩周第 i 层土侧阻力特征值（kPa），淤泥可取 4～7kPa，淤泥质土可取 6～12kPa，软塑状态黏性土可取 10～15kPa，可软塑状态黏性土可取 12～18kPa；

q_p——桩端阻力特征值（kPa），可按地区经验确定；对于水泥搅拌桩、旋喷桩取未经修正的桩端天然地基土承载力特征值；

α——桩端阻力发挥系数，应按地区经验确定，可取 0.4～0.6，承载力高时取低值。

(5) 竖向水泥土搅拌桩复合地基承载力特征值计算

竖向水泥土搅拌桩复合地基承载力特征值宜通过现场单桩或多桩复合地基载荷试验确定。初步设计也可按下式估算

$$f_{spk} = m \frac{R_a}{A_p} + \beta(1-m) f_{sk} \tag{5.43}$$

式中 f_{spk}——复合地基承载力特征值，kPa；

f_{sk}——处理后桩间天然地基土承载力特征值（kPa），宜按当地经验取值，如无经验时，可取天然地基承载力特征值；

m——面积置换率；

β——桩间土承载力发挥系数，对淤泥、淤泥质土和流塑状软土等处理土层，可取 $\beta=0.1\sim0.4$；对其他土层，可取 $\beta=0.4\sim0.8$。

在设计时，可根据设计要求的单桩竖向承载力特征值和复合地基承载力特征值，计算复合地基的面积置换率 m 及总桩数 n，即

$$m=\frac{f_{spk}-\beta f_{sk}}{R_a-\beta A_p f_{sk}}A_p \tag{5.44}$$

$$n=\frac{mA}{A_p} \tag{5.45}$$

式中　A——地基加固面积，m^2。

（6）下卧层强度验算

当所设计的搅拌桩为摩擦桩，桩的置换率较大（一般 $m\geqslant20\%$），且不是单行竖向排列时，由于每根桩不能充分发挥单桩的承载力作用，故应按群桩作用原理进行下卧层验算。假想基础底面（下卧层基础）的承载力为

$$f'=\frac{f_{spk}A+G-A_s\bar{q}_s-f_{sk}(A-A_1)}{A_1}\leqslant f \tag{5.46}$$

式中　f'——假想实体基础底面压力，kPa；

　　　A——基础底面积，m^2；

　　　A_s——假想实体基础侧表面积，m^2；

　　　G——假想实体基础的自重，kN；

　　　$\bar{q}_s$——假想实体基础侧表面平均摩阻力，kPa；

　　　f_{sk}——假想实体基础边缘地基土的容许承载力，kPa；

　　　A_1——假想实体基础底面积，m^2；

　　　f——假想实体基础底面经修正后的地基容许承载力，kPa。

竖向承载搅拌桩复合地基中的桩长超过 10m 时，可采用变掺量设计。在全桩水泥总掺量不变的前提下，桩身上部 1/3 桩长范围内可适当增加水泥掺量及搅拌次数，桩身下部 1/3 桩长范围内可适当减小水泥掺量。

当搅拌桩处理范围内以下存在软弱下卧层时，应按现行国家标准《建筑地基基础设计规范》（GB 50007—2011）的有关规定进行软弱下卧层地基承载力验算。

（7）褥垫层设计

竖向承载搅拌桩复合地基应在基础和桩之间设置褥垫层。褥垫层厚度可取 200～300mm。其材料可选用中砂、粗砂、级配砂石等，最大粒径不宜大于 20mm。褥垫层的夯填度不应大于 0.9。

在刚性基础和桩之间设置一定厚度褥垫层后，可以保证基础始终通过褥垫层把一部分荷载传到桩间土上，调整桩和土的荷载分配，充分发挥桩间土的作用，增大 β 值。

（8）复合地基的变形计算

复合地基变形计算应符合国家标准《建筑地基基础设计规范》（GB 50007—2011）的有关规定，地基变形计算深度应大于复合土层的深度。复合土层的分层与天然地基相同，各复合土层的压缩模量等于该层天然地基压缩模量的 ξ 倍，ξ 值可按下式确定

$$\xi=\frac{f_{spk}}{f_{ak}} \tag{5.47}$$

式中　f_{ak}——基础底面以下天然地基承载力特征值，kPa。

复合地基的沉降计算经验系数 ψ_s 可根据沉降观测资料统计值确定,无经验取值时,可采用表 5.13 的数值。

表 5.13 沉降计算经验系数 ψ_s

$\overline{E_s}$/MPa	4.0	7.0	15.0	20.0	35.0
ψ_s	1.0	0.7	0.4	0.25	0.2

注：$\overline{E_s}$ 为变形计算深度范围内压缩模量的当量值,应按下式计算。

$$\overline{E_s} = \frac{\sum_{i=1}^{n} A_i + \sum_{j=1}^{m} A_j}{\sum_{i=1}^{n} \frac{A_i}{E_{spi}} + \sum_{j=1}^{m} \frac{A_j}{E_{sj}}} \tag{5.48}$$

式中 E_{spi}——加固土层第 i 层土的压缩模量;

E_{sj}——加固土层下第 j 层土的压缩模量;

A_i——加固土层第 i 层土附加应力系数沿土层厚度的积分值;

A_j——加固土层下第 j 层土附加应力系数沿土层厚度的积分值。

5.4.4 水泥土搅拌桩的施工

(1) 施工前准备

① 水泥土搅拌桩法施工现场事先应予以平整,必须清除地上和地下的障碍物。遇到有明浜、池塘及洼地时应抽水和清淤,回填黏性土料并予以压实,不得回填杂填土或生活垃圾。

② 施工前应根据设计进行工艺性试桩,数量不得少于 3 根。当桩周围为成层土时,应对软弱土层增加搅拌次数或增加水泥掺量。

③ 搅拌头翼片的枚数、宽度、与搅拌轴的垂直夹角、搅拌头的回转数、提升速度应相互匹配,干法搅拌时钻头每转一圈的提升(或下沉)量宜为 10~15mm,确保加固深度范围内土体的任何一点均能经过 20 次以上的搅拌。

(2) 施工步骤

① 搅拌机械就位、调平。

② 预搅下沉至设计加固深度。

③ 边喷浆(粉)、边搅拌提升至预定的停浆(灰)面。

④ 重复搅拌下沉至设计加固深度。

⑤ 根据设计要求,喷浆(粉)或仅搅拌提升至预定的停浆(灰)面。

⑥ 关闭搅拌机械。

在预(复)搅下沉时,也可采用喷浆(粉)的施工工艺,但必须确保全桩长上下再重复搅拌一次。对地基土进行干法咬合加固时,如复搅困难,可采用慢速搅拌,保证搅拌的均匀性。

竖向承载搅拌桩机械时,停浆(灰)面应高于桩定设计标高 500mm。在开挖基坑时,应将搅拌桩顶端施工质量较差的桩段用人工挖除。施工中应保持搅拌桩基底盘的水平和导向架竖直,搅拌桩的垂直偏差不得超过 ±1%;桩位的偏差不得大于 50mm;成桩直径和桩长不得小于设计值。

(3) 湿法施工规定

水泥土搅拌湿法施工应符合下列规定。

① 施工前，应确定灰浆泵输浆量、灰浆经输浆管到达搅拌机喷浆口的时间和起吊设备提升速度等施工参数，并应根据设计要求，通过工艺性成桩试验确定施工工艺。

② 施工中所使用的水泥应过筛，制备好的浆液不得离析，泵送浆应连续进行。拌制水泥浆液的灌数、水泥和外掺剂用量以及泵送浆液的时间应记录；浆喷量及搅拌深度应采用经国家计量部门认证的监测仪器进行自动记录；

③ 搅拌机喷浆提升的速度和次数应符合施工工艺要求，并设专人进行记录；

④ 当水泥浆液到达出浆口后，应喷浆搅拌 30s，在水泥浆与桩端土充分搅拌后，再开始提升搅拌头；

⑤ 搅拌机预搅下沉时，不宜冲水，当遇到硬土层下沉太慢时，可适当冲水；

⑥ 施工过程中，如因故停浆，应将搅拌头下沉至停浆点以下 0.5m 处，待恢复供浆时，再喷浆搅拌提升；弱停机超过 3h，宜先拆卸输浆管路，并妥加清洗；

⑦ 壁装加固时，相邻桩的施工时间间隔不宜超过 12h。

注意：水泥土搅拌桩干法施工机械必须配置经国家计量部门确认的具有能瞬时检测并记录出粉体计量装置及搅拌深度自动记录仪。

(4) 干法施工规定

① 喷粉施工前，应检查搅拌机械、供粉泵、送气（粉）管路、接头和阀门的密封性、可靠性，送气（粉）管路的长度不宜大于 60m；

② 搅拌头每旋转一周，提升高度不得超过 15mm；

③ 搅拌头的直径应定期复核检查，其磨耗量不得大于 10mm；

④ 当水泥头到达设计桩底以上 1.5m 时，应开启喷粉机提前进行喷粉作业；当搅拌头提升至地面下 500mm 时，喷粉机应停止喷粉；

⑤ 成桩过程中，因故停止喷粉，应将搅拌头下沉至停灰面一下 1m 处，待恢复喷粉时，再喷粉搅拌提升。

用于建筑物地基处理的水泥土搅拌桩施工设备，其湿法施工配备注浆泵的额定压力不宜小于 5.0MPa；干法施工的最大送粉压力不应小于 0.5MPa。

5.4.5 质量检验

水泥土搅拌桩复合地基质量检验应符合下列规定。

施工过程中应随时检查施工记录和计量记录。

水泥土搅拌桩成桩质量检验方法有浅部开挖、轻型动力触探、载荷试验和钻芯取样等。

(1) 浅部开挖

成桩 7d 后，采用浅部开挖桩头[深度宜超过停浆(灰)面下 0.5m]，目测检查搅拌的均匀性，量测成桩直径。检查量为总桩数的 5%。对相邻桩搭接要求严格的工程，应在成桩 15d 后，选取数根桩进行开挖，检查搭接情况。

(2) 轻型动力触探

成桩后 3d 内，可用轻型动力触探（N_{10}）检查每米桩身的均匀性。检验数量为施工总桩数的 1%，且不少于 3 根。

(3) 标准贯入试验

用锤击数估算桩体强度需积累足够的工程资料。Terzghi 和 Peck 的经验公式为

$$f_{cu} = N_{63.5}/80 \tag{5.49}$$

式中 f_{cu}——桩体无侧限抗压强度，MPa；

$N_{63.5}$——标准贯入试验的贯入击数。

（4）静力触探试验

静力触探可连续检查桩体内的强度变化，或用下式估算桩体无侧限抗压强度值

$$f_{cu} = p_s / 10 \qquad (5.50)$$

式中 p_s——静力触探贯入比阻力，kPa。

（5）静载荷试验

复合地基载荷试验和单桩载荷试验是检测水泥土搅拌桩加固效果最可靠的方法之一，一般宜在龄期 28d 后进行。检验数量不少于总桩数的 1‰，且每项单体工程不应少于 3 点。复合地基静载荷试验数量不少于 3 台（多轴搅拌为 3 组）。

（6）钻芯取样

对变形有严格要求的工程，应在成桩 28d 后，用双管单动取样器钻取芯样做抗压强度检验，检验数量为施工总桩数 0.5%，且不应少于 6 点。钻孔直径不宜小于 108mm。

基槽开挖后，应检验桩位、桩数与桩顶桩身质量，如不符合设计要求，应采取有效补强措施。

【例题 5.3】 某商品住宅小区，位于上海市宝山区与普陀区的接壤处，建筑占地面积约 4 万平方米，拟建三层别墅和六层住宅，建筑面积达 11.44 万平方米，其中六层的荷重较大，基底压力达 123.1kPa。该场地地形较为平坦，平均地面标高在 3.90m，地下水埋深在地面下 0.52m，平均水位高 3.38m。基础埋置深度 1.8m 各土层的物理力学性质指标见表 5.14。

表 5.14 各土层的物理力学性质指标

| 层序 | 土层名称 | 层厚/m | 含水量/% | 重度/(kN/m³) | 比重 | 孔隙比 | 塑性指数 | 液性指数 | 直剪/固结快剪 | | $E_{s_{1-2}}$/MPa | 地基承载力/kPa |
									c/kPa	φ/(°)		
①	素填土	0.50~1.70		18.9								
②	浜填土	0.70~3.00		18.9								
③	褐黄色粉质黏土	1.90~2.90	33.3	18.9	2.73	0.93	15.4	0.77	11.1	15.7	4.40	90
④	淤泥质粉质黏土	1.90~2.40	43.7	17.8	2.73	1.20	15.8	1.35	8.1	13.8	3.36	70
⑤	砂质粉土	0.50~1.10	31.8	18.6	2.70	0.89			4.0	25.0	8.25	100
⑥	淤泥质黏土	9.30~10.80	51.8	17.1	2.74	1.44	19.8	1.36	8.6	7.2	2.04	60
⑦	粉质黏土	1.40~3.30	40.6	18.0	2.74	1.14	17.0	1.02	10.0	12.4	3.09	75
⑧	暗绿色粉质黏土	2.30	23.5	20.0	2.72	0.68	15.6	0.32	30.8	11.6	6.33	170
⑨	草黄色粉质黏土	未穿	25.3	19.7	2.73	0.74	17.0	0.38	39.0	9.9	7.60	180

【解】

(1) 地基处理方案选择

六层住宅楼的基底压力为 123.1kPa，而作为浅基础持力层的第③层褐黄色粉质黏土，其地基土容许承载力仅为 90kPa，且第③层下又为深厚的软土层，因此必须对地基进行处理。若采用桩基，需到达 20m 深的暗绿色粉质黏土层，费用比较昂贵；若采用碎（砂）石桩，由于加固范围大部分为饱和软黏土，所以处理效果可能不好；而水泥搅拌桩适合于处理淤泥质土和含水量高且地基承载力不大于 120kPa 的黏性土地基。因此，经对各种地基处理方案进行技术经济比较，决定采用水泥土搅拌桩复合地基的处理方案。

(2) 设计计算

① 单桩设计　设计桩长为 8m，采用双头水泥土搅拌桩，桩的横截面积 $A_p = 0.71m^2$，周长 $U_p = 3.35m$，水泥渗入比为 14%（采用 42.5 级普通硅酸盐水泥），根据室内水泥土配比试验，相应于水泥渗入比 14% 的水泥土试块 90d 龄期的无侧限抗压强度 $f_{cu} = 1900Pa$，桩侧平均摩擦力取 $\bar{q}_s = 11.5kPa$，并按摩擦桩考虑，则单桩承载力标准值 R_a 分别按式(5.41)和式(5.42)计算，并取其中较小值。

桩身水泥土强度

$$R_a = \eta f_{cu} A_p = 0.25 \times 1900 \times 0.71 = 337.25kN$$

式中　η——桩身强度折减系数，取 0.30。

土对桩的支撑力

$$R_a = U_p \sum q_{si} l_i + \alpha A_p q_p = 3.35 \times 11.5 \times 8 + 0.4 \times 0.71 \times 60 = 325.24kN$$

式中　α——桩端天然地基土阻力发挥系数，取 0.25；

　　　q_p——桩端天然地基土未经修正的承载力特征值，取 60kPa。

根据以上计算，取单桩承载力设计值 $R_a = 320kN$。

② 面积置换率的确定　六层住宅楼的基底压力为 123.1kPa，因此，复合地基承载力取 $f_{spk} = 130kPa$，按式（5.44）和式（5.45）计算复合地基的面积置换率 m 及总桩数 n，分别为

$$m = \frac{f_{spk} - \beta f_{sk}}{R_a - \beta A_p f_{sk}} A_p = \frac{130 - 0.7 \times 90}{320 - 0.7 \times 0.71 \times 90} \times 0.71 = 17.28\%$$

$$n = \frac{mA}{A_p} = \frac{17.28\% \times 591.18}{0.71} = 144 \text{ 根}$$

式中　f_{sk}——桩间土承载力，一般取基底持力层的天然地基土承载力，$f_{sk} = 90kPa$；

　　　β——桩间土承载力折减系数，β 取 0.7；

　　　A——地基加固面积，$A = 591.18m^2$。

③ 桩的平面布置　根据各轴线的荷载差别，桩的平面布置如图 5.9 所示。

④ 软弱下卧层强度验算　当复合地基存在软弱下卧层时，尚须对软弱下卧层强度进行验算。其验算是将复合地基与软弱下卧层视为双层地基，且桩与桩间土能有效地结合为一体，以应力扩散法进行验算。软弱下卧层强度的验算可按式(5.1)进行，即要求作用在软弱下卧层顶面处的附加压力与复合地基自重压力之和不大于软弱下卧层的地基承载力

$$p_z + p_{cz} \leqslant f_{az}$$

该住宅楼长为 $l = 53.94m$，宽为 $b = 10.96m$，基底平均压力 $p = 123.1kPa$，基底处土的自重压力为 $p_c = 21.2kPa$，复合地基压力扩散角取 $\theta = 23°$，则软弱下卧层顶面处的附加

压力 p_z 为：

$$p_z = \frac{bl(p_k - p_c)}{(b + 2z\tan\theta)(l + 2z\tan\theta)}$$

$$= \frac{10.96 \times 53.94 \times (123.1 \times 21.2)}{(10.96 + 2 \times 8 \times \tan 23°) \times (53.94 + 2 \times 8 \times \tan 23°)}$$

$$= 55.88 \text{kPa}$$

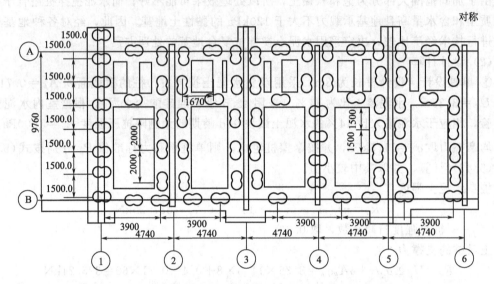

图 5.9 桩位平面布置图

软弱下卧层顶面处的自重压力 p_{cz} 为

$$p_{cz} = \gamma_p(d + z) = 18.9 \times 0.52 + (18.9 - 10) \times 7.18 \times 17.8 - 10) \times 2.2 = 90.89 \text{kPa}$$

软弱下卧层顶面处经深度修正后的地基承载力设计值 f_{az} 为

$$f_{az} = f_k + \eta_d\gamma_m(d + z - 0.5) = 70 + 1.0 \times 9.27 \times (1.8 + 8 - 0.5) = 156.25 \text{kPa}$$

式中　　η_d——地基承载力深度修正系数，$\eta_m = 1.0$；
　　　　γ_m——桩端以上土的加权平均重度。

$$p_z + p_{cz} = 55.88 + 90.89 = 146.77 \text{kPa} \leqslant f_{az} = 156.25 \text{kPa}$$

满足要求。

⑤ 沉降验算　住宅楼总沉降量 s 主要由搅拌桩复合土层的变形量 s_1 和桩端下土层的变形量 s_2 组成。

a. 搅拌桩复合地基变形量 s_1 计算。搅拌桩复合土层的压缩模量 E_{sp} 采用置换率加权的方法进行计算

$$E_{sp} = mE_p + (1 - m)E_s = 17.28\% \times 120 + (1 - 17.28\%) \times 2.37 = 22.70 \text{MPa}$$

式中　　E_p——搅拌桩桩身的压缩模量，取 $E_p = 120 \text{MPa}$；
　　　　E_s——桩间土的压缩模量，取桩长范围内土的加权平均压缩模量，$E_s = 2.37 \text{MPa}$。
　　　　搅拌桩复合地基的压缩变形量 s_1 计算。

$$s_1 = \frac{(p_0 + p_z)l}{2E_{sp}} = \frac{(123.1 - 21.2) + 55.88}{2 \times 22.70 \times 10^3} \times 8 \times 10^3 = 27.80 \text{mm}$$

式中　p_0——基础底面附加压力，kPa。

　　b. 桩端下土层的变形量 s_2 计算。桩端下未加固土层的压缩变形量可采用分层总和法计算，即

$$s_2 = \psi_s s' = \psi_s \sum_{i=1}^{n} \frac{p_z}{E_{si}} (z_i \bar{\alpha}_i - z_{i-1} \bar{\alpha}_{i-1})$$

下卧层沉降变形量计算至暗绿色粉质黏土层顶面，具体计算见表 5.15。

表 5.15　下卧层变形量 s_2 的计算结果

土层	自桩端底面往下算的深度 z/m	l/b	z/b	$z_i \bar{\alpha}_i - z_{i-1} \bar{\alpha}_{i-1}$	$E_{s_{1-2}}$/MPa	Δs_1/mm	ψ	$\psi \sum \Delta s_1$
⑥	5.20	4.92	0.95	4.8942	2.04	134.06	1.1	147.47
⑦	6.60	4.92	1.20	1.1461	3.09	20.73	1.1	170.27

　　则总的沉降量为

$$s = s_1 + s_2 = 27.80 + 198.07 = 188.89 \text{mm} < [s] = 200 \text{mm}$$

满足要求。

5.5　高压喷射注浆法

　　高压喷射注浆法（High Pressure Jet Grouting Method）于 20 世纪 60 年代末期创始于日本，它是利用钻机把带有喷嘴的注浆管钻进至土层的预定位置后，以高压设备使浆液或水成为 20～40MPa 的高压射流从喷嘴中喷射出来，冲击破坏土体，同时钻杆以一定速度渐渐向上提升，将浆液与土粒强制搅拌混合，浆液凝固后，在土中形成一个固结体。我国简称为高喷法或旋喷法。

　　主要适用于处理淤泥、淤泥质土、流塑、软塑或可塑黏性土、粉土、砂土、黄土、素填土和碎石土等地基。对土中含有较多的大粒径块石、植物根茎或过多的有机质时，应根据现场试验确定其适用范围，对地下水流速度大、浆液无法凝固、永久冻土及对水泥有严重腐蚀性的地基不宜采用。另外，可用于既有建筑和新建建筑地基加固、深基坑、地铁等工程的土层加固或防水。

5.5.1　高压喷射注浆的分类

5.5.1.1　按注浆的形式分类

　　高压喷射注浆法所形成的固结体的形态与高压喷射流的作用方向、移动轨迹和持续喷射时间有密切关系。一般分为旋转喷射（旋喷）、定向喷射（定喷）和摆动喷射（摆喷）三种，如图 5.10 所示。

　　喷射法施工时，喷嘴一面喷射一面旋转并提升，固结体呈圆柱状。主要用于加固地基，提高地基的抗剪强度，改善土的变形性质；也可组成闭合的帷幕，用于截阻地下水流和治理流砂。喷射法施工后，在地基中形成的圆柱体，称为旋喷桩。定喷法施工时，喷嘴一面喷射一面提升，喷射的方向固定不变，固结体形如板状或壁状。摆喷法施工时喷嘴一面喷射一面提升，喷射的方向呈较小角度来回摆动，固结体形如较厚墙状。

　　定喷及摆喷两种方法通常用于基坑防渗、改善地基土的渗流性质和稳定边坡等工程。

5.5.1.2　按喷射方法分类

　　当前，高压喷射注浆法的基本工艺类型有：单管法、双管法、三管法和多重管法等

四种方法。

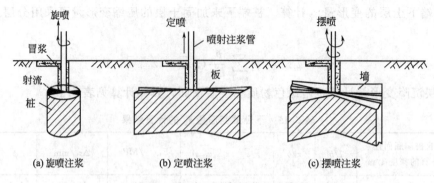

图 5.10 高压喷射注浆的分类

(1) 单管法

单管旋喷注浆法是利用钻机把安装在注浆管（单管）底部侧面的特殊喷嘴，置入土层预定深度后，用高压泥浆泵等装置，以 20MPa 左右的压力，把浆液从喷嘴中喷射出去冲击破坏土体，使浆液与土体上崩落下来的土搅拌混合，经过一定时间凝固，便在土中形成一定形状的固结体。这种方法日本称为 CCP 工法。

(2) 双管法

使用双通道的注浆管。当注浆管钻进到土层的预定深度后，通过在管底部侧面的同轴双重喷嘴（1～2 个），同时喷射出高压浆液和空气两种介质的喷射流冲击破坏土体。即以高压泥浆泵等高压发生装置喷射出 20MPa 左右的压力的浆液，从内喷嘴中高速喷出，并用 0.7MPa 左右压力把压缩空气，从外喷嘴中喷出。在高压浆液和它外圈环绕气流的共同作用下，破坏土体的能量显著增大，最后在土中形成较大的固结体。固结体的范围明显增加。这种方法日本称为 JSG 工法。

(3) 三管法

分别使用输送水、气、浆三种介质的三重注浆管。在以高压泵等高压发生装置产生20～30MPa 左右的高压水喷射流的周围，环绕一股 0.5～0.7MPa 左右的圆筒状气流，进行高压水喷射流和气流同轴喷射冲切土体，形成较大的空隙，再另由泥浆泵注入压力为 1～5MPa 的浆液填充，喷嘴作旋转和提升运动，最后便在土中凝固为较大的固结体。这种方法日本称为 CJG 工法。

(4) 多重管法

这种方法首先需要在地面钻一个导孔，然后置入多重管，用逐渐向下运动的旋转超高压力水射流（压力约 40MPa），切削破坏四周的土体，经高压水冲击下来的土、砂和砾石成为泥浆后，立即用真空泵从多重管中抽出。如此反复地冲和抽，便在地层中形成一个较大的空洞。装在喷嘴附近的超声波传感器及时测出空间的直径和形状。当空洞的形状、大小和高低符合设计要求后，立即通过多重管充填穴洞。根据工程要求可选用浆液、砂浆、砾石等材料进行填充。于是在地层中形成一个大直径的柱状固结体，在砂性土中最大直径可达 4m，并做到智能化管理，施工人员完全掌握固结体的直径和质量。本工法提升速度很慢，这种方法在日本称为 SSS-MAN 工法。

上述几种方法由于喷射流的结构和喷射的介质不同，有效处理长度也不同，以三管法最长，双管法次之，单管法最短。结合工程特点，旋喷形式可采用单管法、双管法和三管法。定喷和摆喷注浆常用双管法和三管法。

5.5.2　高压喷射注浆法的特征

（1）适用范围广

由于固结体的质量明显提高，它既可用于工程新建之前，又可用于竣工后的托换工程，可以不损坏建筑物的上部结构，且能使已有建（构）筑物在施工时不影响使用功能。

（2）施工简便

施工时只需在土层中钻一个孔径为 50mm 或 300mm 的小孔，便可在土中喷射成直径为 0.4～4.0m 的固结体，因而施工时能贴近已有建（构）筑物，成型灵活，既可在钻孔的全长范围形成柱型固结体，也可仅作其中一段。

（3）可控制固结体形状

在施工中可调整旋喷速度和提升速度、增减喷射压力或更换喷嘴孔径改变流量，使固结体形成工程设计所需要的形状。旋喷桩加固体形状可分为柱状、壁状、条状或块状。

（4）可垂直、倾斜和水平喷射

通常是在地面上进行垂直喷射注浆，但在隧道、矿山井巷工程、地下铁道等建设中，亦可采用倾斜和水平喷射注浆。处理深度已达 30m 以上。

（5）耐久性较好

由于能得到稳定的加固效果并有较好的耐久性，所以可用于永久性工程。

（6）料源广阔

浆液以水泥为主体。在地下水流速快或含有腐蚀性元素、土的含水量大或固结体强度要求高的情况下，则可在水泥中掺入适量的外加剂，以达到速凝、高强、抗冻、耐蚀和浆液不沉淀等效果。

（7）设备简单

高压喷射注浆全套设备结构紧凑、体积小、机动性强、占地少，能在狭窄和低矮的空间施工。

5.5.3　加固机理

（1）高压喷射流对土体的破坏作用

高压水喷射流是通过高压发生设备，使它获得巨大能量后，从一定形状的喷嘴中，用一种特定的流体运动方式，以很高的速度连续喷射出来的、能量高度集中的一股液流。在高压高速的条件下，喷射流具有很大的功率，即在单位时间内从喷嘴中射出的喷射流具有很大的能量。为了获得更大的破坏力，需要增加平均流速，也就是需要增加旋喷压力，一般要求高压脉冲泵的工作压力在 20MPa 以上，这样就使射流像刚体一样冲击破坏土体，使土与浆液搅拌混合，凝固成圆柱状的固结体。

喷射流在终期区域，能量衰减很大，不能直接冲击土体使土颗粒剥落，但能对有效射程的边界土产生挤压力，对四周土有压密作用，并使部分浆液进入土粒之间的空隙里，使固结体与四周土紧密相依，不产生脱离现象。

（2）水（浆）、气同轴喷射流对土的破坏作用

单射流虽然具有巨大的能量，但由于压力在土中急剧衰减，因此破坏土的有效射程较短，致使旋喷固结体的直径较小。

当在喷嘴出口的高压水喷射流的周围加上圆筒状空气射流，进行水、气同轴喷射时，空气流使水或浆的高压喷射流从破坏的土体上将土粒迅速吹散，使高压喷射流的喷射破坏条件得到改善，阻力大大减少，能量消耗降低，因而增大了高压喷射流的破坏能力，形成的旋喷

固结体的直径较大，高速空气具有防止高速水射流动压急剧衰减的作用。

（3）水泥与土的固结机理

水泥和水拌合后，首先产生铝酸三钙水化物和氢氧化钙，它们可溶于水中，但溶解度不高，很快就达到饱和，这种化学反应连续不断地进行，就析出一种胶质物。这种胶质物体有一部分混在水中悬浮，后来就包围在水泥微粒的表面，形成一层胶凝薄膜。所生成的硅酸二钙水化物几乎不溶于水，只能以无定形体的胶质包围在水泥微粒的表层，另一部分渗入水中。由水泥各种成分所生成的胶凝膜，逐渐发展起来成为胶凝体，此时表现为水泥的初凝状态，开始有胶黏的性质。此后，水泥各成分在不缺水、不干涸的情况下，继续不断地按上述水化程序发展、增强和扩大，从而产生下列现象：①胶凝体增大并吸收水分，使凝固加速，结合更密；②由于微晶（结核晶）的产生进而生出结晶体，结晶体与胶凝体相互包围渗透并达到一种稳定状态，这就是硬化的开始；③水化作用继续渗入到水泥微粒内部，使未水化部分再参加以上的化学反应，直到完全没有水分以及胶质凝固和结晶充盈为止。但无论水化时间持续多久，很难将水泥微粒内核全部水化完，所以水化过程是一个长久的过程。

5.5.4 设计计算

为了解喷射注浆固结体的性质和浆液的合理配方，必须取现场各层土样，在室内按不同的含水量和配合比进行试验，优选出最合理的浆液配方。对规模较大及较重要的工程，设计完成之后，要在现场进行试验，查明喷射固结体的直径和强度，验证设计的可靠性和安全度。

（1）喷射注浆直径

旋喷固结体的直径大小与所用的喷射浆液、喷射管的类型和地基土层的性质有较密切的关系。有效的喷射直径应通过现场试验来确定。当现场无试验资料时，可参考表 5.16 选用，表中 N 表示标准贯入击数，定喷和摆喷的有效长度约为旋喷桩直径的 1.0～1.5 倍。

表 5.16 旋喷桩的设计直径 单位：m

土质及标贯击数 N		单管法	二重管法	三重管法
黏性土	$0<N<5$	0.5～0.8	0.8～1.2	1.2～1.8
	$6<N<10$	0.4～0.7	0.7～1.1	1.0～1.6
	$10<N<20$	0.3～0.6	0.6～0.9	0.7～1.2
砂性土	$0<N<10$	0.6～1.0	1.0～1.4	1.5～2.0
	$10<N<20$	0.5～0.9	0.9～1.3	1.2～1.8
	$21<N<30$	0.4～0.8	0.8～1.2	0.9～1.5

（2）承载力计算

竖向承载旋喷桩复合地基承载力特征值和单桩竖向承载力特征值应通过现场静载荷试验确定。初步设计时，可按现行国家标准《建筑地基处理技术规范》（JGJ 79—2012）进行估算。

$$f_{spk} = \lambda m \frac{R_a}{A_p} + \beta(1-m)f_{sk} \tag{5.51}$$

式中 f_{spk}——复合地基承载力特征值，kPa；

f_{sk}——处理后桩间天然地基土承载力特征值（kPa），宜按当地经验取值，如无经验时，可取天然地基承载力特征值；

　　λ——单桩承载力发挥系数，可按地区经验取值；

　　R_a——单桩竖向承载力特征值；

　　A_p——桩的截面积；

　　m——面积置换率；

　　β——桩间土承载力发挥系数，应按地区经验取值，无经验时可取 $\beta=0 \sim 0.5$。

增强体单桩竖向承载力特征值可按式(5.42)估算，其中参数 α 应按地区经验取值，如无经验时，可取 $\alpha=0.2 \sim 1.0$。相应的分析计算方法可按上节的水泥搅拌桩方法进行。

当旋喷桩处理范围内以下存在软弱下卧层时，应按现行国家标准《建筑地基基础设计规范》(GB 50007—2011) 的有关规定进行软弱下卧层地基承载力验算。

桩身材料强度尚应满足：增强体桩身强度应满足式(5.52)；当复合地基承载力进行基础埋深的深度修正时，增强体桩身强度应满足式(5.53)。

$$f_{cu} \geqslant 4\frac{\lambda R_a}{A_p} \tag{5.52}$$

$$f_{cu} \geqslant 4\frac{\lambda R_a}{A_p}\left[1+\frac{\gamma_m(d-0.5)}{f_{spa}}\right] \tag{5.53}$$

式中　f_{cu}——桩体试块（边长为 150mm 的立方体）标准养护 28d 的立方体抗压强度平均值，kPa；

　　γ_m——基础底面以上土的加权平均重度（kN/m³），地下水位以下取有效重度；

　　d——基础埋置深度，m；

　　f_{spa}——深度修正后的复合地基承载力特征值，kPa。

（3）沉降计算

旋喷桩复合地基的地基变形计算应符合现行国家标准《建筑地基基础设计规范》(GB 50007—2011) 的有关规定，地基变形计算深度应大于复合土层的深度。各复合土层的压缩模量及变形计算深度范围内压缩模量的当量值可分别按式(5.47)、式(5.48)确定。复合地基的沉降计算经验系数可根据地区沉降观测资料统计值确定，如无经验取值时，可按表5.13取值。

由于旋喷桩迄今积累的沉降观测及分析资料很少，因此，复合地基变形计算的模式均以土力学和混凝土材料性质的有关理论为基础。

（4）稳定性分析

当喷射注浆法应用于加固岸坡和基坑底部时，可采用常规的圆弧滑动法分析其稳定性。对于滑弧通过加固体时，加固体的抗剪强度应考虑一定的安全度。同时，还要考虑渗透力。

（5）防渗帷幕设计

以旋喷或定喷加固体作为防渗帷幕时，主要的任务是合理确定布孔的形式和间距并注意相互搭接连续。一般布置两排或三排注浆孔，如图 5.11 所示。孔距为 $1.73R_0$。（R_0 为旋喷桩设计半径），排距为 $1.5R_0$ 时最经济。

若想增加每一排旋喷桩的交圈厚度，可适当缩小孔距，按下式计算孔距

$$e=2\sqrt{R_0^2-\left(\frac{L}{2}\right)^2} \tag{5.54}$$

式中　e——旋喷桩的交圈厚度，m；

　　R_0——旋喷桩的半径，m；

　　L——旋喷桩孔位的间距，m。

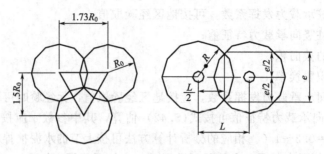

图 5.11　孔距和旋喷注浆固结体交联图

定喷和摆喷是一种常用的防渗堵水的方法，由于喷射出的板墙薄而长，不但成本较旋喷低，而且整体连续性也很好。

（6）褥垫层设计

旋喷桩复合地基宜在基础和桩顶之间设置褥垫层。褥垫层厚度可取 150～300mm。其材料可选用中砂、粗砂、级配砂石等，最大粒径不宜大于 20mm。褥垫层的夯填度不应大于 0.9。

旋喷桩的平面布置可根据上部结构和基础特点确定，独立基础下的桩数不应少于 4 根。

5.5.5　高压喷射注浆法的施工与质量检验

（1）施工机具

主要的施工机具有高压发生装置（空气压缩机和高压泵等）和注浆喷射装置（钻机、钻杆、注浆管、泥浆泵、注浆输送管等）两部分。其中关键的设备是注浆管，由导流器钻杆和喷头所组成，有单管、二重喷管、三重喷管和多重喷管四种。导流管的作用是将高压水泵、高压水泥浆和空压机送来的水、浆液和气分头送到钻杆内，然后通过喷头实现水、浆、气同轴流喷射；钻杆把这两部分连接起来，三者组成注浆系统。喷嘴是由硬质合金并按一定形状制成，使之产生一定结构的高速喷射流，且在喷射过程中不易被磨损。

（2）施工顺序

① 钻机就位　安放在设计的孔位上并应保持垂直，施工时旋喷管的允许倾斜度不得大于 1.5%。

② 钻孔　单管旋喷常使用 76 型旋转振动钻机，钻进深度可达 30m 以上，适用于标准贯入击数小于 40 的砂土和黏性土层。当遇到比较坚硬的地层时宜用地质钻机钻孔。一般在双管和三管旋喷法施工中都采用地质钻机钻孔。钻孔的位置与设计位置的偏差不得大于 50mm。

③ 插管　插管是将喷管插入地层预定的深度。使用 76 型振动钻机钻孔时，插管与钻孔两道工序合二为一，即钻孔完成时插管作业同时完成。如使用地质钻机钻孔完毕，必须拔出岩芯管，并换上旋喷管插入到预定深度。在插管工程中，为防止泥砂堵塞喷嘴，可边射水、边插管，水压力一般不超过 1MPa。若压力过高，则易将孔壁射塌。

④ 喷射作业　当喷管插入预定深度后，由下而上进行喷射作业，值班技术人员必须时刻注意检查浆液初凝时间、注浆流量、风量、压力、旋转提升速度等参数是否符合设计要求，并随时做好记录，绘制作业过程曲线。

当浆液初凝时间超过 20h，应及时停止使用该水泥浆液（正常水灰比 1∶1，初凝时间为 15h 左右）。

⑤ 冲洗　喷射施工完毕后，应把注浆管等机具设备冲洗干净，管内机内不得残存水泥

浆。通常把浆液换成水，在地面上喷射，以便把泥浆泵、注浆管和软管内的浆液全部排除。

⑥ 移动机具　将钻机等机具设备移到新孔位上。

（3）旋喷桩施工应符合下列规定

① 施工前，应根据现场环境和地下埋设物的位置等情况，复合旋喷桩的设计孔位。

② 旋喷桩的施工工艺及参数应根据土质条件、加固要求，通过试验或根据工程经验确定。单管法、双管法高压水泥浆和三管法高压水的压力应大于 20MPa，流量应大于 30L/min，气流压力宜大于 0.7MPa，提升速度宜为 0.1～0.2m/min。

③ 旋喷注浆，宜采用强度等级为 42.5 级的普通硅酸盐水泥，可根据需要加入适量的外加剂及掺合料。外加剂及掺合料的用量，应通过试验确定。

④ 水泥浆液的水灰比宜为 0.8～1.2。

⑤ 喷射孔与高压注浆泵的距离不宜大于 50m。钻孔位置的允许偏差应为 ±50mm。垂直度允许偏差为 ±1%。

⑥ 当喷射注浆管贯入土中，喷嘴达到设计标高时，即可喷射注浆。在喷射注浆参数达到规定值后，随即按旋喷的工艺要求，提升喷射管，由下而上旋转喷射注浆。喷射管分段提升的搭接长度不得小于 100mm。

⑦ 对需要局部扩大加固范围或提高强度的部位，可采用复喷措施。

⑧ 在旋喷注浆过程中出现压力骤然下降、上升或冒浆异常时，应查明原因及时采取措施。

⑨ 旋喷注浆完毕，应迅速拔出喷射管。为防止浆液凝固收缩影响桩顶高程，可在原位采用冒浆回灌或二次注浆等措施。

⑩ 施工中应做好废泥浆处理，及时将废泥浆运出或在现场短期堆放后作土方运出。

⑪ 施工中应严格按照施工参数和材料用量施工，用浆量和提升速度应采用自动记录装置，并做好各项施工记录。

（4）旋喷桩质量检验应符合下列规定

① 旋喷桩可根据工程要求和当地经验采用开挖检查、钻孔取芯、标准贯入试验、动力触探和静载荷试验等方法进行检验。

② 检验点布置应符合下列规定。

a. 有代表性的桩位；

b. 施工中出现异常情况的部位；

c. 地基情况复杂，可能对旋喷桩质量产生影响的部位。

③ 成桩质量检验的数量不少于施工孔数的 2%，并不应少于 6 点。

④ 承载力检验宜在成桩 28d 后进行。

竣工验收时，旋喷桩复合地基承载力检验应采用复合地基静载荷试验和单桩静载荷试验。检验数量不得小于总桩数的 1%，且每个单体工程复合地基静载荷试验的数量不得少于 3 台。

5.6　强夯法

强夯法是一种将几十吨的重锤从几十米高处自由落下，对土进行强力夯击的办法。它是在重锤夯实法的基础上发展起来的，而其加固机理又与重锤夯实法不同，是一种新的地基处理方法。

强夯是法国 Menard 技术公司于 1969 年首创的一种地基加固方法,它通过一般 10～60t 的重锤(最重可达 200t)和 8～25m 的落距(最高可达 40m),对地基土施加很大的冲击能,一般能量为 1000～10000kN·m。在地基土中所出现的冲击波和动应力,可提高地基土的强度、降低土的压缩性、改善砂土的抗液化条件、消除湿陷性黄土的湿陷性等。同时,夯击能还可提高土层的均匀程度,减少将来可能出现的差异沉降。

强夯法适用于碎石土、砂土、杂填土、低饱和度的粉土与黏性土、湿陷性黄土和人工填土等地基的加固处理。对饱和度较高的淤泥和淤泥质土,使用时应慎重。近年来,对高饱和度的粉土与黏性土地基,有人采用在坑内回填碎石、块石或其他粗颗粒材料,强行夯入并排开软土,最后形成碎石桩与软土的复合地基,该方法称之为强夯置换(或强夯挤淤、动力置换)。强夯置换处理地基,必须通过现场试验确定其适用性和处理效果。

强夯具有施工简单、加固效果好、强夯法处理的工程应用范围极为广泛,有工业与民用建筑、仓库、油罐、储仓、公路和铁路路基、飞机场跑道及码头等。

5.6.1 加固机理

强夯法加固地基有三种不同的加固机理:动力密实(Dynamic Compaction Method)、动力固结(Dynamic Consolidation Method)和动力置换(Dynamic Replacement Method),各种加固机理的特性取决于地基土的类别和强夯施工工艺。

(1)动力密实

采用强夯加固多孔隙、粗颗粒、非饱和土是基于动力密实的机理,即用冲击型动力荷载,使土体中的孔隙减小,土体变得密实,从而提高地基土强度。非饱和土的夯实过程,就是土中的气相(空气)被挤出的过程,其夯实变形主要是由于土颗粒的相对位移引起。实际工程表明,在冲击作用下,地面会立即产生沉陷,夯击一遍后,其夯坑深度可达 0.6～1.0m,夯坑底部形成一超压密硬壳层,承载力比夯前提高 2～3 倍。

(2)动力固结

用强夯法处理细颗粒饱和土时,则是借助于动力固结的理论,即巨大的冲击能量在土中产生很大的应力波,破坏了土体原有的结构,使土体局部发生液化并产生许多裂隙,增加了排水通道,使孔隙水顺利逸出,待超孔隙水压力消散后,土体固结。由于软土的触变性,强度得到提高。

(3)动力置换

强夯置换法:采用在夯坑内回填块石、碎石等粗颗粒材料,用夯锤夯击形成连续的强夯置换墩。具有加固效果显著、施工工期短和施工费用低等优点。动力置换可分为整式置换和桩式置换。整式置换是采用强夯将碎石整体挤入淤泥中(换土垫层)。桩式置换是通过强夯将碎石填筑土体中,部分碎石桩间隔地夯入软土中,形成桩式(或墩式)的碎石墩(或桩)(振冲法)等形成的碎石桩,起到复合地基的作用。

5.6.2 强夯法的设计计算

(1)有效加固深度

有效加固深度既是选择地基处理方法的重要依据,又是反映处理效果的重要参数。强夯法的有效加固深度一般可按下列公式计算

$$H = \alpha \sqrt{Mh} \tag{5.55}$$

式中 H——有效加固深度,m;

M——夯锤重,kN;

　　　　h——落距，m；

　　　　α——系数，须根据所处理地基土的性质而定，对软土可取 0.5，对黄土可取
　　　　　　0.34～0.5。

　　实际上，影响有效加固深度的因素很多，除了锤重和落距外，还有地基土性质、不同土层的厚度和埋藏顺序、地下水位以及强夯法的其他设计参数等。因此，强夯法的有效加固深度应根据现场试夯或当地经验确定。无条件时，可按表 5.17 预估。

表 5.17　强夯的有效加固深度　　　　　　　　　　　　单位：m

单击夯击能 $E/\mathrm{kN} \cdot \mathrm{m}$	碎石土、砂土等粗颗粒土	粉土、黏性土、湿陷性黄土等细颗粒土
1000	4.0～5.0	3.0～4.0
2000	5.0～6.0	4.0～5.0
3000	6.0～7.0	5.0～6.0
4000	7.0～8.0	6.0～7.0
5000	8.0～8.5	7.0～7.5
6000	8.5～9.0	7.5～8.0
8000	9.0～9.5	8.0～8.5
10000	9.5～10.0	8.5～9.0
12000	10.0～11.0	9.0～10.0

　　注：强夯的有效加固深度应从最初起夯面算起；单击夯击能 E 大于 12000kN·m 时，强夯的有效加固深度应通过试验确定。

　　（2）夯锤和落距

　　单击夯击能为夯锤重与落距的乘积。一般说夯击时最好锤重和落距大，则单击能量大，夯击击数少，夯击遍数也相应减少，加固效果和技术经济较好。整个加固场地的总夯击能量（即锤重×落距×总夯击数）除以加固面积称为单位夯击能。强夯的单位夯击能应根据地基土类别、结构类型、荷载大小和要求处理的深度等综合考虑，并可通过试验确定。在一般情况下，对粗颗粒土可取 1000～3000kN·m/m²，对细颗粒土可取 1500～4000kN·m/m²。

　　（3）夯击点布置及间距

　　① 夯击点布置　夯击点位置可根据建筑物基础底面形状，夯击点布置一般为等边三角形、等腰三角形或正方形。对于基础面积较大的建（构）筑物，可以按等边三角形布置；对于办公楼和住宅，可在承重墙位置按等腰三角形布置；对于工业厂房，可根据柱网来布置夯点。强夯处理范围应大于建筑物基础范围，具体的放大范围，可根据建筑物类型和重要性等因素考虑决定。对一般建筑物，每边超出基础外缘的宽度宜为设计处理深度的 1/2～2/3，并不宜小于 3m。对于可液化地基，基础边缘的处理宽度，不应小于 5m。对湿陷性黄土地基，应符合现行国家标准《湿陷性黄土地区建筑规范》GB 50025 的有关规定。

　　② 夯击点间距　夯击点间距（夯距）的确定，一般根据地基土的性质和要求处理的深度而定。第一遍夯击点间距可取夯锤直径的 2.5～3.5 倍，第二遍夯击点位于第一遍夯击点之间，以后各遍夯击点间距可适当减小。对于处理深度较深或单击夯击能较大的工程，第一遍夯击点间距宜适当增大，以保证使夯击能量传递到深处和邻近夯坑免遭破坏为基本原则。

　　（4）夯击击数与遍数

　　① 夯击击数　每夯点的夯击击数应按现场试夯得到的夯击击数和夯沉量关系曲线确定，

且应同时满足下列条件。

a. 最后两击的夯沉量不宜大于下列数值：当单击夯击能小于 4000kN·m 时为 50mm；当单击夯击能为 4000~6000kN·m 时为 100mm；当单击夯击能为 6000~8000kN·m 时为 150mm；当单击夯击能为 8000~12000kN·m 时为 200mm；当单击夯击能大于 12000kN·m 时，应通过试验确定最后两击的夯沉量。

b. 不因夯坑过深而发生起锤困难。

总之，各夯击点的夯击数，应使土体竖向压缩最大，而侧向位移最小为原则，一般为 4~10 击。

② 夯击遍数 夯击遍数应根据地基土的性质和平均夯击能确定。可采用点夯 2~4 遍，对于渗透性较差的细颗粒土，必要时夯击遍数可适当增加。最后再以低能量满夯 2 遍，满夯可采用轻锤或低落距锤多次夯击，锤印彼此搭接。

（5）垫层铺设

强夯前要求拟加固的场地必须具有一层稍硬的表层，使其能支承起重设备；并便于对所施工的"夯击能"得到扩散；同时也可加大地下水位与地表面的距离，因此有时必需铺设垫层。对场地地下水位在-2m 深度以下的砂砾石土层，可直接施行强夯，无需铺设垫层；对地下水位较高的饱和黏性土与易液化流动的饱和砂土，都需要铺设砂、砂砾或碎石垫层才能进行强夯，否则土体会发生流动。垫层厚度随场地的土质条件、夯锤重量及其形状等条件而定。当场地土质条件好、夯锤小或形状构造合理，起吊时吸力小者，也可减少垫层厚度。垫层厚度一般为 0.5~2.0m。铺设的垫层不能含有黏土。

（6）间隔时间

两遍夯击之间，应有一定的时间间隔，间隔时间取决于加固土层中孔隙水压力消散所需要的时间。当缺少实测资料时，可根据地基土的渗透性确定。对砂性土，孔隙水压力的峰值出现在夯完后的瞬间，消散时间只有 2~4min，故对渗透性较大的砂性土，两遍夯间的间歇时间很短，亦即可连续夯击。对黏性土，由于孔隙水压力消散较慢，故当夯击能逐渐增加时，孔隙水压力亦相应地叠加，其间歇时间取决于孔隙水压力的消散情况，一般间隔时间不应少于 2~3 周。目前国内有的工程对黏性土地基的现场埋设了袋装砂井（或塑料排水带），以便加速孔隙水压力的消散，缩短间歇时间。

有时根据施工流水顺序先后，两遍间也能达到连续夯击的目的。

（7）变形计算

强夯地基变形计算，应符合现行国家标准《建筑地基基础设计规范》（GB 50007—2011）的有关规定。夯后有效加固深度内土的压缩模量，应通过原位测试或土工试验确定。

5.6.3 强夯置换法的设计计算

强夯置换法的设计内容与强夯法基本相同，也包括：起重设备和夯锤的确定、夯击范围和夯击点布置、夯击击数和夯击遍数、间歇时间和现场测试等。强夯置换墩的深度由土质条件决定，对淤泥、泥炭等黏性软弱土层，置换墩应穿透软土层，坐落在较好的土层上；对深厚饱和粉土、粉砂，墩身可不穿透该层。强夯置换墩的厚度一般不超过 10m。强夯置换的单击夯击能应根据现场试验确定。墩体材料可采用级配良好的块石、碎石、矿渣、建筑垃圾等坚硬粗颗粒材料，粒径大于 300mm 的颗粒含量不宜超过全重的 30%。强夯置换锤底静接地压力值可取 100~200kPa。

夯点的夯击次数应通过现场试夯确定，且应同时满足下列条件。

① 墩底穿透软弱土层，且达到设计墩长；

② 累计夯沉量为设计墩长的 1.5～2.0 倍；

③ 最后两击的平均夯沉量应满足强夯法的规定。

墩间距应根据荷载大小和原土的承载力选定，当满堂布置时可取夯锤直径的 2～3 倍。对独立基础或条形基础可取夯锤直径的 1.5～2.0 倍。墩的计算直径可取夯锤直径的 1.1～1.2 倍。当墩间净距较大时，应适当提高上部结构和基础的刚度。墩顶应铺设一层厚度不小于 500mm 的压实垫层，垫层材料可与墩体相同，粒径不宜大于 100mm。强夯置换设计时，应预估地面抬高值，并在试夯时校正。

确定软黏性土中强夯置换墩地基承载力特征值时，可只考虑墩体，不考虑墩间土的作用，其承载力应通过现场单墩载荷试验确定。对饱和粉土地基可按复合地基考虑，其承载力可通过现场单墩复合地基载荷试验确定。

5.6.4　施工方法

强夯施工前，应查明场地范围内的地下构筑物和地下管线的位置及标高等，并采取必要的措施，以免因强夯施工而造成损坏。当强夯施工所产生的振动对邻近建筑物或设备产生有害影响时，应采取防振或隔振措施。

根据初步确定的强夯参数，提出强夯试验方案，进行现场试夯。应根据不同土质条件，待试夯结束一周至数周后，对试夯场地进行检测，并与夯前测试数据进行对比，检验强夯效果，确定工程采用的各项强夯参数。根据基础埋深和试夯时所测得夯沉量确定起夯面标高、夯坑回填方式和夯后标高。

夯实地基宜采用带有自动脱钩装置的履带式起重机，夯锤的质量不应超过起重器械额定起重质量。履带式起重机应在臂杆端部设置辅助门架或采取其他安全措施，防止起落锤时，机架倾覆。

当场地表层土软弱或地下水位较高，宜采用人工降低地下水位或铺填一定厚度的砂石材料的施工措施。施工前，宜将地下水位降低至坑底面以下 2m。施工时，坑内或场地积水应及时排除。对细粒土，尚应采取晾晒等措施降低含水量。当地基土的含水量低，影响处理效果时，宜采取增湿措施。

强夯处理地基的施工，应符合下列规定。

① 强夯夯锤质量宜为 10～60t，其底面形式宜采用圆形，锤底面积宜按土的性质确定，锤底静接地压力值宜为 25kPa～80kPa，单击夯击能高时，取高值，单击夯击能低时，取低值，对于细粒土宜取低值。锤的底面宜对称设置若干个上下贯通的排气孔，孔径宜为 300～400mm。

② 强夯法施工，应按以下步骤进行。

a. 清理并平整施工场地。

b. 标出第一遍夯击点位置，并测量场地标高。

c. 起重机就位，使夯锤对准夯点位置。

d. 测量夯前锤顶高程。

e. 将夯锤起吊到预定高度，待夯锤脱钩自由下落后放下吊钩，测量锤顶高程；若出现坑底不平而造成夯锤歪斜时，应及时将坑底整平。

f. 重复步骤 e，按设计规定的夯击次数和控制标准，完成一个夯点的夯击；当夯坑过深，出现起锤困难，但无明显隆起，而尚未达到控制标准时，宜将夯坑回填至于坑顶齐平后，继续夯击。

　　g. 换夯点，重复步骤 c～f，完成第一遍全部夯点的夯击。

　　h. 用推土机填平夯坑，并测量场地高程。

　　i. 在规定的间歇时间，重复全部夯击遍数，最后低能量满夯，将场地表层松土夯实，并测量场地高程。

　　强夯置换处理地基的施工，应符合下列规定。

　　① 强夯夯锤底面形式宜采用圆形，夯锤底静接地压力值宜大于 80kPa。

　　② 强夯置换施工，应按以下步骤进行。

　　a. 清理并平整施工场地，当表层土松软时，可铺设 1.0～2.0m 厚的砂石垫层。

　　b. 标出夯击点位置，并测量场地高程。

　　c. 起重机就位，使夯锤置于夯点位置。

　　d. 测量夯前锤顶高程。

　　e. 夯击并逐击记录夯坑深度；当夯坑过深，起锤困难时，应停夯，向夯坑内填料直至与坑顶齐平，记录填料数量；工序重复，直至满足设计的夯击次数及质量控制标准，完成一个墩体的夯击；当夯点周围软土挤出，影响施工时，应随时清理，并宜在夯点周围铺垫碎石后，继续施工。

　　f. 按照"由内而外，隔行跳打"的原则，完成全部夯点的施工。

　　g. 推平场地，采用低能量满夯，将场地表层松土夯实，并测量场地高程。

　　h. 铺设垫层，分层碾压密实。

　　施工过程中的监测应符合下列规定。

　　① 开夯前，应检查夯锤质量和落距，以确保单击夯击能量符合设计要求。

　　② 在每一遍夯击前，应对夯点放线进行复核，夯完后检查夯坑位置，发现偏差或漏夯应及时纠正。

　　③ 按设计要求，检查每个夯点的夯击次数、每夯的夯沉量、最后两击的平均夯沉量和总夯沉量、夯点施工起止时间。对强夯置换施工，尚应检查置换深度。

　　④ 施工过程中，应对各项施工参数及施工情况进行详细记录。

　　夯实地基施工结束后，应根据地基土的性质及所采用的施工工艺，待土层休止期结束后，方可进行基础施工。

5.6.5　质量检验

　　强夯处理后的地基竣工验收，承载力检验应根据静载荷试验、其他原位测试和室内土工试验等方法综合确定。强夯置换后的地基竣工验收，除应采用单墩静载荷试验进行承载力的检验外，尚应采用动力触探等查明置换墩着底情况及密度随深度的变化情况。

　　夯实地基的质量检验应符合下列规定。

　　① 检查施工过程中的各项测试数据和施工记录，不符合设计要求时应补夯或采取其他有效措施。

　　② 强夯处理后的地基承载力检验，应在施工结束后间隔一定时间方可进行。对碎石土和砂土地基，其间隔时间可取 1～2 周；对粉土和黏性土地基可取 2～4 周。强夯置换地基间隔时间可取 4 周。

　　③ 强夯地基均匀性检验，可采用动力触探试验或标准贯入试验、静力触探试验等原位测试以及室内土工试验。检验点的数量，可根据场地复杂程度和建筑物的重要性确定，对于

简单场地上的一般建筑物，按每 400m² 不少于 1 个检测点，且不应少于 3 点。对于复杂场地或重要建筑地基，每 300m² 不少于 1 个检测点，且不应少于 3 点。强夯置换地基，可采用超重型或重型圆锥动力触探试验等方法，检查置换墩着底情况及承载力与密度随深度的变化情况，检验数量均不应少于墩点数的 3%，且不应少于 3 点。强夯置换地基载荷试验检验和置换墩着底情况，

④ 强夯地基承载力检验的数量，应根据场地复杂程度和建筑物的重要性确定，对于简单场地上的一般建筑物，每个建筑物地基的检验点不应少于 3 点。对复杂场地或重要建筑物地基应增加检验点数。检测结果的评价，应考虑夯点和夯间位置的差异。强夯置换地基单墩载荷试验数量不应少于墩点数的 1%，且不应少于 3 点。对饱和粉土地基，当处理后墩间土能形成 2.0m 以上厚度的硬层时，其地基承载力可通过现场单墩复合地基静载荷试验确定，检验数量不应少于墩点数的 1%，且每个建筑载荷试验检验点不应少于 3 点。

5.7 振冲法

利用振动和水力冲切原理加固地基的方法称为振冲法（Vibroflotation Method），又称振动水冲法。这一方法是德国人斯图门（S. Steueman）在 1936 年提出的，是以起重机吊起振冲器，启动潜水电机带动偏心块，使振动器产生高频振动，同时起动水泵，通过喷嘴喷射高压水流，在边振边冲的共同作用下，将振动器沉到土中的预定深度，经清孔后，从地面向孔内逐段填入碎石（或不加填料振冲），使其在振动作用下被挤密实，达到要求的密实度后即可提升振动器，如此反复直至地面，在地基中形成一个大直径的密实桩体与原地基构成复合地基，提高地基承载力，减少沉降，是一种快速、经济有效的加固方法。

本法适用于处理松散砂土、粉土、粉质黏土、素填土和杂填土等地基以及用于处理可液化地基。饱和黏土地基，如对变形控制不严格，可采用砂石桩置换处理。对大型的、重要的或场地地层复杂的工程以及对于处理不排水抗剪强度不小于 20kPa 的饱和黏性土和黄土地基，应在施工前通过现场试验确定其适用性。不加填料振冲挤密法适用于处理黏粒含量不大于 10% 的中砂、粗砂地基，在初步设计阶段宜进行现场工艺试验，确定不加填料振密的可行性、确定孔距、振密电流值、振冲水压力、振后砂层的物理力学指标等施工参数。

5.7.1 加固机理

振冲法加固砂土地基的机理是不断射水和振冲，使振动器周围和下面的砂土饱水液化，丧失强度，便于下沉。下沉中悬浮的砂粒和填料被挤入孔壁，与此同时振动作用使加固范围内的砂土振密，并在饱和砂体内产生孔隙水压力，引起渗流固结，使土粒重新排列形成密实的结构。整个加固过程是加固挤密、振动液化和渗流固结三种作用的综合结果。

用于黏性土的振动置换法中，振冲主要起成孔作用，对四周的黏性土没有明显的加固作用。利用振冲成孔把黏土冲出，置换砂砾石并振密形成碎石桩体，与原地基土共同作用，提高地基的承载力和改善变形性质。

显然，两种振冲加固地基的机理是不同的，前者为振冲密实，后者为振冲置换，分别适用于砂类土和黏性土。

5.7.2 振冲密实

5.7.2.1 设计计算

按振冲密实设计的目的与内容主要是根据设计工程对砂土地基的承载力、沉降和抗液化

要求，确定振冲后要求达到的密实度或孔隙比。然后按此要求估算振冲布置的形式、间距、深度和范围。最后通过试验检验是否满足设计要求。

设计要求振冲密实的密实度或孔隙比可根据工程要求的地基承载力及其与砂土密实度的对应关系（可参照有关规范和工程经验）来确定。设计的间距可按下式估算

$$d = \alpha \sqrt{V_v/V} \tag{5.56}$$

$$V = \frac{(1+e_p)(e_0-e_1)}{(1+e_0)(1+e_1)} \tag{5.57}$$

式中　d——振冲孔的间距，m；

　　　α——系数，正方形布置 $\alpha=1$，三角形布置 $\alpha=1.075$；

　　　V_v——单位桩长的平均填料量，一般为 $0.3\sim0.5m^3$；

　　　V——砂土地基单位体积所需的塔楼里填料量；

　　　e_0——砂层的初始孔隙比；

　　　e_1——振冲后要求达到的孔隙比；

　　　e_p——碎石桩体的孔隙比。

（1）桩位布置

对大面积满堂基础和独立基础，桩位布置宜用三角形、正方形、矩形布置；对条形基础，可沿基础轴线采用单排布桩或对称轴线多排布桩。

（2）桩的直径

桩径可根据地基土质情况、成桩方式和成桩设备等因素确定，桩的平均直径可按每根桩所用填料量计算。振冲碎石桩桩径宜为 $800\sim1200mm$。

（3）桩的间距

应根据上部结构荷载大小和场地土层情况，并结合所采用的振动器功率大小综合考虑。根据工程经验，30kW 振冲器布桩间距一般为 $1.3\sim2.0m$；55kW 振冲器布桩间距一般为 $1.4\sim2.5m$；75W 振冲器桩距可取 $1.5\sim3.0m$。荷载大或对黏性土宜采用较小间距，荷载小或对砂性土宜采用较大间距。不加填料振冲加密孔距可取 $2.0\sim3.0m$，宜用等边三角形布孔。

（4）桩长及加固范围

当相对硬层埋深不大时，应按相对硬层埋深确定；当相对硬层埋深较大时，按建筑物地基变形允许值确定。如砂土层不厚时，应尽量贯穿，但不宜太深，除特殊要求加密外，一般不超过 8m，因为砂层本身的密实度是随深度增大的。对按稳定性控制的工程，桩长应不小于最危险滑动面以下 2.0m 深度；在可液化地基中，桩长应按要求的抗震处理深度确定；桩长不宜小于 4m。对于不加填料振冲加密的深度，用 30kW 振冲器振密深度不宜超过 7m，75kW 振冲器振密深度不宜超过 15m。

地基处理范围应根据建筑物的重要性和场地条件确定，宜在基础外缘扩大（1～3）排桩。对可液化地基，在基础外缘扩大宽度不应小于基底下可液化土层厚度的 1/2，且不应小于 5m。

（5）桩体材料及垫层

振冲桩桩体材料可用含泥量不大于 5% 的碎石、粗砂、卵石、矿渣或其他性能稳定的硬质材料，不宜使用风化易碎的石料。对 30kW 的振冲器，填料粒径宜为 $20\sim80mm$；对 55kW 的振冲器，填料粒径宜为 $30\sim100mm$；对 75kW 的振冲器，填料粒径宜为 $40\sim150mm$。

在桩顶和基础之间应铺设一层 300～500mm 厚的垫层，垫层材料宜用中砂、粗砂、级配砂石和碎石等，最大粒径不宜大于 30mm，其夯填度（夯填后的厚度与虚铺厚度的比值）不应大于 0.9。

(6) 复合地基承载力

复合地的基承载力初步设计可按下式估算

$$f_{spk} = [1 + m(n-1)]f_{sk} \tag{5.58}$$

式中　f_{spk}——振冲复合地基承载力特征值，kPa；

　　　f_{sk}——处理后桩间土地基承载力特征值（kPa），宜按当地经验取值，如无经验时，对于一般黏性土地基，可取天然地基承载力特征值；松散的砂土、粉土可取原天然地基承载力特征值的（1.2～1.5）倍；复合地基桩土应力比 n，宜采用实测值确定，如无实测资料时，对于黏性土可取 2.0～4.0，对于砂土、粉土可取 1.5～3.0；

　　　m——面积置换率，$m = \dfrac{d^2}{d_e^2}$；

　　　d——桩身平均直径，m；

　　　d_e——一根桩分担的处理地基面积的等效圆的直径（等边三角形布桩，$d_e = 1.05s$；正方形布桩，$d_e = 1.13s$；矩形布桩 $d_e = 1.13\sqrt{s_1 s_2}$。其中，s 为桩间距；s_1 和 s_2 分别为矩形布置桩的纵向及横向间距）。

(7) 沉降计算

振冲桩复合地基的地基变形计算应符合现行国家标准《建筑地基基础设计规范》（GB 50007—2011）的有关规定，地基变形计算深度应大于复合土层的深度。各复合土层的压缩模量及变形计算深度范围内压缩模量的当量值可分别按式(5.47)、式(5.48)确定。复合地基的沉降计算经验系数可根据地区沉降观测资料统计值确定，如无经验取值时，可按表 5.13 取值。

对处理堆载场地地基，应进行稳定性验算。

5.7.2.2　施工与检验

施工的主要机具是振冲器，并配有吊车和水泵。振冲器系一电动机带动一组偏心铁块转动产生一定频率和振幅的器具，中轴为一高压水喷管。振动产生水平振动，配合中轴喷水管喷出高压水流形成振冲。振冲施工可根据设计荷载的大小、原土强度的高低、设计桩长等条件选用不同功率的振冲器。施工前应在现场进行试验，以确定水压、振密电流和留振时间等各种施工参数。

加料振冲密实施工一般可按如下工序进行：①清理场地，布置振冲点；②机具就位，振冲器对准护筒中心；③启动供水泵和振冲器，水量宜为 200～400L/min，水压宜为 200～600kPa，造孔速度为 0.5～2.0m/min；④振动水冲下沉至预定深度后，将水压降低至孔口高程，保持一定的水流；⑤投料振动，填料从护筒下沉至孔底。大功率振冲器投料可不提出孔口，小功率振冲器下料困难时，可将振冲器提出孔口填料，每次填料厚度不宜大于500mm；将振冲器沉入填料中进行振密制桩，当电流达到规定的密实电流值和规定的留振时间后，将振冲器提升 0.3～0.5m；⑥重复上述步骤，直至完孔，并记录各深度的电流、填料量和留振时间；⑦关闭振冲器和水泵。

不加料的振冲密实施工方法与加料的大体相同，宜采用大功率振冲器，造孔速度宜为

8.0～10.0m/min。到达设计深度后，宜将射水量减至最小，留振至密实电流达到规定时，上提 0.5m，逐段振密直至孔口，每米振密时间约为 1min。在粗砂中施工，如遇下沉困难，可在振冲器两侧增焊辅助水管，加大造孔水量，降低造孔水压。

振密孔施工顺序，宜沿直线逐点逐行进行。

由于振冲密实的效果和振冲的各项技术参数不易准确确定，因此，在施工之前应先进行现场试验，确定振冲孔位的间距、填料以及振冲时的控制电流值。确定振冲加固效果可通过多个试验方案，比较确定合理的施工方案，然后进行施工。

施工完毕后要求进行效果检验，可通过现场试验或室内试验，测定土的孔隙比和密实度；也可用标注贯入试验、旁压试验或用动力触探推算砂层的密实度，必要时用载荷试验检验地基承载力和进行抗液化试验。

5.7.2.3 工程应用

在工程上主要的应用有：①处理多层建筑物的松砂地基，提高地承载力，减少沉降；② 处理堤坝可液化的细粉砂地基；③处理其他类建筑物的可液化地基。

5.7.3 振冲置换

（1）设计计算

振冲置换的设计内容应包括：根据涉及场地土层性质和工程要求来确定碎石桩的合理布置范围、直径的大小、间距、加固深度和填料规格等；验算或试验加固后地基的承载力、沉降与地基的稳定性等。

地基处理的范围应根据设计建筑物的特点和场地条件来确定，一般在建筑物基础外围增加 1～2 排桩；布置形式可用方形、正三角形布置。碎石桩的间距，一般为 1.5～2.0m，并通过验算或试验满足设计工程荷载的要求或按复合地基所需的置换率，结合布置确定间距。加固的深度则按设计建筑物的承载力、稳定性和沉降的要求来确定，当软土层的厚度不大时，应贯穿软土层。碎石桩的材料应选用坚硬的碎石、卵石或角砾等，一般粒径为 20～50mm，最大不超过 80mm。

地基承载力、稳定性和沉降的分析与检验，常通过现场试验来确定，或者按半经验公式估算，下面仅介绍实用的分析方法。

① 复合地基承载力的估算

a. 按现场复合地基载荷试验确定，试验方法按现行国家标准《建筑地基处理技术规范》（JGJ 79－2012）载荷试验要点进行。

b. 初步设计可用单桩和处理后桩间土承载力特征值估算

$$f_{spk} = m f_{pk} + (1-m) f_{sk} \tag{5.59}$$

式中 f_{spk} ——振冲复合地基承载力特征值，kPa；

       f_{pk} ——桩体单位截面承载力特征值（kPa），宜通过单桩载荷试验确定；

       f_{sk} ——处理后桩间土地基承载力特征值（kPa），宜按当地经验取值，如无经验时，

             可取天然地基承载力特征值；

       m ——面积置换率，$m = \dfrac{d^2}{d_e^2}$；

       d ——桩身平均直径，m；

       d_e ——根桩分担的处理地基面积的等效圆的直径（等边三角形布桩，$d_e = 1.05s$；

             正方形布桩 $d_e = 1.13s$；矩形布桩 $d_e = 1.13 \sqrt{s_1 s_2}$。其中，$s$ 为桩间距；s_1

和 s_2 分别为矩形布置桩的纵向及横向间距）。

c. 半经验公式估算

$$f_{spk} = [1+m(n-1)]f_{sk} \tag{5.60}$$

式中　n——桩土应力比，在无实测资料时，可取 $n=2\sim4$，原地基强度较低的取大值。较高的取小值。

② 复合地基沉降计算　振冲置换桩复合地基的地基变形计算应符合现行国家标准《建筑地基基础设计规范》（GB 50007—2011）的有关规定，地基变形计算深度应大于复合土层的深度。各复合土层的压缩模量及变形计算深度范围内压缩模量的当量值可分别按式(5.47)、式(5.48)确定。复合地基的沉降计算经验系数可根据地区沉降观测资料统计值确定，如无经验取值时，可按表 5.13 取值。

（2）施工与检验

振冲的一般施工技术方法在振冲挤密施工要点中阐述了，这里仅补充说明振冲置换碎石桩施工要点。

合理安排振冲桩的顺序。为了避免振冲工程对软土的扰动与破坏，施打碎石桩时应采取"由里向外"或"由一边向另一边"的顺序施工，将软土朝一个方向向外挤出，保护桩体以免被挤破坏。在地基强度较低的软黏土地基中施工时，要考虑减少对地基土的扰动影响，因而可采用"间隔跳打"的方法。

宜用"先护壁后振密，分段投料，分段振密"的振冲工艺。即先振冲成孔，清孔护壁，然后投料一段，厚越 1m，下降振冲器振动密实后，提升振冲器出孔口，再投料 1m，再振密，直至终孔，以保证桩体密实。不宜采用边振冲边加料振密的方法。

严格控制施工过程中水冲的流量、水压、电流值、投料量和留振的时间，水压和流量以保证护壁的要求为原则，过小则不利于护壁，过大则投料会被冲出；振冲密实时应控制电流稳定在密实电流值（约 10~15A）内，以保证碎石桩密实；投料以"少食多餐"为原则，每次投料不宜超过 1m。其中关键是要认真控制每次的投料量、密实电流值和留振持续的时间。具体控制值要通过现场试验或根据工程经验来确定。

施工完毕后，必须及时检验桩的质量。振冲碎石桩复合地基的质量检验应符合下列规定。

① 检查各项施工记录，如有遗漏或不符合要求的桩，应补桩或采取其他有效的补救措施。

② 施工后，应间隔一定时间方可进行质量检验。对粉质黏土地基不宜少于 21d，对粉土地基不宜少于 14d，对砂土和杂填土地基不宜少于 7d。

③ 施工质量的检验，对桩体可采用重型动力触探试验；对桩间土可采用标准贯入、静力触探、动力触探或其他原位测试等方法；对消除液化的地基检验应采用标准贯入试验。桩间土质量的检测位置应在等边三角形或正方形的中心。检验深度不应小于处理地基深度，检测数量不应少于桩孔总数的 2%。

④ 竣工验收时，地基承载力检验应采用复合地基静载荷试验，试验数量不应少于总桩数的 1%，且每个单体建筑不应少于 3 点。

（3）工程应用条件

振冲置换法主要适用于处理不排水抗剪强度大于 20kPa 的黏土、粉质黏土地基，如水池、房屋、堤坝、油罐、路堤、码头等类工程地基处理。对不排水抗剪强度较低（低于

20kPa）的淤泥、淤泥质土，一般不宜用，因为强度太低，不能承受桩体自身的侧限压力，不易振冲密实形成良好的碎石桩体，反而因振冲破坏桩间土，严重降低其承载力，除非振冲挤淤，全部置换软体层，否则难以成功。然而对于不排水抗剪强度 20kPa～25kPa 的粉质黏土，利用振冲置换处理，提高地基承载力和改善变形性质确实十分显著的。

思考题与习题

5.1 地基处理方法一般分为哪几类？其目的主要是解决什么工程问题？

5.2 什么是换土垫层法？其适用范围是什么？如何确定垫层的宽度和厚度？

5.3 排水固结法的加固机理和设计要点各是什么？设计之前应收集哪些主要资料？如何确定竖向排水井地基的固结度？

5.4 什么是水泥土搅拌桩？水泥土有哪些性质？

5.5 什么是高压喷射注浆法？如何分类？其设计要点是什么？

5.6 什么是强夯法？其加固机理和适用范围是什么？

5.7 什么是振冲法？振冲挤密和振冲置换的设计计算有什么不同？

5.8 水泥土搅拌桩和旋喷桩的施工顺序有何异同？

5.9 某五层砖石混合结构的住宅建筑，墙下为条形基础，宽 1.2m，埋深 1m，上部建筑物作用于基础上的荷载为 150kN/m。地基土表层为粉质黏土，厚 1m，重度为 17.8kN/m³；第二层为淤泥质黏土，厚 15m，重度为 17.5kN/m³，地基承载力 $f_{ak}=50$kPa；第三层为密实砂砾石。地下水距地表面为 1m。因地基土比较软弱，不能承受上部建筑荷载，试设计砂垫层。

5.10 某湿陷性黄土地基，厚度为 7.5m，地基承载力特征值为 100kPa。要求经过强夯处理后的地基承载力大于 250kPa，压缩模量大于 20MPa。请完成以下强夯法地基处理方案制定工作。

① 制定强夯法施工初步方案。

② 拟定试夯方案，确定根据试夯方案调整施工参数的方法。

③ 提出地基处理效果检验的方法和要求。

5.11 某海港工程为软黏土地基，厚度为 16m，下卧层为不透水层，$C_v=C_h=1.5\times10^{-3}$cm²/s，采用砂井堆载预压法加固，砂井长 $H=16$m，直径 $d_w=30$cm，梅花形布置，间距 $l=1.5$m。求一次加荷 2 个月时砂井地基的平均固结度。

5.12 沿海某软土地基拟建一幢六层住宅楼，天然地基土承载力特征值为 70kPa，厚度 10m，采用搅拌桩处理。桩周土的平均摩擦力 $\bar{q}_s=15$kPa，桩端天然地基承载力特征值 $q_p=60$kPa，桩端天然地基土的端阻力发挥系数取 0.5，桩间土承载力发挥系数取 0.80，水泥搅拌桩试块的无侧限抗压强度平均值取 1.5MPa，强度折减系数取 0.3。请：

① 确定水泥土搅拌桩的布置。

② 进行复合地基承载力验算。

③ 对浆液配比及搅拌桩施工工艺提出要求。

④ 提出地基处理施工质量和效果检测要求。

5.13 某宾馆建筑，地上 17 层，地下 1 层，箱型基础埋深 4.0m，基础尺寸为 20m×55m，基底压力为 250kPa，基底附加压力为 190kPa。场地土层分布如下：第一层砂砾层，厚度 6m，未修正的地基承载力特征值为 180kPa，压缩模量为 16MPa；第二层为黏土层，厚度为 14m，压缩模量为 5MPa，未修正的地基承载力特征值为 80kPa，侧摩阻力特征值为 15kPa，端承力特征值为 500kPa；第三层为中砂层，未穿透，压缩模量为 15MPa，侧摩阻力特征值为 30kPa，端承力特征值为 2000kPa。拟采用旋喷桩地基处理方法，请完成该地基处理方案的设计，达到沉降不大于 200mm 的要求，并对地基处理施工和检测提出要求。

第6章 特殊土地基

6.1 概述

岩土工程勘察规范和建筑地基基础设计规范对地基土按照沉积年代和地质成因进行分类。由于我国地理环境、地形高差、气温、雨量、地质成因和地质历史等因素的不同，形成了具有特殊成分、状态和结构特征的土类，这些特殊的土类具有特殊问题，因此称为特殊土，这些土大部分带有地区特点，又称区域性特殊土。以这些土作为建筑物地基时，应注意其特殊性质，采取必要的措施，以防止发生地基基础事故。我国的主要特殊土由北向南呈带状分布，依次为湿陷性的黄土、胀缩变形的膨胀土、不均匀的红黏土以及沿海地区软弱的淤泥和淤泥质土。特殊土还包括混合土、填土、多年冻土、盐渍土、残积土及污染土等。

本章主要介绍特殊性土中的软土、湿陷性黄土、膨胀土、红黏土、山区地基、地震区的地基基础问题。包括各自的分布、常见物理力学性质、特性评价以及勘察设计中的注意问题等。

6.2 软土地基

6.2.1 概述

(1) 分布

软土一般指在静水或缓慢流水环境中沉积，经生物化学作用形成，含有机质，天然孔隙比大于或等于 1.0，且天然含水量大于液限的细粒土。软土包括淤泥、淤泥质土、泥炭、泥炭质土等。

软土在沿海地区分布广泛，在内陆平原和山区亦有分布。湛江、香港、厦门、温州湾、舟山、连云港、天津塘沽、大连湾等地的软土以滨海相沉积为主；温州、宁波的以泻湖相沉积为代表；福州、泉州为溺谷相沉积，长江下游和珠江下游地区为三角洲相沉积；长江中下游、珠江下游、淮河平原、松辽平原为河漫滩相沉积；洞庭湖、洪泽湖、太湖、鄱阳湖等内陆湖四周则为湖相沉积；滇池、贵州六盘水地区的为洪积扇等。

(2) 物理力学性质

软土天然含水量高（一般大于 30%，山区的甚至高达 200%）；天然孔隙比大（一般为 1.0～2.0，山区的可达 6.0）；压缩系数大（通常为 0.5～2.0MPa^{-1}，最大可达 4.5MPa^{-1}）；抗剪强度低，不排水抗剪强度一般小于 30kPa，黏聚力数值一般小于 20kPa；渗透系数小（一般在 10^{-5}～10^{-8}cm/s 之间）；灵敏度高，触变性显著（灵敏度一般为 3～4，高时可达 8～9 成因特殊的甚至达 500 以上）；流变性显著。软土地基的变形具有沉降量大、沉降速率大和沉降稳定、历时长等特点。

6.2.2　地基勘察

（1）勘察基本要求

当建筑场地工程地质条件复杂，软土在平面上有显著差异时，应根据场地的稳定性和工程地质条件的差异进行工程地质分区或分段。勘探工作根据工程特性、场地工程地质条件、地层性质，选择合适的勘察方法。除钻探取样外，对软土厚度较大或夹有粉土、砂土时，可采用静力触探试验、标准贯入试验。对饱和流塑黏性土应采用十字板剪切试验、旁压试验、螺旋板载荷试验、扁铲侧胀试验。采取土试样应用薄壁取土器，取样时应避免扰动、涌土等，运输、储存、制备过程中均应防止试样的扰动。

（2）勘察工作重点

软土地基应着重查明和分析以下内容。

软土的成因类型、埋藏条件、分布规律、层理特征，水平与垂直向的均匀性、渗透性，地表硬壳层的分布与厚度，下伏硬土层或基岩的埋藏条件、分布特征和起伏变化情况；

软土的固结历史、强度和变形特征随应力水平的变化规律以及结构破坏对强度和变形的影响程度；

微地貌形态和暗浜、暗塘、墓穴、填土、古河道的分布范围和埋藏深度；

地下水情况及其对基础施工的影响，基坑开挖、回填、支护、工程降水、打桩和沉井等对软土的应力状态、强度和压缩性的影响；

地震区产生震陷的可能性及对震陷量的估算和分析。

（3）勘察工作量的布置

一般情况下，勘探孔间距应根据工程性质、场地类别、勘察阶段确定，可查表确定。对深基础开挖工程，勘察范围应大于开挖边界线以外 2 倍开挖深度；对重大设备基础应单独布孔；对高耸构筑物、桩基础工程应符合相应规范的要求。

勘探孔深度应根据勘察阶段、勘探孔种类、工程重要性等级、基础形式等确定，一般控制性孔深度应超过地基变形计算深度。如需进行地基整体稳定性验算时，控制性孔深度应根据具体条件满足验算要求。

（4）试验要求

室内试验：常规固结试验加荷等级应根据土性特征、自重压力和建筑物荷重确定，一般第一级荷重宜为 25kPa 或 50kPa，最后一级荷重不超过 400kPa。根据工程对变形计算的要求，测定压缩系数、压缩模量、先期固结压力、压缩指数、回弹指数和固结系数等。对厚层高压缩性软土层应测定次固结系数用于计算次固结沉降。抗剪强度指标室内试验宜采用三轴试验，试验方法应与工程要求一致，对土体可能发生大应变的工程应测定残余抗剪强度，对饱和软土应对试样在有效自重压力下预固结后再进行试验。无侧限抗压强度试验应采用 I 级试样，同时测定灵敏度。有特殊要求时，对软土进行蠕变试验测定土的长期强度，研究土对动荷载的反应时进行动扭剪试验、动单剪试验或动三轴试验。有机质含量宜采用重铬酸钾滴定法测定。

原位试验：软土原位测试宜采用静力触探试验、旁压试验、十字板剪切试验、扁铲侧胀试验和螺旋板载荷试验。载荷试验确定地基承载力时，首级荷重应从试坑底面以上土的自重开始，承载力特征值宜按 $p_{0.02}$ 标准取值。十字板剪切试验可测定不固结不排水条件下的抗剪强度、土的残余抗剪强度，并计算灵敏度。扁铲侧胀试验可测定软土的弹性模量、静止土压力系数、水平基床系数，可判定土的名称和状态。宜采用注水试验测定软土的渗透系数。

6.2.3　地基评价

（1）场地稳定性评价

在建筑场地内如遇下列情况时应评价地基的稳定性。

当建筑物离池塘、河岸、海岸等边坡较近时，应分析评价软土侧向塑性挤出或滑移的危险；

当地基土受力范围内软土下卧层为基岩或硬土且其表面倾斜时，应分析判定软土沿此倾斜面产生滑移或不均匀变形的可能性；

当地基土层中含有浅层沼气，应分析判定沼气的逸出对地基稳定性和变形的影响；

当软土层下分布有承压含水层时，应分析判定承压水水头对软土地基稳定性和变形的影响；

当建筑场地位于强地震区时，应分析评价场地和地基的地震效应。

（2）拟建场地和持力层的选择

当场地有暗浜（塘）等不利因素存在时，建筑物布置应尽量避开，无法避开时应进行地基处理；

天然地基的轻型建筑应充分利用地表的硬壳层，基础宜尽量浅埋；

桩基持力层应选择软土以下的硬土层或砂层，软土不宜作为桩基持力层；

地基主要受力层范围内有薄砂层或软土与砂土互层时，应分析判定其对地基变形和承载力的影响。

（3）地基承载力确定

软土地基不考虑变形时可根据室内试验、原位测试和当地经验按下列方法确定地基承载力。

根据三轴不固结不排水剪切试验指标，按地基基础规范的公式法计算；

利用静力触探或其他原位测试资料、物理性指标等与承载力建立的地区性相关公式计算、对应关系等确定；或在已有建筑经验的地区用工程地质类比法确定。

在满足建筑物变形要求下最终确定地基承载力。对于上为硬层、下为软土的双层地基应进行下卧层验算。

（4）地基变形评价

软土地基沉降计算可采用分层总和法或土的应力历史法，并应根据当地经验进行修正，必要时应考虑软土的次固结效应。高低层荷载相差较大时，应分析其变形差异和相互影响，当地面有大面积堆载时，应分析对相邻建筑物的不利影响。

（5）设计中的常用措施

减小基底附加压力，控制沉降，轻基浅埋，基底铺设砂垫层，设置排水通道以提高地基固结度，控制加载速率，反压法以防塑流挤出，避开局部软土或暗埋的塘、浜、沟等不利地段，减少基坑扰动，建筑物附近不宜深井取水。

6.3　湿陷性黄土地基

6.3.1　概述

（1）分布

一般认为不具层理、以风力搬运沉积且没有经过次生扰动的、无层理的黄色粉质、含碳酸盐类并具有肉眼可见的、大孔的土状沉积物为黄土，也称为原生黄土；原生黄土经过流水冲刷、搬运和重新沉积而形成的黄色的，具有层理和夹砂、砾石层的土状沉积物称为黄土状土，又称为次生黄土。地球上的大多数地区都存在湿陷性土，主要为风积的砂和黄土、疏松的填土和冲积土以及由花岗岩和其他酸性岩浆岩风化而成的残积岩，还有火山灰沉积物、石膏质土、由可溶岩胶结的松砂、分散性黏土及某些盐渍土，其中以湿陷性黄土为主。

黄土和黄土状土在我国特别发育，地层全，厚度大，从东向西分布在黑龙江、吉林、辽宁、内蒙古、山东、河北、河南、山西、陕西、甘肃、宁夏、青海和新疆等地，大致以昆仑山、祁连山、秦岭为界（其南则很少，零星分布），呈带状，东西走向，并与沙漠、戈壁从南而北呈带状排列，总面积约达 63.5 万平方米，其中黄土约占 44 万平方米，黄土状土占 19.5 万平方米，（不包括华北平原和长江流域的黄土状土），占世界黄土和黄土状土面积的 4.9%，占我国陆地面积的 6.58%。黄土在黄土高原的中段分布集中，平均海拔 1000m 或更高，覆盖厚度约 100～200m（洛川塬为 180m，董志塬为 200m，兰州市西津村达 409m）构成世界上最大的黄土高原这种独特地貌。阿拉善以西沙漠、戈壁地区是重要补给区，强大风力是堆积动力。

黄土主要为风积物。风积物主要为碎屑物，如砂、粉砂、粉土及少量黏土。风积物比冲积物的分选性和磨圆度都好。黄土矿物成分有 60 余种，其中碎屑矿物占 75% 以上，主要是石英（占 50% 以上）、长石（占 30%～40%）、碳酸盐矿物（占 8%～17%）及云母，存在冲积物中较少的化学性质不稳定的矿物，如辉石、角闪石、黑云母、方解石，具有规模较大的交错层理，颜色多样，以红色为主。

（2）分类

常见的黄土分类定名以地质特征（年代、地层、成因）为基础，如 Q_1 黄土、Q_2 黄土、Q_3 黄土、Q_4 黄土、午城黄土、离石黄土、马兰黄土、老黄土、新黄土、新近堆积黄土、风积黄土、冲积黄土、洪积黄土、坡积黄土等；还有以湿陷性为基础的定名，如非湿陷性黄土、湿陷性黄土、自重湿陷性黄土、非自重湿陷性黄土等。

黄土按照形成年代分为老黄土（Q_1 的午城黄土和 Q_2 的离石黄土）和新黄土（Q_3 的马兰黄土和 Q_4 的黄土状土），新黄土一般具有湿陷性，午城黄土不具有湿陷性，离石黄土上部部分土层具有湿陷性。湿陷性黄土是在一定压力下受水浸湿，土结构迅速破坏，并产生显著附加下沉的黄土。非湿陷性黄土是在一定压力下受水浸湿，无显著附加下沉的黄土。

午城黄土以山西省隰县午城镇的昕水河支流柳树沟为代表地层，其特点是未见清楚层理，含砂与砾石的数量较少（推测形成时受暂时性流水作用使基岩受到冲刷，其底部黄土中偶夹有小石粒）。

离石黄土的典型剖面在山西离石县陈家崖，其特点是浅红黄色，较午城黄土浅，较马兰黄土深。以粉砂为主，不具层理，含多层棕红色古土壤，其下多有钙质结核，有时成层。

马兰黄土的标准剖面地点在北京市门头沟区斋堂川北山坡上，因附近清水河右岸有马兰阶地而命名。特点是淡灰黄色，疏松，无层理，与离石黄土相比更疏松，多虫孔和植物残体。

黄土状土包括第四系全新统下段冲洪积壤土和上更新统冲洪积、坡洪积黄土状壤土、部分风积黄土、次生黄土。它仅具有黄土的部分特征。

（3）分区

不同区域的黄土亦具有不同的性质，因此根据工程地质特征和湿陷性强弱程度不同，将黄土分布划分7个分区。

陇西地区的黄土湿陷性等级高，对工程危害大；陇东陕北地区湿陷等级高，对工程危害性较大；关中地区、山西地区两区的湿陷性土层厚度减小，对工程有一定危害性；河南地区湿陷性土层厚度小，对工程危害性不大；冀鲁地区和北部边缘地区（包括晋陕宁区和河西走廊区）的湿陷土层厚度小，湿陷性低。

（4）特性

黄土具有多孔性、垂直节理发育、层理不明显、透水性强、湿陷性等五个特性。

① 多孔性　黄土主要由粉粒组成（见表6.1），在干燥、半干燥的气候条件下，它们相互之间结合得很不紧密，用肉眼可以看到颗粒间具有各种大小不同和形状不同的孔隙和孔洞。黄土孔隙比变化在0.85～1.24之间，大多数在1.0～1.1之间。土的孔隙比越大，湿陷性越强。

表6.1　湿陷性黄土颗粒组成　　　　　　单位：%

地区	粒径/mm		
	砂粒（>0.05）	粉粒（0.05～0.005）	黏粒（<0.005）
陇西	20～29	58～72	8～14
陕北	16～27	59～74	12～22
关中	11～25	52～64	19～24
山西	17～25	55～65	18～20
豫西	11～18	53～66	19～26
总体	11～29	52～74	8～26

② 垂直节理发育　当深厚的黄土层沿垂直节理劈开后，形成的陡峻而壮观的黄土崖壁，这是黄土地区特有的景观。

③ 层理不明显　无层理或层理不明显作为风成的标志，有层理认为是水成的依据。

④ 透水性较强　黄土的透水性与多孔性以及垂直节理发育等结构特点有关。当黄土层中具有土壤层或黄土结核层时导致黄土透水性不良，甚至不透水。

⑤ 湿陷性　粉末性是黄土颗粒组成的最大特征之一。粉末性表明黄土粉末颗粒间的相互结合是不够紧密的，当土层浸湿引起强烈的湿陷变形。湿陷变形是湿陷性黄土或具有湿陷性的其他土（如欠压实的素填土、杂填土等），在一定压力下，下沉稳定后，受水浸湿所产生的附加下沉。

（5）常见物理力学性质

黄土的天然含水量与湿陷性、承载力的关系十分密切，含水量低时，湿陷性强烈，但土的承载力较高，随含水量的增加，湿陷性逐渐减弱。当液限在30%以上时，黄土的湿陷性较弱，且多为非自重湿陷性黄土；当液限小于30%时，则湿陷一般较强烈。液限越高，黄土的承载力越高。黄土的压缩系数介于0.1～1.0MPa^{-1}之间，新近堆积黄土具有高压缩性。

土的含水量相同时，土的干密度越大，其抗剪强度也越高；在黄土浸水过程中，其抗剪强度最低，但当湿陷压密过程结束，含水量虽较高，其抗剪强度反而高些。在低含水量情况下，黄土的结构性表现为较高的视先期固结压力，超固结比常大于 1，一般可达 2～3，但实质上黄土为欠压密土。

6.3.2　湿陷性评价

（1）基本概念

黄土和黄土状土在一定压力作用下，受水浸湿后结构迅速破坏，产生显著下沉的称之为湿陷性黄土；在一定压力下受水浸湿，无显著附加下沉的黄土称之为非湿陷性黄土。在上覆土的自重压力下受水浸湿，发生显著附加下沉的为自重湿陷性黄土，例如兰州地区的黄土；反之，为非自重湿陷性黄土，例如西安地区的大部分黄土。

评价黄土的湿陷性包括以下三个方面：根据湿陷系数判定黄土是否具有湿陷性；若为湿陷性土，根据自重湿陷量的计算值或实测值判定场地是否为自重湿陷性场地；根据总的湿陷量判定地基的湿陷等级。

（2）湿陷性试验

测定黄土湿陷性的试验，分为室内压缩试验、现场静载荷试验和现场试坑浸水试验三种。

现场静载荷试验测定黄土的湿陷起始压力和现场试坑浸水试验测定自重湿陷量的实测值，详见黄土规范，此处略。自重湿陷量的实测值 Δ'_{zs} 是在湿陷性黄土场地，采用试坑浸水试验，全部湿陷性黄土层浸水饱和所产生的自重湿陷量。下面介绍室内压缩试验。

黄土的湿陷性，按室内浸水饱和压缩试验结果判定。当湿陷系数小于 0.015 时为非湿陷性黄土；湿陷系数大于等于 0.015 的为湿陷性黄土。湿陷性黄土的湿陷程度，根据湿陷系数的大小分为三个等级：大于等于 0.015、小于等于 0.030 时，湿陷性轻微；大于 0.07 时，湿陷性强烈；二者之间为湿陷性中等。

① 湿陷系数 δ_s　单位厚度的环刀试样，在一定压力下，下沉稳定后，试样浸水饱和所产生的附加下沉。当 $\delta_s < 0.015$ 时，应定为非湿陷性黄土，$\delta_s \geqslant 0.015$ 时，应定为湿陷性黄土。湿陷性试验的试样等级为 Ⅰ 级不扰动土样；环刀面积不应小于 50cm^2，环刀应洗净风干，透水石应烘干冷却；试样浸水宜用蒸馏水；试样浸水前和浸水后的稳定标准，应为每小时下沉量不大于 0.01mm。

湿陷系数的浸水压力和试样深度有关，即从基础底面（如基底标高不确定时自地面下1.5m）算起，基底下 10m 以内土层用 200kPa，10m 以下用上覆土的饱和自重压力（当大于300kPa 时用 300kPa）；当基底压力大于 300kPa 时，用实际压力；对压缩性较高的新近堆积黄土，基底下 5m 以内的土层宜用 100～150kPa 压力，5～10m 用 200kPa，10m 以下用上覆土的饱和自重压力（此时湿陷系数和自重湿陷系数相同）。湿陷系数测定时，分级加荷至试样规定压力，下沉稳定后，试样浸水饱和，附加下沉稳定，试验终止；分级加荷时，200kPa 以内每级增量为 50kPa，大于 200kPa 后每级增量为 100kPa。

湿陷系数 δ_s 按式（6.1）计算

$$\delta_s = \frac{h_p - h'_p}{h_0} \tag{6.1}$$

式中　h_p——保持天然湿度和结构的试样，加至一定压力时下沉稳定后的高度，mm；

　　　h'_p——上述加压稳定后的试样在浸水饱和作用下附加下沉稳定后的高度，mm；

h_0——试样的原始高度（mm），一般为 20mm。

② 自重湿陷系数 δ_{zs}　单位厚度的环刀试样，在上覆土的饱和自重压力下，下沉稳定后，试样浸水饱和所产生的附加下沉。

自重湿陷系数 δ_{zs} 按式（6.2）计算

$$\delta_{zs}=\frac{h_z-h_z'}{h_0}\qquad(6.2)$$

式中　h_z——保持天然湿度和结构的试样，加至该试样上覆土的饱和自重压力时下沉稳定后的高度，mm；

h_z'——上述加压稳定后的试样在浸水饱和作用下附加下沉稳定后的高度，mm；

h_0——试样的原始高度（mm），一般为 20mm。

③ 湿陷起始压力 P_{sh}　湿陷性黄土浸水饱和，开始出现湿陷时的压力。

测定湿陷起始压力可选用单线法或双线法压缩试验。150kPa 压力以内，每级增量宜为 25～50kPa，大于 150kPa 压力每级增量宜为 50～100kPa。单线法压缩试验不应小于 5 个环刀试样，均在天然湿度下分级加荷，分别加至不同的规定压力，下沉稳定后，各试样浸水饱和，附加下沉稳定，试验终止。

双线法压缩试验应取 2 个环刀试样，分别施加相同的第一级压力，下沉稳定后应将 2 个环刀试样的百分表读数调整一致；然后一个试样保持在天然湿度下分级加荷至规定压力，下沉稳定后，试样浸水饱和，附加下沉稳定后该试样的试验终止；另一个试样浸水饱和，附加下沉稳定后，再分级加荷至规定压力，下沉稳定后，该试样试验终止。当天然湿度的试样在最后一级压力下浸水饱和，附加下沉稳定后的高度与浸水饱和试样在最后一级压力下的下沉稳定后的高度不一致，相对差值不大于 20% 时，以天然湿度的试样结果为准，对浸水饱和试样的试验结果进行修正；如果差值大于 20%，应重新试验；接着计算每级压力下的湿陷系数；最后绘制压力—湿陷系数曲线，找出湿陷系数为 0.015 对应的压力即为湿陷起始压力。详细方法见《湿陷性黄土地区建筑规范》（GB 50025—2004）的条文说明，此处略。

④ 自重湿陷量的计算值 Δ_{zs}：采用室内压缩试验，根据不同深度的湿陷性黄土试样的自重湿陷系数，考虑现场条件计算而得的自重湿陷量的累计值。

湿陷性黄土场地的湿陷类型，按照自重湿陷量的实测值 Δ_{zs}' 或计算值 Δ_{zs} 判定，Δ_{zs} 按式（6.3）计算

$$\Delta_{zs}=\beta_0\sum_{i=1}^n\delta_{zsi}h_i\qquad(6.3)$$

式中　δ_{zsi}——第 i 层土的自重湿陷系数；

h_i——第 i 层土的厚度，mm；

β_0——因地区土质而异的修正系数，缺乏实测资料时可如下取值：陇西地区取 1.50；陇东—陕北—晋西地区取 1.20；关中地区取 0.90；其他地区取 0.50。

自重湿陷量的计算值应自天然底面（当挖、填方的厚度和面积较大时，从设计地面）算起，至非湿陷性黄土层顶面止，其中自重湿陷系数小于 0.015 的土层不累计。当自重湿陷量的实测值或计算值大于 70mm 时为自重湿陷性黄土场地，否则为非自重湿陷性黄土场地。

⑤ 湿陷量的计算值 Δ_s：采用室内压缩试验，根据不同深度的湿陷性黄土试样的湿陷系数，考虑现场条件计算而得的湿陷量的累计值。

湿陷量的计算值 Δ_s 按式（6.4）计算

$$\Delta_s = \sum_{i=1}^{n} \beta \delta_{si} h_i \tag{6.4}$$

式中　δ_{si}——第 i 层土的湿陷系数；

　　　h_i——第 i 层土的厚度，mm；

　　　β——考虑基底下地基土的受水浸湿可能性和侧向挤出等因素的修正系数，缺乏实测资料时可如下取值：基底下 5m 以内取 1.50；基底下 5～10m 取 1；基底下 10m 以下在自重湿陷性黄土场地，可取工程所在地区的 β_0 值。

湿陷量的计算值的计算深度，在非自重湿陷性黄土场地累计至基底下 10m（或地基压缩层）深度止，在自重湿陷性黄土场地，累计至非湿陷黄土层的顶面止，其中湿陷系数小于 0.015 的土层不累计。

（3）地基湿陷等级判定

湿陷性黄土地基的湿陷等级按表 6.2 判定。

表 6.2　湿陷性黄土地基的湿陷等级

湿陷类型 Δ_{zs}/mm　　Δ_s/mm	非自重湿陷性场地	自重湿陷性场地	
	$\Delta_{zs} \leqslant 70$	$70 < \Delta_{zs} \leqslant 350$	$\Delta_{zs} > 350$
$\Delta_s \leqslant 300$	Ⅰ（轻微）	Ⅱ（中等）	—
$300 < \Delta_s \leqslant 700$	Ⅱ（中等）	*Ⅱ（中等）或Ⅲ（严重）	Ⅲ（严重）
$\Delta_s > 700$	Ⅱ（中等）	Ⅲ（严重）	Ⅳ（很严重）

注：当湿陷量的计算值 $\Delta_s > 600$mm、自重湿陷量的计算值 $\Delta_{zs} > 350$mm 时，判为Ⅲ级，其他情况为Ⅱ级。

6.3.3　岩土勘察及地基基础设计

（1）岩土勘察

和一般场地相比，湿陷性黄土场地进行岩土工程勘察时，还应包括以下内容。

黄土地层的时代、成因；湿陷性黄土层的厚度；湿陷系数、自重湿陷系数和湿陷起始压力随深度的变化；场地湿陷类型和地基湿陷等级的平面分布等。

采取不扰动土样，必须保持其天然的湿度、密度和结构，并应符合Ⅰ级土样质量的要求。在探井中取样，竖向间距宜为 1m，土样直径不宜小于 120mm，取土勘探点中，探井数量不少于 1/3～1/2，并不少于 3 个。探井深度宜穿透湿陷性土层。勘探点使用完毕后，应立即用原土分层回填夯实，并不小于该场地天然黄土的密度。

（2）地基变形计算

湿陷性黄土地基进行变形验算时，方法同一般地基，但沉降计算经验系数 ψ_s 按表 6.3 取值。

表 6.3　沉降计算经验系数

$\overline{E}_s$/MPa	3.30	5.00	7.50	10.00	12.50	15.00	17.50	20.00
ψ_s	1.80	1.22	0.82	0.62	0.50	0.40	0.35	0.30

（3）地基承载力确定

黄土地基承载力应保证地基稳定的条件下使建筑物的沉降量不超过允许值。按载荷试验确定时，当压力变形曲线有明显时取线性变形段内规定的变形对应的压力值；拐点不明显时取 $s/b = 0.015$ 所对应的压力值且其不大于最大加载的一半；当压力变形曲线比较平缓，比例界限值较小（50～150kPa），相应的沉降量也很小（$s/b<0.01$），比例界限荷载与极限荷载之间有较长的局部剪切破坏阶段，可按变形和强度双控制的方法确定，满足条件为：$s/b\leqslant0.02$，且取值小于极限荷载或最大加载压力的一半。

地基承载力按经验取值时，晚更新世 Q_3 黄土和全新世 Q_4^1 黄土可根据含水量、液限与孔隙比比值综合确定；饱和黄土依据含水量与液限比值、压缩系数 a_{1-2} 综合确定；新近堆积 Q_4^2 黄土依据含水量与液限比值、压缩系数 a（压缩系数可取 50～100kPa 或 100～200kPa 压力下的大值）综合确定，或者根据静力触探比贯入阻力以及轻便触探试验锤击数确定。

当基础宽度大于 3m 或埋置深度大于 1.50m 时，地基承载力特征值按式（6.5）修正

$$f_a=f_{ak}+\eta_b\gamma(b-3)+\eta_d\gamma_m(d-1.5) \tag{6.5}$$

式中各符号含义同一般场地的定义，不同的是基础底面宽度小于 3m 或大于 6m 时分别取 3m 或 6m，基础宽度修正系数和基础埋深修正系数按表 6.4 取值。

表 6.4　基础宽度和埋置深度的地基承载力修正系数

土的类别	有关物理指标	承载力修正系数	
		η_b	η_d
晚更新世（Q_3）、全新世（Q_4^1）湿陷性黄土	$w\leqslant24\%$	0.20	1.25
	$w>24\%$	0	1.10
新进堆积（Q_4^2）黄土		0	1.00
饱和黄土[①][②]	e 及 I_L 都小于 0.85	0.20	1.25
	e 或 I_L 大于 0.85	0	1.10
	e 及 I_L 都不小于 1.00	0	1.00

注：① 只适用于 $I_P>10$ 的饱和黄土；

② 饱和度大于 80% 的晚更新世（Q_3）、全新世（Q_4^1）黄土。

（4）新近堆积黄土判定

沉积年代短，具高压缩性，承载力低，均匀性差，在 50～150kPa 压力下变形较大的全新世（Q_4^2）黄土为新近堆积黄土。现场鉴定时可根据堆积环境、颜色、结构、包含物以及物理力学指标等综合判定。

新近堆积黄土（Q_4^2）的判定可根据现场或黄土的试验指标判定。现场鉴定是新近堆积黄土应符合下列要求。堆积环境：黄土塬、梁、峁的坡脚和斜坡后缘，冲沟两侧及沟口处的洪积扇和山前坡积地带，河道拐弯处的内侧，河漫滩及低阶地，山间凹地的表部，平原上被掩埋的池沼洼地；颜色：灰黄、黄褐、棕褐，常相杂或相间；结构：土质不均、松散、大孔排列杂乱，常混有岩性不一的土块、多虫孔和植物根孔，锹挖容易；包含物：常含有机质，斑状或条状氧化铁，有的混砂、砾或岩石碎屑，有的混有砖瓦陶瓷碎片或朽木片等人类活动的遗物，在大孔壁上常有白色钙质粉末，在深色土中，白色物呈菌丝状或条纹状分布，在浅色土中白色物呈星点状分布，有时混钙质结合，呈零星分布。当现场鉴别上不明确时，可按下列试验指标判定：在 50～150kPa 压力段变形敏感，e-p 曲线呈前陡后缓，小压力下具有高压缩性；利用判别式判定

$$R=-68.45e+10.98a-7.16\gamma+1.18w>R_0=-154.80$$

可将该土判为新近堆积黄土（Q_4^2）

式中，e 为孔隙比；a 为压缩系数（MPa^{-1}），宜取 50～150kPa、0～100kPa 压力下的大值，w 为含水量（%）；γ 为土的重度。

（5）设计中常用措施

拟建在湿陷性黄土场地上的建筑物，根据重要性、地基受水浸湿可能性的大小和在使用期间对不均匀沉降限制的严格程度，分为甲、乙、丙、丁四类。防止或减小建筑物地基浸水浸湿的设计措施，分为以下三种。

① 地基处理措施　消除地基的全部或部分湿陷量，或采用桩基础穿透全部湿陷性黄土层，或将基础设置在非湿陷性黄土层上。

② 防水措施　基本防水措施是采取防止雨水或生产、生活用水的渗漏措施；检漏防水措施是在基本防水措施的基础上，在防护范围内的地下管道增设检漏管沟和检漏井；严格防水措施是在检漏防水措施的基础上，提高防水地面、排水沟、检漏管沟和检漏井等设施的材料标准。防护距离是防止建筑物地基受管道、水池等渗漏影响的最小距离。防护范围是建筑物周围防护距离以内的区域。

③ 结构措施　减小或调整建筑物的不均匀沉降，或使结构适应地基的变形。

对甲类建筑和乙类中的重要建筑，应设置沉降观测点，在施工和使用期间进行沉降观测。

在湿陷性黄土场地采用桩基础，桩端必须穿透湿陷性黄土层。在非自重湿陷性黄土场地，桩端应支撑在压缩性较低的非湿陷性黄土层中；在自重湿陷性黄土场地，桩端应支承在可靠的岩（或土）层中。

当地基不能满足要求时，若采用地基处理措施，对于甲类建筑应消除地基的全部湿陷量，乙类、丙类建筑应消除地基的部分湿陷量。剩余湿陷量：将湿陷性黄土地基湿陷量的计算值，减去基底下拟处理土层的湿陷量。

湿陷性黄土地基常用的处理方法有垫层法、强夯法、挤密法、预浸水法和其他经试验研究或工程试验证明行之有效的方法。垫层法用于地下水位以上的局部或整片处理，强夯法适用于地下水位以上、饱和度不大于60%的局部或整片处理，挤密法适用于地下水位以上、饱和度不大于65%的场地，预浸水法适用于地基湿陷等级严重和很严重的、消除地面下6m以下土层的全部湿陷性的自重湿陷性黄土场地。

【例题6.1】　兰州西站某黄土地基，由探井取3个原状土试样进行浸水压缩试验，取样深度分别为：2.0m、4.0m、6.0m，实测数据见下表，判别黄土地基是否属湿陷性黄土。

试样编号	1	2	3
加200kPa压力后百分表稳定读数/mm	8.178	8.405	7.840
浸水后百分表稳定读数/mm	7.943	7.588	6.495

【解】　按公式计算各土试样的湿陷系数

① $\delta_{s1} = \dfrac{h_{p1} - h'_{p1}}{h_0} = \dfrac{8.178 - 7.943}{20.00} = 0.012$，小于0.015，判别为无湿陷性黄土。

② $\delta_{s2} = \dfrac{h_{p2} - h'_{p2}}{h_0} = \dfrac{8.405 - 7.588}{20.00} = 0.041$，大于0.030，小于0.070，湿陷性中等；

③ $\delta_{s3} = \dfrac{h_{p3} - h'_{p3}}{h_0} = \dfrac{7.840 - 6.402}{20.00} = 0.072$，大于0.07，湿陷性强烈。

【例题6.2】　兰州兰工坪某大楼地基为黄土，黄土湿陷性试验结果见下表（取样深度及其湿陷系数、自重湿陷系数），判别该地基是否为自重湿陷性黄土场地，并判别地基的湿陷等级。

取样深度/m	计算厚度/mm	湿陷系数	分层湿陷量/mm	总湿陷量/mm	自重湿陷系数	分层湿陷量/mm	自重湿陷量/mm	湿陷深度/m
2	1000	0.068	*102.0		0.027	*101.3		
3	1000	0.055	82.5		0.024	36.0		
4	1000	0.053	79.5		0.023	34.5		
5	1000	0.046	69.0		0.025	37.5		
6	1000	0.038	57.0		0.022	33.0		
7	1000	0.039	39.0		0.029	43.5		
8	1000	0.036	36.0	834.5	0.027	40.5	724.5	20
9	1000	0.035	35.0		0.026	39.0		
10	1000	0.033	33.0		0.028	42.0		
11	1500	0.030	45.0		0.027	60.8		
13	2000	0.026	78.0		0.026	78.0		
15	2000	0.024	72.0		0.024	72.0		
17	2000	0.023	69.0		0.023	69.0		
19	1000	0.025	37.5		0.025	37.5		

【解】　①应用公式计算自重湿陷量，具体见上表。根据计算结果，场地为自重湿陷性场地。

应注意两点：a. 起算深度为天然地表，因此 2m 取样代表厚度为 0（天然地表）～2.5m（2m 和 3m 两个取样深度的中点）的土层，即土层厚度为 2500mm。其他各深度取样的代表土层厚度分别为相邻取样深度的中点，和湿陷量的计算厚度相同。b. 土质修正系数取 1.5（陇西地区）。

② 应用公式计算湿陷量，具体见上表。根据湿陷量和自重湿陷量，地基湿陷等级为Ⅳ（很严重）。

应注意两点：a. 起算深度为地表下 1.5m，因此 2m 取样代表厚度为 1.5～2.5m 的土层，即土层厚度为 1000mm。b. 不同的深度处修正系数取值不同。

6.4　膨胀土地基

6.4.1　概述

（1）分布

裂隙发育，常有光滑面和擦痕，有的裂隙中充填着灰白、灰绿色黏土，在自然条件下呈坚硬或硬塑状态；多出露于二级或二级以上阶地、山前或盆地边缘丘陵地带，地形平缓，无明显自然陡坡；常见浅层塑性滑坡、地裂、新开挖坑（槽）壁易发生坍塌等；建筑物裂缝随气候变化而张开和闭合；自由膨胀率大于等于 40% 以上的土，判定为膨胀土。膨胀性岩土含有大量亲水黏土矿物，湿度变化时有较大体积变化，吸水后体积膨胀，使其上的建筑物隆起，如果膨胀受约束时产生较大内应力；膨胀土失水体积收缩，造成土体开裂，使其上的建筑物下沉。膨胀土堆积时代多属更新世或更早一些，少数形成于全新世，在成因上冲积、洪积、坡积和残积均有。

天然状态下的膨胀土呈硬塑至坚硬状态，强度较高，压缩性较低，但它具有吸水膨胀、失水收缩且膨胀收缩的变形可逆，当土层厚度不均、含水率变化、土不均匀等时，导致轻型建筑、路基路面、边坡、地下建筑等的开裂和破坏，危害较大。膨胀土主要分布在热带和温带气候区的半干旱地区，如广西、云南、湖北、河南、安徽、四川、陕西、河北、江西、江苏、山东、山西、贵州、广东、新疆、海南等二十几个省，总面积在 10 万平方米以上。

膨胀土以灰白、灰绿、灰黄、棕红或褐黄等色，以黏土为主，结构致密，裂隙较发育，有竖向、斜交和水平裂隙。裂隙面光滑，呈油脂或蜡状光泽。临近边坡处裂隙形成滑坡的滑动面。击实膨胀土比原状土的膨胀性更大，密实度越高，膨胀性也越大。膨胀土浸水后体积膨胀，发生崩解。强膨胀土浸水后几分钟即完全崩解，弱膨胀土则崩解缓慢且不完全。膨胀土大多具有超固结性，初始结构强度高。受气候影响敏感，极易产生风化破坏作用，如基坑开挖后，土体很快风化后产生破裂、剥落，造成土体结构破坏，强度降低。膨胀土的抗剪强度为典型的变动强度，具有峰值强度极高而残余强度极低的特性，如由于膨胀土的超固结性初期强度极高，现场开挖很困难，然后随着胀缩效应和风化作用时间的增加，抗剪强度又大幅度衰减。膨胀土地区的地下水多为上层滞水或裂隙水，水位随季节变化大。膨胀土按矿物成分分为两类：蒙脱石为主（如云南蒙自、广西宁明、河北邯郸、河南平顶山等地）、伊利石为主（如安徽合肥、四川成都、湖北郧县、山东临沂等地），其中蒙脱石为主的对工程危害性较大。

（2）常见的物理力学性质

小于 0.002mm 的黏粒含量超过 20%；天然含水量接近或略小于塑限，液性指数常小于 0，饱和度一般大于 85%；塑性指数一般大于 17，多在 22～35 之间；缩限一般大于 11%，红黏土类型的膨胀土缩限偏大；土的压缩性低，c、φ 值在浸水前后变化大，尤其是 c 值可下降 2～3 倍以上。亲水黏土矿物多，胀缩性大，土的密度大孔隙比小，浸水膨胀强烈，失水收缩小，初始含水量与胀后含水量越接近，膨胀性小，收缩性大。自由膨胀率一般超过 40%，最高的大于 70%。

6.4.2　膨胀土性质测试及评价

6.4.2.1　室内试验

对膨胀土，除一般试验外，还应进行以下工程特性指标试验。

（1）自由膨胀率（δ_{ef}）

试验时将人工制备的磨细烘干土样，经无颈漏斗注入量土杯（漏斗底部距离量土杯顶部 10mm），量其体积，然后倒入盛水的量筒中，经充分吸水膨胀稳定后，再测其体积，在水中增加的体积与原体积的比，即为自由膨胀率，按式(6.6)计算。

$$\delta_{ef} = \frac{V_w - V_0}{V_0} \tag{6.6}$$

式中　V_w——土样在水中膨胀稳定后的体积，mL；

　　　V_0——土样原有体积，mL。

（2）膨胀率（δ_{ep}）

在一定压力下浸水膨胀稳定后，试样增加的高等于原高度之比，按下式计算

$$\delta_{ep} = \frac{h_w - h_0}{h_0} \times 100\% \tag{6.7}$$

式中　h_w——在一定压力下土样浸水膨胀稳定后的高度，mm；

　　　h_0——土样原始高度，mm。

① 50kPa 压力下的膨胀率（δ_{e50}）按下式计算

$$\delta_{e50}=\frac{Z_{50}+Z_{c50}-Z_0}{h_0} \qquad (6.8)$$

式中　Z_{50}——50kPa 压力时土样自下而上浸水膨胀稳定后百分表的读数，mm；

　　　Z_{c50}——50kPa 压力时仪器的变形量，mm；

　　　Z_0——0 压力时百分表的读数，mm。

其余符号含义同上。

② 不同压力下的膨胀率（δ_{epi}）按下式计算

$$\delta_{epi}=\frac{Z_p+Z_{cp}-Z_0}{h_0} \qquad (6.9)$$

式中　Z_p——p 压力时土样浸水膨胀稳定后百分表的读数，mm；

　　　Z_{cp}——p 压力时仪器退荷回弹的校正值，mm。

（3）收缩系数（λ_s）

不扰动土样在直线收缩阶段，含水量减少 1% 时的竖向线缩率，按下式计算

$$\lambda_s=\frac{\Delta\delta_s}{\Delta w} \qquad (6.10)$$

式中　$\Delta\delta_s$——收缩过程中与两点含水量之差对应的竖向线缩率之差，%；

　　　Δw——收缩过程中直线变化阶段两点含水量之差，%。

竖向线缩率按下式计算

$$\delta_{si}=\frac{Z_i-Z_0}{h_0} \qquad (6.11)$$

式中　Z_i——收缩过程中百分表读数，mm；

　　　Z_0——百分表初始读数，mm。

土的收缩曲线：以线缩率为纵坐标，含水量为横坐标，绘制含水量与相应的线缩率的关系曲线，曲线可分为直线收缩阶段、过渡阶段、微收缩阶段，利用曲线的直线收缩阶段，可以计算收缩系数，见图 6.1。

（4）膨胀力（p_0）

不扰动土样浸水后保持体积不变时的最大应力。以各级压力下的膨胀率为纵坐标，压力为横坐标，绘制膨胀率与压力的关系曲线，该曲线与横坐标的交点就是膨胀力。膨胀压力测定方法如下。

① 压缩膨胀法　对不扰动土试样按常规压缩实验方法分级加压压缩，最大压力要稍大于预估的膨胀压力，试样在最大压力下压缩下沉稳定后，向容器内自下而上注水，使水面超过试样顶面，待试样浸水膨胀稳定后，按加荷等级分级退荷，测记每级退荷后试样的膨胀变形，计算各级压力下的膨胀率，如下式

$$\delta_{ep}=\frac{Z_P+Z_c-Z_0}{h_0} \qquad (6.12)$$

式中　Z_P——在一定压力作用下试样浸水膨胀稳定后百分表的读数，mm；

　　　Z_c——在一定压力作用下，压缩仪退荷回弹的校正值，mm；

　　　Z_0——试样压力为零时百分表的初读数，mm；

　　　h_0——试样加荷前的原始高度，mm。

试样退荷至零，求出各级压力下的膨胀率，以各级压力下的膨胀率为纵坐标，压力为横坐标，绘制膨胀率与压力的关系曲线，该曲线与横坐标的交点即为试样的膨胀压力，见图 6.2。

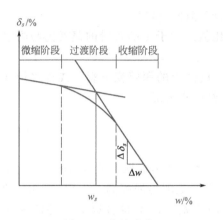

图 6.1　收缩曲线

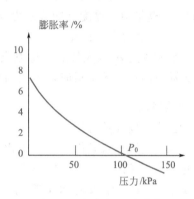

图 6.2　膨胀率-压力曲线

② 自由膨胀法　不扰动土试样预加 5kPa 接触压力，向容器注水，待土试样浸水膨胀稳定后，向试样逐级加荷，当加荷出现明显的极限压力点时，可按加荷的同样等级卸荷，观测回弹变形。取孔隙比与压力曲线上对应于天然孔隙比的压力为自由膨胀法的膨胀压力，孔隙比与压力曲线的回弹值的斜率即为自由膨胀法的膨胀指数 C_{SF}，见图 6.3。

试样浸水后密切观测，当有膨胀变形发生时，即施加一相应的荷重，以消除膨胀变形。当加荷至土试样表现为无膨胀时，继续加荷直至土试样产生较大压缩变形。孔隙比压力曲线上水平线的对应值即为膨胀力，孔隙比压力曲线回弹值的斜率即为等容法的膨胀指数 C_{SC}，见图 6.4。

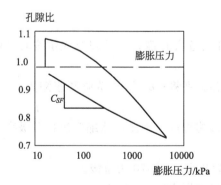

图 6.3　自由膨胀法试验曲线

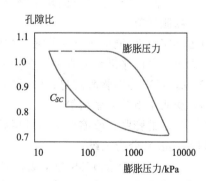

图 6.4　等容法试验曲线

自由膨胀率可用来定性地判别膨胀土及其膨胀势；膨胀率可用来评价地基的胀缩等级，计算膨胀土地基的变形量以及测定膨胀力；收缩系数可用来评价地基的胀缩等级，计算膨胀土地基的变形量。膨胀压力可用来衡量土的膨胀势和考虑地基的承载力。

6.4.2.2 野外测试

现场浸水载荷试验用以确定地基土的承载力和浸水时的膨胀变形量。

膨胀土湿度系数是指在自然条件下,地表下 1m 处土层含水量可能达到的最小值与其塑限值之比。膨胀土湿度系数应根据当地十年以上的土的含水量变化及有关气象资料统计求出。无资料时,可按下式计算

$$\psi_w = 1.152 - 0.726a - 0.00107C \tag{6.13}$$

式中 a——当地 9 月至次年 2 月的蒸发力之和与全年蒸发力之比;

C——全年中干燥度(即蒸发力与降水量之比值)大于 1 的月份的蒸发力与降水量差值之总和,mm。

大气影响深度 d_a 及大气影响急剧层深度用各气候区土的深层变形观测或含水量观测及地温观测资料确定。无资料时,由土的湿度系数按经验查表确定。

6.4.3 地基评价

(1) 膨胀土场地的分类

按场地的地形地貌条件,膨胀土建筑场地分为两类:平坦场地、坡地场地。符合下列条件之一的为平坦场地:地形坡度小于 5°,且同一建筑物范围内局部高差不超过 1m;地形坡度大于 5°小于 14°且距坡肩水平距离大于 10m 的坡顶地带。不符合以上条件的为属坡地场地。

(2) 基础埋深

基础埋深不应小于 1m,具体埋深除一般影响因素外,还应考虑以下条件:场地类型;膨胀土地基胀缩等级;大气影响急剧层深度等。对平坦场地的砖混结构建筑,以基础埋深为主要防治措施时,埋深应取大气影响急剧层深度或通过变形计算确定。当坡地坡度小于 14°,基础外边缘至坡肩的水平距离大于等于 5m 时,基础埋深 d 按下式计算

$$d = 0.45a + h(1 - 0.2\cot\beta) - 0.2a + 0.20 \tag{6.14}$$

式中 h——设计斜坡高度,m;

β——设计斜坡的坡脚,(°);

a——基础外缘至坡肩的水平距离,m。

(3) 膨胀潜势

自由膨胀率 δ_{ef} 能综合反映膨胀土的组成、特征及危害程度,因此规范规定按其自由膨胀率的大小划分膨胀潜势的强弱。分为三类。

$40 \leq \delta_{ef} < 65$ 为弱膨胀潜势;$65 \leq \delta_{ef} < 90$ 为中膨胀潜势;$\delta_{ef} \geq 90$ 为强膨胀潜势。

(4) 膨胀土地基的胀缩等级

根据地基的膨胀、收缩变形对低层砖混房屋的影响程度,地基的胀缩等级按分级变形量 s_c(单位:mm)分为三级

$15 \leq s_c < 35$ 为 Ⅰ 级,$35 \leq s_c < 70$ 为 Ⅱ 级,$s_c \geq 70$ 为 Ⅲ 级。

地基变形量按 5 中的公式计算,式中膨胀率采用的压力应为 50kPa。

(5) 膨胀土地基的变形量

① 膨胀土地基的计算变形量应小于建筑物的地基容许变形值,各类建筑物的地基容许变形值可按表 6.5 采用。

表 6.5　建筑物的地基容许变形值

结构类型	相对变形		变形量/mm
	变形种类	数值	
砖混结构	局部倾斜	0.001	15
房屋长度三到四开间及四角有构造柱或配筋砖混承重结构	局部倾斜	0.0015	30
工业与民用建筑相邻柱基			
①框架结构无充填墙时	变形差	$0.001l$	30
②框架结构有充填墙时	变形差	$0.0005l$	20
③当基础不均匀升降时不产生附加应力的结构	变形差	$0.003l$	40

注：l 为相邻柱基的中心距离，m。

膨胀土地基变形量的取值应符合下列规定：膨胀变形量应取基础某点的最大膨胀上升量；收缩变形量应取基础某点的最大收缩下沉量；胀缩变形量应取基础某点的最大膨胀上升量与最大收缩下沉量之和；变形差应取相邻两基础的变形量之差；局部倾斜应取砖混承重结构沿纵墙 6～10m 内基础两点的变形量之差与其距离之比值。

② 膨胀土地基变形计算，可按三种情况进行计算。

a. 离地表 1m 处地基土的天然含水量等于或接近最小值时，或地面有覆盖且无蒸发的可能性以及建筑物在使用期间，经常有水浸湿，可按下式计算膨胀变形量，参看图 6.5。

$$s_e = \psi_e \sum_{i=1}^{n} \delta_{epi} h_i \tag{6.15}$$

式中　s_e——地基土的膨胀变形量，mm；

ψ_e——计算膨胀变形量的经验系数，宜根据当地经验确定，无经验时，三层及三层以下建筑物可采用 0.6；

δ_{epi}——基础底面下第 i 层土在该土的平均自重应力与平均附加压力之和作用下的膨胀率，由室内试验确定；

h_i——第 i 层土的计算厚度，mm；

n——自基础底面至计算深度内所划分的土层数，计算深度应根据大气影响深度确定，有浸水可能时，可按浸水影响深度确定。

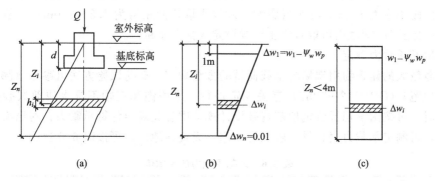

图 6.5　地基土变形计算示意图

b. 当离地表 1m 处地基土的天然含水量大于 1.2 倍塑限含水量时，或直接受高温作用的地基，可按下式计算收缩变形量

$$s_s = \psi_s \sum_{i=1}^{n} \lambda_{si} \Delta w_i h_i \tag{6.16}$$

式中 s_s——地基土的收缩变形量，mm；

ψ_s——计算收缩变形量的经验系数，宜根据当地经验确定，无经验时，三层以三层以下建筑物可采用 0.8；

λ_{si}——第 i 层土的收缩系数，由室内试验确定；

Δw_i——地基土收缩过程中，第 i 层土可能发生的含水量变化的平均值（以小数计）。

在计算深度内，各土层的含水量变化值，应按下式计算

$$\Delta w_i = \Delta w_1 - (\Delta w_1 - 0.01)\frac{z_{i-1}}{z_{n-1}}$$

$$\Delta w_1 = w_1 - \psi_w w_p \tag{6.17}$$

式中 w_1、w_p——为地表下 1m 处土的天然含水量和塑限含水量（小数）；

ψ_w——土的湿度系数；

z_i——第 i 层土的深度，m；

z_n——计算深度，可取大气影响深度（m），在地表下 4m 土层深度内，存在不透水基岩时，可假定含水量变化值为常数；在计算深度内有稳定地下水位时，可计算至水位以上 3m。

c. 在其他情况下，可按下式计算地基土的胀缩变形量

$$s_c = \psi \sum_{i=1}^{n} (\delta_{epi} + \lambda_{si} \cdot \Delta w_i)h_i \tag{6.18}$$

式中 s_c——地基土的胀缩变形量，mm；

ψ——计算胀缩变形量的经验系数，可取 0.7。

6.4.4 膨胀土地区勘察与设计

（1）岩土勘察

膨胀土地基详细勘察阶段除一般的勘察要求外，还有以下规定。

勘探点宜结合地貌单元和微地貌形态布置，其数量较一般地区适当增加，取土勘探点不应少于 1/2，每栋主要建筑物下不少于 3 个；勘探孔深度应超过大气影响深度，控制性孔不应小于 8m，一般孔不应小于 5m；在大气影响深度内每个控制性勘探孔均应采取Ⅰ、Ⅱ级土样，取样间距不应大于 1m，在大气影响深度以下取样间距可为 1.5～2.0m；一般性孔从地表下 1m 开始至 5m 深度内可取Ⅲ级土试样测定天然含水量。

（2）地基承载力确定

对荷载较大的建筑物用现场浸水载荷试验方法确定，载荷试验方法可参考《膨胀土地区建筑技术规范》（GBJ 112—1987）有关规定进行；采用饱和三轴不排水快剪试验确定土的抗剪强度时，可按国家现行建筑地基基础设计规范中有关规定计算承载力；对已有大量试验资料地区，可制定承载力表，供一般工程采用，无资料地区，可按表 6.6 选用。

表 6.6 地基承载力的基本值

孔隙比 / 含水比	0.6	0.9	1.1
<0.5	350	280	200
0.5～0.6	300	220	170
0.6～0.7	250	200	150

注：含水比为天然含水量与液限比值。

此表适用于基坑开挖时土的天然含水量等于小于勘察取土试验时土的天然含水量。

（3）地基设计

按建筑场地的地形地貌条件分为两种情况：位于平坦场地上的建筑物地基，按变形控制设计；位于坡地场地上的建筑物地基，除按变形控制设计外，尚应验算地基的稳定性。

建筑场地选择应具有排水通畅或易于进行排水处理的地形条件；避开地裂、冲沟发育和可能发生浅层滑坡等地段；坡度小于 14° 并有可能采用分级挡土墙治理的地段；地形条件比较简单，土质比较均匀，胀缩性较弱的地段；尽量避开地下溶沟、溶槽发育、地下水位变化剧烈的地段；总平面设计时宜使同一建筑物地基土的分级变形差不大于 35mm，竖向设计宜保持自然地形，避免大挖大填，应考虑场地内排水系统的管道渗水或排泄不畅对建筑物升降变形影响；坡地建筑时要验算坡体稳定性，考虑坡体的水平移动和坡体内的含水量变化对建筑物的影响；对不稳定或可能产生滑动的斜坡必须采取可靠的防治滑坡措施；膨胀土地基处理可采用换土、砂石垫层、土性改良等方法，亦可采用桩或墩基；膨胀土地基上采用建筑物结构措施以减小或避免地基变形影响。

6.5　红黏土地基

6.5.1　概述

（1）形成与分布

碳酸盐岩系出露区的岩石，经红土化作用形成的棕红、褐黄等色的高塑性黏土为红黏土。其液限一般大于等于 50%，上硬下软，具明显的收缩性，裂隙发育。经再搬运后仍保留红黏土基本特征，液限大于 45 的称为次生红黏土。红黏土中裂隙普遍发育，主要是竖向的，也有斜交和水平的，它是在湿热交替的气候环境中土的干缩形成的。裂隙破坏了土体的完整性，水沿裂隙活动，对工程性质不利。斜坡上的裂隙可能形成崩塌或滑坡，土层中还可能形成土洞。

红黏土的形成一般应具有气候和岩性两个条件。

气候条件：气候变化大，年降雨量大于蒸发量，因气候潮湿，有利于岩石的机械风化和化学风化，风化结果便形成红黏土。

岩性条件：主要为碳酸盐类岩石，当岩层褶皱发育、岩石破碎、易于风化时，更易形成红黏土。

红黏土主要为残积、坡积类型，因而多分布在山区或丘陵地带，集中分布在北纬 33° 以南的贵州、云南、广西（区）、川东、鄂西等地。红黏土的厚度与原始地形和下伏基岩面的起伏变化相关，分布在盆地或洼地的厚度大体是边缘薄、中间厚，分布在基岩面或风化面上的，下伏基岩的溶沟、溶槽、石芽等较发育时上覆红黏土的厚度变化大，常有咫尺之隔竟相差 10m 之多。贵州的红黏土厚度约 3～6m，超过 10m 者较少，云南地区一般为 7～8m、个别地段达 10～20m，湘西、鄂西、广西等地一般在 10m 左右。

（2）物理力学性质特点

矿物成分主要为高岭石、伊利石和绿泥石，黏土矿物具有稳定的结晶格架；天然含水量分布范围大（20%～75%）而液性指数小（0.1～0.4），土中水多为结合水；常处于饱和状态；天然孔隙比大（1.1～1.7），密度小；塑性指数大；颗粒细而均匀，黏粒含量 55%～70%；抗剪强度较高，压缩性较低；失水后强烈收缩，线缩率一般为 2.5%～8.0%，最大可达 14.0%，浸水膨胀轻微但也有个别例外；一般不具有湿陷性；工程实践中红黏土的软

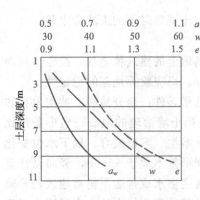

图 6.6　红黏土物理指标随深度变化图

硬程度多以含水比来划分，图 6.6 绘出了红黏土的含水比、天然含水量、孔隙比随埋深的增加而递增的变化曲线。从地表向下由硬变软，上部坚硬、硬塑状态的土约占红黏土层的 75% 以上，厚度一般大于 5m，可塑状态的土约占 10%～20%，多分布在接近基岩处，软塑、流塑状态的土小于 10%，位于基岩凹部溶槽内。红黏土的透水性微弱，其中的地下水多为裂隙性潜水和上层滞水，它的补给来源主要是大气降水，基岩岩溶裂隙水和地表水体，水量一般均很小，在地势低洼地段的土层裂隙中或软塑、流塑状态土层中可见土中水，水量不大，且不具有统一水位。红黏土中的地下水水质属重碳酸钙型水，对混凝土一般不具腐蚀性。常见的物理力学指标见表 6.7。

表 6.7　红黏土的主要物理力学指标

指标	粒径/mm (0.005～0.002)	粒径/mm (<0.002)	天然含水量/%	天然重度 /(kN/m³)	饱和度/%	孔隙比
一般值	10%～20%	40%～70%	30～60	16.5～18.5	88～96	1.1～1.7
指标	液限/%	塑限/%	塑性指数	液性指数	土粒比重	内摩擦角/(°)
一般值	50～100	25～55	25～50	−0.1～0.6	2.76～2.90	0～3
指标	黏聚力/kPa	压缩系数/MPa⁻¹	压缩模量/MPa	变形模量/MPa		
一般值	50～160	0.1～0.4	6～16	10～30		

红黏土的状态除按液性指数判定外，还可按含水比进行分类，具体参考表 6.8。

表 6.8　红黏土的湿度状态分类

湿度状态	坚硬	硬塑	可塑	软塑	流塑
含水比 a_w	$a_w \leq 0.55$	$0.55 < a_w \leq 0.70$	$0.70 < a_w \leq 0.85$	$0.85 < a_w \leq 1.00$	$a_w > 1.00$

注：含水比 $a_w = w/w_L$。

6.5.2　地基基础设计

（1）基础埋深

利用表层较硬土层作地基持力层：应充分利用红黏土上硬下软的湿度状态垂向分布特征，基础尽量浅埋，对三级建筑，当满足持力层承载力时，即可认为已满足下卧层承载力的要求。基础浅埋，外侧地面倾斜或有临空面或承受较大水平荷载时，应考虑土体结构和裂隙对地基承载力的影响。

（2）不均匀地基评价

红黏土地基根据地基压缩鞯范围内的岩土组成分为均匀地基和不均匀地基。均匀地基是全部由红黏土组成的地基，不均匀地基是由红黏土和岩石组成的地基。红黏土的厚度变化较大，常引起地基不均匀沉降。不均匀沉降的可能性，按下列条件判定：当相邻基础的荷载和尺寸相近，凡符合下列条件之一者，可不考虑地基不均匀对建筑物的影响：均匀性属Ⅰ类的地基，相邻基础底面以下的土层厚度大于表 6.9 所列勘探孔深度时；均匀性属Ⅱ类的地基，相邻基础底面以下呈坚硬、硬塑状态，厚度均大于表 6.9 中所列 h_1 值或均小于 h_2 值。

表 6.9　红黏土基底下土层厚度限值

单独基础			条形基础		
荷载/kN	土层厚度/m		每延米荷载 /(kN/m)	土层厚度/m	
	h_1	h_2		h_1	h_2
3000	3.5	0.8	250	2.0	0.9
2000	2.5	0.9	200	1.5	1.0
1000	1.3	1.0	150	1.0	1.2
500	0.6	1.1	100	0.5	2.0

不均匀地基处理：应优先考虑地基处理为主的措施，宜采用改变基宽、调整相邻地段基底压力、增减基础埋深，使基底下可压缩土厚相对均一，对外露石芽，用可压缩材料的褥垫处理，对土层厚度、状态分布不均的地段，用低压缩的材料作置换处理。

红黏土地区下卧基岩岩溶现象发育，红黏土层中可能有土洞存在。土洞一般具有顶板弱、发展快的特点，容易诱发地表塌陷，因此要查明土洞分布并对土洞进行合理的处理。

（3）裂隙和胀缩性的评价

红黏土的网状裂隙及土层的胀缩性，对边坡及地基均有不利影响，评价时应决定是否按膨胀土地基考虑，若为膨胀土时，对低层、三级建筑物建议的基础埋深应大于当地大气影响急剧层深度；对炉窑等高温设备基础，应考虑基底土不均匀收缩变形的影响；开挖明渠，应考虑土体干湿循环以及在有石芽出露的地段，由于土的收缩形成通道，导致地表水下渗冲蚀形成地面变形的可能性，并避免把建筑物设置在地裂密集带和深长地裂地段。

6.6　山区地基

6.6.1　概述

山区地基覆盖层厚薄不均，下卧基岩面起伏较大，有时出露于地表，地表高差悬殊，常见大块孤石或石芽出露，形成了山区不均匀的土岩结合地基。另外，山区山高坡陡，地表径流大，易发生滑坡、崩塌、泥石流以及岩溶、土洞等地质灾害。这些说明山区地基的均匀性和稳定性很差。山区地基的设计应考虑以下因素。

① 建设场区内在自然条件下有无滑坡现象，有无断层破碎带；

② 施工过程中因挖方、填方、堆载和卸载等对山坡稳定性的影响；

③ 建筑地基的不均匀性；

④ 岩溶、土洞的发育程度；

⑤ 出现山崩、泥石流等不良地质现象的可能性；

⑥ 地表水、地下水对建筑地基和建设场区的影响。

6.6.2　土岩结合地基

地基的主要受力层内，如遇下列情况之一，属于土岩结合地基。

下卧基岩表面坡度较大；石芽密布并有出露；大块孤石或个别石芽出露。

对于下卧基岩面坡度大于 10% 的地基，当建筑地基处于稳定状态，下卧基岩面为单向倾斜且基岩表面距基础底面的土层厚度大于 300mm 时，符合表 6.10 要求的可不作变形验算，否则应做变形验算。对于局部为软弱土层的可采用基础梁、桩基、换土或其他方法进行处理。

表 6.10 下卧基岩表面允许坡度值

上覆土层承载力标准值/kPa	四层及以下砌体承重，三层及以下的框架结构	配设 15t 及以下吊车的单层排架结构	
		靠墙的边柱和山墙	无墙的中柱
≥150	≤15%	≤15%	≤30%
≥200	≤25%	≤30%	≤50%
≥300	≤40%	≤50%	≤70%

对于石芽密布并有出露的地基，当石芽间距小于 2m，其间为硬塑或坚硬状态的红黏土时，对于六层及以下的砌体承重结构、三层及以下的框架结构或配设 15t 及以下吊车的单层排架结构，其基底压力小于 200kPa，可不做地基处理。不满足以上条件的，可利用稳定性可靠的石芽作为支墩式基础，也可在石芽出露部位做褥垫。当石芽间有较厚的软弱土层时，可用碎石、土夹石等压缩性低的土料进行置换。

对于大块孤石或个别石芽出露的地基，容易在软硬交界面处产生不均匀沉降，因此地基处理的目的应使地基局部坚硬部位的变形与周围土的相适应。当土层的承载力大于 150kPa，单层排架结构或一、二层砌体承重结构，宜在基础与岩石的接触部位采用褥垫处理，对于多层砌体承重结构，应根据土质情况适当调整建筑物平面位置或采用桩基或梁、拱跨越等处理。在地基压缩性相差较大的部位设置沉降缝。

6.6.3 压实填土地基

压实填土包括分层压实和分层夯实的填土。当利用压实填土作为建筑工程的地基持力层时，在平整场地前，应根据结构类型、填料性能和现场条件等，对拟压实的填土提出质量要求。未经检验查明以及不符合质量要求的压实填土，均不得作为建筑工程的地基持力层。

压实填土的填料，应符合下列规定。

级配良好的砂土或碎石土；性能稳定的工业废料；以砾石、卵石或块石作填料时，分层夯实时最大粒径不宜大于 400mm，分层压实时其最大粒径不宜大于 200mm；以粉质黏土、粉土作填料时，其含水量宜为最优含水量；挖高填低或开山填沟的土料和石料应符合设计要求；不得使用淤泥、耕土、冻土、膨胀土以及有机质含量大于 5% 的土。

压实填土的施工时，铺填料前应清除或处理表层的耕土和软弱土层，现场压实试验确定填料厚度、压实遍数和压实设备，雨季、冬季施工时应有防雨、防冻措施并且防止出现"橡皮"土，压实填土的施工缝应错开搭接并适当增加压实遍数，压实填土施工结束后宜及时进行基础施工。压实填土的质量以压实系数和含水量控制，压实系数和结构类型及填土部位有关，含水量不得超过最优含水量的 2%。填土的最大干密度 $\rho_{d\max}$ 和最优含水量 w_{opt} 宜通过击实试验确定，无资料时可用下式计算

$$\rho_{d\max} = \eta \frac{\rho_w d_s}{1+0.01 w_{opt} d_s} \tag{6.19}$$

式中，η 为经验系数，粉质黏土取 0.96，粉土取 0.97；ρ_w 为水的密度；d_s 为土的比重。

当填料为碎石或卵石时，其最大干密度可取 2.0～2.2t/m³。

压实填土的边坡允许值应根据填土厚度、填料性质等因素按经验确定。设置在斜坡上的填土应验算其稳定性，坡度大时应采取防滑措施并避免雨水沿斜坡排泄。压实填土若阻碍原地表排水时应设置相应的排水设施，设置在压实填土区的上、下水管道应有防渗、防漏措施。压实填土的地基承载力应根据现场原位测试（静载荷试验、静力触探等）结果确定。

6.6.4　岩溶和土洞

岩溶是指可溶性岩石在水的溶（侵）蚀作用下，产生沟槽、裂隙和空洞以及由于空洞顶板塌落使地表出现陷穴、洼地等现象和作用的总称。土洞是指岩溶地层上覆盖的土层被地表水冲蚀或被地下水潜蚀所形成的洞穴。一般土洞多位于黏土层，砂土和碎石土中比较少见；土粒细、黏性强、胶结好、透水性差的土难于形成土洞；土粒粗、黏性弱、透水性较好、遇水易崩解（湿化）的土层，容易形成土洞；石灰岩溶沟、溶槽地带是土洞发育的有利部位。土洞发育速度快、分布密，对建筑场地或地基的危害远大于溶洞。有时在施工阶段还未出现土洞，由于建筑后改变了地表水和地下水的条件而产生新的土洞和地表塌陷。

可溶性岩石在我国分布很广泛，尤其是碳酸盐类岩石，都有成片或零星的分布，其中贵州、广西、云南分布最广。可溶岩包括碳酸盐类如石灰岩、白云岩以及石膏、岩盐等其他可溶性岩石。由于可溶岩的溶解速度快，评价岩溶对工程的危害不但要评价其现状，还要考虑工程使用期限内溶蚀作用对工程的影响。

岩溶地区要了解岩溶的发育规律、分布情况和稳定程度，查明溶洞、暗河、陷穴的界限以及场地内有无涌水、淹没的可能，以便作为评价和选择建筑场地、布置总图时参考。下列地段为工程地质条件不良或不稳定地段：①地面石芽、溶沟、溶槽发育，基岩起伏剧烈，其间有软土分布；②规模较大的浅层溶洞、暗河、漏斗、落水洞；③溶洞水流通路堵塞造成涌水时，有可能使场地暂时被淹没。这些地段应避开建设，或采取必要的防护处理措施。分布密度很密且溶洞或土洞的发育处在地下水交替最积极的循环带内，洞径较大顶板薄裂隙发育时不宜选为建筑场地和地基。石膏或岩盐溶洞地区不宜选为天然地基。

岩溶和土洞对地基稳定性的影响：岩溶岩面起伏大，导致其上覆土地基压缩变形不均匀；埋置很浅的溶洞的顶板可能会发生地表塌落；抽取地下水使保持多年的水位均衡遭到急剧破坏，减弱地下水对土层的浮托力，加大地下水的循环，动水压力破坏顶板的平衡引起顶板的破坏和地表塌陷，危及地面的建（构）筑物的安全；土洞塌落形成地表塌陷。

下列情况可不考虑岩溶对地基稳定性的影响：当地基持力层厚度内无土洞且将来也不可能形成土洞；持力层为微风化的硬质岩近旁有宽度小于 1m 的竖向溶蚀裂隙和落水洞；基础底面下土层的厚度小于地基压缩层的厚度，但溶洞内已被密实的沉积物填满而又无被水冲蚀的可能时；洞体较小，基础尺寸大于溶洞的平面尺寸，又有足够的支承时；洞体顶板岩石较坚固完整，其顶板有一定的安全厚度时。

岩溶和土洞的处理方法如下。

挖填或褥垫：挖除岩溶形态中的软弱充填物，回填碎石、灰土或混凝土等稳定材料，增强地基的坚硬完整性；在压缩性地基上凿去局部突出的基岩，垫以一定厚度的可压缩性填料以调整地基的变形量。对地表水形成的土洞和塌陷，先挖除软土，后用块石、片石或毛石混凝土等回填；对地下水形成的土洞和塌陷，挖除软土换填外，作反滤层，面层用黏土夯实。

跨盖：采用梁式基础或拱形结构等跨越溶洞、沟槽等，或用刚性大的平板基础覆盖溶洞、沟槽等。

灌注：当溶洞和土洞埋藏较深、较大时，可通过钻孔向洞内灌注水泥砂浆、混凝土或沥青等，以堵塞溶洞。

排导：对建筑物附近的径流进行处理，对于降雨、生产废水采用排水沟、截水盲沟排除，对于地下水可采用排水洞、排水管等排除，使水流改道，疏干建筑地段。

6.6.5　风化岩和残积土

岩石在风化营力作用下，其结构、成分和性质已产生不同程度的变异，应定名为风化岩。已完全风化成土而未经搬运的应定名为残积土。

风化岩和残积土的物理力学性质应采用原位测试和室内试验相结合的方法；原位测试方法可采用圆锥动力触探、标准贯入试验、波速测试和载荷试验；对残积土进行室内试验时，必要时应进行湿陷性和湿化试验；对花岗岩类残积土应测定其中细粒土的天然含水量及界限含水量；花岗岩类残积土的地基承载力和变形模量应采用载荷试验确定，有成熟地方经验时，对于地基基础设计等级为乙级、丙级的工程，可根据标准贯入试验等原位测试资料，结合当地经验综合确定。

风化岩和残积土的岩土工程评价应符合下列要求。

① 对于厚层的强风化和全风化岩石，宜结合当地经验进一步划分为碎块状、碎屑状和土状；厚层残积土可进一步划分为硬塑残积土和可硬塑残积土，也可根据含砾或含砂量划分为黏性土、砂质黏性土和砾质黏性土；

② 建在软硬互层或风化程度不同地基上的工程，应分析不均匀沉降对工程的影响；

③ 基坑开挖后应及时检验，对易风化的岩类，应及时砌筑基础或采用其他措施，防止风化发展；

④ 对岩脉和球状风化体（孤石），应分析评价其对地基（包括桩基）的影响，并提出相应的建议。

6.7　地震区的地基基础问题

6.7.1　概述

场地是指一个工程群体所处的和直接使用的土地，同一场地内具有相似的反应谱特征；其范围相当于厂区、居民小区和自然村或不小于 $1km^2$ 的面积。地基则指场地范围内直接承托建筑物基础的那一部分岩土体。地震影响的范围很大，是牵涉到整个建筑群的宏观问题，所以要保证建筑物的抗震安全，首先要研究场地。

在基本烈度相同的地区内，由于场地的地形和地质条件不同，建筑物的破坏程度很不一样。由于震害是地震特性、场地特征和建筑物特性的综合表现，难以定量的计算分析各个因素所起的作用。定性而言，场地的影响主要表现为两个方面：地形的影响、覆盖层厚度和土性的影响。

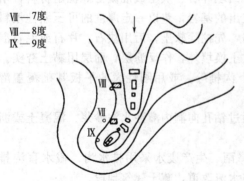

Ⅶ—7度
Ⅷ—8度
Ⅸ—9度

图 6.7　芦家湾六队地形与
烈度示意图（引自参考资料）

地形的影响：地形的影响突出表现于孤突的山梁、孤立的山丘、高差大的黄土台地边缘和山嘴等处。如 1974 年云南省昭通地震时芦家湾六队局部山梁为地震异常区（图 6.7）。该村距震中约 18km，坐落在南北向的孤突山梁上，山梁长约 150m，顶部宽约 15m，坡脚 $40°\sim60°$，深 $50\sim60m$，地表覆盖层很薄，一般不超过 0.5m。山梁上的房子受到震害影响的差别很大，山梁端部烈度为 9 度，最低的鞍部烈度为 7 度，靠近大山一端烈度为 8 度。这种因地形造成的烈度差异在其他的地震中也都可以遇到，往往在很小的范围内，因地形造成的烈度差可达 2～3 度。

覆盖层厚度和土性的影响：覆盖层厚度和土性是影响震害的两个难以截然分开的因素。一般而言，土深厚而松软的覆盖层上建筑物的震害较重，基岩埋藏浅、土质坚硬的地基则震害相对较轻。震害还与建筑物的特性密切相关。自振周期较长的建筑，即层数高、柔性大的结构，在深软的地基上震害较严重；周期短，即低层刚度大的建筑在坚硬地基上震害较严重。如 1976 年唐山地震时，位于 10 度区的唐山陶瓷厂，由于地处大城山山脚，基岩埋藏浅，震害比较轻，而附近 100～200m 处的房屋地基覆盖层较厚，都普遍倒塌。再如 1957 年和 1985 年两次墨西哥地震时，远离震中距 400km 的墨西哥城中很多软土层上的高层建筑都遭到较大的破坏，而附近短周期的老旧建筑则完好无损。

地震时由基岩传播的地震波，频率特性很复杂，具有相当宽的频带，当其进入覆盖层时犹如进入滤波器，某些频率的波得以通过并放大，另外一些波则被缩小或滤除。震中距大，传播的距离长，自然滤波的作用也更显著。通常是大震级、远距离的地震，在厚土层上地面运动的长周期成分比较显著，对自振周期较长的建筑，容易产生共振造成较大的损害。相反，震中距近，在薄土层上，地面运动的短周期成分比较丰富，对低层砖石结构等刚度较大的建筑物容易因共振产生较大损坏。另外，在薄层坚硬地基上，建筑物的震害通常是地震作用的直接结果，而深厚、软弱地基上的震害既可能是地震作用的直接结果，也可能是地基液化、软土震陷等原因引起地基失稳或过量沉陷产生的破坏，因此还应注意地基液化和软土震陷问题。

6.7.2　场地地震效应评价

抗震设防烈度大于等于 6 度的场地，应进行场地地震效应评价。

（1）场地抗震地段划分

选择建筑场地时，应划分对抗震有利、不利、危险地段。场地抗震地段类别划分考虑了土性、地质构造、地形、不良地质现象等方面的影响，具体如下。

有利地段：稳定基岩，坚硬土，开阔、平坦、密实、均匀的中硬土等。

不利地段：软弱土，液化土，条状突出的山嘴，高耸孤立的山丘，非岩质的陡坡，河岸和边坡的边缘，平面分布上成因、岩性、状态明显不均匀的土层（如古河道、疏松的断层破碎带、暗埋的塘浜沟谷和半填半挖地基）等。

危险地段：地震时可能发生滑坡、崩塌、地陷、地裂、泥石流等及发震断裂带上可能发生地表错位的部位。

可进行建设的一般场地：不符合以上三种情况的地段。

（2）场地类别划分

考虑场地覆盖层厚度、土层等效剪切波速的影响，场地类别划分为 Ⅰ、Ⅱ、Ⅲ、Ⅳ 等四类场地。

建筑场地覆盖层厚度确定，应符合下列要求。

一般情况下，应按地面至剪切波速大于 500m/s 的土层顶面的距离确定；

当地面 5m 以下存在剪切波速大于相邻上部土层的 2.5 倍，且其下卧土层剪切波速不小于 400m/s 时，则从该土层顶面以上为覆盖层。其中大于 500m/s 的孤石、透镜体视同周围土层，火山岩夹层应从中扣除。

地基土类别划分见表 6.11。

表 6.11　土的类型划分和剪切波速范围

土的类型	岩土名称和性状	剪切波速范围/m/s
坚硬土或岩石	稳定岩石，密实的碎石土	$V_s > 500$
中硬土	中密、稍密的碎石土，密实、中密的砾、粗、中砂，$f_{ak} > 200$kPa 的黏性土和粉土，坚硬黄土	$500 \geqslant V_s > 250$
中软土	稍密的砾、粗、中砂，除松散外的细、粉砂，$f_{ak} \leqslant 200$kPa 的黏性土和粉土，$f_{ak} > 130$kPa 的填土，可塑黄土	$250 \geqslant V_s > 140$
软弱土	淤泥、淤泥质土，松散的砂，新近沉积的黏性土和粉土，$f_{ak} \leqslant 130$kPa 的填土，流塑黄土	$V_s \leqslant 140$

地基等效剪切波速度 v_{se} 按下式计算

$$v_{se} = d_0/t = \min(20, 覆盖层厚度)/\sum d_i/v_{si} \tag{6.20}$$

式中，d_0 为计算深度；t 为传播时间；d_i 为第 i 层厚度；v_{si} 为第 i 层剪切波速度。

场地类别划分见表 6.12。

表 6.12　场地类别划分

等效剪切波速	场地类别			
	Ⅰ	Ⅱ	Ⅲ	Ⅳ
$v_s > 500$m/s	0			
$500 \geqslant v_{se} > 250$	<5	≥5		
$250 \geqslant v_{se} > 140$	<3	3~50	>50	
$v_{se} \leqslant 140$	<3	3~15	>15~80	>80

天然地基基础抗震验算时，采用地震作用效应标准组合，地基抗震承载力取深宽修正后的地基承载力特征值乘以地基抗震承载力调整系数。地基抗震承载力调整系数按表 6.13 确定。

表 6.13　地基抗震承载力调整系数

岩土名称和性状	ζ_a
岩石，密实的碎石土，密实的砾、粗、中砂，$f_{ak} \geqslant 300$kPa 的黏性土和粉土	1.5
中密、稍密的碎石土，中密、稍密的砾、粗、中砂，密实、中密的细、粉砂，150kPa$\leqslant f_{ak} < 300$kPa 的黏性土和粉土，坚硬黄土	1.3
稍密的细、粉砂，100kPa$\leqslant f_{ak} < 150$kPa 的黏性土和粉土，可塑黄土	1.1
淤泥、淤泥质土，松散的砂，杂填土，新近沉积黄土及流塑黄土	1.0

下列建筑可不进行天然地基及基础的抗震承载力验算：砌体房屋；地基主要受力层范围内不存在软弱黏性土层的下列建筑：一般的单层厂房和单层空旷房屋，不超过 8 层且高度在

25m 以下的一般民用框架房屋及基础荷载与之相当的多层框架厂房，规范规定可不进行上部结构抗震验算的建筑。（注：软弱黏性土层指 7 度、8 度和 9 度时地基承载力特征值分别不小于 80、100 和 120kPa 的土层。）

验算地震作用下天然地基承载力的要求和一般场地相同。应注意的是，高宽比大于 4 的高层建筑，在地震作用下基础底面不宜出现拉应力，其他建筑基础底面与地基土之间零应力区面积不应超过基底面积的 15%。

地基基础抗震措施如下。

地基为软弱黏性土：地震引起的附加荷载与其经常承受的静荷载相比占有很大比例，往往超过了承载力的安全贮备，且在反复荷载作用下沉降量持续增加，当基底压力达到临塑荷载后急速增加荷载将引起严重下沉和倾斜。因此要合理选择地基承载力，基底压力不宜过大，保证足够的安全贮备。地基主要受力层范围内如有软弱黏性土层，可采用桩基础、地基处理、扩大基底面积、加设地基梁、增大埋深、减轻荷载、增大结构整体性和均衡对称性等措施。

地基不均匀：包括土质明显不均、有古河道或暗沟通过及半填半挖地带。土质偏弱部分参考软弱黏性土的处理原则，出现地震滑坡与地裂部分参考滑坡防治措施。大部分地裂源于地层错动，单靠加强基础或上部结构是难以奏效的。地裂发生与否的关键是场地四周是否存在临空面。要尽量填平不必要的残存沟渠，在明渠两侧适当设置支挡，多代以排水暗渠，尽量避免在建筑物四周开沟挖坑以防患于未然。

可液化地基：根据建筑的重要性、地基液化等级等综合确定抗液化措施。

6.7.3　地基液化

存在饱和砂土和饱和粉土（不含黄土）、抗震设防烈度大于 6 度时应进行地基液化判别。首先进行初步判别，不满足时再进行详细判别。

符合下列条件之一者初步判别为不液化。

① 第四纪晚更新世及以前的土层，设防烈度为 7、8 度；

② 粉土黏粒含量百分率 7、8、9 度分别不小于 10、13、16；

③ 天然地基的建筑上覆非液化土层厚度和地下水位深度符合下列条件之一

$$d_u > d_0 + d_b - 2; \quad d_w > d_0 + d_b - 3; \quad d_u + d_w > 1.5d_0 + 2d_b - 4.5$$

式中　d_u——上覆非液化土层厚度，计算时宜将淤泥和淤泥质土层扣除，m；

　　　d_w——地下水位深度，宜按设计基准期内年平均最高水位采用，也可按近期内最高水位采用，m；

　　　d_0——液化土特征深度，即经常发生液化的深度，抗震规范根据近年来邢台、海城、唐山等地震液化的现场资料统计分析提出表 6.14 的特征深度，m；

　　　d_b——基础埋深，不超过 2m 时应采用 2m，m。

表 6.14　液化土特征深度　　　　　　　　　　　单位：mm

饱和土类别	7 度	8 度	9 度
粉土	6	7	8
砂土	7	8	9

详细判别：根据标准贯入试验锤击数的结果，应判别浅基础 15m 以内地层的液化性，

或桩基础或其他深度 20m 以内地基液化性。判定标准是液化指数 I_{lE}，计算如下

$$I_{lE} = \sum \left(1 - \frac{N_i}{N_{cri}}\right) d_i w_i \tag{6.21}$$

式中　N_i——深度 z_i 处标准贯入试验的锤击数；

　　　　N_{cri}——深度 z_i 处标准贯入试验的临界锤击数，判定深度为 20m 时，$N_{cri} = N_0(2.4 - 0.1 d_w)\sqrt{3/\rho_c}$，判定深度为 15m 时，$N_{cri} = N_0[0.9 + 0.1(d_s - d_w)]\sqrt{3/\rho_c}$；

　　　　N_0——标准贯入试验锤击数基准值，查表 6.15 确定；

　　　　d_s——标准贯入试验点深度，m。

　　　　d_i——深度 z_i 处标准贯入试验的代表土层厚度，上限不高过地下水位线，下限不深于液化深度；

　　　　w_i——深度 z_i 处标准贯入试验代表土层的单位土层厚度的层位影响权函数值。计算公式为：

判定深度为 20m 时，0～5m：$w_i = 10$，5～20m：$w_i = \frac{2}{3} \cdot (20 - d_{中点})$；

判定深度为 15m 时，0～5m：$w_i = 10$，5～15m：$w_i = 15 - d_{中点}$。$d_{中点}$ 为试验代表土层厚度中点的深度。

表 6.15　标准贯入试验锤击数基准值 N_0

设计地震分组	7 度	8 度	9 度
第一组	6(8)	10(13)	16
第二、三组	8(10)	12(15)	18

注：括号内为设计基本地震加速度为 0.15g、0.30g 的地区。

详细判别的标准见表 6.16。

表 6.16　地基液化等级表

判定深度	轻微	中等	严重
15m 以内	$0 < I_{lE} \leqslant 5$	$5 < I_{lE} \leqslant 15$	$I_{lE} > 15$
20m 以内	$0 < I_{lE} \leqslant 6$	$6 < I_{lE} \leqslant 18$	$I_{lE} > 18$

根据我国液化震害资料，液化等级与对建筑物的危害情况见表 6.17。

表 6.17　液化等级与对建筑物的危害

液化等级	地面喷水冒砂情况	对建筑物危害情况
轻微	地面无喷水冒砂，或仅在洼地、河边有零星的喷水冒砂点	危害性小，一般不致引起明显的变形
中等	喷水冒砂可能性大，从轻微到严重均有，多数属中等	危害性较大，可造成不均匀沉陷和开裂，有时不均匀沉陷可能达到 200mm
严重	一般喷水冒砂都很严重，地面变形很明显	危害性大，不均匀沉陷可能大于 200mm，高重心结构可能产生不容许的倾斜

消除地基液化沉陷的措施包括：采用桩基或其他深基础时，桩端进入稳定土层；加密法

加固地基；用非液化土替换液化土层。

减轻液化影响的基础和上部结构处理有下列措施：合适的基础埋深；减少基础偏心；加强基础的整体性和刚度；减轻荷载，增强上部结构的整体刚度和均匀对称性，合理设置沉降缝，避免采用对不均匀沉降敏感的机构形式等；管道穿过建筑处应预留足够尺寸或采用柔性接头等。

6.7.4　地基基础抗震设计原则

抗震设计应贯彻以预防为主的方针。在建筑规划上应合理布局，防止次生灾害（如火灾、爆炸等）。上部结构设计应遵循"简、匀、轻、牢"的原则以提高结构的抗震性能。从地基基础的角度出发，提出下述各项要求。

（1）选择有利的建筑场地

参照地震烈度区划资料结合地质调查和勘测，查明场地土质条件、地质构造和地形特征，尽量选择有利地段，避开不利地段，不得在危险地段进行建设。实践证明，在高烈度地区往往可以找到低烈度地点作为建筑场地，反之亦然，不可不慎。

从建筑物的地震反应考虑，建筑物的自振周期应远离地层的卓越周期，以避免共振。为此，除须查明地震烈度外，尚要了解地震波的频率特性。各种建筑物的自振周期可根据理论计算或经验公式确定。地层的卓越周期可根据当地的地震记录加以判断。如经核查有发生共振的可能时，可以改变建筑物与基础的连接方式，选择合适的建筑材料、结构类型和尺寸以调整建筑物的基本周期。

（2）加强基础和上部结构的整体性

加强基础与上部结构的整体作用的措施有：对一般砖混结构的防潮层采用防水砂浆代替油毡；在内外墙下室内地坪标高处加一道连续的闭合地梁；上部结构采用组合柱时，柱的下端应与地梁牢固连接；当地基土较差时，还宜在基底配置构造钢筋。

（3）加强基础的抗震性能

基础在整个建筑物中一般是刚度比较大的组成部分，又因处于建筑物的最低部位，周围还有土层的限制，因而振幅较小，故基础本身受到的震害总是较轻的。一般认为如果地基良好，在 7～8 度烈度下，基础本身强度可不加核算。加强基础的防震性能的目的主要是减轻上部结构的震害。主要措施如下。

a. 合理加大基础的埋置深度，可以增加基础侧面土体对振动的抑制作用，从而减少建筑物的振幅。在条件允许时，可结合建造地下室以加深基础。地下室内宜设置内横墙，并应切实做好基槽的回填夯实工作。

b. 正确选择基础类型。软土上的基础以整体性好的筏型基础、箱型基础和十字交叉条形基础较为理想，因其能减轻震陷引起的不均匀沉降，从而减轻上部建筑的损坏。对于内框架结构，柱下宜采用刚度较大的墙式条基。在平面布置上，应尽可能使基础连续而不间断，并力求取直以防扭断。即使上部结构设置防震缝，基础也不必留缝。地下结构物的抗震设计，原则上与上部结构相同，跨度较大时应适当增加内隔墙以提高刚度，当穿越地质条件不同的地段，应采用柔性连接，并沿纵向每隔一定距离设置一道防震缝，高度不宜过大，衬砌材料最好用钢筋混凝土。

【例题 6.3】　某建筑场地抗震设防烈度为 7 度，地基设计基本地震加速度为 0.15g，设计地震分组为二组，地下水位埋深 2.0m，拟采用桩基础，为判别地基液化进行标准贯入试验，试验结果见下表。试计算地基液化指数。

地质年代	土层名称	层底深度/m	标准贯入试验深度/m	实测击数	临界击数	计算厚度/m	权函数	液化指数
新近	填土	1						
	黏土	3.5						
Q_4	粉砂	8.5	4	5	11	1	10	5.45
			5	9	12	1	10	2.5
			6	14	13	1	9.3	
			7		14	1	8.7	4.95
			8	16	15	1	8.0	
Q_3	粉质黏土	20						

【解】 ①计算每个试验深度的临界锤击数。注意：桩基础的判定深度为 20m；

② 计算每个试验深度的代表土层厚度。注意：上限不高于地下水位线，也不高于不液化土层底面；下限不深于不液化土层顶面；

③ 计算每个试验深度的代表土层代为厚度的层位影响权值；

④ 计算地基液化指数，每一试验深度处的液化指数见上表，累加起来液化指数为 12.9。

思考题与习题

6.1　特殊土包括哪些土？为什么称之为特殊土？

6.2　软土的主要工程性质是什么？

6.3　湿陷性黄土的主要工程性质是什么？如何判定黄土是否具有湿陷性？黄土湿陷性的指标有哪些？场地湿陷性如何判定？地基湿陷性等级如何判定？黄土湿陷起始压力在地基评价中起的作用有哪些？湿陷性黄土地基承载力计算和一般土的地基承载力计算是否相同？

6.4　膨胀土的特性指标有哪些？膨胀土地基的胀缩变形量如何计算？此胀缩变形量和膨胀土地基容许变形值之间有什么关系？膨胀土地基承载力如何确定？膨胀土地基的工程处理措施有哪些？

6.5　红黏土是怎样形成的？它具有何种特性？如何进行红黏土地基的工程评价？红黏土地基勘察时应注意哪些问题？

6.6　山区地基有何特点？

6.7　地震区的场地抗震地段如何确定？地基土类别如何确定？地基液化的判别方法有哪些？

6.8　大面积填海造地工程平均海水深 2m，淤泥层平局厚度为 10m，重度为 15kN/m^3，已知该淤泥层属正常固结土，压缩指数 $C_c = 0.8$，天然孔隙比为 2.33，上覆填土在淤泥层中产生的附加应力为 120kPa。试计算淤泥层固结沉降量。(1850mm)

6.9　某黄土试样进行室内双线法压缩试验，一个试样在天然湿度下压缩至 200kPa 压力稳定后浸水饱和，另一个试样在浸水饱和后加荷至 200kPa，试验结果如下，试计算黄土湿陷起始压力。(125kPa)

压力/kPa	0	50	100	150	200	200浸水
天然湿度下试样 高度/mm	20	19.81	19.55	19.28	19.01	18.64
浸水饱和的试样 高度/mm	20	19.60	19.28	18.95	18.64	

6.10　兰州某高坪大厚度黄土地基的湿陷性试验结果见下表。试评价该地基湿陷性。（总湿陷性量788.5mm，自重湿陷量为558.8mm）

取样深度 /m	计算厚度 /mm	湿陷 系数	分层湿陷 量/mm	总湿陷量 /mm	自重湿 陷系数	分层湿陷 量/mm	自重湿陷 量/mm	湿陷深度 /m
2		0.068			0.018			
3		0.064			0.017			
4		0.058			0.016			
5		0.053			0.017			
6		0.044			0.024			
7		0.036			0.023			
8		0.035			0.022			18
9		0.030			0.023			
10		0.032			0.026			
11		0.028			0.025			
13		0.025			0.025			
15		0.020			0.020			
17		0.016			0.016			

6.11　膨胀土地基上建筑物变形特征有哪些？某组原状样室内压力与膨胀率的关系见下表，试计算膨胀力。（110kPa）

试验次序	膨胀率 δ_{ep}	垂直压力/kPa	试验次序	膨胀率 δ_{ep}	垂直压力/kPa
1	8%	0	3	1.4%	75
2	4.7%	25	4	−0.6%	125

6.12　某单层建筑位于平坦场地上，基础埋深1m，按该场地的大气影响深度取胀缩变形的计算深度3.6m，其他参数见下表，试计算地基胀缩变形量。（答案：43.9mm）

层号	分层深度/m	分层厚度/mm	膨胀率	第三层可能发生的 含水量变化均值	收缩系数
1	1.64	640	0.00075	0.0273	0.28
2	2.28	640	0.0245	0.0223	0.48
3	2.92	640	0.0195	0.0177	0.40
4	3.60	680	0.0215	0.0128	0.37

6.13　某建筑采用浅基础，抗震设防烈度为8度，设计地震分组第一组。土层分布是：上层10m厚的粉质黏土，黏粒含量为14%；下层为15m厚的粉砂。地下水位深1.0m，实际标准贯入试验锤击数以及初判结果见下表。试计算地基液化指数。

土层名称	点号	标准贯入试验深度/m	实测击数	初判结果	临界击数	计算厚度/m	权函数	液化指数
粉质黏土	1	5	15	不液化				
	2	8	18	不液化				
	3	10	22	不液化				
粉砂	4	12	15	可能液化				
	5	15	12	可能液化				
	6	18	5	不考虑				
	7	20	7	不考虑				
	8	22	5	不考虑				

第7章 基坑工程

7.1 概述

建造埋置深度较大的基础或地下工程时，往往需要进行较深的土方开挖。这种由地面向下开挖的地下空间称为基坑。随着我国经济的发展，高层建筑发展很快，由于对高层建筑大量采用"补偿法"的设计，充分利用地下空间，促进了深基础的大力发展，也对基坑开挖和基坑支护工作提出了更高的要求。深基坑的开挖，若采用放坡形式，会增大许多的工程量，造成经济损失；另一方面，由于经济的发展，寸土寸金现象越来越严重，房屋地基条件越来越差，加之附近建筑物、构筑物、道路或地下管线的影响，往往无法进行放坡开挖，常常要用支护结构进行垂直开挖。这种由于场地的局限性，在基槽平面以外没有足够的空间安全放坡，或者为了保证基坑周围的建筑物、构筑物以及地下管线不受损坏，又或者为了满足无水条件下施工，就需要设置挡土和截水的结构。这种结构称为围护结构。一般来说，围护结构应满足以下三个方面的要求。

① 保证基坑周围未开挖土体的稳定，满足地下结构施工有足够空间的要求。这就要求围护结构要起挡土的作用。

② 保证基坑周围相邻的建筑物、构筑物和地下管线在地下结构施工期间不受损害。这就要求围护结构能起控制土体变形的作用。

③ 保证施工作业面在地下水位以上。这就要求围护结构有截水作用，结合降水、排水等措施，将地下水位降到作业面以下。

围护结构是临时结构，主体结构施工完成时，围护结构即完成任务。因此，围护结构的安全储备相应较小，因而具有较大的风险。在基坑开挖过程中应对围护结构进行监测，并应预先制定应急措施，一旦出现险情，可及时抢救。

基坑工程包括了围护体系的设置和土方开挖两个方面。土方开挖的施工组织是否合理对围护体系是否成功产生重要影响。不合理的土方开挖方式、步骤和速度有可能导致主体结构桩基础变位，围护结构变形过大，甚至引起围护体系失稳而导致破坏。同时，基坑开挖必然引起周围土体中地下水位和应力场的变化，导致周围土体的变形，对相邻建筑物、构筑物和地下管线产生不利的影响，严重时有可能危及它们的安全和正常使用。

总的来说，基坑的开挖深度在基坑工程中是主导因素，基坑场地的地质条件和周围的环境决定支护方案，而基坑的开挖方式与基坑安全直接相关。

7.2 围护结构形式及适用范围

7.2.1 围护结构形式

围护结构最早采用木桩，现在常用钢筋混凝土桩、地下连续墙、钢板桩以及通过地基处理方法采用水泥土挡墙、土钉墙等。钢筋混凝土桩设置方法有钻孔灌注桩、人工挖孔桩、沉管灌注桩和预制桩等。常用的基坑围护结构形式如下。

　　① 放坡开挖及简易支护；

　　② 悬臂式围护结构；

　　③ 重力式围护结构；

　　④ 内撑式围护结构；

　　⑤ 拉锚式围护结构；

　　⑥ 土钉墙围护结构；

　　⑦ 其他形式围护结构：主要包括门架式围护结构、拱式组合型围护结构、喷锚网围护结构、沉井围护结构、加筋水泥土围护结构、冻结法围护结构、喷锚网围护结构、沉井围护结构、加筋水泥土围护结构、冻结法围护结构等。

7.2.2　悬臂式围护结构

　　从广义的角度来讲，一切没有支撑和锚固的围护结构均可归属悬臂式围护结构，如图7.1所示。但本书仅仅指没有支撑和锚固的板桩墙、排桩墙和地下连续墙等围护结构。悬臂式围护结构常采用钢筋混凝土排桩、木板桩、钢板桩、钢筋混凝土板桩、地下连续墙等形式。钢筋混凝土桩常采用钻孔灌注桩、人工挖孔桩、沉管灌注桩和预制桩等。悬臂式围护结构依靠足够的入土深度和结构的抗弯刚度来挡土和控制墙后土体及结构的变形。悬臂式围护结构对开挖深度十分敏感，容易产生大的变形，有可能对相邻建筑物产生不良的影响。这种结构适用于土质较好、开挖深度较小的基坑。

7.2.3　重力式围护结构

　　水泥土重力式围护结构的示意图如图7.2所示。水泥土重力式围护结构通常由水泥搅拌桩组成，有时也采用高压喷射注浆法形成。当基坑开挖深度较大时，常采用格构体系。水泥土和它包围的天然土形成了重力式挡土墙，可以维持土体的稳定。深层搅拌水泥土桩重力式围护结构常用于软黏土地区开挖深度 7.0m 以内的基坑工程。水泥土重力式挡土墙的宽度较大，适用于较浅的、基坑周边场地要求不高的基坑工程。

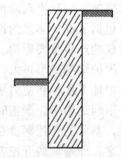

图 7.1　悬臂式围护结构示意图　　　　图 7.2　水泥土重力式围护结构示意图

7.2.4　内撑式围护结构

　　内撑式围护结构由挡土结构和支撑结构两部分组成。挡土结构常采用密排钢筋混凝土桩和地下连续墙。支撑结构有水平支撑和斜支撑两种。根据不同的开挖深度，可采用单层或多层水平支撑，如图 7.3（a）、（b）、（c）所示。当基坑面积大而开挖深度不大时，可采用单层斜撑，如图 7.3（d）所示。

内支撑常采用钢筋混凝土梁、钢管、型钢格构等形式。钢筋混凝土支撑的优点是刚度大，变形小，而钢支撑的优点是材料可回收，且施加预应力较方便。内撑式围护结构可适用于各种土层和基坑深度。

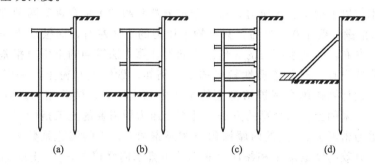

图 7.3　内撑式围护结构示意图

7.2.5　拉锚式围护结构

拉锚式围护结构由挡土结构和锚固部分组成。挡土结构除了采用与内撑式围护结构相同的结构形式外，还可采用钢板桩作为挡土结构。锚固结构有锚杆和地面拉锚两种。根据不同的开挖深度，可采用单层或多层锚杆，如图 7.4（a）所示。当有足够的场地设置锚桩或其他锚固物时可采用地面拉锚，如图 7.4（b）所示。采用锚杆结构需要地基土提供较大的锚固力，因而多用于砂土地基或黏土地基。

7.2.6　土钉墙围护结构

土钉墙围护结构的机理可理解为通过在基坑边坡中设置土钉，形成加筋土重力式挡土墙，如图 7.5 所示。土钉墙的施工过程为：边开挖基坑，边在土坡中设置土钉，在坡面上铺设钢筋网，并通过喷射混凝土形成混凝土面板，最终形成土钉墙。土钉墙围护结构适用于地下水位以上或人工降水后的黏土、粉土、杂填土以及非松散砂土、碎石土等。在淤泥质土以及未经降水处理的地下水位以下的土层中采用土钉墙要谨慎。

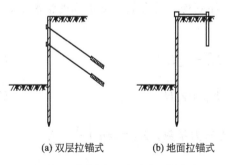

(a) 双层拉锚式　　　　(b) 地面拉锚式

图 7.4　拉锚式围护结构示意图

图 7.5　土钉墙维护结构示意图

7.3　支护结构上的荷载

7.3.1　土、水压力的计算

作用在挡土结构上的压力，除了土压力以外，在地下水位以下挡土结构还作用有水压力。水压力与地下水的补给数量、季节变化、施工期间挡土结构的入深度、排水方法等因素有关。水压力的计算可采用静水压力、按流网法计算渗流求水压力和按直线比例法计算渗流求水压力等方法。

计算地下水位以下的土、水压力，有"土水分算"和"土水合算"两种方法。由于主土压力系数 K_a 的范围一般在 0.3 左右，只有静水压力的 1/3 左右，而被动土压力系数 K_p 的范围一般在 3.0 左右，是静水压力的 3 倍。不同的计算方法得到的土压力相差很大，这也直接影响围护结构的设计。对于渗透性较强的土，例如，砂性土和粉土，一般采用土、水分算。也就是，分别计算作用在围护结构上的土压力和水压力，然后相加。对渗透性较弱的土，如黏土，可以采用土、水合算的方法。计算土压力所需要的土工指标有：土的天然重力密度 γ 和饱和重力密度 γ_{sat}，土的内摩擦角 φ 和黏聚力 C，土的渗透系数 k。土的内摩擦角包括无黏性土的有效内摩擦角 φ' 和黏性土的固结不排水内摩擦角 φ_{cu}。土的黏聚力包括黏性土的固结不排水黏聚力 C_{cu} 和软弱黏土的不固结不排水黏聚力 C_u。

（1）土水压力分算法

土水压力分算法是采用有效重度计算土压力，按静水压力计算水压力，然后将两者叠加。叠加的结果就是作用在挡土结构上的总侧压力。计算土压力时，可采用有效应力法或总应力法。

采用有效应力法的计算公式为

$$p_a = \gamma' H K_a' - 2c' \sqrt{K_a'} + \gamma_\omega H \tag{7.1}$$

$$p_p = \gamma' H K_p' + 2c' \sqrt{K_p'} + \gamma_\omega H \tag{7.2}$$

式中 γ'、γ_w——土的有效重度和水的重度；

K_a'——按土的有效应力强度指标计算的主动土压力系数，$K_a' = \tan^2\left(\dfrac{\pi}{4} - \dfrac{\varphi'}{2}\right)$；

K_p'——按土的有效应力强度指标计算的被动土压力系数，$K_p' = \tan^2\left(\dfrac{\pi}{4} + \dfrac{\varphi'}{2}\right)$；

φ'——有效内摩擦角；

c'——有效黏聚力。

采用有效应力法计算土压力，概念明确。在不能获得土的有效强度指标的情况下，也可以采用总应力法进行计算。

$$p_a = \gamma' H K_a - 2c \sqrt{K_a} + \gamma_\omega H \tag{7.3}$$

$$p_p = \gamma' H K_p + 2c \sqrt{K_p} + \gamma_\omega H \tag{7.4}$$

式中 K_a——按土的总应力强度指标计算的主动土压力系数，$K_a = \tan^2\left(\dfrac{\pi}{4} - \dfrac{\varphi}{2}\right)$；

K_p——按土的总应力强度指标计算的被动土压力系数，$K_p = \tan^2\left(\dfrac{\pi}{4} + \dfrac{\varphi}{2}\right)$；

φ——按固结不排水剪确定的内摩擦角；

c——按固结不排水剪确定的黏聚力；

其余符号意义同前。

（2）土水压力合算法

土水压力合算法是目前国内应用较多的计算方法，特别是对黏土积累了一些实践经验，

发现该方法能较好地模拟渗透性较差的土侧压力。其计算公式如下

$$p_a = \gamma_{sat} H K_a - 2c \sqrt{K_a} \tag{7.5}$$

$$p_p = \gamma_{sat} H K_p + 2c \sqrt{K_p} \tag{7.6}$$

式中　γ_{sat}——土的饱和重度，在地下水位以上的土体采用天然重度；

　　　K_a——土的主动土压力系数，$K_a = \tan^2\left(\dfrac{\pi}{4} - \dfrac{\varphi}{2}\right)$；

　　　K_p——土的被动土压力系数，$K_p = \tan^2\left(\dfrac{\pi}{4} + \dfrac{\varphi}{2}\right)$；

　　　φ——按固结不排水剪确定的内摩擦角；

　　　c——按固结不排水剪确定的黏聚力。

7.3.2　挡土结构位移对土压力的影响

　　由于基坑支护结构的刚度与一般挡土墙的刚度有相当大的差异，因此，作用在挡土结构上的土压力与挡土墙墙背的土压力分布以及量值也存在相当大的差异。挡土结构对土压力的影响主要表现在两个方面：一方面是对主动土压力的分布产生影响，另一方面对土压力的量值产生影响。

　　挡土结构的变形或位移对土压力分布的影响有以下几种情况。

　　① 当挡土结构完全没有位移和变形，主动土压力为静止土压力，呈三角形分布[图 7.6（a）所示]；

　　② 当挡土结构顶部不动，下端向外位移，主动土压力呈抛物线分布[图 7.6（b）所示]；

　　③ 当挡土结构上下两端没有发生位移而中部发生向外的变形，主动土压力呈马鞍形[图 7.6（c）所示]；

　　④ 当挡土结构平行向外移动，主动土压力呈抛物线分布[图 7.6（d）所示]；

　　⑤ 当挡土结构绕下端向外倾斜变形，主动土压力的分布与一般挡土墙一致[图 7.6（e）所示]。

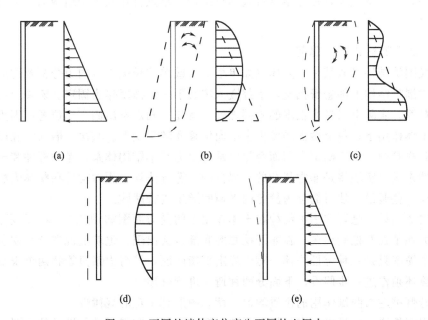

图 7.6　不同的墙体变位产生不同的土压力

（a）静止土压力；（b）产生水平拱；（c）产生垂直拱；（d）抛物线分布；（e）主动土压力

挡土墙向前位移或转动时，土压力由静止土压力逐渐减小到它的最小值——主动土压力，而挡土墙向土体方向位移时，则土压力会逐渐增大到其最大值——被动土压力。研究表明：墙顶位移达到墙高的 0.1%~0.5%时，砂性填土的压力将降低到主动土压力；而砂性填土要达到被动土压力，则墙顶位移约为墙高的 5%。砂土和黏土中产生主动和被动土压力所需的顶部位移如表 7.1 所示。

表 7.1 产生主动和被动土压力所需的顶部位移

土类	应力状态	运动形式	所需位移
砂土	主动	平行移动	$0.001H$
	主动	绕下端移动	$0.001H$
	被动	平行移动	$0.05H$
	被动	绕下端移动	$>0.1H$
黏土	主动	平行移动	$0.004H$
	主动	绕下端移动	$0.004H$

注：H 为挡土墙高度。

7.4 悬臂式围护结构内力分析

在上节介绍的各种围护结构中，重力式围护结构的分析方法与介绍的挡土墙的内力分析方法相近，故在这里不再赘述。多点式内撑围护结构和拉锚式围护结构的内力计算分析，为了模拟分步开挖、换撑和拆撑等施工步骤的影响以及土体弹塑性变形的影响，往往采用有限单元法进行应力和变形分析，过程相当冗杂，超出了本书所能涵盖的范围。有兴趣的读者请参见有关书籍。本章主要着重介绍悬臂式围护结构和单点支撑式围护结构的内力分析和设计方法。

7.4.1 悬臂式围护结构计算简图

悬臂式围护结构可取某一单元体（如单根桩）或单位长度进行内力分析及配筋或强度计算。悬臂式围护结构上部悬臂挡土，下部嵌入坑底下一定深度作为固定。宏观上看像是一端固定的悬臂梁，实际上二者有根本的不同之处。首先是确定不出固定端位置，因为杆件在两侧高低差土体作用下，每个截面均发生水平向位移和转角变形。其次，嵌入坑底以下部分的作用力分布很复杂，难于确定。因而企望以悬臂梁为基本结构体系，考虑杆件和土体的变形一致为条件来进行解题将是非常复杂的。现行的计算方法均采用对构件在整体失稳时的两侧荷载分布作一些假设，然后简化为静定的平衡问题来进行解题。

根据实测结果，悬臂式围护结构在土体作用下的受力简图如图 7.7（a）所示。可看出，被动土压力除了在开挖侧出现，在非开挖侧的底部也会出现，也就是说它产生在主动土压力区内。这个简图只是一种定性描述，对于静定平衡问题，平行力系只能解两个未知数，要进行定量计算还须作进一步假设，下面分两种情况进行分述：

（1）悬臂桩左右两侧作用的土质均匀，荷载图形有一定的规律性

可采用解析法，推导出一定的数学公式，便于应用。对于可进行推导的简图，这里给出图 7.7 的三种情形。

图 7.7（a）适用于砂性土，假设 $c=0$，在杆下端右侧的被动土压力假设呈三角形分布。

图 7.7（b）适用于砂性土，假设 $c=0$，但是杆下端右侧的被动土压力假设为一集中力 P_R 而作用在杆端处。

图 7.7（c）与图 7.7（b）的区别在于适用于黏性土，即 $c\neq0$。

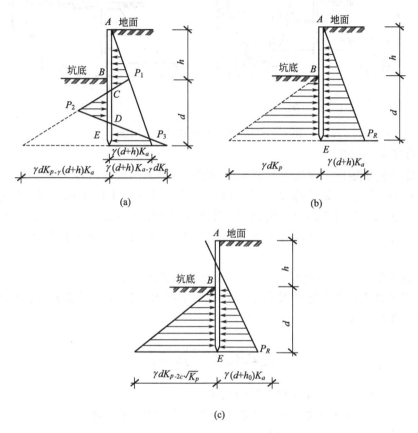

图 7.7　均质土层中桩身受力简图
（a）（$c=0$）；（b）（$c=0$）；（c）（$c\neq0$）

（2）悬臂式围护桩处于不同的土层或有地下水作用

当悬臂式围护桩全长范围内作用在不同的土层，或者有地下水作用时，问题的解答很难用公式表达，只能采用试算的办法，因而计算简图应尽量的简化，如图 7.8（a）所示。

可以把 BE 段的被动土压反力简化为一集中力而作用在杆件底端。这样未知数只有两个，即反力 P_R 和埋置深度 d，可作为静定平衡问题求解。

7.4.2　悬臂式围护结构内力分析

7.4.2.1　确定计算参数及计算简图

首先应根据地质勘探情况，确定各土层的力学指标参数 c、p 值以及重度。根据地下水位和水量情况及各土层渗水的性能，确定堵水或降水、排水方案，以便确定水压力分布。此外，还要确定施工过程和原地已有的地面堆载。也可考虑在地面处自然放坡至一定深度，以便降低支挡高度。

根据土层情况确定计算简图，采用图 7.7 的计算模型。

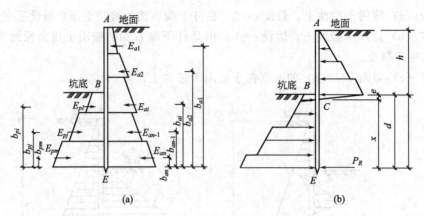

图 7.8 非均质土层中桩身计算简图

7.4.2.2 确定嵌入深度

通过稳定分析确定嵌入深度是悬臂式围护结构计算最重要的内容。整体稳定分析主要体现为确定杆件嵌入坑底的最小深度。只有当嵌入坑底部分大于这个长度时杆件才能保持平衡，处于稳定状态，否则杆件将产生旋转。计算这个稳定和不稳定的交界点，即嵌入临界深度，可用下列方法。当杆件全长有不同土层或有地下水作用时，根据上节所述，计算简图如图 7.8 所示。

先假设嵌入深度 d，然后分层计算主动土压力和被动土压力。

计算的原则为所有外力均对 E 点取矩，被动土压力产生的力矩须大于主动土压力产生的力矩，即应满足下式

$$\sum_{i=1}^{n} E_{ai} b_{ai} \leqslant \sum_{j=1}^{m} E_{pj} b_{pj} \tag{7.7}$$

式中　E_{ai}——主动土压力区第 i 层土压力之和；

　　　b_{ai}——主动土压力区第 i 层压力重心至取矩点（E）的距离；

　　　E_{pj}——被动土压力区第 j 层作用力合力值；

　　　b_{pj}——被动土压力区第 j 层合力作用点至 E 点距离。

当 d 满足式(7.7) 的等号要求时，这个所假设的埋深 d 值是临界状态。实际上应考虑安全储备的要求。现行的计算均将图 7.8（b）中的 x 值视为有效的嵌入深度，其中 C 点为主动土压力与被动土压力相等的点，即从 C 点以下才有被动土压力，以上则均为主动土压力。这样实际埋深 t 值可按下式计算

$$t = e + 1.2x = e + 1.2(d - e) \tag{7.8}$$

根据 $\sum x = 0$ 的平衡条件即可求出桩端的集中反力 p_R。

对于土的性质单一或可化为均质土的情形，如图 7.7（a）、（b）和（c），可用解析法确定嵌入深度。

① 图 7.7（a）情形，由 $\sum x = 0$ 可得

$$\left(\frac{d}{h}\right)^4 + \frac{K_p - 3K_a}{K_p - K_a}\left(\frac{d}{h}\right)^3 - K_a\frac{7K_p - 3K_a}{(K_p - K_a)^2}\left(\frac{d}{h}\right)^2$$

$$- K_a\frac{5K_p - 3K_a}{(K_p - K_a)^2}\left(\frac{d}{h}\right) - \frac{K_p K_a}{(K_p - K_a)^2} = 0 \tag{7.9}$$

由式（7.9）求出 d/h 后，即可求得埋深 d 值。实际埋深应为

$$t = e + 1.2(d - e) \tag{7.10}$$

② 图 7.8（b）情形　令杆上所有外力对 E 点取矩，且力矩总和等于零，即

$$\gamma d^3 K_p - \gamma(h + d)^3 K_a = 0 \tag{7.11}$$

可求得

$$d = \frac{h}{\sqrt[3]{\dfrac{K_p}{K_a}} - 1} \tag{7.12}$$

③ 图 7.7（c）情形　作用在杆上端有部分出现拉应力状态，对杆件是有利的。为偏安全计，这部分荷载有时略去不计，即取有效高度 h_0。令杆上所有外力对 E 点取矩，且力矩总和等于零，即

$$\gamma d^3 K_p - \gamma(h_0 + d)^3 K_a + c\sqrt{K_p}d^2 = 0 \tag{7.13}$$

$$\gamma(K_p - K_a)d^3 - 3\gamma K_a h_0 d + (6c\sqrt{K_p} - 3\gamma K_a h_0)d^2 = \gamma K_a h_0^3 \tag{7.14}$$

式中　$h_0 = h - \dfrac{2c}{\gamma\sqrt{K_a}}$

7.4.2.3　内力计算或强度计算

（1）当土层为非均质土层时

当土层为非均质土层时，悬臂桩在剪力等于零以上部分所承受的土压力，如图 7.9 所示。首先由剪力等于零的条件确定最大弯矩所在截面位置，即

$$\sum_{i=1}^{n} E_{ai} - \sum_{j=1}^{k} E_{pj} = 0 \tag{7.15}$$

式中　n、k——剪力 $Q = 0$ 以上主动压力区和被动压力区的不同土层层数；

E_{ai}——剪力 $Q = 0$ 以上各层土的主动土压力；

E_{pj}——坑底至 $Q = 0$ 之间各层土的被动土压力。

用试算法求得剪力为零的截面位置后，支护桩的最大弯矩值 $M_{\max}$，可由下式求得

$$M_{\max} = \sum_{i=1}^{n} E_{ai} y_{ai} - \sum_{j=1}^{k} E_{pj} y_{pj} \tag{7.16}$$

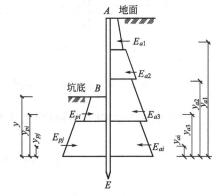

图 7.9　非均质土层中桩身土压力简图

式中　y_{ai}——剪力 $Q = 0$ 以上各层主动土压力作用点至剪力为零处的距离；

y_{pj}——基坑底至 $Q = 0$ 之间各层被动土压力作用点至剪力为零处的距离。

（2）当土层为均质土层时

① 图 7.7（a）、（b）的情形　当土层为均质土层时，且忽略黏聚力 c 及其他附加荷载的作用。图 7.7（a）、（b）情形的桩身最大弯矩 $M_{\max}$ 求解简图可统一归并为如图 7.10 所示。首先剪力为零的条件可确定弯矩最大值得位置，即

$$\frac{1}{2}\gamma(h+y)^2 K_a = \frac{1}{2}\gamma y^2 K_p \tag{7.17}$$

式中　$K_a = \tan^2\left(\frac{\pi}{4} - \frac{\varphi}{2}\right)$；　$K_p = \tan^2\left(\frac{\pi}{4} + \frac{\varphi}{2}\right)$。

设 $\xi = \dfrac{K_p}{K_a}$，由式（7.7）可求得桩身最大弯矩截面位置

$$y = \frac{h}{\xi - 1} \tag{7.18}$$

支护桩的最大弯矩值 $M_{\max}$ 可由下式求出

$$M_{\max} = \frac{h+y}{3}\times\frac{(h+y)^2}{2}\gamma K_a - \frac{y}{3}\times\frac{y^2}{2}\gamma K_p = \frac{\gamma}{6}\left[(h+y)^3 K_a - y^3 K_p\right] \tag{7.19}$$

把（7.18）代入（7.19），整理得

$$M_{\max} = \frac{\gamma h^3 K_a}{6}\cdot\frac{\xi}{(\sqrt{\xi}-1)^2} \tag{7.20}$$

② 图 7.7（c）的情形　当地下突出为均质土层，并考虑黏聚力 c 时，悬臂桩所承受的土压力如图 7.11 所示。

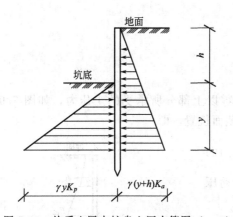
图 7.10　均质土层中桩身土压力简图（$c=0$）

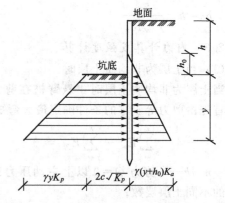
图 7.11　均质土层中桩身土压力简图（$c=0$）

首先由剪力为零的条件确定最大弯矩所在的截面位置，即

$$\frac{1}{2}\gamma(h_0+y)^2 K_a = \frac{1}{2}\gamma y^2 K_p + 2cy\sqrt{K_p} \tag{7.21}$$

式中　$K_a = \tan^2\left(\frac{\pi}{4} - \frac{\varphi}{2}\right)$；　$K_p = \tan^2\left(\frac{\pi}{4} + \frac{\varphi}{2}\right)$；　$h_0 = h - \dfrac{2c}{\gamma\sqrt{K_a}}$。

即

$$\frac{1}{2}\gamma(K_p - K_a)y^2 + (2c\sqrt{K_p} - K_a\gamma h_0)y - \frac{1}{2}\gamma h_0^2 K_a = 0 \tag{7.22}$$

由式（7.22）可求出桩身弯矩最大截面位置 y 为

$$y = \frac{-B+\sqrt{B^2-4AC}}{2A} \tag{7.23}$$

式中　$A=\dfrac{1}{2}\gamma(\sqrt{K_p}-K_a)$；$B=2c\sqrt{K_p}-K_a\gamma h_0$；$C=\dfrac{1}{2}\gamma h_0^2 K_a$。

支护桩的最大弯矩值 $M_{\max}$ 可由下式求得

$$M_{\max}=\frac{h_0+y}{3}\times\frac{(h+y)^2}{2}\gamma K_a-\frac{y}{3}\times\frac{y^2}{2}\gamma K_p-\frac{1}{2}y^2\times 2c\sqrt{K_p} \tag{7.24}$$

式(7.17)～式(7.24)中

　　h——支护高度；

　　y——基坑底至剪力为零点处的距离。

7.4.2.4　位移计算

悬臂式支护结构可视为弹性嵌固于土体中的悬臂结构，其顶端的位移计算是一个比较复杂的问题。利用上节的计算简图，虽然荷载均为已知，但由于定不出边界值，要计算位移仍然是不定的。因而位移计算采取如下假设：设在坑底附近选一基点 O，顶端的位移值由两部分组成：上段结构——O 点以上部分当做悬臂梁计算，下段结构——按弹性地基梁计算。具体表达式如下

$$s=\delta+\Delta+\theta\cdot y \tag{7.25}$$

式中　s——围护桩顶端的总位移值；

　　y——O 点以上长度；

　　δ——按悬臂梁计算（固定端设在 O 点）顶端的位移值；

　　Δ——O 点处桩的水平位移；

　　θ——O 点处桩的转角。

s、y、δ、Δ、θ 如图 7.12 所示。O 点一般选取在坑底。

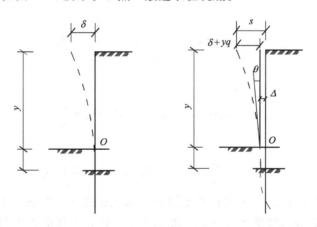

图 7.12　桩身变形图

7.5　单锚式围护结构内力分析

7.5.1　平衡法（自由端法）

平衡法适用于底端自由支承的单锚式挡土结构。当挡土结构的入土深度不太深时，亦即非嵌固的情况下，由于挡土结构墙后土压力的作用而形成极限平衡的单跨简支梁。挡土结构因受土压而弯曲，并绕顶部的锚系点旋转。在此情况下，挡土结构的底端有可能向基坑内移

动，产生"踢脚"。

图 7.13（a）、（b）分别为单锚式挡土结构在砂性土和黏性土中的计算简图。

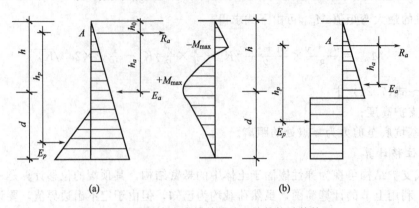

（a）　　　　　　　　　　　　　　（b）

图 7.13　底端自由支撑单锚挡土墙结构计算简图

（a）砂性土；（b）黏性土

为使挡土墙结构稳定，作用在挡土墙的各作用力必须平衡。即

① 所有水平力之和等于零

$$R_a - E_a + E_p = 0 \tag{7.26}$$

② 所有水平力对锚系点 A 的弯矩等于零

$$M = E_a h_a - E_p h_p = 0 \tag{7.27}$$

对图 7.13（a）所示情况，有

$$h_a = \frac{2(h+d)}{3} - h_0 \quad 和 \quad h_p = h - h_0 + \frac{2d}{3}$$

则有

$$M = E_a \left[\frac{2(h+d)}{3} - h_0 \right] - E_p \left(h - h_0 + \frac{2d}{3} \right) = 0 \tag{7.28}$$

对图 7.13（b）所示情况，有

$$h_a = \frac{2h}{3} - h_0 \quad 和 \quad h_p = h - h_0 + \frac{d}{2}$$

则有

$$M = E_a \left(\frac{2h}{3} - h_0 \right) - E_p \left(h - h_0 + \frac{d}{2} \right) = 0 \tag{7.29}$$

由式（7.28）或式（7.29）可求得挡土结构的入土深度 d。但该入土深度还应满足抗滑移、抗倾覆、抗隆起和抗管涌等要求。一般情况下，计算所得的入土深度 d 在设计时应乘以一个 $1.1 \sim 1.5$ 的超深安全系数。求出入土深度 d 后，可用式（7.26）求得锚系点 A 的锚拉力 R_a，然后即可求解挡土结构的内力并选择相应的截面。

7.5.2　等值梁法

等值梁法的基本原理是：将板桩看成是一端嵌固另一端简支的梁，单支撑挡墙下端为弹性嵌固时，如果在弯矩零点位置将梁断开，以简支梁计算梁的内力，则其弯矩与整梁是一致的。将此断梁称为整梁该段的等值梁。对于下端为弹性支撑的单支撑挡墙，弯矩零点位置与净土压力零点位置很接近，在计算时可以根据净土压力分布首先确定出弯矩零点位置，并在该点处将梁断开，计算两个相连的等值简支梁的弯矩。将这种简化方法称为等值梁法。

有支撑或有锚杆的挡土结构的变形曲线有一反弯点，如图 7.14 所示。要求解该挡土结构的内力，有三个未知量：R_a、d 和 E_{p2}，而可以利用的平衡方程式只有两个。等值梁法是先找出挡土结构弹性反弯点的位置，认为该点的弯矩为零。于是可把挡土结构划分为如图 7.15 所示的两段假想梁，上部为简支梁，下部为一次超静定结构，这样就可以求得挡土结构的内力了。

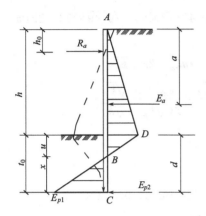

图 7.14　挡土结构底端为嵌固时的稳定状态

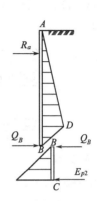

图 7.15　等值梁法计算简图

计算步骤如下。

① 根据净土压力分布确定净土压力为 0 的 B 点位置，利用下式算出 B 点距基坑底面的距离 u（$c=0$，$q_0=0$）

$$u=\frac{K_a h}{(K_p-K_a)} \tag{7.30}$$

② 计算支撑反力　计算支撑反力 R_a 及剪力 Q_B。以 B 点为力矩中心，则有

$$R_a=\frac{E_a(h+u-a)}{h+u-h_0} \tag{7.31}$$

以 A 点为力矩中心，则有

$$Q_B=\frac{E_a(a-h_0)}{h+u-h_0} \tag{7.32}$$

③ 计算板桩的入土深度　由等值梁 BG 取 G 点的力矩平衡方程

$$Q_B x=\frac{1}{6}[K_p\gamma(u+x)-K_a\gamma(h+u+x)]x^2 \tag{7.33}$$

可以求得：$x=\sqrt{\dfrac{6Q_B}{\gamma(K_p-K_a)}}$

板桩的最小入土深度：$t_0=u+x$，考虑一定的富余可以取：$t=(1.1\sim1.2)t_0$

④ 求出等值梁的最大弯矩　根据最大弯矩处剪力为零的原理，求出等值梁上剪力为零的位置，

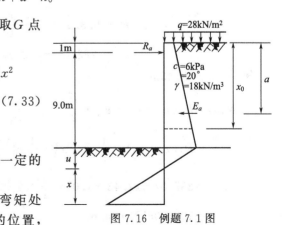

图 7.16　例题 7.1 图

并求出最大弯矩 M_{max}。

【例题 7.1】 某单支撑板桩围护结构如图 7.16 示，试用等值梁法计算板桩长度及板桩内力。

【解】 1. 土压力计算

$$k_a = \tan^2(45 - \varphi/2) = 0.49, \quad k_p = \tan^2(45 + \varphi/2) = 2.04$$

$$\sigma_{a1} = qk_a - 2c\sqrt{k_a} = 28 \times 0.49 - 2 \times 6 \times \sqrt{0.49} = 5.32\text{kPa}$$

$$\sigma_{a2} = (q + \gamma h)k_a - 2c\sqrt{k_a} = (28 + 18 \times 10) \times 0.49 - 2 \times 6 \times \sqrt{0.49} = 93.52\text{kPa}$$

2. u 的计算

$$\gamma u k_p + 2c\sqrt{k_p} = (\gamma h + q)k_a + \gamma u k_a - 2c\sqrt{k_a}$$

$$u = \frac{(\gamma h + q)k_a - 2c(\sqrt{k_a} + \sqrt{k_p})}{\gamma(\sqrt{k_p} - \sqrt{k_a})} = \frac{e_{a2} - 2c\sqrt{k_p}}{\gamma(\sqrt{k_p} - \sqrt{k_a})}$$

$$= \frac{93.52 - 2 \times 6 \times \sqrt{2.04}}{18 \times (2.04 - 0.49)} = 2.74\text{m}$$

3. R_a、Q_B 的计算

$$E_a = 5.32 \times 10 + 0.5 \times (93.52 - 5.32) \times 10 + 0.5 \times 93.52 \times 2.74$$

$$= 53.2 + 441 + 128.12 = 622.32\text{kN/m}$$

$$a = \frac{53.2 \times 5 + 441 \times 2/3 \times 10 + 128.12 \times (10 + 1/3 \times 2.74)}{622.32} = 7.40\text{m}$$

$$R_a = \frac{E_a(h + u - a)}{h + u - h_0} = \frac{622.32 \times (10 + 2.74 - 7.4)}{10 + 2.74 - 1.0} = 283.07\text{kN/m}$$

$$Q_B = \frac{E_a(a - h_0)}{h + u - h_0} = \frac{622.32 \times (7.4 - 1.0)}{10 + 2.74 - 1.0} = 339.25\text{kN/m}$$

4. 入土深度 t 的计算

$$x = \sqrt{\frac{6Q_B}{\gamma(k_p - k_a)}} = \sqrt{\frac{6 \times 339.25}{18 \times (2.04 - 0.49)}} = 8.54\text{m}$$

$$t = (1.1 \sim 1.2)t_0 = (1.1 \sim 1.2)(x + u) = (1.1 \sim 1.2) \times 11.28 = 12.41 \sim 13.54\text{m}$$

取 $t = 13.0\text{m}$，板桩长 $= 10 + 13 = 23\text{m}$

5. 内力计算

求 $Q = 0$ 的位置 x_0

$$R_a - 5.32x_0 - \frac{1}{2}x_0\frac{x_0}{10}(93.52 - 5.32) = 0$$

$$283.07 - 5.32x_0 - 4.41x_0^2 = 0$$

解得：$x_0 = 7.43\text{m}$

$$M_{max} = R_a(x_0 - h_0) - e_{a1} \cdot \frac{x_0^2}{2} - \frac{1}{2} \cdot \frac{x_0}{10}(e_{a2} - e_{a1}) \cdot x_0 \cdot \frac{x_0}{3}$$

$$= R_a(x_0 - h_0) - \frac{1}{2}e_{a1} \cdot x_0^2 - \frac{1}{6}x_0^3\frac{(e_{a2} - e_{a1})}{10}$$

$$= 287.07 \times (7.43 - 1.0) - \frac{1}{2} \times 5.32 \times 7.43^2 - \frac{7.43^3 \times (93.52 - 5.32)}{60}$$

$$= 1096.06\text{kN} \cdot \text{m/m}$$

7.6　基坑的稳定验算

基坑稳定验算是基坑支护设计重要内容之一，其中包括边坡整体稳定、抗隆起稳定、抗渗流稳定等。对于边坡整体稳定问题，土力学课程中已介绍了简单条分法、简化毕肖普法等边坡稳定分析方法。这些方法中，采用适当假定即可考虑由于渗流对边坡稳定产生的影响。这里主要讨论基坑底部土体的抗隆起稳定。

基坑的抗隆起稳定性分析具有保证基坑稳定和控制基坑变形的重要意义。为此应对其进行重点研究，基坑抗隆起安全系数应考虑设定上下限值，对适用不同地质条件的现有不同抗隆起稳定性计算公式，应按工程经验规定保证基坑稳定的最低安全系数，而要满足不同环境条件下基坑变形的控制要求，则应根据坑侧地面沉降与一定计算公式所得的抗隆起安全系数的相关性，定出一定基坑变形控制要求下的抗隆起安全系数的上限值，与基坑挡墙水平位移的验算共同成为基坑变形控制的充分条件。

坑底抗隆起稳定的理论验算方法很多，这里介绍一种抗隆起稳定计算方法。在许多验算抗隆起安全系数的公式中，验算抗隆起安全系数时，仅仅给出了纯黏性土（$\varphi=0$）或纯砂性土（$c=0$）的公式，很少同时考虑土体 c、φ 对抗隆起的影响。显然对于一般的黏性土，在土体抗剪强度中应包括 c、φ 的因素。因此在此参照普朗德尔和太沙

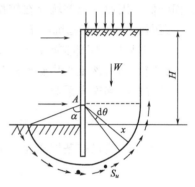

图 7.17　抗隆起验算示意图

基的地基承载力公式，并将围护桩底面的平面作为求极限承载力的基准面，其滑动线形状如图 7.17 所示。采用下式进行抗隆起安全系数的验算，以求得地下墙的入土深度

$$K_s=\frac{\gamma_2 dN_q+cN_c}{\gamma_1(h+d)+q}\tag{7.34}$$

式中　d——墙体入土深度，m；

　　　h——基坑开挖深度，m；

　γ_1、γ_2——墙体外侧及坑底土体重度，kN/m³；

　　　q——地面超载，kPa；

N_c、N_q——地基承载力系数。

采用普朗德尔公式计算时，N_c、N_q分别为

$$N_q=\tan^2(45°+\varphi/2)e^{\pi\tan\varphi}\;;\;N_c=(N_q-1)/\tan\varphi\tag{7.35}$$

当采用 Terzaghi 公式计算时，N_c、N_q分别为

$$N_q=\frac{1}{2}\left[\frac{e^{\left(\frac{3}{4}\pi-\frac{\varphi}{2}\right)\tan\varphi}}{\cos\left(45°+\frac{\varphi}{2}\right)}\right]^2\;;\;N_c=(N_q-1)/\tan\varphi\tag{7.36}$$

用该法验算抗隆起安全系数时，由于没有考虑图 7.17 中土的抗剪强度对抵抗隆起的作用，故安全系数 K_s 可取得低一些。当采用式(7.34)、式(7.35) 时，要求 $K_s\geqslant1.10\sim1.20$；当采用式(7.34)、式(7.36) 时，要求 $K_s\geqslant1.15\sim1.25$。

如基坑处土质均匀，则基坑抗隆起安全系数为

$$K_s=\frac{(\pi+2\alpha)S_u}{\gamma H+q}\geqslant1.2\tag{7.37}$$

式中 S_u——滑动面上不排水抗剪强度，对于饱和软黏土，则 $\varphi=0$，$S_u=c_u$。

本法基本上可适用于各类土质条件。

虽然该验算方法将墙底面作为求极限承载力的基准面是带有一定的近似性，但对于地下连续墙在基坑开挖时作为临时挡土结构物来说是安全可用的，在地下结构物的底板、顶板等结构建成后，就不必再考虑隆起问题了。

除了考虑基坑抗隆起稳定以外，还应考虑土体内的孔隙水压力变化对基坑稳定性的影响。基坑开挖时，土体处于卸载状态，土体内会产生负的孔隙水压力。假设开挖过程是瞬间完成的，则土的抗剪强度仍保持开挖前的水平。随着时间的延续，负孔隙水压力将逐渐消散，对应的有效应力逐渐降低，土体抗剪强度逐渐降低。所以开挖基坑后应尽量在最短时间内铺设垫层和浇筑底板。基坑竣工时的稳定性优于它的长期稳定性，稳定安全度会随时间延长而降低。因此，当基坑存在较长时间的话，还应考虑基坑的长期稳定性问题。

【例题 7.2】 某基坑深 $H=6.2\text{m}$，地面荷载 $q=20\text{kN/m}^2$，地基土为均质土 $\gamma=17\text{kN/m}^3$，$c=25\text{kPa}$，底部支撑 $\alpha=81.8°$，按简化计算方法验算其抗隆起稳定性。

【解】 因为该土为均质土地基，$S_u=c=25\text{kPa}$

基坑抗隆起安全系数

$$K_s=\frac{(\pi+2\alpha)S_u}{\gamma H+q}=\frac{(\pi+2\times81.8\times\pi/180)\times25}{17\times6.2+20}=1.196<1.2$$

因此不能满足抗基坑隆起稳定要求。

思考题与习题

7.1 简述基坑的概念？

7.2 围护结构应满足哪些方面的要求？

7.3 常用的基坑围护结构形式有哪些？

7.4 简述悬臂式围护结构的设计计算步骤。

7.5 简述等值梁法计算基本原理。

7.6 基坑稳定验算包括哪些主要内容？

附表

附表 1 桩置于土中 ($\alpha h > 2.5$) 或基岩 ($\alpha h \geqslant 3.5$) 上的位移系数 A_x

$\bar{z} = \alpha z$ \ $\bar{h} = \alpha h$	4.0	3.5	3.0	2.8	2.6	2.4
0.0	2.44066	2.50174	2.72658	2.90524	3.16260	3.52562
0.1	2.27873	2.33783	2.55100	2.71847	2.95795	3.29311
0.2	2.11779	2.17492	2.37640	2.53269	2.75429	3.06159
0.3	1.95881	2.01396	2.20376	2.34886	2.55258	2.83201
0.4	1.80273	1.85590	2.03400	2.16791	2.35373	2.60528
0.5	1.65042	1.70161	1.86800	1.99069	2.15859	2.38223
0.6	1.50268	1.55187	1.70651	1.81796	1.96790	2.16355
0.7	1.36024	1.40741	1.55022	1.65037	1.78228	1.94985
0.8	1.22370	1.26882	1.39970	1.48847	1.60223	1.74157
0.9	1.09361	1.13664	1.25543	1.32271	1.42816	1.53906
1.0	0.97041	1.01127	1.11777	1.18341	1.26033	1.34249
1.1	0.85441	0.89303	0.98696	1.04074	1.09886	1.15190
1.2	0.74588	0.78215	0.86315	0.90481	0.94377	0.96724
1.3	0.64498	0.67875	0.74637	0.77560	0.79497	0.78831
1.4	0.55175	0.58285	0.63655	0.65296	0.65223	0.61477
1.5	0.46614	0.49435	0.53349	0.53662	0.51518	0.44616
1.6	0.38810	0.41315	0.43696	0.42629	0.38346	0.28202
1.7	0.31741	0.33901	0.34660	0.32152	0.25654	0.12174
1.8	0.25386	0.27166	0.26201	0.22186	0.13387	−0.03529
1.9	0.19717	0.21074	0.18273	0.12676	0.01487	−0.18971
2.0	0.14696	0.15583	0.10819	0.03562	−0.10114	−0.34221
2.2	0.06461	0.06243	−0.02870	−0.13706	−0.32649	−0.64355
2.4	0.00348	−0.01238	−0.15330	−0.30098	−0.54685	−0.94316
2.6	−0.03986	−0.07251	−0.26999	−0.46033	−0.86553	
2.8	−0.06902	−0.12202	−0.38275	−0.61932		
3.0	−0.08741	−0.16458	−0.49434			
3.5	−0.10495	−0.25866				
4.0	−0.10788					

附表 2 桩置于土中（$\alpha h > 2.5$）或基岩 （$\alpha h \geqslant 3.5$）上的转角系数 A_φ

$\bar{z} = \alpha z$ \\ $\bar{h} = \alpha h$	4.0	3.5	3.0	2.8	2.6	2.4
0.0	−1.62100	−1.64076	−1.75755	−1.86940	−2.04819	−2.32686
0.1	−1.61600	−1.63576	−1.75255	−1.86440	−2.04319	−2.32180
0.2	−1.60117	−1.62024	−1.73774	−1.84960	−2.02841	−2.30705
0.3	−1.57676	−1.59654	−1.71341	−1.82531	−2.00418	−2.28290
0.4	−1.54334	−1.56316	−1.68017	−1.79219	−1.97122	−2.25018
0.5	−1.50151	−1.52142	−1.63874	−1.75099	−1.93036	−2.20977
0.6	−1.46009	−1.47216	−1.59001	−1.70268	−1.88263	−2.16283
0.7	−1.39593	−1.41624	−1.53495	−1.64828	−1.82914	−2.11060
0.8	−1.33398	−1.35468	−1.47467	−1.58896	−1.77116	−2.05445
0.9	−1.26713	−1.28837	−1.41015	−1.52579	−1.70985	−1.99564
1.0	−1.19647	−1.21845	−1.34266	−1.46009	−1.64662	−1.93571
1.1	−1.12283	−1.14578	−1.27315	−1.39289	−1.58257	−1.87583
1.2	−1.04733	−1.07154	−1.20290	−1.32553	−1.51913	−1.81753
1.3	−0.97078	−0.99657	−1.13286	−1.25902	−1.45734	−1.76186
1.4	−0.89409	−0.92183	−1.06403	−1.19446	−1.39835	−1.71000
1.5	−0.81801	−0.84811	−0.99743	−1.13273	−1.34305	−1.66280
1.6	−0.74337	−0.77630	−0.93387	−1.07480	−1.29241	−1.62116
1.7	−0.67075	−0.70699	−0.87403	−0.02132	−1.24700	−1.58551
1.8	−0.60077	−0.64085	−0.81863	−0.97297	−1.20743	−1.55627
1.9	−0.53393	−0.57842	−0.76818	−0.93020	−1.17400	−1.53348
2.0	−0.47063	−0.52013	−0.72309	−0.89333	−1.14686	−1.51693
2.2	−0.35588	−0.41127	−0.64992	−0.83767	−1.11079	−1.50004
2.4	−0.25831	−0.33411	−0.59979	−0.80513	−1.09559	−1.49729
2.6	−0.17849	−0.27104	−0.57092	−0.79158	−1.09307	
2.8	−0.11611	−0.22727	−0.55914	−0.78943		
3.0	−0.06987	−0.20056	−0.55721			
3.5	−0.01206	−0.18372				
4.0	−0.00341					

附表3　桩置于土中（αh＞2.5）或基岩（αh≥3.5）上的弯矩系数 A_M

$\bar{z}=\alpha z$ ＼ $\bar{h}=\alpha h$	4.0	3.5	3.0	2.8	2.6	2.4
0.0	0	0	0	0	0	0
0.1	0.09960	0.09959	0.09959	0.09953	0.09948	0.09942
0.2	0.19696	0.19689	0.19660	0.19638	0.19606	0.19561
0.3	0.29010	0.28984	0.28891	0.28818	0.28714	0.28569
0.4	0.37739	0.37678	0.37463	0.37296	0.37060	0.36732
0.5	0.45752	0.45635	0.45227	0.44913	0.44471	0.43859
0.6	0.52938	0.52740	0.52057	0.51534	0.50801	0.49795
0.7	0.59228	0.58918	0.57867	0.57069	0.55956	0.54439
0.8	0.64561	0.64107	0.62588	0.61445	0.59859	0.57713
0.9	0.68926	0.68292	0.66200	0.64642	0.62494	0.59608
1.0	0.72305	0.71452	0.68681	0.66637	0.63841	0.60116
1.1	0.74714	0.73602	0.70045	0.67451	0.63930	0.59285
1.2	0.76183	0.74769	0.70324	0.67120	0.62810	0.57187
1.3	0.76761	0.75001	0.69570	0.65707	0.60563	0.53934
1.4	0.76498	0.74349	0.67845	0.63285	0.57280	0.49654
1.5	0.75466	0.72884	0.65232	0.59952	0.53089	0.44520
1.6	0.73734	0.70677	0.61819	0.55814	0.48127	0.38718
1.7	0.71381	0.67809	0.57707	0.50996	0.42551	0.32466
1.8	0.68488	0.64364	0.53005	0.45631	0.36540	0.26008
1.9	0.65139	0.60432	0.47834	0.39868	0.30291	0.19617
2.0	0.61413	0.56097	0.42314	0.33864	0.24013	0.13588
2.2	0.53160	0.46583	0.30766	0.21828	0.12320	0.03942
2.4	0.44334	0.36518	0.19480	0.11015	0.03527	0.00000
2.6	0.35458	0.26560	0.09667	0.03100	0.00001	
2.8	0.26996	0.17362	0.02686	0.00001		
3.0	0.19305	0.09535	0.00000			
3.5	0.05081	0.00001				
4.0	0.00005					

附表 4 桩置于土中（αh＞2.5）或基岩 (αh≥3.5) 上的剪力系数 A_Q

$\bar{z}=\alpha z$ ＼ $\bar{h}=\alpha h$	4.0	3.5	3.0	2.8	2.6	2.4
0.0	1.00000	1.00000	1.00000	1.00000	1.00000	1.00000
0.1	0.98833	0.98803	0.98695	0.98609	0.98487	0.98314
0.2	0.95551	0.95434	0.95033	0.94688	0.94569	0.93569
0.3	0.90468	0.90211	0.89304	0.88601	0.87604	0.86221
0.4	0.83898	0.83452	0.81902	0.80712	0.79034	0.76724
0.5	0.76145	0.75464	0.73140	0.71373	0.68902	0.65525
0.6	0.67486	0.66529	0.63323	0.60913	0.57569	0.53041
0.7	0.58201	0.56931	0.52760	0.49664	0.45405	0.39700
0.8	0.48522	0.46906	0.41710	0.37905	0.32726	0.25872
0.9	0.38689	0.36698	0.30441	0.25932	0.19865	0.11949
1.0	0.28901	0.26512	0.19185	0.13998	0.07114	−0.01717
1.1	0.19388	0.16532	0.08154	0.02340	−0.05251	−0.14789
1.2	0.10153	0.06917	−0.02466	−0.08828	−0.16976	−0.26953
1.3	0.01477	−0.02197	−0.12508	−0.19312	−0.27824	−0.37903
1.4	−0.06586	−0.10698	−0.21828	−0.28939	−0.37576	−0.47356
1.5	−0.13952	−0.18494	−0.30297	−0.37549	−0.46025	−0.55031
1.6	−0.20555	−0.25510	−0.37800	−0.44994	−0.52970	−0.60654
1.7	−0.26359	−0.31699	−0.44249	−0.51147	−0.58233	−0.63967
1.8	−0.31345	−0.37030	−0.49562	−0.55889	−0.61637	−0.64710
1.9	−0.35501	−0.41476	−0.53660	−0.59098	−0.62996	−0.62610
2.0	−0.38839	−0.45034	−0.56480	−0.60665	−0.62138	−0.57406
2.2	−0.43174	−0.49154	−0.58052	−0.58438	−0.53057	−0.36592
2.4	−0.44647	−0.50579	−0.53789	−0.48287	−0.32889	0.00000
2.6	−0.43651	−0.48379	−0.43139	−0.29184	+0.00001	
2.8	−0.40641	−0.43066	−0.25462	0.00001		
3.0	−0.36065	−0.34726	0.00000			
3.5	−0.19975	+0.00001				
4.0	−0.00002					

附表 5　桩置于土中（$\alpha h > 2.5$）或基岩（$\alpha h \geqslant 3.5$）上的位移系数 B_x

$\bar{z}=\alpha z$ \ $\bar{h}=\alpha h$	4.0	3.5	3.0	2.8	2.6	2.4
0.0	1.62100	1.64076	1.75755	1.86940	2.04819	2.32680
0.1	1.45094	1.47003	1.58070	1.68555	185190	2.10911
0.2	1.29088	1.30930	1.41385	1.51169	1.66561	1.90142
0.3	1.14079	1.15854	1.25697	1.34780	1.43928	1.70368
0.4	1.00064	1.01772	1.11001	1.19383	1.32287	1.51585
0.5	0.87036	0.88676	0.97292	1.04971	1.16629	1.33783
0.6	0.74981	0.76553	0.84553	0.91528	1.01937	1.16941
0.7	0.63885	0.65390	0.72770	0.79037	0.88191	1.01039
0.8	0.53727	0.55162	0.61917	0.67472	0.75364	0.86043
0.9	0.44481	0.45846	0.51967	0.56802	0.63421	0.71915
1.0	0.36119	0.37411	0.42889	0.46994	0.52324	0.58611
1.1	0.28606	0.29822	0.34641	0.38004	0.42027	0.46077
1.2	0.21908	0.23045	0.27187	0.29791	0.32482	0.34261
1.3	0.15985	0.17038	0.20481	0.22306	0.23635	0.23098
1.4	0.10793	0.11757	0.14472	0.15494	0.15425	0.12523
1.5	0.06288	0.07155	0.09108	0.09299	0.07790	0.02464
1.6	0.02422	0.03185	0.04337	0.03663	0.00667	−0.07148
1.7	−0.00847	−0.00199	0.00107	−0.01470	−0.06006	−0.16383
1.8	−0.03572	−0.03049	−0.03643	−0.06163	−0.12298	−0.25214
1.9	−0.05798	−0.05413	−0.06965	−0.10475	−0.18272	−0.34007
2.0	−0.07572	−0.07341	−0.09914	−0.14465	−0.23990	−0.42526
2.2	−0.09940	−0.10069	−0.14905	−0.21696	−0.34881	−0.59253
2.4	−0.11030	−0.11601	−0.19023	−0.28275	−0.45381	−0.75833
2.6	−0.11136	−0.12246	−0.22600	−0.34523	−0.55748	
2.8	−0.10544	−0.12305	−0.25929	−0.40682		
3.0	−0.09471	−0.11999	−0.29185			
3.5	−0.05698	−0.10632				
4.0	−0.01487					

附表 6　桩置于土中（$\alpha h > 2.5$）或基岩
（$\alpha h \geqslant 3.5$）上的转角系数 B_φ

$\bar{z} = \alpha z$ ＼ $\bar{h} = \alpha h$	4.0	3.5	3.0	2.8	2.6	2.4
0.0	−1.75058	−1.75728	−1.81849	−1.88855	−2.01289	−2.22691
0.1	−1.65068	−1.65728	−1.71849	−1.78855	−1.91289	−2.12691
0.2	−1.55069	−1.55739	−1.61861	−1.68868	−1.81303	−2.07707
0.3	−1.45106	−1.45777	−1.51901	−1.58911	−1.71351	−1.92761
0.4	−1.35204	−1.35876	−1.42008	−1.49025	−1.61476	−1.82904
0.5	−1.25394	−1.26069	−1.32217	−1.39249	−1.51723	−1.73186
0.6	−1.15725	−1.16405	−1.22581	−1.29638	−1.42152	−1.63677
0.7	−1.06238	−1.06926	−1.13146	−1.20245	−1.32822	−1.54443
0.8	−0.96978	−0.97678	−1.03965	−1.11124	−1.23795	−1.45556
0.9	−0.87987	−0.88704	−0.95084	−1.02327	−1.15127	−1.37080
1.0	−0.79311	−0.80053	−0.86558	−0.93913	−1.06885	−1.29091
1.1	−0.70981	−0.71753	−0.78422	−0.85922	−0.99112	−1.21638
1.2	−0.63038	−0.63881	−0.70726	−0.78408	−0.91869	−1.14789
1.3	−0.55506	−0.56370	−0.63500	−0.71402	−0.85192	−1.08581
1.4	−0.48412	−0.49338	−0.56776	−0.64942	−0.79118	−1.03054
1.5	−0.41770	−0.42771	−0.50575	−0.59048	−0.73671	−0.98228
1.6	−0.35598	−0.36689	−0.44918	−0.53745	−0.68873	0.94120
1.7	−0.29897	−0.31093	−0.39811	−0.49035	−0.64723	−0.90718
1.8	−0.24672	−0.25990	−0.35262	−0.44927	−0.61224	0.88010
1.9	−0.19916	−0.21374	−0.31263	−0.41408	−0.58353	−0.85954
2.0	−0.15624	−0.17240	−0.27808	−0.38468	−0.56088	−0.84498
2.2	−0.08365	−0.10355	−0.22448	−0.34203	−0.53179	−0.83056
2.4	−0.02753	−0.05196	−0.18980	−0.31834	−0.52008	−0.82832
2.6	−0.01415	−0.01551	−0.17078	−0.30888	−0.52821	
2.8	−0.04351	−0.00809	−0.16335	−0.30745		
3.0	−0.06296	−0.02155	−0.12217			
3.5	−0.08294	−0.02947				
4.0	−0.08507					

附表7　桩置于土中（$\alpha h > 2.5$）或基岩（$\alpha h \geqslant 3.5$）上的弯矩系数 B_M

$\bar{z} = \alpha z$ ＼ $\bar{h} = \alpha h$	4.0	3.5	3.0	2.8	2.6	2.4
0.0	1.00000	1.00000	1.00000	1.00000	1.00000	1.00000
0.1	0.99974	0.99974	0.99972	0.99970	0.99967	0.99963
0.2	0.99806	0.99804	0.99789	0.99775	0.99753	0.99719
0.3	0.99382	0.99373	0.99325	0.99279	0.99207	0.99076
0.4	0.98617	0.98598	0.98486	0.98382	0.98217	0.97966
0.5	0.97458	0.97420	0.97209	0.97012	0.96704	0.97236
0.6	0.95861	0.95797	0.95443	0.95056	0.94607	0.93835
0.7	0.9381	0.93718	0.93173	0.92674	0.91900	0.90736
0.8	0.91324	0.91178	0.90390	0.89675	0.88574	0.86927
0.9	0.88407	0.88204	0.87120	0.86145	0.84653	0.82440
1.0	0.85089	0.84815	0.83381	0.82102	0.80160	0.77303
1.1	0.81410	0.81054	0.79213	0.77589	0.75145	0.71582
1.2	0.77415	0.76963	0.74663	0.72658	0.69667	0.65354
1.3	0.73161	0.72599	0.69791	0.67373	0.63803	0.58720
1.4	0.68694	0.68009	0.64648	0.61794	0.57627	0.51781
1.5	0.64081	0.63259	0.59307	0.56003	0.51242	0.44673
1.6	0.59373	0.58401	0.53829	0.50072	0.44739	0.37528
1.7	0.5462	0.53490	0.48280	0.44082	0.38224	0.30497
1.8	0.49889	0.48582	0.42729	0.38115	0.31812	0.23745
1.9	0.45219	0.43729	0.37244	0.32261	0.25621	0.17450
2.0	0.40658	0.38978	0.31890	0.26605	0.19779	0.11803
2.2	0.32025	0.29956	0.21844	0.16255	0.09675	0.03282
2.4	0.24262	0.21815	0.13116	0.07820	0.02654	−0.00002
2.6	0.17546	0.14778	0.06199	0.02101	−0.00004	
2.8	0.11979	0.09007	0.01638	−0.00023		
3.0	0.07595	0.04619	−0.00007			
3.5	0.01354	0.00004				
4.0	0.00009					

附表 8　桩置于土中（$\alpha h > 2.5$）或基岩（$\alpha h \geqslant 3.5$）上的剪力系数 B_Q

$\bar{z}=\alpha z$ \ $\bar{h}=\alpha h$	4.0	3.5	3.0	2.8	2.6	2.4
0.0	0	0	0	0	0	0
0.1	−0.00753	−0.00763	−0.00319	−0.00873	−0.00958	−0.01096
0.2	−0.02795	−0.02832	−0.08050	−0.03255	−0.03579	−0.04070
0.3	−0.05820	−0.05903	−0.16373	−0.06814	−0.07506	−0.68567
0.4	−0.09554	−0.09698	−0.10502	−0.11247	−0.12412	−0.14185
0.5	−0.13747	−0.13966	−0.15171	−0.16277	−0.17994	−0.26584
0.6	−0.18191	−0.18498	−0.20159	−0.21668	−0.23991	−0.27464
0.7	−0.22685	−0.23092	−0.25253	−0.27191	−0.30418	−0.34524
0.8	−0.27087	−0.27604	−0.30294	−0.32675	−0.36271	−0.41528
0.9	−0.31245	−0.31882	−0.35118	−0.37941	−0.42152	−0.48223
1.0	−0.35059	−0.35822	−0.39609	−0.42856	−0.47634	−0.51405
1.1	−0.38443	−0.39337	−0.43665	−0.47302	−0.5257	−0.59882
1.2	−0.41335	−0.42364	−0.47207	−0.51187	−0.56841	−0.64486
1.3	−0.43690	−0.44856	−0.50172	−0.54429	−0.60333	−0.68054
1.4	−0.45486	−0.46788	−0.52520	−0.56969	−0.62957	−0.70445
1.5	−0.46715	−0.48150	−0.54220	−0.58757	−0.64630	−0.71521
1.6	−0.47378	−0.48939	−0.55250	−0.59747	−0.65272	−0.71143
1.7	−0.47496	−0.49174	−0.55604	−0.59917	−0.64819	−0.69188
1.8	−0.47103	−0.48883	−0.55289	−0.59243	−0.63211	−0.65562
1.9	−0.46223	−0.48092	−0.54299	−0.57695	−0.60374	−0.60035
2.0	−0.44914	−0.46839	−0.52644	−0.55254	−0.56243	−0.52562
2.2	−0.41179	−0.43127	−0.47379	−0.47608	−0.43825	−0.31124
2.4	−0.36312	−0.38101	−0.39538	−0.36078	−0.25325	−0.00002
2.6	−0.30732	−0.32104	−0.29102	−0.20346	−0.00003	
2.8	−0.24853	−0.25452	−0.15980	−0.00018		
3.0	−0.19052	−0.18411	−0.00004			
3.5	−0.01672	−0.00001				
4.0	−0.00045					

附表9　桩嵌固于基岩内（αh＞2.5）土侧向位移系数 A_x^0

$\bar{z}=\alpha z$ ＼ $\bar{h}=\alpha h$	4.0	3.5	3.0	2.8	2.6
0.0	2.401	2.389	2.385	2.371	2.330
0.1	2.248	2.230	2.230	2.210	2.170
0.2	2.080	2.075	2.070	2.055	2.010
0.3	1.926	1.916	1.913	1.896	1.853
0.4	1.773	1.765	1.763	1.745	1.703
0.5	1.622	1.618	1.612	1.596	1.552
0.6	1.475	1.473	1.468	1.450	1.407
0.7	1.336	1.334	1.330	1.314	1.267
0.8	1.202	1.202	1.196	1.178	1.133
0.9	1.070	1.071	1.070	1.050	1.005
1.0	0.952	1.956	0.951	0.930	0.885
1.1	0.831	0.844	0.831	0.818	0.772
1.2	0.732	0.740	0.713	0.712	0.667
1.3	0.634	0.642	0.636	0.614	0.570
1.4	0.543	0.553	0.547	0.524	0.480
1.5	0.460	0.471	0.466	0.443	0.399
1.6	0.380	0.397	0.391	0.369	0.326
1.7	0.317	0.332	0.325	0.303	0.260
1.8	0.257	0.273	0.267	0.244	0.203
1.9	0.203	0.221	0.215	0.192	0.153
2.0	0.157	0.176	0.170	0.148	0.111
2.2	0.082	0.104	0.099	0.078	0.048
2.4	0.030	0.057	0.050	0.032	0.012
2.6	−0.004	0.023	0.020	0.008	0
2.8	−0.022	0.006	0.004	0	
3.0	−0.028	−0.001	0		
3.5	−0.015	0			
4.0	0				

附表10　桩嵌固于基岩内（αh＞2.5）土侧向位移系数 B_x^0

$\bar{z}=\alpha z$ ＼ $\bar{h}=\alpha h$	4.0	3.5	3.0	2.8	2.6
0.0	1.600	1.584	1.586	1.593	1.596
0.1	1.430	1.420	1.426	1.430	1.430
0.2	1.275	1.260	1.270	1.275	1.280
0.3	1.127	1.117	1.123	1.130	1.137
0.4	0.988	0.980	0.990	0.998	1.025
0.5	0.858	0.854	0.866	0.874	0.878
0.6	0.740	0.737	0.752	0.760	0.763
0.7	0.630	0.630	0.643	0.654	0.659
0.8	0.531	0.533	0.550	0.561	0.564
0.9	0.440	0.444	0.464	0.473	0.478
1.0	0.359	0.364	0.386	0.396	0.400
1.1	0.285	0.294	0.318	0.327	0.332

续表

$\bar{z}=\alpha z$ \ $\bar{h}=\alpha h$	4.0	3.5	3.0	2.8	2.6
1.2	0.220	0.230	0.257	0.267	0.271
1.3	0.163	0.176	0.203	0.214	0.218
1.4	0.113	0.128	0.157	0.169	0.172
1.5	0.070	0.087	0.119	0.129	0.134
1.6	0.034	0.053	0.086	0.097	0.101
1.7	0.003	0.027	0.059	0.070	0.074
1.8	0.002	0.001	0.037	0.048	0.052
1.9	−0.042	−0.017	0.021	0.032	0.035
2.0	−0.058	−0.031	0.008	0.010	0.023
2.2	−0.077	−0.046	−0.006	0.004	0.007
2.4	−0.083	−0.048	−0.010	−0.001	0.001
2.6	−0.080	−0.043	−0.007	−0.001	0
2.8	−0.070	−0.032	−0.003	0	0
3.0	−0.056	−0.002	0		
3.5	−0.018	0			
4.0	0				

附表 11　桩嵌固于基岩内计算 $\varphi_{z=0}$ 系数 A_φ^0、B_φ^0

$\bar{z}=\alpha z$ \ $\bar{h}=\alpha h$	4.0	3.5	3.0	2.8	2.6
−1.600	−1.584	−1.586	−1.593	−1.596	−1.600
−1.732	−1.711	−1.691	−1.687	−1.686	−1.732
2.401	2.389	2.385	2.371	2.330	2.401

附表 12　桩嵌固于基岩内（$\alpha h > 2.5$）弯矩系数 A_M^0、B_M^0

$\bar{z}=\alpha z$	$\bar{h}=\alpha h$									
	4.0		3.5		3.0		2.8		2.6	
	A_M^0	B_M^0	A_M^0	B_M^0	A_M^0	B_M^0	A_M^0	B_M^0	A_M^0	B_M^0
0.0	0.000	1.000	0.000	1.000	0.000	1.000	0.000	1.000	0.000	1.000
0.1	0.100	1.000	0.100	1.000	0.100	1.000	0.100	1.000	0.100	1.000
0.2	0.197	0.998	0.197	0.998	0.197	0.998	0.197	0.998	0.197	0.998
0.3	0.290	0.994	0.290	0.994	0.290	0.994	0.290	0.994	0.291	0.994
0.4	0378	0.986	0.378	0.986	0.378	0.986	0.378	0.986	0.379	0.986
0.5	0.458	0.975	0.459	0.975	0.458	0.975	0.458	0.975	0.460	0.975
0.6	0.531	0.959	0.531	0.960	0.531	0.959	0.532	0.959	0.533	0.959
0.7	0.594	0.939	0.595	0.939	0.595	0.939	0.596	0.939	0.598	0.939
0.8	0.648	0.914	0.649	0.915	0.649	0.914	0.651	0.914	0.654	0.913
0.9	0.693	0.886	0.694	0.886	0.694	0.885	0.696	0.884	0.701	0.884
1.0	0.728	0.853	0.729	0.854	0.729	0.852	0.732	0.850	0.739	0.850
1.1	0.753	0.817	0.754	0.817	0.755	0.815	0.759	0.813	0.769	0.810
1.2	0.770	0.777	0.770	0.778	0.772	0.774	0.77	0.771	0.789	0.770
1.3	0.777	0.735	0.778	0.736	0.779	0.730	0.786	0.727	0.802	0.725
1.4	0.776	0.691	0.777	0.691	0.779	0.684	0.788	0.680	0.808	0.678
1.5	0.768	0.645	0.768	0.645	0.771	0.635	0.782	0.630	0.806	0.628

$\bar{z}=\alpha z$	$\bar{h}=\alpha h$									
	4.0		3.5		3.0		2.8		2.6	
	A_M^0	B_M^0	A_M^0	B_M^0	A_M^0	B_M^0	A_M^0	B_M^0	A_M^0	B_M^0
1.6	0.753	0.598	0.752	0.597	0.756	0.585	0.769	0.578	0.799	0.576
1.7	0.731	0.551	0.730	0.549	0.734	0.533	0.750	0.525	0.786	0.522
1.8	0.705	0.503	0.703	0.500	0.707	0.480	0.727	0.471	0.769	0.467
1.9	0.673	0.456	0.670	0.451	0.676	0.427	0.699	0.416	0.749	0.411
2.0	0.638	0.410	0.633	0.402	0.640	0.373	0.667	0.360	0.725	0.355
2.2	0.559	0.321	0.549	0.307	0.558	0.265	0.595	0.247	0.672	0.246
2.4	0.472	0.239	0.457	0.216	0.468	0.157	0.517	0.135	0.615	0.126
2.6	0.383	0.165	0.358	0.129	0.373	0.051	0.435	0.022	0.556	0.010
2.8	0.294	0.099	0.258	0.047	0.276	−0.055	0.352	−0.091		
3.0	0.207	0.041	0.156	0.032	0.179	−0.161				
3.5	0.005	−0.079	−0.096	−0.221						
4.0	−0.184	−0.181								

附表 13　确定桩身最大弯矩及其位置的系数表

$\bar{z}=\alpha z$	$\bar{h}=\alpha h$									
	4.0		3.5		3.0		2.8		2.6	
	C_Q	K_M	C_Q	K_M	C_Q	K_M	C_Q	K_M	C_Q	K_M
0.0	∞	1.000	∞	1.000	∞	1.000	∞	1.000	∞	1.000
0.1	131.252	1.001	129.489	1.001	120.507	1.001	112.594	1.001	102.805	1.001
0.2	34.186	1.004	33.699	1.004	31.158	1.004	19.09	1.005	26.326	1.005
0.3	15.544	1.012	15.282	1.013	14.013	1.015	13.003	1.014	11.671	1.017
0.4	8.871	1.029	8.605	1.030	7.799	1.033	7.176	1.036	6.368	1.040
0.5	5.539	1.057	5.403	1.059	4.821	1.066	4.385	1.073	3.829	1.083
0.6	3.710	1.010	3.597	1.105	3.141	1.120	2.811	1.134	2.400	1.158
0.7	2.566	1.169	2.465	1.176	2.089	1.209	1.826	1.239	1.506	1.291
0.8	1.791	1.274	1.699	1.289	1.377	1.358	1.160	1.426	0.902	1.549
0.9	1.238	1.441	1.151	1.475	0.867	1.635	0.683	1.807	0.471	2.173
1.0	0.824	1.728	0.740	1.814	0.484	2.252	0.327	2.861	0.149	5.076
1.1	0.503	2.299	0.420	2.562	0.1870	4.543	0.049	14.411	−0.100	−0.649
1.2	0.246	3.876	0.163	5.349	−0.052	−2.711	−0.172	−0.165	−0.299	−0.406
1.3	0.034	23.438	−0.049	−14.59	−0.249	−2.093	−0.355	−0.178	−0.465	−0.675
1.4	−0.145	−4.596	−0.299	−2.572	−0.416	−2.986	−0.508	−0.628	−0.597	−0.383
1.5	−0.299	−1.876	−0.384	−1.265	−0.559	−0.574	−0.639	−0.378	−0.712	−0.233
1.6	−0.434	−1.128	−0.521	−0.772	−0.684	−0.365	−0.753	−0.240	−0.812	−0.146
1.7	−0.555	−0.740	−0.645	−0.517	−0.796	−0.242	−0.854	−0.157	−0.898	−0.091
1.8	−0.655	−0.530	−0.756	−0.366	−0.896	−0.164	−0.943	−0.103	−0.975	−0.057
1.9	−0.768	−0.396	−0.862	−0.263	−0.988	−0.112	−1.024	−0.067	−1.034	−0.034
2.0	−0.865	−0.304	−0.961	−0.194	−1.073	−0.076	−1.098	−0.042	−1.105	−0.02
2.2	−1.048	−0.187	−1.148	−0.106	−1.225	−0.033	−1.227	−0.015	−1.210	−0.005
2.4	−1.230	−0.118	−1.328	−0.057	−1.360	−0.012	−1.338	−0.004	−1.299	−0.001
2.6	−1.420	−0.074	−1.507	−0.028	−1.482	−0.003	−1.434	−0.001	0.333	0
2.8	−1.635	−0.045	−1.692	−0.013	−4.593	−0.001	−0.056	0		
3.0	−1.893	−0.026	−1.886	−0.004	0	0				
3.5	−2.994	−0.003	1.000	0						
4.0	−0.045	−0.011								

附表 14　桩置于土中（$\alpha h > 2.5$）或基岩
（$\alpha h \geqslant 3.5$）上的桩顶位移系数 A_{x_1}

$\bar{l}_0 = \alpha l_0$　$\bar{h} = \alpha h$	4.0	3.5	3.0	2.8	2.6	2.4
0.0	2.44066	2.50174	2.72658	2.90524	3.16260	3.52562
0.2	3.16175	3.23100	3.50501	3.73121	4.06506	4.54808
0.4	4.03889	4.11685	4.44491	4.72426	5.14455	5.76476
0.6	5.08807	5.17527	5.56230	5.90040	6.41707	7.19147
0.8	6.32530	6.42228	6.87316	7.27562	7.89862	8.84439
1.0	7.76657	7.87387	8.39350	8.86592	9.60520	10.73946
1.2	9.42790	9.54605	10.13933	10.68731	11.55282	12.89269
1.4	11.31526	11.45480	12.12663	12.75578	13.75746	15.32007
1.6	13.47468	13.61614	14.37141	15.08734	16.23514	18.03760
1.8	15.89214	16.04606	16.88967	17.69798	19.00185	21.06129
2.0	18.59365	18.76057	19.69741	20.60371	22.07359	24.40713
2.2	21.59520	21.77565	22.81062	23.82052	25.46636	28.09112
2.4	24.91280	25.10732	26.24532	27.36441	29.19616	32.12926
2.6	28.56245	28.77157	30.01750	31.25138	33.27899	36.53756
2.8	32.56014	32.78440	34.14315	35.49745	37.73085	41.33201
3.0	36.92188	37.16182	38.63829	40.11859	42.56775	46.52861
3.2	41.66367	41.91982	43.51890	45.13082	47.80568	52.14336
3.4	46.80150	47.07440	48.80100	50.55013	53.46063	58.19227
3.6	52.35138	52.64156	54.50057	56.39253	59.54862	64.69133
3.8	58.32930	58.63731	60.63362	62.67401	66.08564	71.65655
4.0	64.75127	65.07763	67.21615	69.41057	73.08769	79.10391
4.2	71.63329	71.97854	74.26416	76.61822	80.57378	87.04943
4.4	78.99135	79.35603	81.89365	84.31295	88.55089	95.50910
4.6	86.84147	87.22611	89.82062	92.51077	97.04403	104.49893
4.8	95.19962	95.60477	98.36107	101.22767	106.06621	114.03491
5.0	104.08183	104.50801	107.43100	110.47965	115.63342	124.13304
5.2	113.50408	113.95183	117.04640	120.28273	125.76165	134.80932
5.4	123.48237	123.95223	127.22329	130.65288	136.46692	146.07976
5.6	134.03271	134.52522	137.97765	141.606t1	147.76522	157.96034
5.8	145.17110	145.68679	149.32550	153.15844	159.67256	170.46709
6.0	156.91354	157.45294	161.28282	165.32584	172.20492	183.61598

附表 15　桩置于土中（$\alpha h > 2.5$）或基岩（$\alpha h \geqslant 3.5$）上的桩顶转角（位移）系数 $A_{\varphi_1} = B_{x_1}$

$\bar{l}_0 = \alpha l_0$ \ $\bar{h} = \alpha h$	4.0	3.5	3.0	2.8	2.6	2.4
0.0	1.62100	1.64076	1.75755	1.86949	2.04819	2.32680
0.2	1.99112	2.01222	2.14125	2.26711	2.47077	2.79218
0.4	2.40123	2.42367	2.56495	2.70482	2.93335	3.29756
0.6	2.85135	2.87513	3.02864	3.18253	3.43592	3.84295
0.8	3.34146	3.36658	3.53234	3.70024	3.97850	4.42833
1.0	3.87158	3.89804	4.07604	4.25795	4.50108	5.05371
1.2	4.44170	4.46950	4.65974	4.85566	5.18366	5.71909
1.4	5.05181	5.08095	5.28344	5.49337	5.84624	6.42447
1.6	5.70193	5.73241	5.94713	6.17108	6.52881	7.16986
1.8	6.39204	6.42386	6.65083	6.88879	7.29139	7.95524
2.0	7.12216	7.15532	7.39453	7.64650	8.07397	8.18062
2.2	7.89228	7.92678	8.17823	8.44421	8.89655	9.64600
2.4	8.70239	8.73823	9.00193	9.28192	9.75913	10.56138
2.6	9.55251	9.58969	9.86562	10.15963	10.66170	11.49677
2.8	10.44262	10.48114	10.76932	11.07734	11.60428	12.48215
3.0	11.37274	11.41260	11.71302	12.03505	12.58686	13.50753
3.2	12.34286	12.38406	12.69672	13.03276	13.60944	14.57291
3.4	13.35297	13.39551	13.70242	14.07047	14.67202	15.67829
3.6	14.40309	14.44697	14.78411	15.14818	15.77459	16.82368
3.8	15.49320	15.53842	15.88781	16.26589	16.91717	18.00906
4.0	16.62332	16.66988	17.03151	17.42360	18.09975	19.23444
4.2	17.79344	17.84134	18.21521	18.62131	19.32233	20.49982
4.4	19.00355	19.05279	19.43891	19.86902	20.58491	21.30520
4.6	20.25367	20.30425	20.70260	21.13673	21.88748	23.19059
4.8	21.54378	21.59570	22.00630	22.45444	23.23006	24.53597
5.0	22.87390	22.92716	23.35000	23.81215	24.61264	25.96135
5.2	24.24402	24.29862	24.73370	25.20986	26.03522	27.42673
5.4	25.65413	25.71007	26.15740	26.64757	27.49780	28.93211
5.6	27.10436	27.16153	27.62109	28.12528	29.00037	30.47750
5.8	28.59436	28.65298	29.12479	29.64299	30.54295	32.05288
6.0	30.12448	30.18444	30.66849	31.20070	32.12553	38.68826

附表 16　桩置于土中（$\alpha h \geqslant 2.5$）或基岩（$\alpha h \geqslant 3.5$）上的桩顶转角系数 B_{φ_1}

$\bar{l}_0 = \alpha l_0$ ＼ $\bar{h} = \alpha h$	4.0	3.5	3.0	2.8	2.6	2.4
0.0	1.75058	1.75728	1.81849	1.88855	2.01289	2.22691
0.2	1.95058	1.95728	2.01849	2.08855	2.21289	2.42691
0.4	2.15058	2.15728	2.21849	2.28855	2.41289	2.62691
0.6	2.35058	2.35728	2.41849	2.48855	2.61289	2.82691
0.8	2.55058	2.55728	2.61849	2.68855	2.81289	3.02691
1.0	2.75058	2.75728	2.81849	2.88855	2.01289	3.22691
1.2	2.95058	2.95728	3.01849	3.08855	3.21289	3.42691
1.4	3.15058	3.15728	3.21849	3.28855	3.41289	3.62691
1.6	3.35058	3.35728	3.41849	3.4,8855	3.61289	3.82691
1.8	3.55058	3.55728	3.61849	3.58855	3.81289	4.02691
2.0	3.75058	3.75728	3.81849	3.88855	4.01289	4.22691
2.2	3.95058	3.95728	4.01849	4.08855	4.21289	4.42691
2.4	4.15058	4.15728	4.21849	4.28855	4.41289	4.62691
2.6	4.35058	4.35728	4.41849	4.48855	4.61289	4.82691
2.8	4.55058	4.55728	4.61849	4.68855	4.81289	5.02691
3.0	4.75058	4.75728	4.81849	4.88855	5.01289	5.22691
3.2	4.95058	4.95728	5.01849	5.08855	5.21289	5.42691
3.4	5.15058	5.15728	5.21849	5.28855	5.41289	5.62691
3.6	5.35058	5.35728	5.41849	5.48855	5.61289	5.82691
3.8	5.55058	5.55728	5.61849	5.68855	5.81289	6.02691
4.0	5.75058	5.75728	5.81849	5.88855	6.01289	6.22691
4.2	5.95058	5.95728	6.01849	6.08855	6.21289	6.42691
4.4	6.15058	6.15728	6.21849	6.28855	6.41289	6.62691
4.6	6.35058	6.35728	6.41849	6.48855	6.61289	6.82691
4.8	6.55058	6.55728	6.61849	6.68855	6.81289	7.02691
5.0	6.75058	6.75728	6.81849	6.88855	7.01289	7.22691
5.2	6.95058	6.95728	7.01849	7.08855	7.21289	7.42691
5.4	7.15058	7.15728	7.21849	7.28855	7.41289	7.62691
5.6	7.35058	7.35728	7.41849	7.48855	7.61289	7.82691
5.8	7.55058	7.55728	7.61849	7.68855	7.81289	8.02691
6.0	7.75058	7.75728	7.81849	7.88855	8.01289	8.22691

附表 17 多排桩计算 ρ_2 系数 x_Q

$\bar{l}_0=\alpha l_0$ ＼ $\bar{h}=\alpha h$	4.0	3.5	3.0	2.8	2.6	2.4
0.0	1.06423	1.03117	0.97283	0.94805	0.92722	0.91370
0.2	0.88555	0.86036	0.81068	0.78723	0.76549	0.74870
0.4	0.73649	0.71741	0.67595	0.65468	0.63352	0.61528
0.6	0.61377	0.59933	0.56511	0.54634	0.52663	0.50831
0.8	0.51342	0.50244	0.47437	0.45809	0.44024	0.42269
1.0	0.43157	0.42317	0.40019	0.38619	0.37032	0.35401
1.2	0.36476	0.35829	0.33945	0.32749	0.31353	0.29866
1.4	0.31105	0.30505	0.28957	0.27938	0.26717	0.25380
1.6	0.26516	0.26121	0.24843	0.32975	0.22912	0.21717
1.8	0.22807	0.22494	0.21435	0.20694	0.19769	0.18707
2.0	0.19728	0.19478	0.18595	0.17961	0.17157	0.16215
2.2	0.17157	0.16956	0.16216	0.15673	0.14972	0.14138
2.4	0.15000	0.14836	0.14213	0.13746	0.13134	0.12895
2.6	0.13178	0.13044	0.12516	0.12113	0.11578	0.10924
2.8	0.11633	0.11522	0.11072	0.10723	0.10254	0.09673
3.0	0.10314	0.10222	0.09837	0.09533	0.09121	0.08604
3.2	0.09183	0.09105	0.08775	0.08510	0.08147	0.07686
3.4	0.08208	0.08143	0.07857	0.07625	0.07304	0.06893
3.6	0.07364	0.07309	0.07061	0.06857	0.06572	0.06204
3.8	0.06630	0.06583	0.06367	0.06187	0.05934	0.05604
4.0	0.05989	0.05949	0.05760	0.05600	0.05375	0.05079
4.2	0.05427	0.05392	0.05226	0.05085	0.04883	0.04616
4.4	0.04932	0.04902	0.04756	0.04630	0.04449	0.04209
4.6	0.04495	0.04469	0.04339	0.04227	0.04065	0.03847
4.8	0.04108	0.04085	0.03970	0.03869	0.03723	0.03526
5.0	0.03763	0.03743	0.03641	0.03550	0.03419	0.03239
5.2	0.03455	0.03438	0.03346	0.03265	0.03146	0.02983
5.4	0.03180	0.03165	0.03083	0.03010	0.02901	0.02753
5.6	0.02933	0.02920	0.02846	0.02780	0.02682	0.02546
5.8	0.02711	0.02699	0.02633	0.02573	0.02483	0.02359
6.0	0.02511	0.02500	0.02440	0.02385	0.02304	0.02190
6.4	0.02165	0.02156	0.02107	0.02062	0.01994	0.01897
6.8	0.01880	0.01873	0.01832	0.01784	0.01736	0.01655
7.2	0.01642	0.01686	0.01600	0.01550	0.01522	0.01452
7.6	0.01443	0.01438	0.01438	0.01382	0.01341	0.01280
8.0	0.01275	0.01271	0.01246	0.01223	0.01187	0.01135
8.5	0.01099	0.01096	0.01076	0.01056	0.01027	0.00983
9.0	0.00954	0.00951	0.00935	0.00919	0.00894	0.00857
9.5	0.00832	0.00831	0.00817	0.00804	0.00783	0.00751
10.0	0.00732	0.00730	0.00719	0.00707	0.00689	0.00662

附表 18　多排桩计算 ρ_3 系数 x_M

$\bar{l}_0=\alpha l_0$ \ $\bar{h}=\alpha h$	4.0	3.5	3.0	2.8	2.6	2.4
0.0	0.98545	0.96279	0.94023	0.93844	0.94348	0.95469
0.2	0.90395	0.88451	0.85998	0.85454	0.85469	0.86138
0.4	0.82232	0.80600	0.78152	0.77377	0.77017	0.72552
0.6	0.74453	0.73099	0.70767	0.69870	0.69251	0.69101
0.8	0.67262	0.66145	0.63993	0.63048	0.62266	0.61839
1.0	0.60746	0.59825	0.57875	0.56928	0.56061	0.55442
1.2	0.54910	0.54150	0.52402	0.51487	0.50584	0.49843
1.4	0.49875	0.49092	0.47536	0.46669	0.45766	0.44956
1.6	0.45125	0.44601	0.43220	0.42411	0.41530	0.40688
1.8	0.41058	0.40620	0.39397	0.38648	0.37804	0.36956
2.0	0.37462	0.37093	0.36009	0.35319	0.34519	0.33684
2.2	0.34276	0.33964	0.33002	0.32370	0.31617	0.30807
2.4	0.31450	0.31184	0.30329	0.29750	0.29046	0.28267
2.6	0.28936	0.28709	0.27947	0.27417	0.26761	0.26018
2.8	0.26694	0.26499	0.25819	0.25335	0.24724	0.24019
3.0	0.24691	0.24521	0.23912	0.23470	0.22903	0.22236
3.2	0.22894	0.22747	0.22200	0.21268	0.21268	0.20639
3.4	0.21279	0.21150	0.20658	0.19798	0.19798	0.19206
3.6	0.19822	0.19709	0.19265	0.18471	0.18471	0.17914
3.8	0.18505	0.18406	0.18004	0.17270	0.17270	0.16746
4.0	0.17312	0.17224	0.16859	0.16180	0.16180	0.15688
4.2	0.16227	0.16149	0.15817	0.15551	0.15188	0.14725
4.4	0.15238	0.15168	0.14866	0.14621	0.14282	0.13848
4.6	0.14336	0.14273	0.13996	0.13770	0.13454	0.13046
4.8	0.13509	0.13452	0.13199	0.12990	0.12695	0.12311
5.0	0.12750	0.12700	0.12467	0.12273	0.11998	0.11636
5.2	0.12053	0.12007	0.11793	0.11612	0.11356	0.11015
5.4	0.11410	0.11368	0.11171	0.11003	0.10763	0.10442
5.6	0.10817	0.10779	0.10597	0.10440	0.10215	0.09913
5.8	0.10268	0.10232	0.10064	0.09919	0.09708	0.09422
6.0	0.09759	0.09727	0.09571	0.09435	0.09237	0.08967
6.4	0.08847	0.08821	0.08686	0.08566	0.08391	0.08150
6.8	0.08256	0.08034	0.07916	0.07811	0.07656	0.07440
7.2	0.07366	0.07530	0.07244	0.07151	0.07647	0.06271
7.6	0.06760	0.06744	0.06653	0.06571	0.07013	0.06818
8.0	0.06225	0.06211	0.06131	0.06058	0.05946	0.05787
8.5	0.05641	0.05629	0.05560	0.05496	0.05398	0.05258
9.0	0.05135	0.05125	0.05065	0.05009	0.04922	0.04797
9.5	0.04694	0.04685	0.04633	0.04583	0.04507	0.04395
10.0	0.04307	0.04299	0.04253	0.04210	0.04141	0.04041

附表 19　多排桩计算 ρ_4 系数 φ_M

$\bar{l}_0 = \alpha l_0$	$\bar{h} = \alpha h$ 4.0	3.5	3.0	2.8	2.6	2.4
0.0	1.48375	1.46802	1.45863	1.45683	1.45683	1.44656
0.2	1.43541	1.42026	1.40770	1.40640	1.40619	1.40307
0.4	1.38316	1.36908	1.25432	1.35147	1.35074	1.35022
0.6	1.32858	1.31580	1.21969	1.29538	1.29336	1.29311
0.8	1.27325	1.26182	1.24517	1.23965	1.23619	1.23507
1.0	1.21858	1.20844	1.19111	1.18536	1.18059	1.77818
1.2	1.16551	1.15655	1.14024	1.13323	1.12757	1.12363
1.4	1.11713	1.10675	1.09104	1.08367	1.07697	1.07203
1.6	1.06637	1.05940	1.04442	1.03688	1.02957	1.02362
1.8	1.02081	1.01465	1.00048	0.99290	0.98518	0.97841
2.0	0.97801	0.97255	0.95920	0.95169	0.94372	0.93631
2.2	0.93788	0.93304	0.92050	0.91313	0.90504	0.89715
2.4	0.90032	0.89600	0.88425	0.87708	0.86896	0.86074
2.6	0.86519	0.86133	0.85032	0.84337	0.83531	0.82687
2.8	0.83233	0.82886	0.81855	0.81185	0.80389	0.79533
3.0	0.80158	0.79846	0.78880	0.78235	0.77454	0.76593
3.2	0.77279	0.76997	0.76092	0.75473	0.74709	0.73849
3.4	0.74580	0.74325	0.73475	0.72882	0.72138	0.71284
3.6	0.72049	0.71816	0.71019	0.70450	0.69727	0.68883
3.8	0.69670	0.69458	0.68909	0.68165	0.67463	0.66632
4.0	0.67433	0.67239	0.66535	0.66014	0.66334	0.64517
4.2	0.65327	0.65149	0.64485	0.63987	0.63329	0.62528
4.4	0.63341	0.63177	0.62552	0.62074	0.61439	0.60655
4.6	0.61467	0.61315	0.60724	0.60268	0.59653	0.58888
4.8	0.58694	0.59555	0.58996	0.58559	0.57965	0.57218
5.0	0.58017	0.57888	0.57359	0.56941	0.56367	0.55638
5.2	0.56429	0.56308	0.55807	0.55406	0.54853	0.54142
5.4	0.54921	0.54809	0.54334	0.53949	0.53415	0.52723
5.6	0.53489	0.53385	0.52934	0.52565	0.52049	0.51375
5.8	0.52128	0.52031	0.51602	0.51248	0.50749	0.50094
6.0	0.50833	0.50741	0.50333	0.49993	0.49511	0.48874
6.4	0.48421	0.48840	0.47969	0.47655	0.47205	0.46602
6.8	0.46222	0.46151	0.45812	0.45522	0.45101	0.44531
7.2	0.44211	0.44147	0.43838	0.43568	0.43174	0.42634
7.6	0.42364	0.42307	0.42023	0.41772	0.41403	0.40892
8.0	0.40663	0.40612	0.40350	0.40116	0.39970	0.39286
8.5	0.38718	0.38672	0.38434	0.28220	0.37899	0.37446
9.0	0.36947	0.36901	0.36690	0.36493	0.36195	0.35771
9.5	0.35330	0.35294	0.35096	0.34914	0.34637	0.34239
10.0	0.33847	0.33915	0.33633	0.33464	0.33206	0.33832

附表 20　桩置于土中（$\alpha h \geqslant 2.5$）或基岩（$\alpha h > 3.5$）桩顶弹性嵌固时的位移系数 A_{x_a}

$\bar{l_0}=\alpha l_0$ ＼ $\bar{h}=\alpha h$	4.0	3.5	3.0	2.8	2.6	2.4
0.0	0.93965	0.96977	1.02793	1.05462	1.07849	1.09445
0.2	1.12925	1.16230	1.23353	1.27027	1.30636	1.33565
0.4	1.35780	1.39390	1.47939	1.52745	1.57848	1.62533
0.6	1.62927	1.66853	1.76958	1.83036	1.89888	1.96730
0.8	1.94773	1.99028	2.10804	2.18300	2.27150	2.36580
1.0	2.31713	2.36311	2.49882	2.58937	2.88085	2.82477
1.2	2.74152	2.79105	2.94594	3.05349	3.18953	3.34823
1.4	3.21492	3.27812	3.45339	3.57936	3.74292	3.94019
1.6	3.77128	3.82830	4.02522	4.17099	4.43071	4.60460
1.8	4.38467	4.44563	4.66536	4.83237	5.05852	5.34556
2.0	5.06882	5.13406	5.37786	5.56752	5.82869	6.49800
2.2	5.82838	5.89761	6.16633	6.38043	6.67911	7.07300
2.4	6.66677	6.74034	7.03590	7.27509	7.61379	8.02186
2.6	7.58813	7.66617	7.98951	8.25552	8.63677	9.15447
2.8	8.59653	8.67917	9.03142	9.32572	9.75196	10.33801
3.0	9.69590	9.78327	10.16571	10.48968	10.96593	10.62207
3.2	10.89027	10.98250	11.39635	11.75140	12.27513	13.01065
3.4	12.18369	12.28093	12.72736	13.11489	13.69109	14.50777
3.6	13.58007	13.68243	14.06268	14.58415	15.21537	16.11735
3.8	15.08350	15.19115	15.70651	16.16318	16.85184	17.84353
4.0	16.69790	16.81093	17.36261	17.85597	18.60458	19.69022
4.2	18.42730	18.54586	19.13507	19.66653	20.48058	21.66146
4.4	20.27567	20.40000	21.12790	21.53569	22.47483	24.00000
4.6	22.24719	22.37722	23.04516	23.65697	24.60040	25.72193
4.8	24.34567	24.48164	25.19072	25.84483	26.85817	28.36299
5.0	26.57511	26.71714	27.46865	28.16647	29.25219	30.87165
5.2	28.93955	29.08778	29.88293	30.62944	31.78646	33.52554
5.4	31.44307	31.59763	32.44050	33.22706	34.46500	36.32797
5.6	34.08871	34.25057	35.13669	35.97399	37.29198	39.28285
5.8	36.88307	37.05071	37.98409	38.87072	40.27093	42.47424
6.0	39.82755	40.07973	40.98385	41.92390	43.40624	45.90000
6.4	46.18562	46.37386	47.67556	48.08371	50.16163	52.70807
6.8	53.19573	53.39838	54.58665	55.74084	57.59013	60.43979
7.2	60.88980	61.10738	62.40623	63.67727	65.72358	68.89375
7.6	69.29998	69.53333	70.94737	72.34079	74.59416	78.10176
8.0	78.45823	78.70730	80.24188	81.76340	84.23367	88.09602
8.5	91.00669	91.27653	92.96835	94.65780	97.41325	101.7430
9.0	104.83647	105.1279	106.9847	108.8509	111.9070	116.7309
9.5	120.01006	120.3240	122.3533	124.4049	127.7773	133.1221
10.0	136.58998	136.9272	139.1328	141.3826	145.1369	150.9793

参 考 文 献

[1] 曹云，基础工程．北京：北京大学出版社，2012.

[2] 陈书申，陈晓平．土力学与地基基础（第三版）．武汉：武汉理工大学出版社，2006.

[3] 地基处理手册编委会．地基处理手册（第2版）．北京：中国建筑工业出版社，2001.

[4] 龚晓南．基础工程．北京：中国建筑工业出版社，2008.

[5] 龚晓南编著，复合地基理论及工程应用．北京：中国建筑工业出版社，2007.

[6] 黄生根，吴鹏，基础工程原理与方法．武汉：中国地质大学出版社，2009.

[7] JGJ 79—2002《建筑地基处理技术规范》．北京：中国建筑工业出版社，2002.

[8] GB 50007—2002《建筑地基基础设计规范》．北京：中国建筑工业出版社，2002.

[9] GB 5011—2001《建筑抗震设计规范》．北京：中国建筑工业出版社，2008.

[10] JGJ 94—2008《建筑桩基技术规范》．北京：中国建筑工业出版社，2008.

[11] 李广信，高等土力学．北京：清华大学出版社，2004.

[12] 刘昌辉，时红莲．基础工程学．武汉：中国地质大学出版社，2009.

[13] 刘景政，杨素春，地基处理与实例分析．北京：中国建筑工业出版社，2007.

[14] 刘起霞，地基处理．北京：北京大学出版社，2013.

[15] 莫海鸿，杨小平．基础工程．北京：中国建筑工业出版社，2003.

[16] 牛志荣、李宏等编著，复合地基处理及其工程实例．北京：中国建材工业出版社，2000.

[17] GBJ 112—87《膨胀土地区建筑技术规范》．北京：中国建筑工业出版社，1987.

[18] GB 50026—2004《湿陷性黄土地区建筑规范》．北京：中国建筑工业出版社，2004.

[19] 侍倩．建筑基础设计与施工．北京：化学工业出版社，2011.

[20] 万长吉．特殊土地基．郑州：河南科学技术出版社，1992.

[21] 王秀丽．基础工程（第二版）．重庆：重庆大学出版社，2005.

[22] GB 50021—2001《岩土工程勘察规范》．北京：中国建筑工业出版社，2009.

[23] 叶书麟，叶观宝，地基处理．北京：中国建筑工业出版社，2004.

[24] 叶书麟，地基处理工程实例应用手册．北京：中国建筑工业出版社，1997.

[25] 于海峰．全国注册岩土工程师专业考试培训教材（第五版）．武汉：华中科技大学出版社，2011.

[26] 袁聚云，李镜培，楼晓明．基础工程设计原理．上海：同济大学出版社，2001.

[27] 张芳枝，土力学与地基基础．北京：中国水利水电出版社，2010.

[28] 赵明华，土力学与基础工程．武汉：武汉理工大学出版社，2009.

[29] 周景星，李广信，虞石民．基础工程（第二版）．北京：清华大学出版社，2007.

[30] 王晓谋．基础工程．第四版．北京：人民交通出版社，2010.

[31] 曾巧玲，崔江余，陈文化等．基础工程．北京：清华大学出版社，北京交通大学出版社，2007.

[32] JTG D63—2007公路桥涵地基基础设计规范．北京：人民交通出版社，2007.

[33] JTG D62—2004公路钢筋混凝土及预应力混凝土桥涵设计规范．北京：人民交通出版社，2007.

[34] GB 50010—2010混凝土结构设计规范．北京：中国建筑工业出版社，2010.